U0325572

LE GRAND

COURS DE DÉGUSTATION

法国葡萄酒研修全书

成为品酒专家的120堂课

LE GRAND
COURS DE DÉGUSTATION

法国葡萄酒研修全书

成为品酒专家的120堂课

[法] 奥利维尔·亭诺（Olivier Thienot） 著
[法] 贝特朗·洛凯（Bertrand Loquet）绘
王文佳 译

中国·武汉

目录

第一章：葡萄酒全景一览

第二章：葡萄酒的千变万化

第三章：葡萄酒的品质

第四章：葡萄酒地图

作者及本书专家介绍

编辑注：本书地图系原书插附地图。

奥利维尔·亭诺（Olivier Thiénot）

法国葡萄酒学院院长及创始人

奥利维尔·亭诺持有巴黎索邦大学文凭和葡萄酒及烈酒教育基金会（WSET）四级文凭，自2003年10月起担任法国葡萄酒学院院长。他经常在法国及其他国家和地区举办葡萄酒课程、讲座及研讨会，拥有20年的葡萄酒行业经验。

罗朗斯·特朗沙尔（Laurence Tranchart）

责任编辑

罗朗斯·特朗沙尔持有巴黎政治大学国际经济学硕士文凭，曾在国际合作领域工作十余年，随后开始在位于圣爱美浓的家族葡萄酒庄负责法国和其他国家和地区的业务拓展。她拥有葡萄酒及烈酒教育基金会（WSET）三级文凭。

娜塔莉·盎格诺（Nathalie Anguenot）

法国葡萄酒学院讲师

娜塔莉·盎格诺非常热爱葡萄酒酿造工作，拥有多个相关文凭。作为拥有酿酒学文凭的农学工程师，她为数家酒庄提供从葡萄树种植到葡萄酒装瓶的葡萄酒酿造顾问服务。她关注实地工作，经常分享自己的经验，并将风土的表达与酿酒人的天分完美结合。

法妮·巴泰勒米（Fanny Barthelemy）

法国葡萄酒学院讲师

法妮·巴泰勒米的家族在苏兹-拉鲁斯镇（Suze-la-Rousse）附近拥有一家酒庄。从2012年到2016年，除了完成讲师工作，她还销售葡萄酒，并且举办品酒会。为了更好地经营这家她所热爱的酒庄，她考取了苏兹-拉鲁斯葡萄酒大学酿酒学文凭。随后她又获得葡萄酒及烈酒教育基金会（WSET）四级文凭，提高了自己的专业水平。

蒂埃里·多尔日
（Thierry Dorge）

法国葡萄酒学院讲师

蒂埃里·多尔日拥有葡萄种植和酿酒学的文凭、葡萄酒及烈酒教育基金会（WSET）四级文凭以及感官分析专业证书，堪称高性价比产品的专家。

在发现了自己在葡萄酒方面的天赋后，他开始挖掘新的酿酒人。他的承诺是分享在品酒方面的卓越经验。他是巴黎侍酒师协会的成员，负责在法国葡萄酒学院举办众多相关课程、实习和培训。

维尼·马扎拉
（Vinny Mazzara）

法国葡萄酒学院讲师

维尼·马扎拉来自意大利，她非常热爱法国葡萄酒，葡萄酒于她而言是一项真正的事业。她拥有侍酒师文凭以及葡萄酒及烈酒教育基金会（WSET）四级文凭，是法国葡萄酒学院的讲师，曾在多家巴黎高档餐厅担任首席侍酒师，现在仍在提供葡萄酒的专业顾问服务。

罗朗·泰佩洛斯
（Laurent Tépélos）

法国葡萄酒学院讲师

罗朗·泰佩洛斯拥有工程师、葡萄种植和酿酒学和MBA文凭，以及葡萄酒及烈酒教育基金会（WSET）四级文凭，曾在葡萄酒大师学院学习。

他熟识世界各国的风土，并且通过大量的实践分享自身的经验。

品酒是一种可以学习的乐趣！

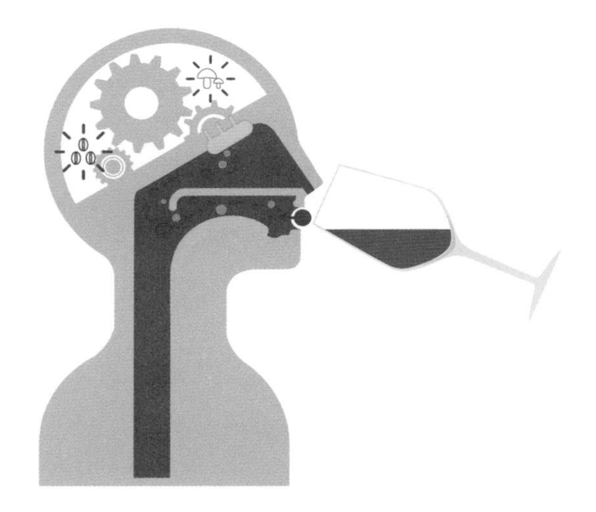

“我喜欢葡萄酒，这是一种高贵而生动的饮品，但是我闻不出酒里的味道，不会描述，也分不清对某一款酒是喜欢还是不喜欢。”

好吧！您应该高兴，因为您要上的第一堂课就是：品酒是一种可以学习的乐趣，需要一步一步完成，如同一场旅行，只要您花上一点时间，就会获得非凡的体验。

感官的分析开始于品酒的方法，我们的建议将会一步一步地引导您，为您介绍优质葡萄酒的独特之处，在各种场合下如何欣赏和正确地选择葡萄酒。在本书的第一部分中，葡萄酒的世界将向您敞开大门，您的品鉴能力将会有所提高，并且逐渐了解大自然和酿酒人的天作之合。

了解酿酒人一年到头的细致劳作、众多的葡萄品种以及塑造葡萄酒风味的产酒环境，将令您在品酒时拥有全新的角度。慢慢地，您将学会使用更多的葡萄酒术语，不再对不同种类的葡萄酒感到迷惑，并且做好准备，去探索世界各地的葡萄酒。

我们能够接触到的葡萄酒丰富到令人眼花缭乱，本书为您提供的正是解开这些秘密的钥匙。您将看到法国及其众多产酒村镇、意大利及其多样的葡萄品种、西班牙以及欧洲其他产酒历史悠久的国家的葡萄酒。除此之外还有来自南非、阿根廷、美国以及其他所谓新世界国家的优质佳酿。

本书是法国葡萄酒学院讲师、专家们经过多年经验总结所得出的成果。通过这些课程，我们的学生得以取得进步，学会对其所品鉴的各种葡萄酒进行描述，理解酒标的秘密，尤其是确认自己喜爱的风味。您可以按照不同的方式来使用本书，从头到尾或者分门别类，让您的好奇心和趣味心来引导您。

奥利维尔·亭诺
法国葡萄酒学院院长及创始人

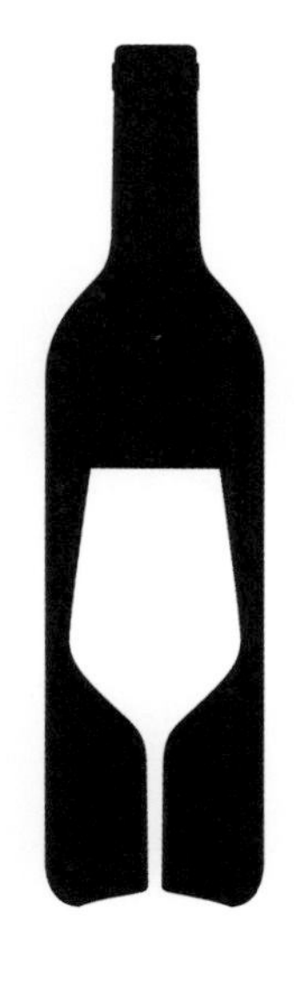

法国葡萄酒学院及其《法国葡萄酒研修全书》

法国葡萄酒学院自2003年成立开始，便希望成为一个交流的场所，其主旨就是：葡萄酒是一种可以学习和传播的乐趣。

法国葡萄酒学院针对不同的受众（包括初学者和有一定基础的学生）举办课程和培训。每年都有来自法国以及其他国家和地区的众多客户前来探索葡萄酒，或者完善自己的葡萄酒知识。

法国葡萄酒学院成立于法国，享誉全球，被专业和大众媒体誉为酿酒和品酒领域的标杆。

学院的课程分为两大类型：针对所有人的“爱好者”课程，以及针对希望通过文凭巩固葡萄酒知识的专业人士和资深爱好者的培训。

每门课程都是一次独一无二的体验，通过法国葡萄酒学院专家的分享以及主题性的品鉴，将理论与实践相结合。法国葡萄酒学院的专家均持有酿酒和品酒的相关文凭，拥有在法国和其他国家和地区从业的扎实的专业经验，而且教学能力过硬。他们只有一个目标，就是传授他们的经验和知识。

《法国葡萄酒研修全书》将法国葡萄酒学院众多课程当中涉及的不同主题进行总结，以系统而具有趣味性的学习方法为基础，讲解每个阶段的关键知识，帮助您更好地欣赏葡萄酒。

《法国葡萄酒研修全书》包括葡萄酒文化中的基础知识，品酒的不同步骤以及主要的葡萄酒产区，并以个性化的方式进行葡萄酒品鉴。

您的品酒课程

从菜鸟到

1 初识葡萄酒，学会描述葡萄酒

目标：帮助您快速了解葡萄酒的基础知识，让您能够看懂酒标，学会描述葡萄酒，感知酒中细腻的香气和各种风味，学习如何侍酒，如何储存，如何搭配餐酒，认识重要的葡萄品种和葡萄酒的主要风格，这些都是入门部分的内容。

这一部分结束于第二章。在这个阶段中，您将学习基础知识，并通过4个练习来检验您新学的知识。

2 了解葡萄酒的多种多样以及决定品质的因素

在这个阶段中，您将了解除了葡萄品种，决定不同葡萄酒存在差异的关键因素。您将探索酿酒人的工作以及优质葡萄酒的秘密。除此之外，您还将学习风土的概念，酒庄的环境以及酿酒人的天赋在从葡萄树到杯中物的各个酿酒环节中的体现，白葡萄酒、桃红葡萄酒、红葡萄酒和其他风格的葡萄酒分别是如何酿造的，葡萄酒的陈酿如何进行。这一部分包括第三章以及2个练习，您将对葡萄酒的品质概念有所了解。

3 遍览世界葡萄酒产区

现在您已经跨过入门的阶段，开始探索世界各地的葡萄酒。最后这一部分将从法国及其丰富多彩的酒款和葡萄品种开始介绍。无论是蜚声世界的佳酿，还是名望稍逊的产区，都将有所涉猎。随后来到以众多葡萄品种和产区而闻名的意大利，世界上最大的产酒国家西班牙，以及丰富多彩的其他欧洲国家。最后登场的则是新世界广阔的产酒国家：美国、阿根廷、澳大利亚等。这些地方都可以成为您未来品酒之旅的目的地。这一部分包括第四章和2个练习，您将探索各大葡萄酒产区，整个葡萄酒世界将在您眼前展开。

老手

然后呢？

您可以登录我们的官方网站**https://www.ecole-vins-spiritueux.com/fr/ecole-du-vin**。在此您将找到有关葡萄酒展会、品鉴会、葡萄酒市场最新现状的信息，以便继续学习。法国葡萄酒学院的专家们也将按时发表与书中各个部分相关的文章和报道。您也可以将您的相关体验、品酒以及与酿酒人交流的信息发给我们，并且获得发表。

如何成为优秀的品酒师和经验丰富的葡萄酒爱好者？

请看专业人士的见证：

维尼·马扎拉

法国葡萄酒学院讲师

我始终认为品酒如同一项体育活动，并且像所有体育活动一样，需要通过训练，才能取得最好的成绩。当学生们问我如何更好地理解和描述葡萄酒时，我总是这样回答："品酒如同一项运动，懒人无法完成。品酒的数量越多，水平就越高。"

想要在完成品酒课之后提高品酒水平，以下是我的几点建议：

平日始终注意关注气味：春天的花朵、夏天的香草、烹调时的香料。这样做的目的在于训练和培养对气味的记忆。训练得越多，您的"肌肉"就越高效，您的头脑反应就越快。

努力在复杂的情况下找出气味和香味，比如，尝试找出做成一道菜所用的所有配料（在餐厅或者在朋友家吃到的一道菜），并且加以描述。香味的组合在水中也可能存在不同的强度。

品尝各种葡萄酒，尝试记忆它们的特点，从而进行比较。

但是对一种感觉的最终识别也取决于对特定词汇的掌握。所以想要准确地描述，同样需要有专业人士或者学习小组的帮助，从而将自己的感觉与其他人进行比较。

蒂埃里·多尔日

法国葡萄酒学院讲师

想要成为一名优秀的品酒师，首先需要具有一定的技术基础（了解葡萄种植、酿酒技术以及品酒所用的主要术语），保持好奇心，在葡萄酒展会上对遇到的人表现出一定的兴趣，不要先入为主，尤其是尽可能地保持谦虚。

什么都不能代替实践，包括与酿酒人交流，这是我最主要的灵感源泉。我经常前往酒庄以及在业内活动中与酿酒人交流，尤其是参加波尔多的期酒品鉴会（Primeurs）、罗讷河谷的探索活动（Découvertes en vallée du Rhône）以及勃艮第葡萄酒盛会（Grands jours de Bourgogne）。

在波尔多的期酒品鉴周中，前两天我会前往右岸（利布尔内地区），从美乐开始品鉴。随后的两天我将前往左岸（格拉夫和梅多克），最后几天则品鉴甜型葡萄酒。

而在勃艮第葡萄酒盛会中，我总是从夏布利葡萄酒开始。最后两天用来品鉴普里尼、默尔索、夏瑟尼和科尔登–查理曼一类的强劲风格的白葡萄酒，以及科尔登和夜丘的红葡萄酒。

在访问过我所熟悉的酒庄之后，我将踏上冒险之旅，我的好奇心很强，会去拜访我不了解的酒庄和产区，而通常我都会不虚此行。

第一章：

葡萄酒全景一览

基本概念

葡萄酒是一种酒精饮料，通过将葡萄中天然含有的糖分经酒精发酵转化为酒精而制成。

葡萄酒的组成部分有哪些？

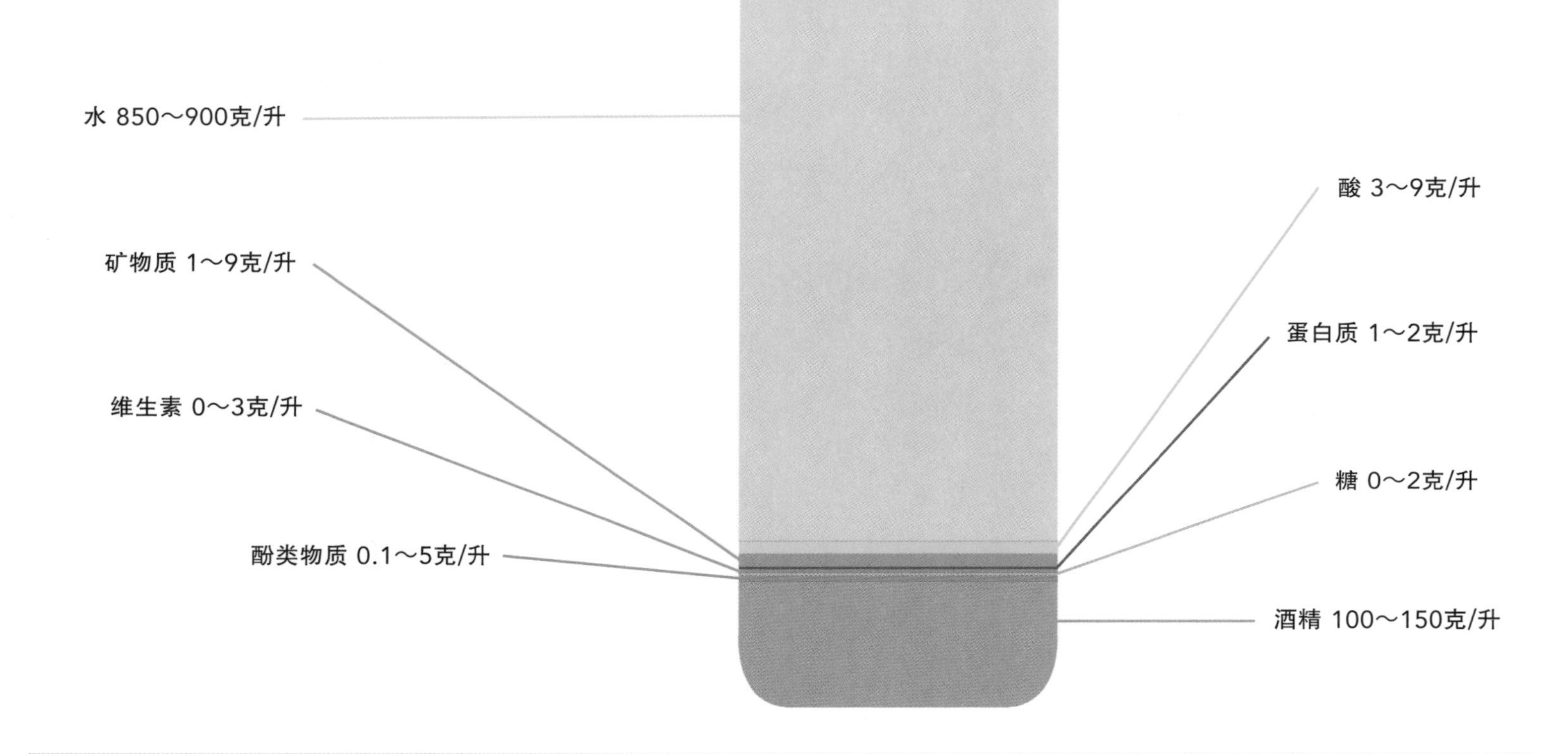

葡萄酒中的卡路里

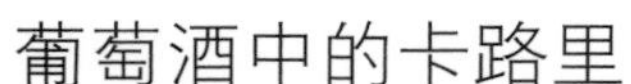

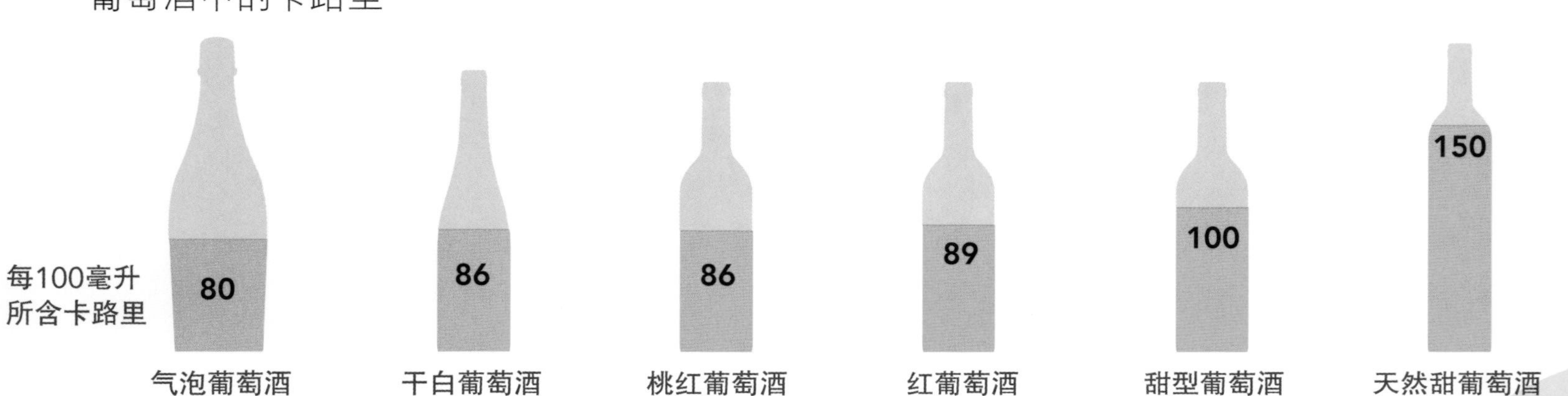

葡萄酒的名称

在实践中，当我们谈到葡萄酒时，可以采用其葡萄品种、生产地点或者品牌来命名。

葡萄品种

葡萄酒可以采用其所使用的葡萄品种（cépage）来命名，比如霞多丽。全世界可以酿造葡萄酒的葡萄品种有几千个。对于某一品种需要在酒中占比多少才能出现在葡萄酒名称中，每个国家都有不同的规定：

· 欧盟、澳大利亚、新西兰、南非为85%；
· 阿根廷为80%；
· 美国和智利为75%。

生产地点

葡萄酒也可以采用其生产地点即产区（appellation）来命名，这在法国、意大利、西班牙、葡萄牙尤为常见。生产区域的大小相差很大，从不到1公顷到比欧洲还要大的区域都有可能。

品牌

葡萄酒可以采用其品牌来命名。品牌名称当中可能包含“庄园”（Domaine）、“酒堡”（Château）或者其他任何对葡萄酒进行界定的词语，有时是生产者的名字。每年，英国杂志《国际酒饮》（*Drinks International*）都会评选全世界最著名的50个葡萄酒品牌。2017年，西班牙的桃乐丝（Torres）荣膺该品牌榜首，其次是智利的干露（Concha y Toro）和澳大利亚的奔富（Penfolds），来自罗讷河谷的法国品牌吉佳乐（Guigal）名列第六位。

独特的酒瓶规格

盛放葡萄酒的瓶子通常为750毫升，但是市场上也有其他规格的酒瓶，而且名称非常独特。

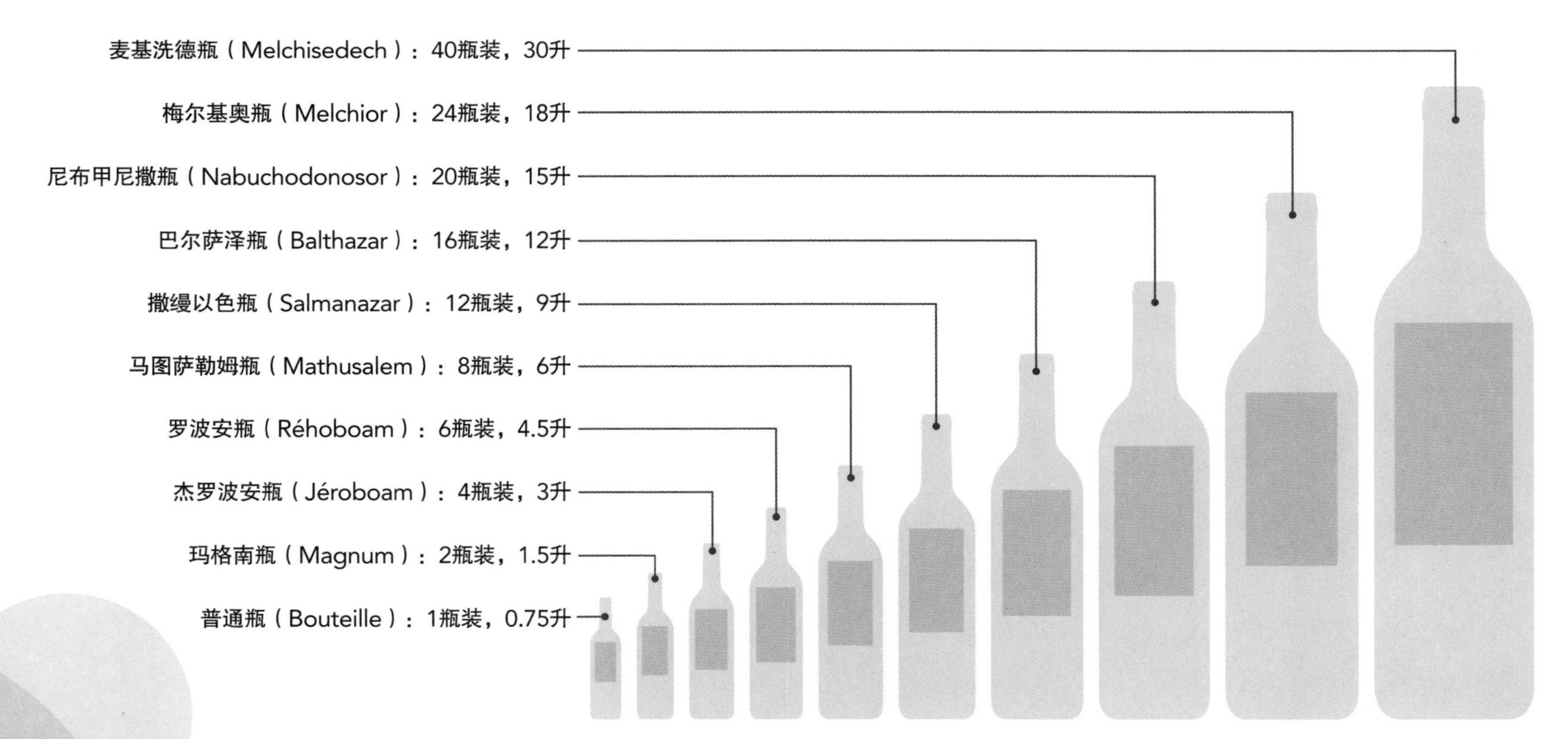

历史简述

葡萄酒的发明也许出自偶然。它的历史可以上溯到新石器时代。葡萄从野生转变成人为种植，并且各地出现能够控制葡萄发酵的方法。于是，葡萄种植从土耳其和格鲁吉亚缓慢地传播开来，很快便成为远程商业的产品。

人类酿造的第一款葡萄酒

8000年前，人类已经开始在近东的山地区域，生产、储存、消费和交易葡萄酒，即今天的土耳其东部托鲁斯山（Taurus）、高加索南部和伊朗西北部的扎格罗斯山（Zagros）附近。

葡萄酒在古代最伟大的文明中都留下了痕迹。葡萄树的种植起源于肥沃的新月地带北部，并逐渐向南部蔓延，大约在公元前4000年到达约旦河谷，公元前3000年到达古埃及和美索不达米亚，公元前2500年到达古希腊。

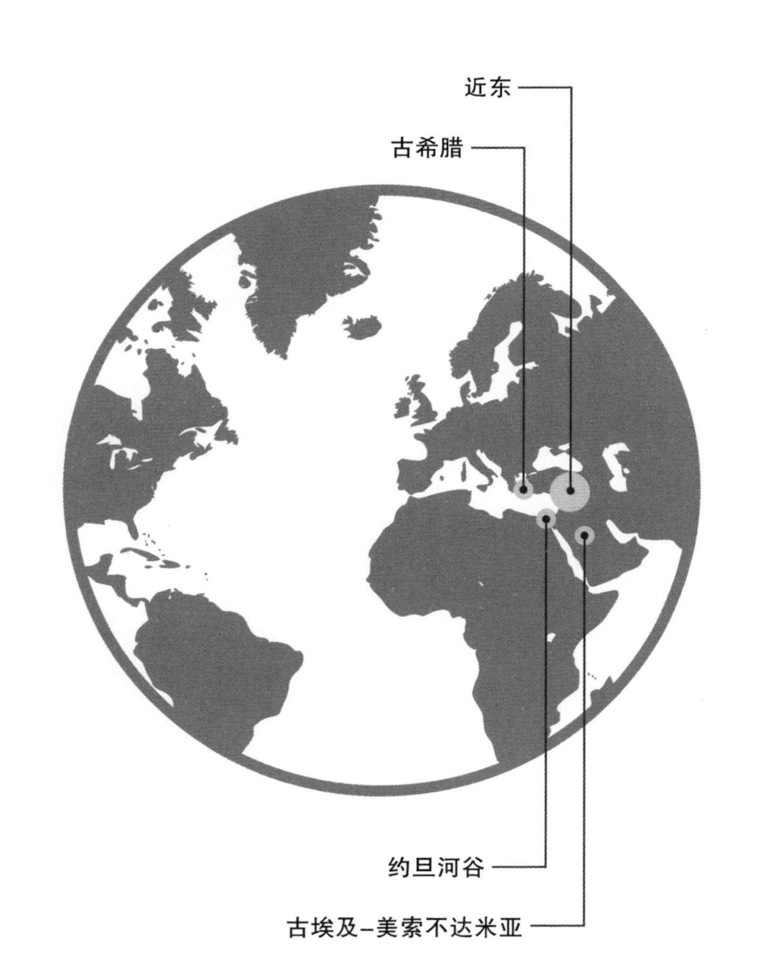

古埃及人的葡萄酒

根据考古学的证明，最早的古埃及葡萄酒出现在公元前3300年。古埃及的墓葬壁画描绘了酿酒的整个过程，成为最古老的葡萄酒酿造图册。

无论是在古埃及还是在美索不达米亚地区，葡萄酒都属于精英阶层，并且经常出现在宴会或者葬礼中。古埃及人已经能够区分白葡萄酒、桃红葡萄酒和红葡萄酒，而且似乎偏好甜型葡萄酒。

古希腊人的贡献

葡萄酒在古希腊人的文化中是一个关键的元素。荷马创作的诗歌——尤其是《伊利亚德》和《奥德赛》，都向我们描述了重要的产酒地区。

人们对葡萄园进行整理，从而提高产量：建造台地、矮墙，为酿酒场所配备破皮机、压榨机和酒窖。

人们总是一起饮用葡萄酒，尤其是在宴会上。酒中会掺入水，有时还会放入香料。

从公元前5世纪起，古希腊各城邦便已开始进行葡萄酒贸易，采用以印章标记的双耳尖底瓮进行运输。

狄俄倪索斯和巴克斯

古希腊人狂热地崇拜酒神狄俄倪索斯（Dionysos），古罗马人则将其称为巴克斯（Bacchus）。每年初春时节，雅典城邦都会举办豪华的盛会，开启酒瓮，品尝新酿的美酒，尤其是在“大酒神节”（Grandes Dionysies）期间，还有戏剧表演。

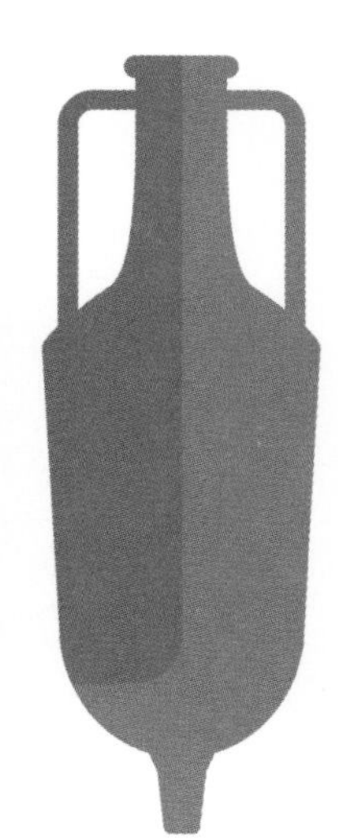

古罗马人的葡萄酒

古罗马人丰富了之前古希腊人的酿酒工艺，出现了最早的农学手册，手册中建议优先选择排水性好、朝向好的土地种植葡萄，尤其是山坡，还建议修剪葡萄树。普里尼（Pline）写道：“我们从藤枝上拿走的，将会还给果实。”古罗马人将葡萄种植的范围扩展到地中海以外，他们侵占到哪里，就将葡萄带到哪里。古罗马人的酿酒技术直到中世纪末期都一直被所有酿酒人所使用。

中世纪

随着古罗马帝国的覆灭，葡萄种植的规模缩小，仅保留在城市周围和宗教机构当中。

西方葡萄种植的延续和传播主要归功于基督教。修士们在葡萄酒行业的快速发展中起到了关键的作用。

为了降低运输的费用，葡萄园均位于城市（也就是葡萄酒被消费的地方）以及陆运，尤其是河运和海运交通枢纽的周边。

从11世纪起，随着欧洲北部大型市场的出现，地中海沿岸的葡萄园逐渐衰落。

荷兰人的影响

17和18世纪是欧洲大型葡萄园和顶级葡萄酒崛起的时代。香槟、甜型葡萄酒和加强型葡萄酒等新的风格应运而生。

荷兰商人对于欧洲葡萄酒行业的影响非常之大。生命之水（eau-de-vie）和甜型葡萄酒大获成功。生命之水因为极易储存，成为水手们偏爱的饮品，而同样方便运输、不易氧化的加强型葡萄酒也很受欢迎。

葡萄酒的快速发展

- **从“香槟葡萄酒”到“香槟气泡葡萄酒”：**直到17世纪下半叶，香槟出产的都是略带粉红色的无泡葡萄酒，直到1715年之后，起泡型香槟才流行起来。高昂的价格使其在很长时间里都是权贵阶层的专属饮料。
- **波尔多的新产区：**在17世纪下半叶，面对伊比利亚半岛口味强劲的葡萄酒的竞争，波尔多人改变了本地酒款的风格，关注品质。颜色较淡的红葡萄酒（clairet）转变为酒色深郁的酒庄葡萄酒，适合陈年，并以其所在的各个产区而予以区分。

侯伯王（Haut-Brion）是波尔多的第一家酒庄，位于格拉夫产区（Graves），于1663年成名。
- **勃艮第葡萄园的快速发展：**勃艮第葡萄酒的演变较为缓慢，不同于香槟和波尔多地区的革命。位于夏布利（Chablis）附近，最为著名的金丘地区（Côte-d'Or）拥有独特的风土，从12世纪起由教士们塑造而成。到了18世纪，勃艮第开始进行葡萄产区和不同地块的盘点。与此同时，第一批酒商兼陈酿商——比如香皮（Champy，成立于1720年）和宝尚（Bouchard，成立于1731年）发展起来。
- **新世界最早的葡萄产区：**从16世纪起，欧洲人开始在殖民地发展葡萄种植。

南美洲在哥伦布到来之后不久便开始出现葡萄种植。在美国加利福尼亚，第一款葡萄酒于1769年由一位方济会神父酿造而成。荷兰人自17世纪起在南非开普省（Cap）种下葡萄树，并取得巨大的成功。

葡萄酒的品鉴

愉快与不愉快的表达，喜欢与不喜欢，是品酒的开端。系统化的品酒能够让人更加清晰地描述对葡萄酒的直观感受，并且运用词汇更好地进行评价。

简单与乐趣

我们不需要掌握枯燥的技术词汇也能成为品酒师，我们需要的是简单描述自己的感觉。品酒师能够将简单的消费行为转化为观察的一刻。通过品酒，我们进入葡萄酒的内部，探索它的来源，它的葡萄品种以及酿酒人的工艺。品酒的目的在于评价葡萄酒，从而更好地欣赏它，并且无须大量饮入。

品酒的艺术

品酒是一门艺术，每个人都可以按照自己的方式参与其中。

对葡萄酒专业人士而言，这是一门控制的艺术，因为它能够帮助理解和解释葡萄酒及其生产过程。对普通人而言，品酒则是系统化表达的艺术，从而将葡萄酒所带来的众多感觉详细地表述出来。

品酒在一定程度上是客观的，但是又能让人展示自己的敏感性，因此又是主观的，所以品酒令人欲罢不能。

我们每个人对颜色、香气和味道的感知都不相同，都有独特的诠释方法。

品酒不仅能够使我们的感官更为精确地运转，而且它能让我们对感觉的描述上留下大量的自由度。品酒者需要运用词汇诠释自己的感觉。

从感觉到感知

颜色、香气、味道，从杯中来，向脑中去。在第一阶段，我们感知的是大脑无意识接收到的感觉。这些感觉还未经过处理。

品酒的步骤

从感知到描述

在第二阶段，我们有意识地处理这些感觉，根据我们的品酒习惯，采用较为准确的词汇进行描述。

从描述到品质的评价

在第三阶段，我们根据自己的经验、记忆和品酒习惯，针对葡萄酒表达清晰的意见。

客观性描述与主观性描述

有些品酒者对葡萄酒进行准确的评价，不发表个人意见；有些则根据自己的好恶来评价，表达自己的看法。

品酒的能力

很少有人因为生病而无法闻到气味或尝不到味道。不过，我们的感官能力通常都有短板。过多的连续品酒会使人产生疲倦甚至是麻痹的感觉，年龄大、感冒等疾病也会降低我们的品酒能力。

观察葡萄酒

与葡萄酒的第一接触来自视觉：我们观察葡萄酒的颜色、浓郁度、酒泪。这个过程能够提供丰富的信息，有关葡萄酒的年龄和来源。红、白、桃红——葡萄酒拥有非常多样的色彩。

如何正确地观察葡萄酒？

首先倒满杯子的三分之一，从而避免在转杯时将酒溅出。握住杯脚，将其靠近自己，随后将杯子向前倾斜45度，以一个白色平面为背景，观察葡萄酒的颜色及其变化。

观察葡萄酒

清澈度

清澈是指葡萄酒中没有固体悬浮物。在大多数情况下，葡萄酒都是清澈的。有时会有酒石晶颗粒出现，此种情况白葡萄酒居多。如有沉淀，则是葡萄酒经过陈年的信号。对红葡萄酒来说，单宁和色素微粒将会随着时间的推移而结合和析出，落到杯底或者瓶底。

闪亮度

闪亮度体现的是葡萄酒的卫生状况，颜色暗沉通常是存在缺陷的信号。

颜色的浓郁度

我是否能够透过酒液看到自己的手指？如果可以，则酒的浓郁度较低，否则酒的浓郁度较高。

浓郁度的高低取决于葡萄品种、陈酿、年龄（红葡萄酒越老，则色彩的浓郁度越低），同时它也对葡萄酒的地理来源给出一定的提示（较热的气候通常出产色彩浓郁度较高的葡萄酒）。

需要观察的其他元素

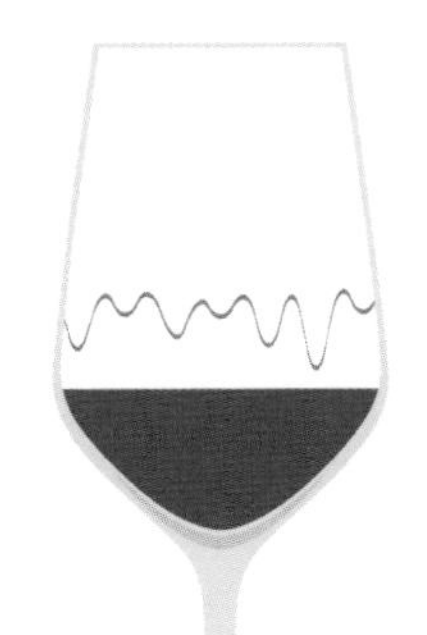

酒泪

“酒泪”是指沿着杯壁流下的酒液。酒精比水更易挥发，当杯口处被酒液湿润后，会留下薄薄的一层水性液体，随后转化为小酒滴。葡萄酒的酒精度越高，越容易形成酒泪。

气泡

对气泡葡萄酒而言，二氧化碳的散发和持续升腾会形成连串的气泡，这是气泡葡萄酒独一无二的特点。

人们有时会在静止葡萄酒中追求轻微的气泡感，这种葡萄酒被称为微气泡葡萄酒（perlant、perlé或frizzante）。

色彩的区分

色彩的演变

葡萄酒的颜色能够明确地指示它的年龄。经过陈年，白葡萄酒从淡黄色过渡到金色；桃红葡萄酒染上偏橙色的调子；红葡萄酒则从紫红色或宝石红色过渡到石榴红色和棕红色。

嗅闻葡萄酒

这是葡萄酒品鉴过程中的一个重要步骤，因为每款葡萄酒带来的乐趣及其具有的独特性由此开始展现。人的嗅觉比味觉灵敏大约10000倍。葡萄酒中存在超过500种挥发性物质。

我们用来品酒的第一工具：鼻子

首先需要了解的一个知识就是：葡萄酒里并未加入任何人工香精！

如何嗅闻葡萄酒？

我们需要通过嗅闻（直接嗅觉）和品尝（鼻后嗅觉）葡萄酒来分辨香气。

直接嗅觉

当我们想到“气味”时，我们想到的通常是通过鼻腔呼吸到的气味，也就是通过直接渠道闻到的气味。

鼻后嗅觉

我们通过鼻后嗅觉也能捕捉到一定数量的香气。某些微粒在口中经过加温，转化为气体，上升到鼻腔，由此我们也能感觉到香气的持久性。

嗅闻葡萄酒的正确方式

手持杯脚，将杯子靠近鼻子，随后第一次嗅闻葡萄酒，不要摇晃杯子。第一次嗅闻到的是葡萄酒最为清淡的香气。

随后进行第二次嗅闻。正确的方式是将葡萄酒在杯中摇晃片刻，然后嗅闻。

葡萄酒的香气从何而来?

皮革、樱桃、香草或是新鲜青草，所有这些大相径庭的香气如何能够天然地存在于葡萄酒当中?

葡萄酒的香气取决于葡萄品种，以及葡萄树与其所在的环境之间的互动、气候、年份、葡萄的种植方式、酿造工艺以及储存方法。

葡萄酒的香气能够揭示许多信息，详见右图。

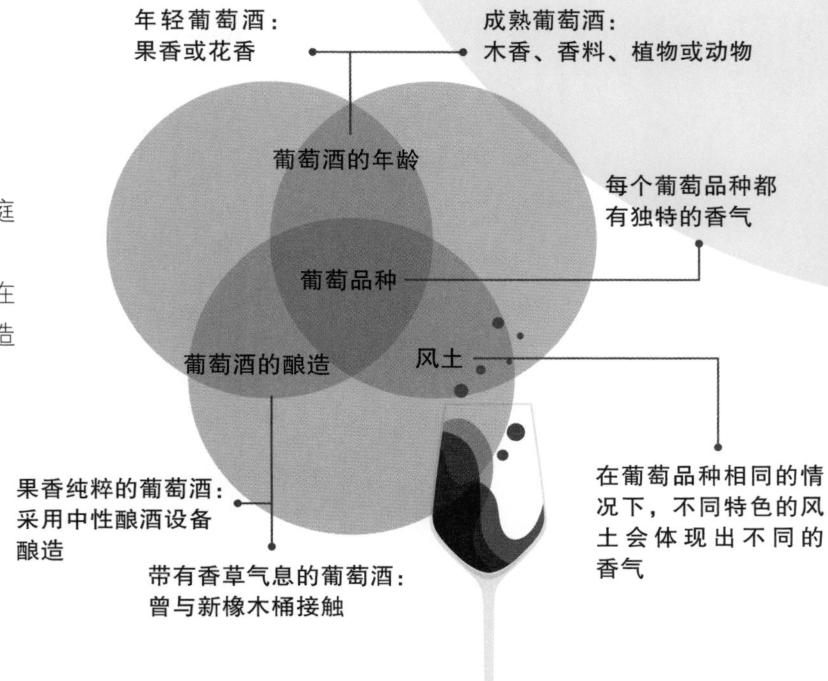

香气的浓郁度

葡萄酒的香气浓郁度各有不同，有的葡萄酒香气比较收敛，有的则因采用香气非常开放的葡萄品种（比如琼瑶浆）酿造，所以香气非常浓郁。

我们所说的“香气封闭”的葡萄酒经过几年的酒窖陈年或者在醒酒器中醒酒，打开后会释放更为浓郁的香气。

葡萄酒的香气：一级、二级和三级

一级香气

指的是品种香气，与葡萄的品种相关。一级香气包括葡萄酒中的花朵、水果、植物、矿物质和香料的香气。

二级香气

指的是来源于酿造，尤其是发酵的香气：发酵前的处理、发酵（酵母、面包、面包房）和浸皮所产生的香气。戊醇（英式糖果、洗甲水）或是奶制品（新鲜黄油、焦糖、牛奶、酸奶）的气息也是常见的香气。

三级香气

指的是葡萄酒的陈酿和陈年所带来的香气。其中有些来自橡木桶，比如香草、木头或者香醋的气息，其他香气包括花朵（干花）、水果（果干、哈喇味）、香料、动物、焦油（焙烤、烘烤、焦糖）、植物（松露、蘑菇、灌木）的气息。

不好的气味——葡萄酒及其缺陷

某种气味是否是“缺陷”，其实有时也会引发讨论，要注意不要将“我不喜欢”和“有缺陷”相混淆。

· **木塞的气味（最常出现）**：通常由于木塞质量不佳，因此出现污染酒液的三氯苯甲醚所产生的气味。

· **氧化的气味（核桃、马德拉酒或者过熟的苹果的气味）**：葡萄酒在换桶或装瓶时因为接触空气而氧化所产生的气味。

· **还原的气味（封闭的房间、发霉、大蒜、洋葱的气味）**：源于硫的过量使用。

· **醋的气味**：源于葡萄酒因长时间氧化而产生醋酸并且变质。

葡萄酒的香气

葡萄酒的香气可以分为不同的门类。根据不同的颜色和风格，葡萄酒会拥有比较类似花朵、水果、香料等的不同香气。

白葡萄酒的香气门类

“年轻”葡萄酒与“陈年”葡萄酒

这样分类的目的在于预估葡萄酒的演变过程。主要具有一级和二级香气的葡萄酒属于年轻的葡萄酒；三级香气占主导的葡萄酒属于陈年的葡萄酒。而在两者之间，当然还有多种不同的状态。

桃红葡萄酒的香气门类

水果

樱桃

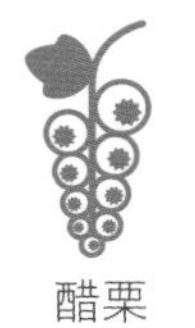
醋栗

草莓

覆盆子

柚子

苹果

杏仁

花朵

玫瑰

紫罗兰

干花

橙花

植物

青椒

香料

胡椒

红葡萄酒的香气门类

水果

红色水果

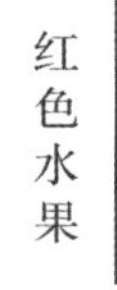

醋栗

樱桃

草莓

覆盆子

黑色水果

黑加仑

蓝莓

黑莓

樱桃

李子

果干

核桃

杏仁

花朵

玫瑰

紫罗兰

牡丹

植物

黑加仑芽孢

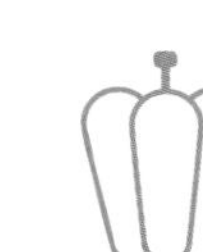
青椒

烟草

蘑菇

松露

香料

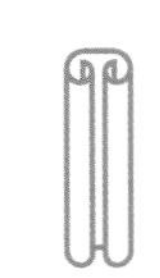
肉桂

香草

胡椒

木质

橡木

桉树

其他

皮革

咖啡

焦糖

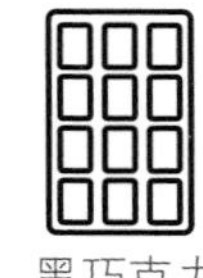
黑巧克力

烟熏

品尝葡萄酒

葡萄酒在口中会产生不同的感觉、味道和香气。通过品尝葡萄酒，我们可以获得有关葡萄酒的风格以及餐酒搭配可能性的信息。很多人都会不看也不闻葡萄酒，而是直接通过品尝来进行评价。

在口中的感觉

葡萄酒在口中时，需要我们调动几种不同的感官去品尝：

味觉：舌头的不同区域对于甜、咸、酸、苦这四种基础味道分别具有特殊的敏感度。

触觉：葡萄酒中的某些元素——比如单宁——会为口腔带来粗糙和干燥的感觉。

嗅觉：在将葡萄酒喝入口中之后，我们通过鼻后嗅觉还会感受到一些香气。

如何品尝葡萄酒

正确的做法：喝一口酒，润湿整个舌头，随后小口吸入少量空气，使其帮助氧化和打开葡萄酒，从而释放所有香气。

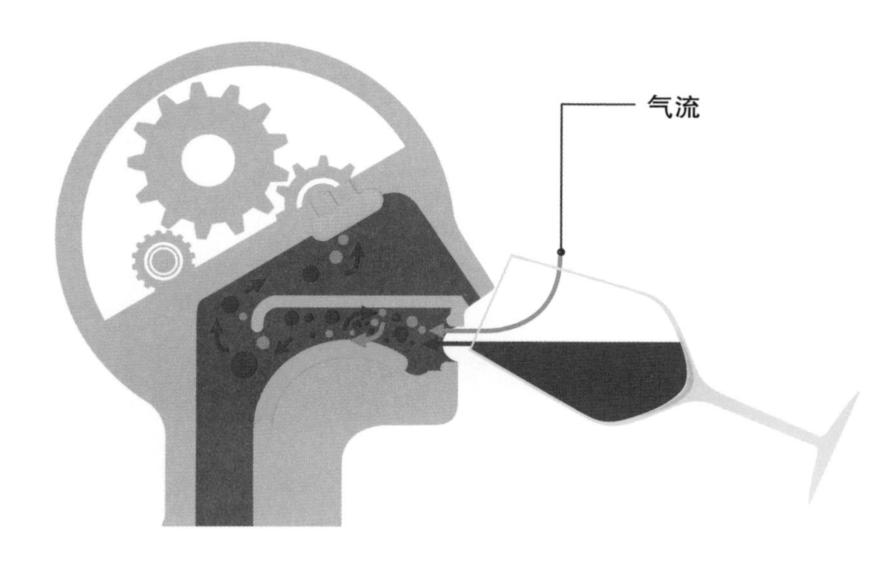

在口中感觉到的味道

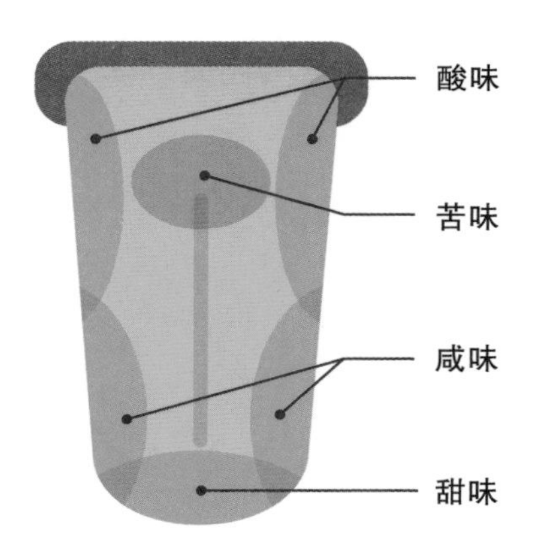

甜味

葡萄酒刚入口时，我们感受到的第一种味道便是甜味，因为舌头尖端处对甜味最为敏感。葡萄酒的甜味来源于葡萄当中天然含有并且未在发酵中转化为酒精的糖分。这种味道也称为“醇美感”（moelleux），它为葡萄酒带来甜美、圆润和富有体积的感觉。酒精也能够增加甜味的感觉。

酸味

酸味是葡萄酒真正的天然脊梁，是我们感受到的第二种味道，也被称为“口感中段”。酸味让人产生唾液，带来清爽的感觉。舌头的两侧对这种味道最为敏感。产自气候凉爽地区的葡萄酒通常酸度较高。另外，白葡萄酒大多数比桃红葡萄酒和红葡萄酒的酸度更高。

单宁

口感后段的感觉来自舌头的后端。这种感觉类似苦味，会引发稍显粗糙、涩口和干燥的感觉。单宁主要存在于红葡萄酒当中，为其带来骨架感，从而形成酒的结构，而在桃红葡萄酒当中单宁则含量很少。

单宁主要来源于葡萄的皮、籽和梗，而在培育时所采用的新橡木桶（或者橡木片）也能带来更多的单宁。

酒精

酒精在口中体现为一种黏稠感。它为葡萄酒带来圆润、柔美和体积饱满的感觉。酒精度较低的葡萄酒显得较为单薄，类似水的口感；而酒精度过高的葡萄酒则有可能在口中引发灼烧感，并且令品酒人感到更加疲倦。通常来说，来自较炎热产区的葡萄酒比来自较凉爽产区的葡萄酒酒精度更高。

酒体

我们要注意的还有酒体：这款葡萄酒是轻盈的还是强劲的？酒体是界定葡萄酒的力量感和结构感的关键因素。酒体指的是葡萄酒在口中的体积感。这款葡萄酒令人想起类似丝绸的轻薄布料，还是厚重的丝绒？这种感觉来源于单宁、酒精、糖分的综合作用，从而决定葡萄酒的风格是否浓郁。

第五种味道？

1908年，葡萄酒的第五种味道——鲜味（umami），被识别出来。这原本是一个日语词，描述的是谷氨酸盐的味道，这种氨基酸能够提升口味，提高多种食物的鲜美感，但是本身并没有味道。鲜味常见于富含谷氨酸盐的食物当中，比如鱼虾、烟熏肉、某些蔬菜（蘑菇、成熟的番茄、芦笋等）以及经过陈年和发酵的食物（奶酪、酱油等）。舌头的中段、口腔的上方对鲜味最为敏感。

在口中感觉到的香气

除了所有的味道和质地，葡萄酒还会继续提供信息：它将在口中再次释放香气。酒中的香气成分逐渐散发，通过鼻后嗅觉上升至鼻腔中。在这个阶段，我们应当关注的是这些香气的特点。我们感受到的是不是与嗅闻时同样的香气？是不是还出现了其他的香气？这一次对香气的重复描述对于确认自己的感觉，并且对嗅闻时并不清晰的新的香气是非常有用的。

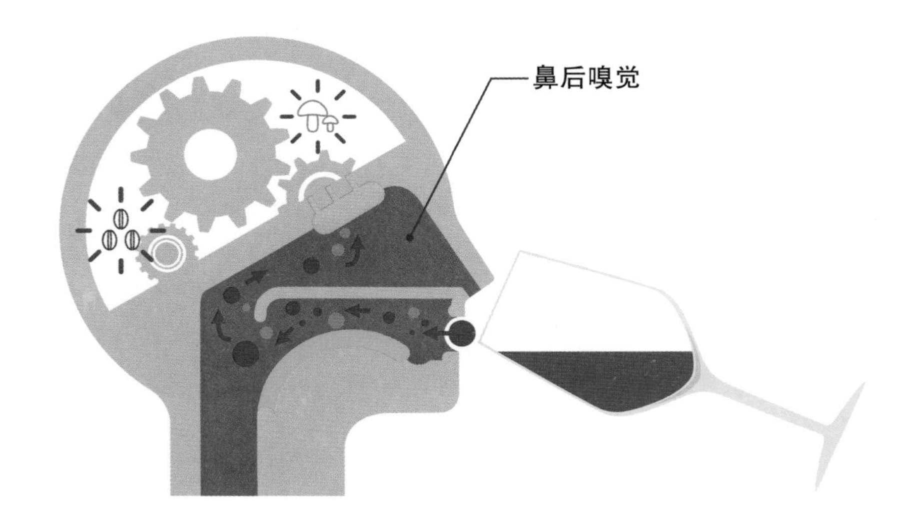

香气的持久度

我们的感官之旅的最后一站，称为口感收尾或者余味，其目的是在吐出或者喝下葡萄酒之后，体会香气在口中的持久度。口腔在一定时间内将持续保留葡萄酒的味道，可以通过读秒计算这段时间的长短。这个方式可以用于主观化地评价葡萄酒的质量，并且在描述葡萄酒时谈及它的余味。口感最简单的葡萄酒通常香气不太持久，而优质葡萄酒则香气悠长。

酸度与清爽感

在日常对话中，如果我们说一款葡萄酒很酸，这是负面的评论，但是酸度对于葡萄酒来说却是一个有利的元素，因为它能够带来清爽和活泼的口感，尽管每个人根据年龄、品味习惯和体质的不同会对酸味有不同的评价。

葡萄酒的余味

葡萄酒能够在口中留下悠长的香气，从而带来最大的品鉴乐趣。但是请注意，余味并不包括酸味、苦味和甜味，而是只包括香气。

葡萄酒味道的平衡

我们对于味道和不同感官的敏感度取决于每个人的口味和习惯。如何才能感知这一切?
当一款酒中的所有成分（主要包括酒精、糖分、酸度、苦味）达到和谐时，这款酒就达到了所谓的味道的平衡。

味道的平衡：

白葡萄酒

对干白葡萄酒来说，酒精与酸度之间的平衡最为重要。

举例

· 高酸度和低酒精度：这样的葡萄酒会感觉不平衡，口感具有侵略性，酸度过高，缺少酒体，可以描述为“瘦弱”。

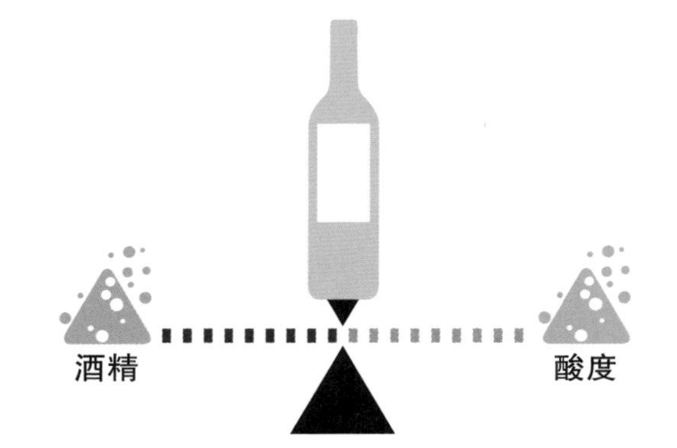

甜白葡萄酒

对半甜白和甜白葡萄酒来说，酒精、糖分和酸度三者之间的平衡最为重要。

举例

· 含糖量过高：这样的葡萄酒在口中会有黏稠或者腻人的感觉，是不平衡的。
· 但是，如果含糖量能有较高的酸度和酒精度与之相抗衡，那么葡萄酒就会变得平衡了。

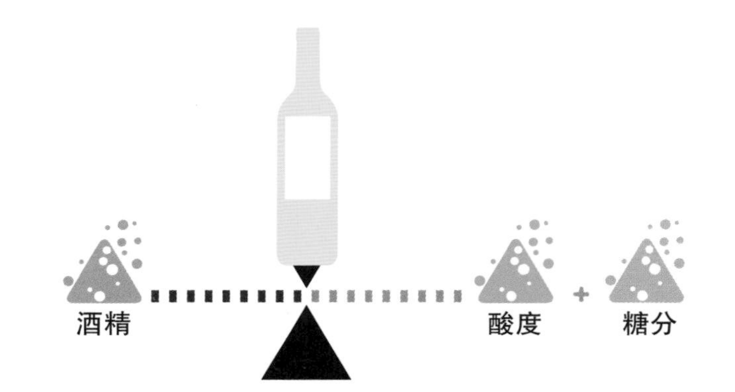

桃红葡萄酒

桃红葡萄酒需要在酸度和圆润感（酒精）之间达到平衡。酒精能够在口中形成滑腻和圆润的感觉。

举例

· 如果酸度不足，那么葡萄酒就会不平衡，显得沉重。
· 如果酸度过高，而且没有滑腻感与其平衡，那么葡萄酒就会不平衡，显得具有侵略性。

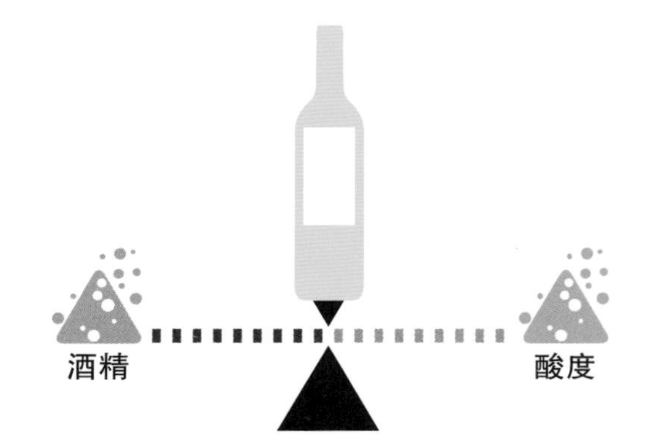

红葡萄酒味道的平衡

在一款红葡萄酒当中，酸度、单宁和酒精三者之间的平衡最为重要。酒中的酒精度如果较高，就能够为酸度提供支持。酸味和苦味（单宁）可以叠加在一起。

举例

• 低单宁、低酸度和高酒精度：这样的葡萄酒会显得不平衡。单宁和酸度太低，无法与明显的酒精相平衡。

• 高单宁、高酸度和高酒精度：这样的葡萄酒在三种味道之间达到平衡，每一种都不过多，基本处于同一水平。这样就是一款平衡的红葡萄酒。

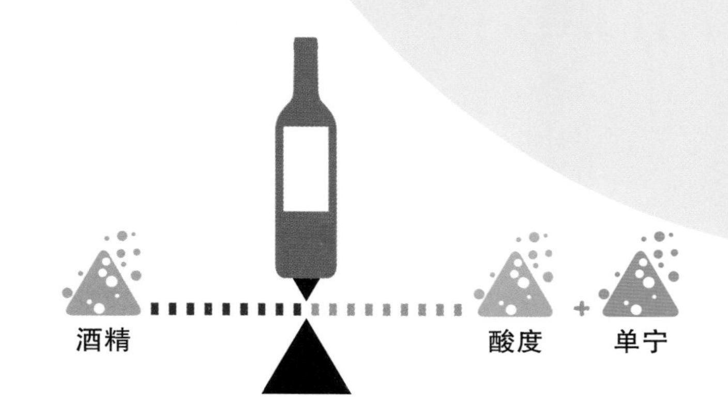

	圆润感（甜型葡萄酒）	圆润感（酒精）	酸度	单宁（红葡萄酒）
+	甜度	酒精	酸度	单宁
	甜腻的	浓烈的	生青的	粗重的
平衡	醇美的	滑腻的	清新的	坚实的
	绒滑的	瘦弱的	酸涩的	软糯的
−	甜度	酒精	酸度	单宁

帮助葡萄酒顺利陈年的因素

从结构的角度来说，一款葡萄酒想要拥有陈年的能力，需要具备坚实、稳定和强劲的骨架，也就是说，要有足够的单宁。

但是糖分、酸度或者酒精度等其他成分同样也能帮助葡萄酒陈年。

赤霞珠或是西拉的单宁，白诗南的酸度，炎热地区出产的较高的酒精度，甜型葡萄酒的糖分，都是陈年葡萄酒的关键因素。

但是需要记住的是，葡萄酒的陈年能力是一个复杂的概念。对红葡萄酒来说，单宁确实起到重要的作用，但是酸度同样也很重要，因为两者会发生互动。

葡萄酒的品质

我们已经描述了葡萄酒，观看、嗅闻、品尝了它，并且评判了它的平衡度。如果葡萄酒没有缺陷，那么现在我们就可以定义它的品质了。首先，需要将客观的质量标准与个人的喜好区别开来。两个不同的品鉴者对于一款葡萄酒的品质应当给出同样的客观评价。

客观标准

葡萄酒的平衡

酒中的一切都应当和谐，不同的味道之间达到细微的平衡。酒中的每一个因素（酒精度、香气、酸度、单宁、糖分）都应当有自己的位置，但是不会互相倾轧，而是能与其他因素达到和谐。每一个因素都应当融合在整体当中。

香气的浓郁度

一款葡萄酒越芬芳，它的香气浓郁度就越高。香气的浓郁度也是葡萄酒质量的关键因素。如果我们在还未将鼻子伸入杯中时便已能闻到香气，那么就可以说酒的香气浓郁度很高。如果即使已将鼻子深入杯中还是很难闻到香气，那么就可以说酒的香气浓郁度较低。

香气的复杂度

香气的复杂度体现在嗅闻酒时感受到的香气种类的多寡。葡萄酒所拥有的香气种类越丰富，它的品质就越高。只有一两种简单香气的葡萄酒可能会很单调。一款优质的葡萄酒应当具有多种香气。对某些葡萄酒来说，有时在年轻时还未能散发所有潜在的香气，那么就可以关注香气的集中度。

香气的持久度

某些葡萄酒在被吞下或者吐出之后，香气仍然能够持续很长时间，如同酒液仍在口中一般。香气的持久度高是优质葡萄酒的信号。相反，品质低劣的葡萄酒在口中持续的时间较短。

典型性

这个概念既重要又难以定义。一款优质的葡萄酒应当具有与其葡萄品种和生产地点相符的可被识别的特性。换句话说，一款葡萄酒应当反映其所源于的葡萄品种和风土的特色，即使是在同一片葡萄园中，也并非所有酿酒人都能酿出具有典型性的葡萄酒。典型性指的并不是标准化，而是不断演变的，每个年份在气候变化的影响下都有不同。

一款质量稍逊的葡萄酒会令人感觉它可能来自任何地方，采用任何葡萄品种酿造。一款优质葡萄酒则能够体现其所用葡萄品种的品质及其出产的地区。

品质的等级

我们已经确定了一款葡萄酒的品质标准，现在就需要对其品质进行分级了。

- 如果以上标准全都符合，那么品质就为**卓越**。
- 如果以上标准符合4个，那么品质就为**优秀**。
- 如果以上标准符合3个，那么品质就为**良好**。
- 如果以上标准符合2个，那么品质就为**一般**。
- 如果以上标准符合1个，那么品质就为**较差**。

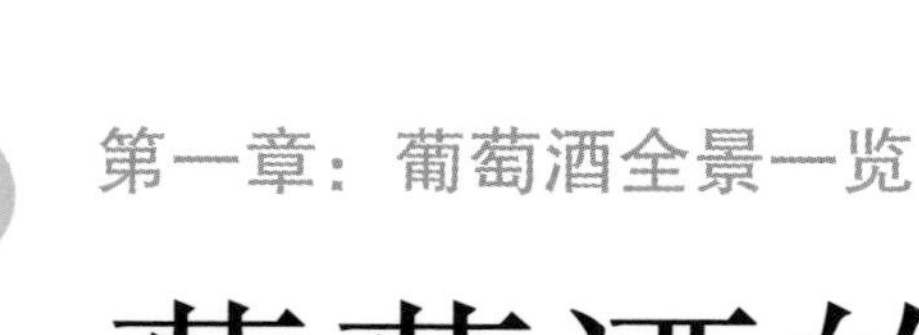

葡萄酒的术语

品酒的艺术同样在于用词汇描述感觉、气味、口味、风味。在品酒时，您要像一名侦探一般，通过观察、嗅闻和品尝葡萄酒的各个步骤，寻找线索。您的调查将如何进行？

观看葡萄酒

1

线索的寻找先从眼睛开始。
葡萄酒是否清澈、浑浊、闪亮？
它是否有酒泪、气泡？
它是什么颜色的？
它的颜色是否浓郁？

嗅闻葡萄酒

2

线索的寻找接着由鼻子进行。
香气的浓郁度如何？清淡还是浓郁？
葡萄酒是否具有特殊的香气？
可以找出哪些种类的香气？

品尝葡萄酒

3

现在由口腔继续工作。
葡萄酒入口之后，是否有甜味、酸味（您是否分泌了很多唾液）？
单宁的水平如何（涩感）？
酒体如何（在口中的体积感如何）？
可以找出哪些种类的香气？
香气是否持久？

总结葡萄酒

4

所有线索都已找齐。
这款葡萄酒的品质如何？
它应当现在饮用，还是适合陈年？
它的陈年潜力如何？陈年之后它是否会变得更加复杂？
它的价格是否与品质相符？它的名望和稀缺性是否会影响价格？

?

法国葡萄酒学院的
品酒卡片

观看葡萄酒	
清澈度：	清澈、浑浊
闪亮度：	闪亮、暗淡
颜色的浓郁度：	淡 – 中 – 浓
白葡萄酒：	柠檬黄色 – 金黄色 – 琥珀黄色
桃红葡萄酒：	粉红色 – 橙色
红葡萄酒：	紫红色 – 宝石红色 – 石榴红色 – 棕红色
其他因素：	酒泪、气泡

嗅闻葡萄酒	
香气的浓郁度：	弱 – 中 – 强
香气：	水果 – 花朵 – 植物 – 香料 – 其他

品尝葡萄酒	
甜味：	干型 – 微甜 – 中等甜度 – 甜型
酸味：	弱 – 中 –强
单宁的感觉：	弱 – 中 –强
酒体：	轻 – 中 –重
在口中的香气：	水果 – 花朵 – 植物 – 香料 – 其他
香气的持久度：	短 – 中 – 长

评价葡萄酒	
品质：	较差 – 一般 – 良好 – 优秀 – 卓越
陈年潜力：	适合立即饮用，不应陈年 – 可以立即饮用，但是可以陈年 – 适合陈年 – 已经太老
价格：	便宜 – 高性价比 – 价格适中 – 昂贵 – 非常昂贵
餐酒搭配	

葡萄酒的风格

品酒的不同步骤旨在定义葡萄酒的风格，从而进行描述，并且能够在任何情况下，按照您的需求找到一款葡萄酒。

不同种类的白葡萄酒

不同种类的桃红葡萄酒

活泼的白葡萄酒	芬芳的白葡萄酒	圆润的白葡萄酒	清淡的桃红葡萄酒	强劲的桃红葡萄酒
新鲜而清爽，果味为辅 干型，酸度较高 低至中酒精度 轻至中酒体	果香的表现占主导位置 香气浓郁 干型和半干型 低至中酒精度 轻至中酒体	丰厚感与清新感相平衡 干型，酸度中等 中至高酒精度 中至重酒体	果香与清爽度相平衡 从干型到甜型 酸度中等 中酒精度	丰厚而复杂，酒精感明显 干型 酸度中等 中至高酒精度
香气： 柑橘类水果、植物	**香气**： 柑橘类水果、荔枝、玫瑰、橙花、梨、蜂蜜	**香气**： 梨、杏、热带水果、黄油、香草、烤面包、焙烤、椰子	**香气**： 红色水果、柑橘类水果	**香气**： 红色水果、花朵、杏仁、香料
举例： 卢瓦尔河谷密斯卡岱	**举例**： 阿尔萨斯雷司令	**举例**： 采用霞多丽品种酿造的美国加利福尼亚白葡萄酒、勃艮第默尔索出产的白葡萄酒	**举例**： 普罗旺斯丘出产的桃红葡萄酒	**举例**： 西班牙里奥哈出产的桃红葡萄酒

不同种类的红葡萄酒

不同种类的气泡葡萄酒

清淡的红葡萄酒	强劲的红葡萄酒	单宁较重的红葡萄酒	简单或者芬芳的气泡葡萄酒	复杂的气泡葡萄酒
果香浓郁，单宁细腻，口感清淡 干型 中至高酸度	果香集中，单宁坚实 干型 酒体饱满	单宁感超越果香 单宁强劲	充满清新的果香或花香	口感醇厚，特色较为鲜明
酒精度： 低至中酒精度	**酒精度：** 中至高酒精度	**酒精度：** 中至高酒精度	**举例：** 意大利北部的普罗塞克	**举例：** 法国的香槟
举例： 意大利北部瓦坡里切拉出产的红葡萄酒	**举例：** 澳大利亚设拉子	**举例：** 波尔多地区波亚克出产的红葡萄酒		

葡萄酒的侍酒方式

品酒时选择何种杯子和餐食进行搭配是非常重要的。应当根据葡萄酒的不同风格进行匹配。品酒所用的杯子也越来越多种多样。
将酒倒满杯子的三分之一，是为了完美地欣赏葡萄酒，避免其升温，同时转杯以帮助其氧化时不会溅出。

杯子

葡萄酒杯

葡萄酒杯用于与口部接触的边缘应当较薄，底部较宽，从而保证良好的透气性，以便香气充分散发，而杯口则应稍窄，从而集中香气。

无论使用何种杯子，它的形状都应略呈锥形，从而帮助增强香气，并且易于晃杯，以便葡萄酒在被品尝之前便散发香气。

推荐用杯

· 单宁较重的葡萄酒应当使用杯盏较宽的杯子，从而保证良好的透气性。
· 清淡的红葡萄酒应当使用开口较窄、但是底部较宽的杯子，这种形状浑圆的杯子能够帮助葡萄酒尽可能地释放香气，因为这种风格的葡萄酒不可太过透气。

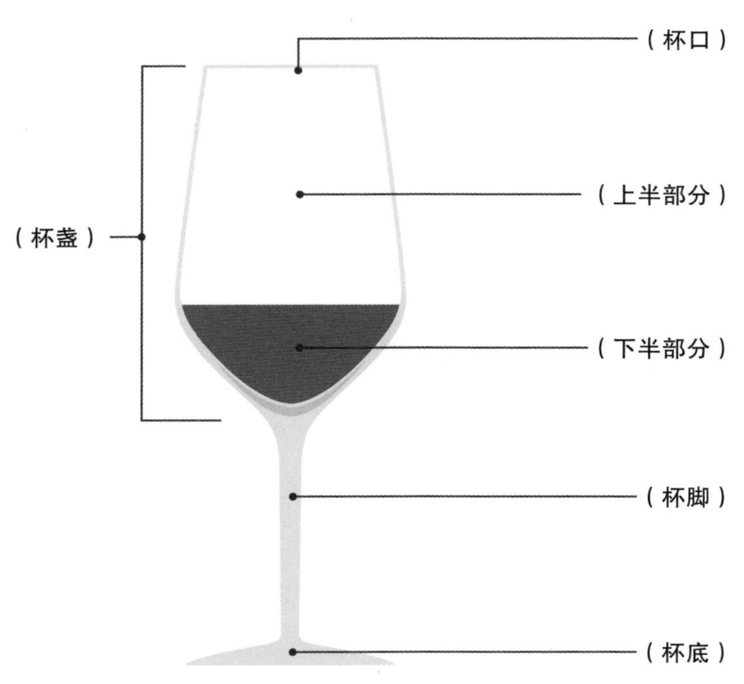

笛形杯（flûte）或称香槟杯

香槟杯杯盏的上半部分较窄。杯子的直径很小，从而能够限制气泡。应当避免使用传统的浅口杯（coupe），因为它会使气泡很快消失，而完全直上直下的笛形杯则会阻碍香气的释放。

• 杯子的材质

水晶杯比玻璃杯更为晶莹剔透。大部分的酒杯品牌都在研制新的材质：像玻璃一样坚固，但又像水晶一样闪亮透明。

其他葡萄酒用具

• 防滴落倒酒器

用于在倒酒时防止酒液滴落，弄脏桌子。

• 开瓶器

开瓶器的基本标准是能够将木塞取出，同时避免软木碎屑落入酒中。开瓶器有很多种类：

– 海马刀
这是侍酒师的经典开瓶器。海马刀配有小刀，用于切割酒帽，以及分为两档的杠杆，用于靠在瓶口，取出木塞。

– 杠杆开瓶器
它虽然非常好用，但也过于笨重。杠杆开瓶器配有用于提前取下酒帽的小型工具，毫不费力即可取出木塞。

– 老酒开瓶器
它适合用来取出已经粉碎的老木塞，原理是用两片薄刃夹住木塞，通过旋转将木塞取出。

开瓶

用开瓶器取出木塞

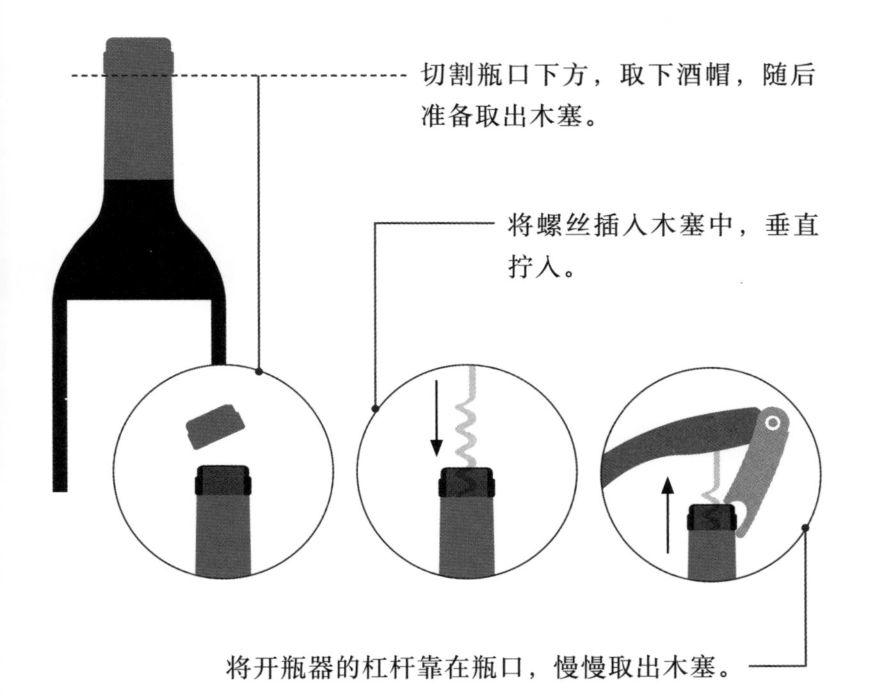

气泡葡萄酒的开瓶

香槟木塞的喷出速度可以达到每小时40千米，所以最好不要以喷出木塞的方式开瓶。

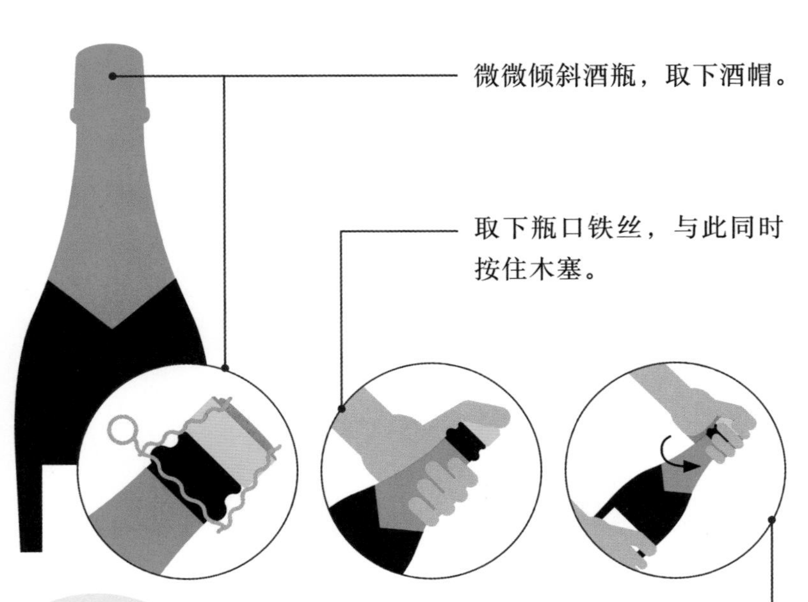

醒酒（carafage）和滗酒（décantage）

这两项技术分别具有不同的功用：

- 醒酒是将年轻的葡萄酒透气，从而软化单宁，释放香气。需要在品酒1～2小时之前进行。
- 滗酒是将陈年葡萄酒的沉淀物与酒液分开。请注意，滗酒完成后应当立即开始品酒。

葡萄酒的透气

年轻的红葡萄酒或白葡萄酒也可采用快速醒酒器进行透气，葡萄酒流经这种玻璃制作的小工具，根据伯努利（Bernoulli）原理发生氧化。

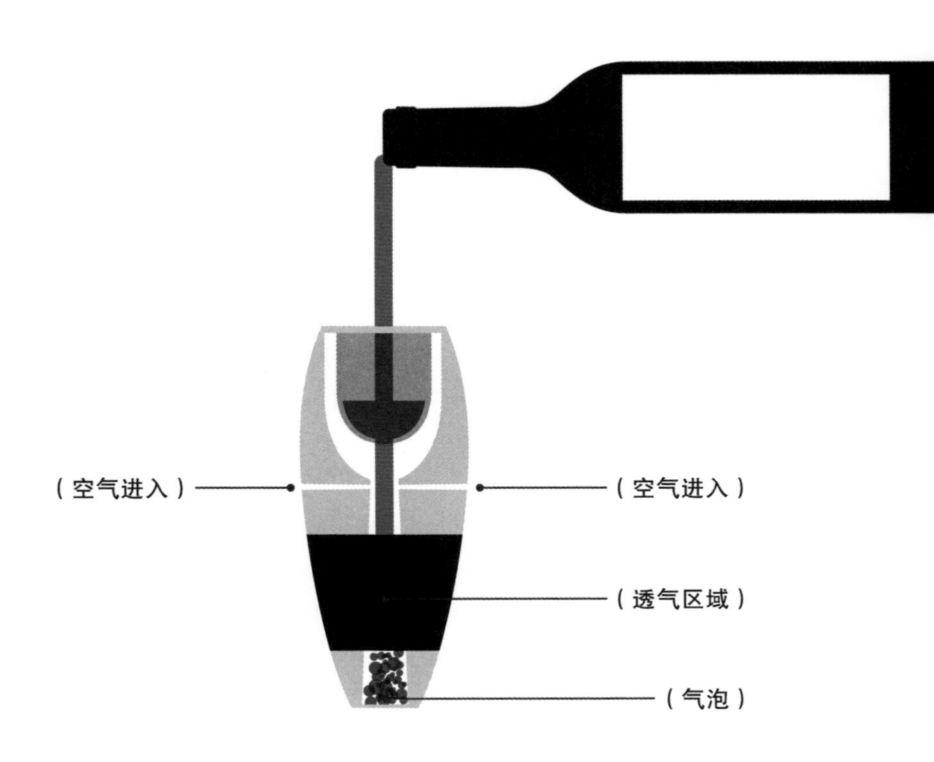

几点建议

- 开瓶之后先尝一下酒，然后再上桌或者给客人倒酒，从而避免在侍酒时出现问题。
- 如果您要展示酒瓶，记得将酒标面向客人。
- 葡萄酒一定要在与其搭配的菜肴上桌前先倒入杯中。
- 在餐桌上，葡萄酒要从客人的右侧倒入杯中。

葡萄酒的侍酒温度

侍酒的温度是一个体现葡萄酒平衡的因素，但却不太容易掌握。白葡萄酒通常侍酒温度过低，而红葡萄酒又过高。

按照正确的温度侍酒

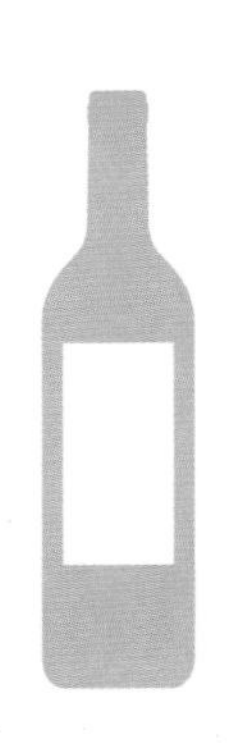

10°C
8°C

活泼而芬芳的白葡萄酒

酒中清新活泼的特色将被突出

12°C
10°C

圆润的白葡萄酒

追求清新感、饱满感和香气三者之间的平衡

10°C
8°C

半甜白和甜白葡萄酒

努力减弱甜腻的感觉，同时保持香气的浓郁

10°C
8°C

桃红葡萄酒

体现清爽的感觉

10°C
6°C

气泡葡萄酒

体现清爽的感觉

8°C
6°C

甜型葡萄酒

努力减弱甜腻的感觉

14°C
12°C

清淡的红葡萄酒

追求柔和的感觉

16°C
14°C

强劲的红葡萄酒

追求柔和感与强劲感之间的平衡

18°C
16°C

单宁较重的红葡萄酒

追求酒体的丰厚和香气的浓郁

18°C
8°C

高于18°C，葡萄酒会失去平衡，酒精感压倒其他一切。
低于8°C，酒中的香气会被抑制，白葡萄酒的酸度和红葡萄酒的单宁会占据主导地位。

保持室温指的并非加热

“保持室温”（chambrer）一词指的是将酒瓶放在品酒所在的室内温度下。

从前，住宅或者餐厅室内的温度即使经过暖气加热之后也难以达到18°C，但是现在却在19°C ~ 25°C之间。如果酒瓶原本储存在温度较低的酒窖中，只需将其放在室温下即可，可以使用葡萄酒专用温度计测量温度的变化。

红葡萄酒如果温度过高，也可以放入盛满水和少许冰块的桶里降温。

温度计

如果因为几度的温度变化便错失了一款葡萄酒最好的状态，实在是憾事一件。

温度计的使用方式很简单，只需将其套在酒瓶上，温度便会自动显示。

降温套筒： 将套筒从冰柜中取出，套在酒瓶上为其降温即可。它是将酒瓶从冰箱中取出后维持其温度的理想工具。

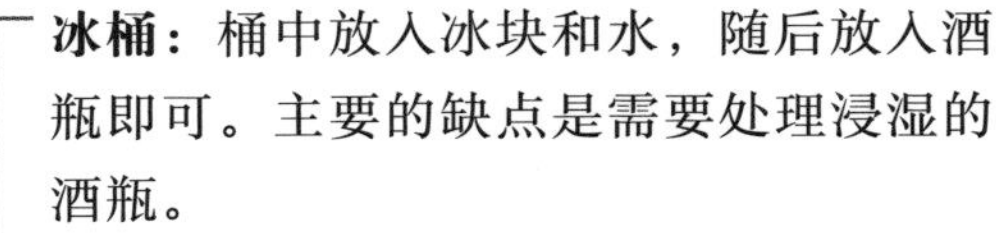

冰桶： 桶中放入冰块和水，随后放入酒瓶即可。主要的缺点是需要处理浸湿的酒瓶。

电动冰桶： 只需10分钟，电动冰桶即可为酒瓶降温。它的缺点是有点笨重，而且放在餐桌上不太美观。

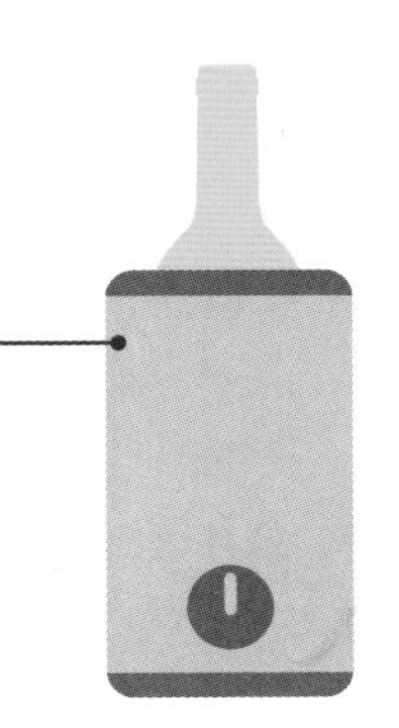

开瓶之后的储存

通常来说，葡萄酒开启之后应该在几小时之内喝完。如为陈年葡萄酒，则更应该遵循这一规则。

但是我们总有不喝完的时候，这时就需要避免葡萄酒被氧化。现在市面上可以买到帮助达到这一目的的各种工具。其中最简单和最便宜的要数能够抽空瓶中空气的小型气泵，因此可将葡萄酒保持1 ~ 2天。

天然甜葡萄酒、酒花葡萄酒（vin de voile）、雪莉酒和波特酒开瓶后可以储存更长的时间，最长可达6个月。

在家享受杯卖服务

这一概念很简单：不开瓶而将酒倒入杯中。

实现这一概念的基础源于软木的可延展性。将一根细针穿透木塞而不将其破坏，将酒液吸出倒入杯中，随后注入氩气，填满吸出酒液酒瓶中的空间。

取出细针之后，软木塞会立刻弹回封闭，恢复原样。

但是请注意，这种工具价格不菲。

葡萄酒的储存

葡萄酒在陈年之后会出现皮革、松露、灌木的气息，并与一级和二级香气细腻地融汇。单宁变得更加柔和，在口中形成丝绒一般的感觉。葡萄酒在陈年过程中将会缓慢地出现三级香气。

哪些葡萄酒适合储存？

葡萄酒的储存有着一定的规则，但是也有一些例外。

	活泼的白葡萄酒	圆润的白葡萄酒	芬芳的白葡萄酒	清淡的红葡萄酒	单宁较重的红葡萄酒	强劲的红葡萄酒	甜型葡萄酒
仍需陈年	1年	2年	1年	1年	5年	5年	2年
已经成熟	2~3年	3~4年	2~3年	2~3年	6~10年	6~10年	3~4年
达到顶峰	4~6年	5~10年	4~6年	4年	10~15年	10~15年	5~10年
开始衰落	6年以上	10年以上	6年以上	5年以上	20年以上	20年以上	20年以上

如何摆放酒瓶？

为什么要将酒瓶放倒？

这并不是为了节省空间，而是为了保护葡萄酒，因为始终保持软木塞的湿润是非常关键的。

摆放酒瓶的艺术

通常来说，由于热空气上升，如果想要更容易地找到葡萄酒并且维持温度，应当采取白葡萄酒在下靠近地面，红葡萄酒在上，陈年葡萄酒靠内，即时饮用的葡萄酒靠外的方式摆放。

• 最适合陈年的酒瓶容量

葡萄酒采用玛格南瓶（1.5升）存储比750毫升的普通瓶更适合，因为瓶中的空气体积与液体体积相比占比更小。750毫升瓶中多出的空气会令葡萄酒更快陈年。酒瓶越小，葡萄酒陈年的进展越快。

• 螺旋塞与陈年

螺旋塞更适合用于果香浓郁、香气容易氧化、低档或中档的葡萄酒（包括白葡萄酒、桃红葡萄酒或红葡萄酒）。但是在实际情况中我们会发现，螺旋塞尽管会减缓葡萄酒的发展过程，但却无法完全中止。

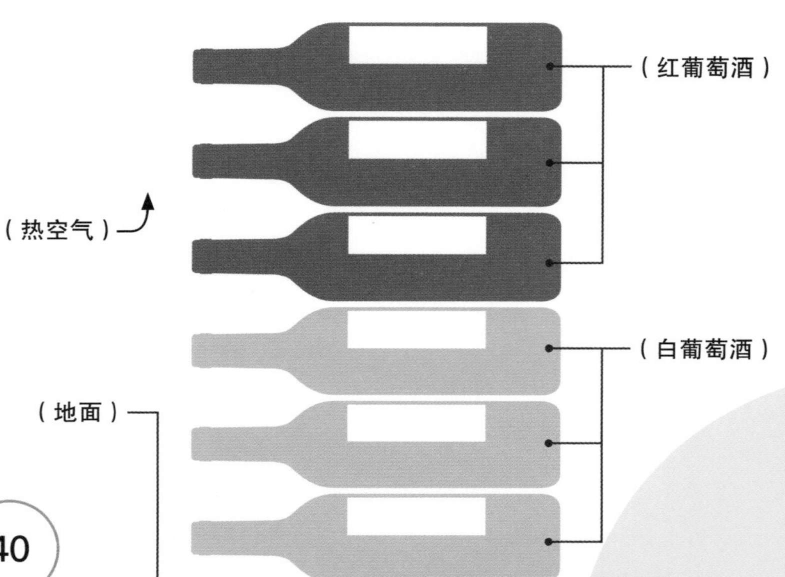

理想的酒窖

酒窖应当符合以下七大原则，才能正确地储存葡萄酒。

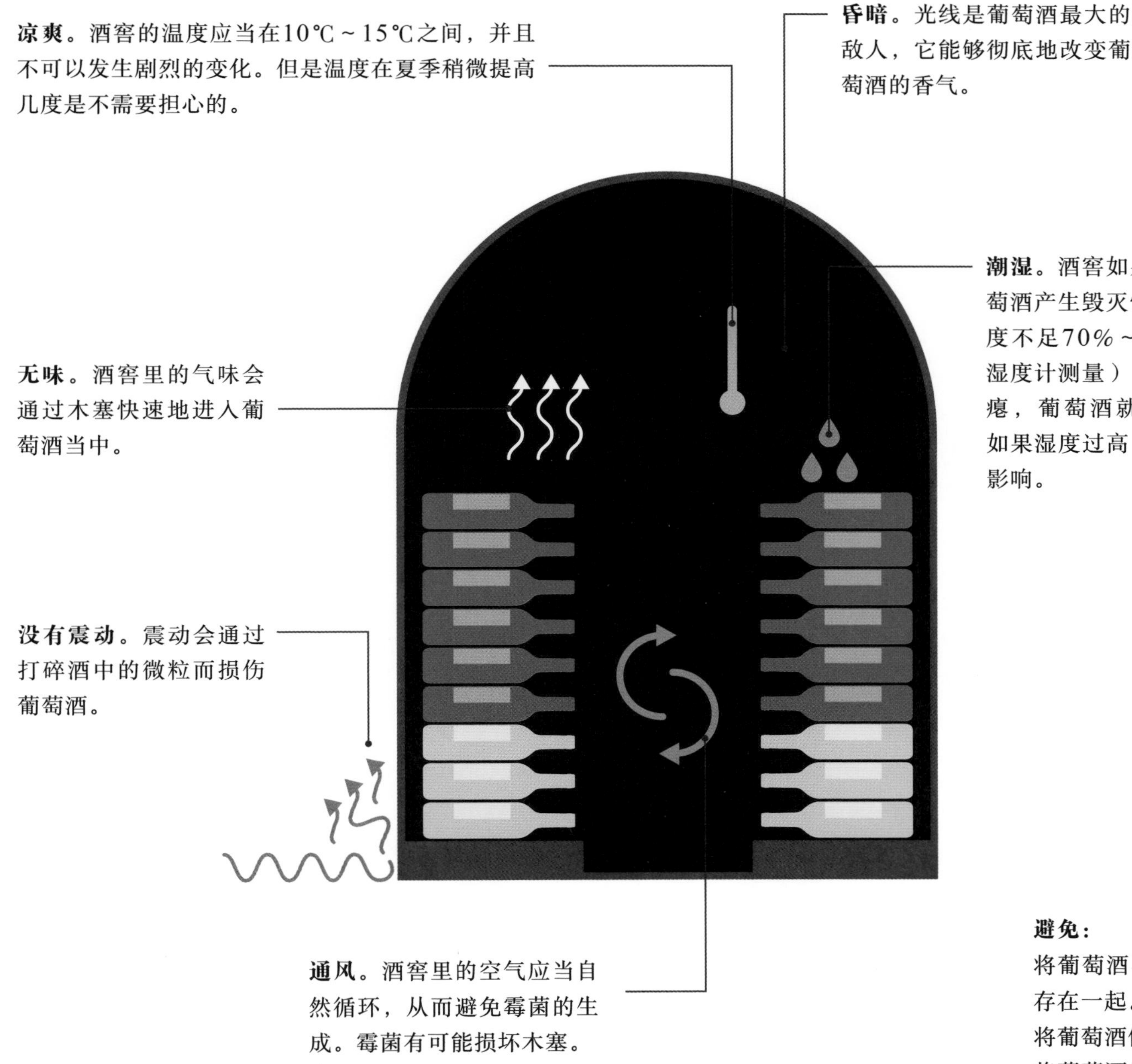

凉爽。酒窖的温度应当在10℃～15℃之间，并且不可以发生剧烈的变化。但是温度在夏季稍微提高几度是不需要担心的。

昏暗。光线是葡萄酒最大的敌人，它能够彻底地改变葡萄酒的香气。

潮湿。酒窖如果太干燥，会对葡萄酒产生毁灭性的影响。如果湿度不足70%～80%（可以采用湿度计测量），那么木塞就会干瘪，葡萄酒就会蒸发和氧化。如果湿度过高，则不会有严重的影响。

无味。酒窖里的气味会通过木塞快速地进入葡萄酒当中。

没有震动。震动会通过打碎酒中的微粒而损伤葡萄酒。

通风。酒窖里的空气应当自然循环，从而避免霉菌的生成。霉菌有可能损坏木塞。

避免：
将葡萄酒与打开的油漆罐储存在一起。
将葡萄酒储存在纸箱里。
将葡萄酒储存在厨房里。

葡萄酒的脆弱性

某些葡萄酒相对比较脆弱，所以需要更加注意储存温度。比如大部分未加硫或者加硫很少的葡萄酒便是如此，需要在不超过14°C～15°C的温度下储存。

通常来说，白葡萄酒与单宁较多的红葡萄酒相比，对温度更加敏感，后者更能抵御较为极端的温度而不受损伤。

酒窖的组成

市面上有数千种葡萄酒，我们可以按照个人的口味、消费的方式以及不同的特殊场合来建立酒窖。

选择的标准

区分适合即时饮用的葡萄酒、不同的风格以及适合陈年的葡萄酒

• 日常饮用的葡萄酒：您认为口感清淡、果香浓郁的酒款。

• 较为精致、稍微高端一些、适合特殊场合的葡萄酒：这些酒款可以组成酒窖的基础，适合立即饮用，但是同样也能陈放数年。最理想的是这种葡萄酒每次至少购买两瓶，并且比较快速地补货，以便始终保持一定的库存。

• 适合陈年的顶级葡萄酒：指的是需要在酒窖里存放至少5年才能饮用地酒款。

区分不同的饮酒场合

饮酒的场合（庆祝孩子出生、婚礼等）对于葡萄酒的购买具有极大的影响。

酒窖清单

我们很难记得住所有买过的酒，所以需要建立酒窖清单，书面或者数字清单均可。我们可以记录每款酒的相关信息，添加品酒笔记、餐酒搭配，尤其是记录购买和消费的时间。

年份效应

最好能够按照不同的产区和酿酒人记录各个年份的品质。购买时注意跳过不好的年份的酒，或者增加好年份的酒的购买量。

正确地购买葡萄酒

将在度假时偶然购买的酒款与在葡萄酒专卖店或者展会购买的酒款混合起来，能够增加酒窖的多样性。

在葡萄酒专卖店购买

店家可以向您建议和推荐特殊的酒款。

在超市购买

现在，80%的葡萄酒都是从超市售出的。不过有时我们在货架前容易感到迷惑。

在葡萄酒市集上购买

很多商店都会在九月或十月举办葡萄酒市集，
有时也会在春季举办，主要售卖桃红葡萄酒。

在网络上购买

网络已经成为一个不可或缺的销售媒介，对于
葡萄酒也是一样。各大网站的销售方式有时大相径庭。

购买期酒

期酒指的是在葡萄酒装瓶之前预订和购买葡萄酒。
这样做的好处在于理论上可以获得比上市价格降低
约20%的折扣，对优质年份来说是有价值的。

在拍卖会上购买

通过这一方式有时能够买到价格非常合理的葡萄酒，
但是需要保证酒的保存条件没有问题（水位要好），
然后对每个感兴趣的批次给出最高价格。

向酿酒人购买

直接向酿酒人购买的乐趣在于能够与其交流。

在展会上购买

选择葡萄酒的专业展会，注意询问送货费用。

法国葡萄酒市集的重要性

法国的第一个葡萄酒市集是爱德华·勒克莱克（Edouard　Leclerc）在1973年举办的。到了20世纪80年代末，葡萄酒市集逐渐成为今天我们见到的形式，它一直都是超市直接向酒庄和其他具有足够产量的酿酒人直接采购的媒介。

波尔多葡萄酒在葡萄酒市集供应的酒款中占据重要的位置。

葡萄酒的酒标

酒标如同葡萄酒的名片。懂得如何解读酒标，就能获得瓶中葡萄酒的基本信息。哪些是法定信息、自选信息，它们的内容是否需要遵照相关法规？

法定信息

以下是您在所有酒标上都会找到的强制信息。

批号。在同一生产条件下生产的所有产品视为同一批次。批号由数字或者字母组成，以字母L开头。

葡萄酒的种类（包括静止葡萄酒、气泡葡萄酒、微气泡葡萄酒等）。AOP代表葡萄酒产自一个法定保护产区，IGP或者地区餐酒（Vin de pays）代表葡萄酒具有保护地理标识，后面分别缀有一个地名，比如弗龙萨克（Fronsac）为AOP，奥克地区（Pays-d'Oc）为IGP。

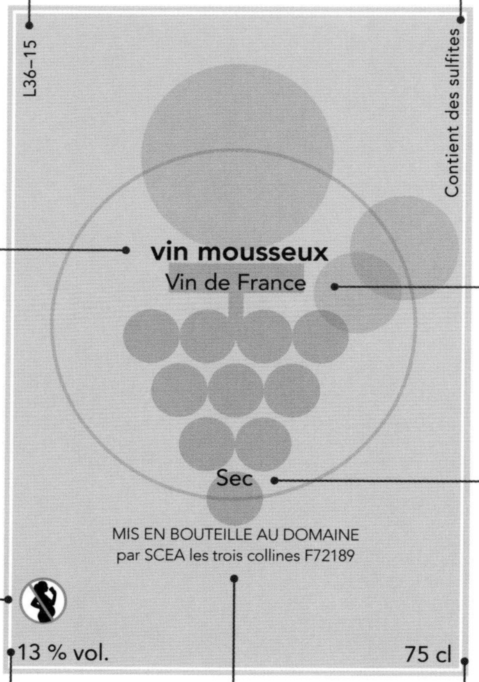

健康信息。可能是描绘一个怀孕妇女在带斜杠的圆圈里的图画，或者“怀孕期间即使少量饮用酒精饮料也有可能对婴儿的健康造成严重影响”的文字。

酒精度。葡萄酒的酒精度。

L36-15

Contient des sulfites

vin mousseux

Vin de France

Sec

MIS EN BOUTEILLE AU DOMAINE
par SCEA les trois collines F72189

13 % vol.

75 cl

变态反应原和硫。最常见的写法是“含有硫化物”（Contient des sulfites）。酿酒过程中如将源于奶和鸡蛋的产品用于过滤/下胶或者储存，并且在成分分析中能够检测出残留，则需标明含有这些产品。

来源。“法国葡萄酒”（Vin de France）、“欧盟葡萄酒”（Vin de la Communauté européenne）等，或者补充标明“法国产品”（Produit de France），或意大利产品、智利产品等。

含糖量。这一信息对于气泡葡萄酒来说必须标明，对其他葡萄酒来说则可自选标明，但是需要遵照相关法规。根据气泡葡萄酒的含糖量，可以标记为天然干（brut nature）、零补糖（dosage zéro）、天然（brut）、极干（extra-dry）、干型（sec）、甜型（doux）。

容量。常用的酒瓶容量为750毫升。

装瓶商的名称。必须标明装瓶商的名称和地址，并且缀上“装瓶商”（embouteilleur）或者“由……装瓶”（mis en bouteille par…）字样。

葡萄酒的分级

在法国，葡萄酒分为两个级别：

- 无地理标识的葡萄酒（**VSIG**），相当于过去的“日常餐酒”（Vin de table），即现在的“法国葡萄酒”（Vin de France）。

- 有地理标识（**IG**）的葡萄酒，又细分为两级：
– 有保护地理标识的葡萄酒（**IGP**）；
– 法定保护产区的葡萄酒（**AOP**）。

定义

- **AOP：** 葡萄酒按照公认的工艺，在一定的地理区域内出产，具备一定的特征。

- **IGP：** 葡萄酒的特征、品质或者名望与其来源的地理区域相关。葡萄酒必须在这一地理区域中酿造。

酿酒人可以选择不同的级别酿造葡萄酒：可以同时酿造IGP和AOP葡萄酒。IGP级别的限制较少，留有更大的自由度，酿酒人可以选择不同的葡萄品种、种植和酿造方式。

最为常见的自选信息

品牌。酿酒人通常会创造品牌，以便使其出产的葡萄酒更具个性化，可能是商业品牌或者家族名称。酒庄或庄园的名称与品牌保持一致。

葡萄品种。根据欧盟法规，一款葡萄酒必须至少85%采用某个葡萄品种酿造时，才能标明这一葡萄品种。

有机葡萄酒。这个标志保证葡萄酒采用有机种植和酿造方式。除此之外还有其他有关环境保护的非官方标志，比如生物动力法认证——德米特认证（DEMETER）、生物动力种植学会认证（BIODYVIN），以及代表葡萄酒采用合理化种植方式的生态环境种植协会认证。

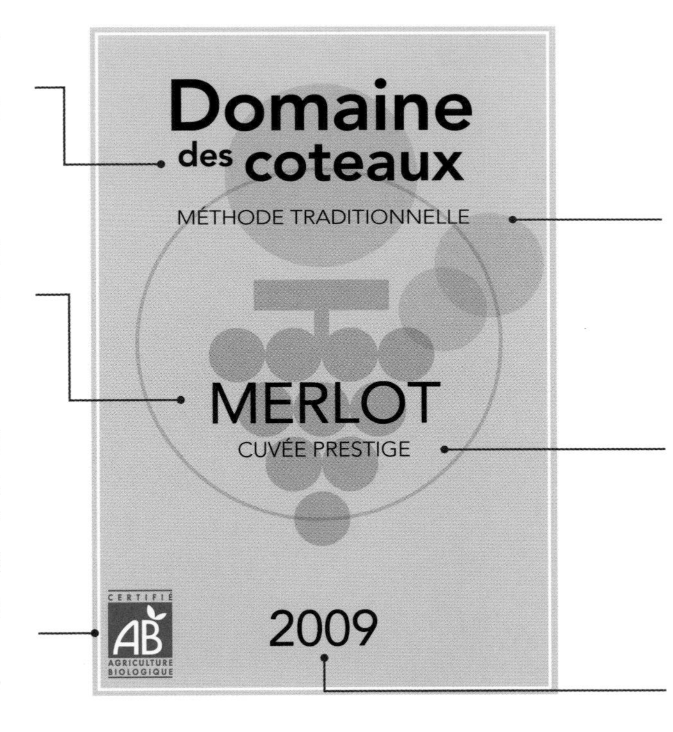

有关葡萄酒风格的信息。传统法气泡葡萄酒（Méthode traditionnelle）、天然甜葡萄酒（Vin Doux Naturel）等。

特酿名称。奢华特酿（Cuvée Prestige）、老藤特酿（Cuvée Vieilles Vignes）、以酿酒人的子女命名的特酿等。这些只是一款葡萄酒的名称，并不一定代表它的品质突出。

年份。指的是葡萄采收的年份。

非强制但是需要遵照相关法规标记的信息

有地理标识的葡萄酒如需标记其生产机构——酒堡（Château）、庄园（Domaine）、葡萄园（Clos）、农舍（Mas）等的相关信息，并且符合以下两个条件：
– 葡萄酒必须完全采用在该生产机构的葡萄园中采收的葡萄酿造；
– 酿造过程必须完全在该生产机构内进行。
“酒堡”（château）、“葡萄园”（clos）和“特级园”（cru）这三个名称仅限法定保护产区葡萄酒使用。

看懂酒标

如何在合理化种植、有机葡萄酒、生物动力葡萄酒、自然葡萄酒之中进行挑选？

葡萄酒的各种生产模式

合理化种植

合理化种植旨在减少葡萄种植对环境的生态影响，尽可能少地使用化学药剂，并且只在必要的时候为葡萄树打药。

这种种植方式在2002年获得官方承认，采用生态环境种植协会（Terra Vitis）标识予以认证。

有机葡萄酒

2012年，“有机葡萄酒”（vin biologique）的说法获得最新欧盟法规的承认。想要取得这一认证，葡萄必须采用有机方式种植，酿造工艺也要符合详细的生产规范，尤其是硫的最高用量需要低于非有机葡萄酒允许的最高用量。

生物动力葡萄酒

在获得生物动力法认证之前，首先需要获得有机种植认证。生物动力法在各方面都比有机种植法更加严格：

- 提高葡萄树的有机程度；
- 按照月亮周期和星球位置安排种植；
- 采用自然方式提高土壤和葡萄树的质量，比如根据顺势疗法喷洒制剂；
- 人工翻土，使其通风。

硫的最高用量比有机种植法更低。

vins S.A.I.N.S

自然葡萄酒或称无添加无硫葡萄酒（S.A.I.N.S.）

按照官方概念，自然葡萄酒并不存在，因为欧盟并未承认任何相关的标志和法律概念。尽可能少地使用硫或者完全不用硫是自然葡萄酒的常见做法。

自然葡萄酒唯一存在的标准是自然葡萄酒协会（Association des Vins Naturels）制定的生产规范，其中包括非常严格的规定：

- 葡萄种植遵守有机或者生物动力法；
- 在酿造中无任何添加，除了少量的硫（二氧化硫），有时连硫也不添加。

• 对于红葡萄酒和气泡葡萄酒：0毫克/升～最多30毫克/升（欧盟允许的用量为150毫克/升）；

• 对于白葡萄酒：0毫克/升～最多40毫克/升（欧盟允许的用量为200～400毫克/升）。

所谓的“无添加无硫葡萄酒”要求更加严格，即要求完全无添加，包括二氧化硫（Sans Aucun Intrant Ni Sulfite）。

硫

硫因其具有保护和防腐功能，是一种在葡萄酒酿造和农产食品工业中而被广泛使用的食品添加剂。

这种化学微粒的表述方式有很多：硫化物、二氧化硫等。除了众多功能，硫也是一种强力的变态反应原，在大剂量的情况下具有毒性，所以它的使用需要遵守法律规定。

酒标上的其他信息

分级

某些葡萄酒产区存在官方分级。波尔多地区进行分级的是酒庄，勃艮第地区则是风土。

奖章

葡萄酒在官方竞赛中获得的奖章可以标记在酒标上。

自选背标还是法定背标

在很长一段时间里，酒瓶上只有一张酒标，有时为环形。但是现在酒标经常会分为两部分：前标和背标，后者就贴在主标的反面。

自选背标

包含有关葡萄酒的信息：葡萄品种、混酿方式、风格描述、品鉴建议等。

法定背标

如今的流行趋势是采用简化的前标，于是酿酒人选择将法定信息全部标注在背标而不是前标上。这种方式可以让酒瓶看起来更有吸引力。

（背标）

Domaine des coteaux

Notre domaine est dans la même famille depuis 1920. La jeune génération est aujourd'hui aux commandes. Étendu sur 20 hectares, il produit exclusivement des vins rouges.

Cette cuvée, qui rend hommage à notre arrière–grand–père, est issue de la syrah, cépage qui se sent à l' aise sur nos terroirs granitiques et très pentus du nord de la vallée du Rhône.

Ce vin bien charpenté, intense et profond, aux arômes de fruits noirs mûrs, de poivre et de violette, s'appréciera sur du gibier, des viandes en sauce ou grillées. À déguster dans cinq à dix ans.

葡萄酒的餐酒搭配

葡萄酒与菜肴相互影响，互为伙伴。口腔会将我们吃的和喝的东西混合起来。因此，关注菜肴和葡萄酒的搭配自然也是葡萄酒爱好者训练过程的一部分。当然，这样的搭配千变万化，乐趣无限。

如何进行餐酒搭配？

酸味、甜味、咸味、矿物质味道：葡萄酒与食物都充满了各种各样的味道，在我们的口腔中融合，由此便诞生了侍酒师所说的平衡（或者不平衡）的概念。

我们追求的自然是平衡，或者说和谐。其中的基础原则就是，清淡的菜肴搭配清淡的葡萄酒，浓郁的菜肴搭配浓郁的葡萄酒。

想要达到这个目的，需要同时选择菜肴和葡萄酒，随后考虑两者的搭配。

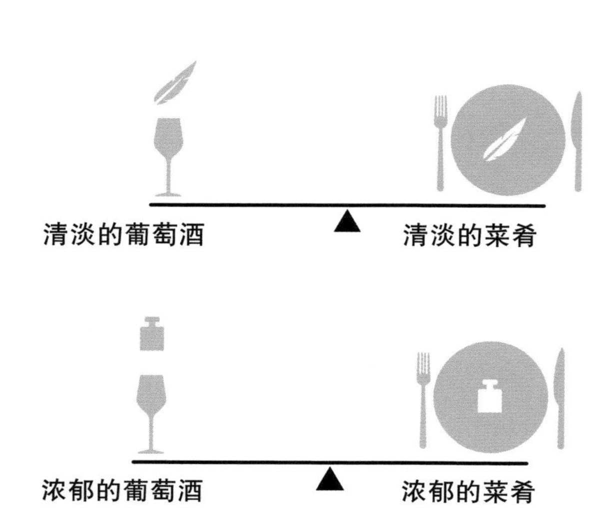

味道的互动

有些味道天然能够相互平衡，而且似乎还能相互补充，比如，甜味和酸味就是一组相互融合的味道。因此，口味油润、绵密、滑腻的菜肴适合搭配口感爽脆活泼的干白葡萄酒。

咸味是葡萄酒的好朋友，能够像提升所有食物的味道一样提升酒的味道。

有些味道则无法相容，比如类似苦味的单宁、酸味以及辣味。

在葡萄酒当中，只有酸味或者单宁能够造成不良的互动。其他味道，尤其是果味，都能与所有种类的食物进行适宜的搭配。

难以搭配的葡萄酒，难以搭配的菜肴

不要担心，整体来说，大部分葡萄酒与大部分菜肴都能搭配。

只有少数味道需要仔细考虑搭配：

- 单宁较重的葡萄酒可以搭配油腻的菜肴，后者能够柔化前者在口中形成的干燥感。
- 高酸度的葡萄酒同样可以搭配浓郁的菜肴，但是菜肴的味道不能太酸。
- 甜型葡萄酒会使不含甜味配料的菜肴显得贫乏。

葡萄酒的饮用顺序

每款葡萄酒都应当在正确的时刻饮用，原则就是任何一款葡萄酒都不应该令前一款显得逊色。

因此，侍酒的顺序应为（除去特殊情况）：

- 白葡萄酒和桃红葡萄酒先于红葡萄酒；
- 年轻葡萄酒先于成熟葡萄酒；
- 温度较低的葡萄酒先于室温下的葡萄酒；
- 清淡的葡萄酒先于浓郁的葡萄酒；
- 干型葡萄酒先于甜型葡萄酒。

餐酒搭配的几点参考

根据菜肴选择葡萄酒

用大量的醋制作的沙拉、
某些亚洲菜肴、某些水果和蔬菜

口感轻快淡雅、但是果味浓郁的葡萄酒：比如**桑塞尔**、新西兰**长相思**

某些绿色蔬菜、
某些调味料

果香，果香，还是果香。单宁不太高的葡萄酒，比如各个产地采用**美乐或者黑皮诺**酿造的葡萄酒。如为白葡萄酒，可以选择**霞多丽和维欧尼**，都很适合

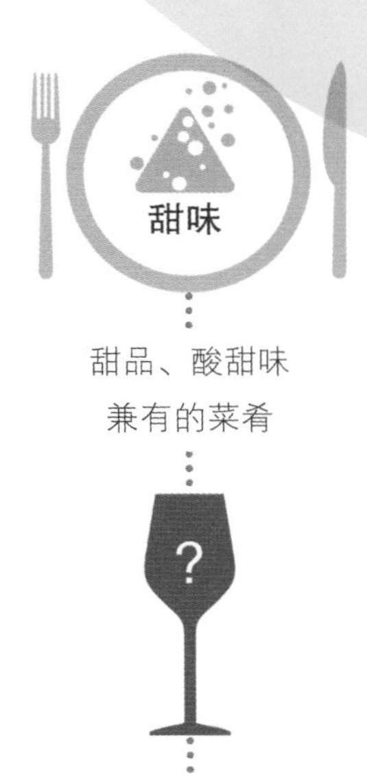

甜品、酸甜味
兼有的菜肴

小心单宁和酸味。建议选择**白葡萄酒和桃红葡萄酒**。搭配甜品，必须选择甜型葡萄酒，也可以考虑**天然甜葡萄酒**

根据葡萄酒选择菜肴

雷司令、长相思

口味不要过于浓郁的清淡菜肴，比如**海鲜、沙拉、烤鱼**

马蒂宏、卡奥尔、梅多克、赤霞珠

口味浓郁饱满的菜肴，比如**红肉、野味肉、口味浓郁的沙拉**、长时间成熟的**水洗奶酪**

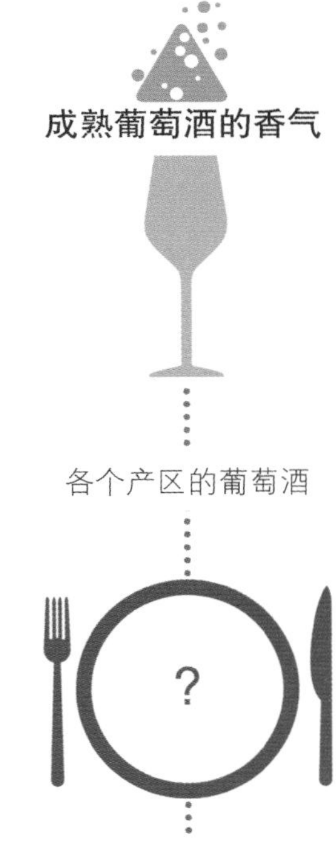

各个产区的葡萄酒

与我们所想的不同，这种葡萄酒搭配口味精致细腻的菜肴最为适合，比如**白肉、家禽肉、陈年奶酪**

社会与文化的影响

葡萄酒的口味由很多社会和文化因素决定，这也是为什么全世界有那么多种口味。其中三个因素具有关键的决定性。

年龄

我们与父母对葡萄酒的喜好有所不同（而且在饮食方面的口味也不同）。每一代人都有其独特的口味：年轻人偏爱果香浓郁的葡萄酒，而老年人则追求不太强劲、较为成熟的风格。桃红葡萄酒消费的爆发便是年轻消费者崛起的最佳例证。

性别

我们很难区分适合女性或者男性偏爱饮用的葡萄酒，因为总是很容易找到例外。但是我们可以看到，女性喜欢的口味比男性更广泛，通常会对所有种类的葡萄酒都感兴趣：包括白葡萄酒、红葡萄酒、桃红葡萄酒和气泡葡萄酒。女性喜欢确定的概念，但是也会保持开放的心态，勇于探索。

饮食文化

我们的口味会大大受到所受过的教育以及常吃的食物的影响。日本人的口味与欧洲人有所不同，因为每个人的饮食文化大相径庭。

季节的影响

在露台上晒着滚烫的太阳喝卡奥尔？在火炉旁喝桃红？各种口味肯定都会有人接受，但是葡萄酒就像水果和蔬菜一样，季节的概念非常重要。某些葡萄酒因为清新爽脆，更加适合夏季饮用；而强劲丰厚的酒款则应留给冬季。

夏季适合饮用的葡萄酒

采用雷司令、长相思、白诗南和霞多丽酿造的**白葡萄酒**
果香浓郁、口感清淡的红葡萄酒：卢瓦尔河谷的希农产区采用品丽珠酿造的酒款、博若莱、某些勃艮第红葡萄酒
当然还有**桃红葡萄酒和气泡葡萄酒**！

冬季适合饮用的葡萄酒

单宁较重、强劲而成熟的**红葡萄酒**
采用橡木桶陈酿或达到成熟状态的**白葡萄酒**
采用维欧尼、琼瑶浆、灰皮诺**酿造的葡萄酒**

饮酒的时间

开胃酒

葡萄酒因为酸度清新，而且拥有多种能够唤醒味蕾的味道，所以非常适合作为开胃酒。

某些气泡葡萄酒最适合作为开胃酒，无论是白葡萄酒还是桃红葡萄酒。气泡能够提振口腔，餐前也是欣赏这种独特而细腻的葡萄酒的最佳时刻。

当天气晴好时，一定要喝充满细腻果香的桃红葡萄酒。

红葡萄酒只要口感清淡、单宁不太重并且酸度足够，也很适合作为开胃酒，比如各个产区采用黑皮诺酿造的葡萄酒。

但是，需要避免将甜型葡萄酒或者天然甜葡萄酒作为开胃酒。甜味令人有饱腹感，无法唤醒胃口。苏岱和麝香葡萄都应当提前冰镇，以备随后品尝。

非正式的进餐

与朋友们共进晚餐，在露台上享受开胃酒，临时准备的只有一道菜的用餐，如各种各样的西班牙式小菜（tapas）。今天，我们饮用葡萄酒的场合已经变得越来越丰富和独特。

情况确实如此，那么我们应当如何搭配葡萄酒呢？通常来说，这些餐食都会集合各种味道。在这种情况下，最理想的是优先选择口感清淡、果香浓郁、年轻、未经长时间橡木桶陈酿的酒款。要诀就是清新而且果味十足。

此时也是跨越国界挑选葡萄酒的好机会，可以选择澳大利亚、美国加利福尼亚或者南非的酒款，这些葡萄酒果香丰富，非常适合搭配菜肴中的混合味道。

由于需要满足所有人的口味，所以为什么不选择两到三种不同颜色或味道的葡萄酒？这样每个人都能找到自己喜欢的酒款。

一款酒搭配所有的菜

这是我们在葡萄酒的饮用方式中出现的重要变化。采用不同的葡萄酒搭配每道菜已经是较为正式的场合才会采用的方式。现代人的习惯则是挑选同一款酒搭配所有的菜。

最为重要的经典搭配就是：找出所有菜中占据主导地位的一道。是烤制的红肉？那就搭配单宁较重的红葡萄酒。是火腿馅饼和沙拉？那就搭配白葡萄酒或者清淡的红葡萄酒。

甜酒如何搭配?

如果不能作为开胃酒，那么应当何时饮用？甜酒搭配甜品堪称完美，因为甜品中的甜味能与甜酒和谐相处。但是甜酒同样可以搭配酸甜味兼具的菜肴或者水果。您可以尝试用苏岱搭配香橙烧鸭。另外，甜酒搭配辣味菜肴同样出彩，比如咖喱就很适合搭配果香浓郁的甜酒。

鱼肉与家禽肉的配酒

所有来自海洋的食材都适合搭配葡萄酒，因为它们口感精致，充满矿物质味道和细腻的咸味。所以白葡萄酒、桃红葡萄酒和气泡葡萄酒都没有问题，但是红葡萄酒里的单宁与海鲜的碘味并不合拍。家禽肉和白肉兼具精致和醇厚的口感，则可以尝试各种搭配，无论白葡萄酒、红葡萄酒还是桃红葡萄酒。

鱼类、贝类、甲壳类海鲜

味道特点

	 **贝类**	 **甲壳类海鲜**	 **鱼类**
	贝类的矿物质味道和细腻口感占据主导。应当选择与其风格类似的葡萄酒，即精致而细密的葡萄酒。最好是没有经过橡木桶陈酿或者时间很短的酒款。	贝类等小型甲壳类海鲜适合搭配精致而细腻的葡萄酒。龙虾或螯虾等大型甲壳类海鲜则更适合搭配酒体较为饱满的白葡萄酒或桃红葡萄酒。	肉质细瘦的鱼类需要搭配精致而平衡的葡萄酒。肉质肥美的鱼类适合搭配酒体稍重或已经成熟的葡萄酒。
 经典搭配	夏布利、密斯卡岱、两海之间、桑塞尔、普罗旺斯的桃红葡萄酒	夏布利一级园、默尔索、勃艮第大区级白葡萄酒	所有的勃艮第白葡萄酒、卢瓦尔河谷的桑塞尔或普伊−芙美
 复杂搭配	香槟、法国传统法气泡葡萄酒	孔德里约、卢瓦尔河谷、维欧尼、阿尔萨斯或德国摩泽尔的雷司令（最好已经达到成熟状态）	波尔多地区的格拉夫或佩萨克−雷奥良、阿尔萨斯、美国加利福尼亚的高端霞多丽
 独特搭配	新西兰长相思或者澳大利亚雷司令	美国加利福尼亚霞多丽、南非白诗南	普罗旺斯桃红葡萄酒搭配三文鱼，清淡的红葡萄酒（黑皮诺、美乐）搭配火鱼或黄花鱼

日式生鱼片

鱼肉在日本料理中会蘸取调味料或酸甜酱生食，呈现独特的风味，细腻度和矿物感都达到巅峰。此时搭配法国、德国或奥地利的雷司令，以及卢瓦尔河谷或南非的白诗南最为精彩。普罗旺斯的桃红葡萄酒更加甜美，果香更盛，也是有趣的选择。

家禽肉与白肉

味道特点

烤制或者采用酱汁烹饪，同样，一切都取决于味道的强弱。烤肉适合搭配果香浓郁、酒体稍重的葡萄酒。单宁较重的红葡萄酒则口味更加丰富，搭配效果更好。

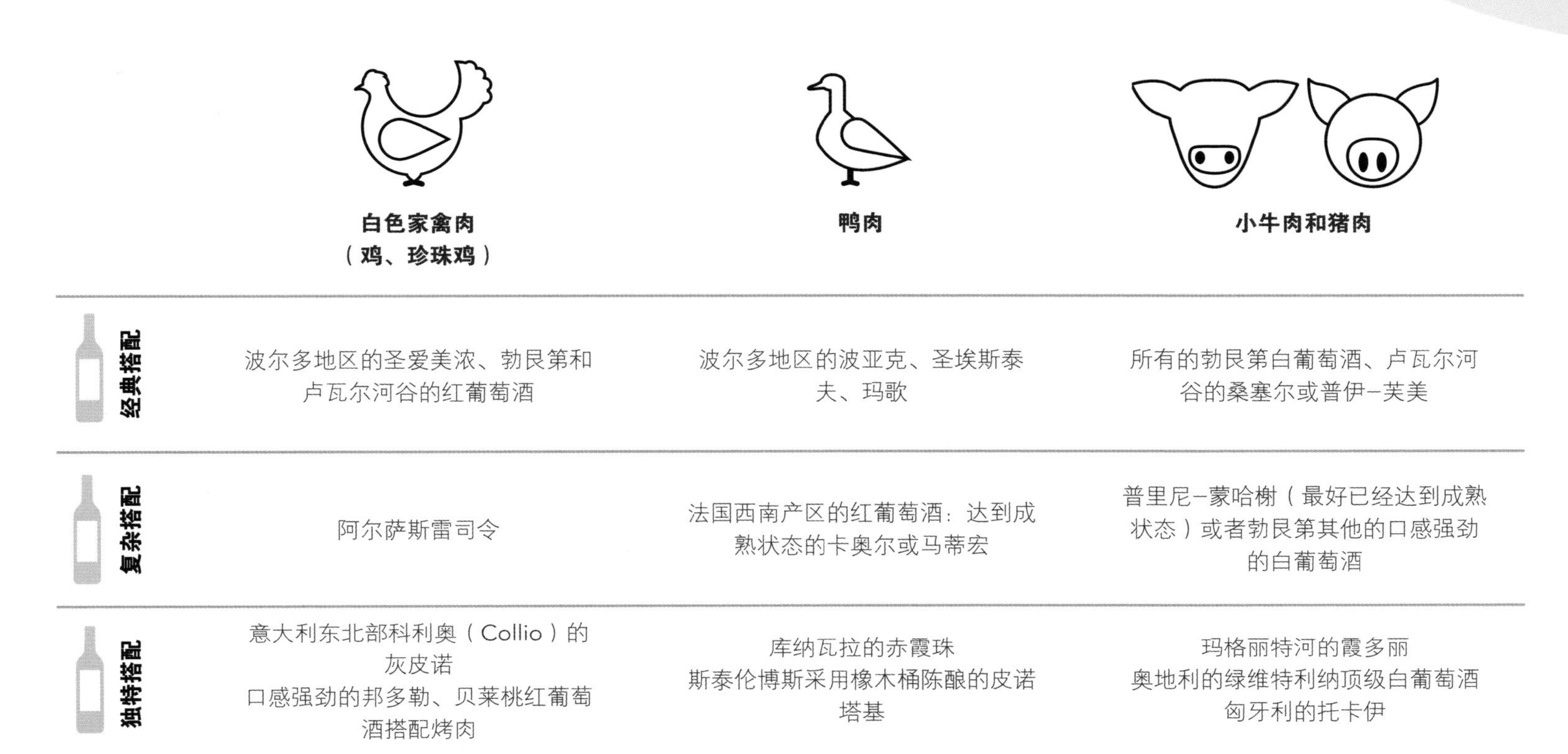

	白色家禽肉（鸡、珍珠鸡）	鸭肉	小牛肉和猪肉
经典搭配	波尔多地区的圣爱美浓、勃艮第和卢瓦尔河谷的红葡萄酒	波尔多地区的波亚克、圣埃斯泰夫、玛歌	所有的勃艮第白葡萄酒、卢瓦尔河谷的桑塞尔或普伊–芙美
复杂搭配	阿尔萨斯雷司令	法国西南产区的红葡萄酒：达到成熟状态的卡奥尔或马蒂宏	普里尼–蒙哈榭（最好已经达到成熟状态）或者勃艮第其他的口感强劲的白葡萄酒
独特搭配	意大利东北部科利奥（Collio）的灰皮诺 口感强劲的邦多勒、贝莱桃红葡萄酒搭配烤肉	库纳瓦拉的赤霞珠 斯泰伦博斯采用橡木桶陈酿的皮诺塔基	玛格丽特河的霞多丽 奥地利的绿维特利纳顶级白葡萄酒 匈牙利的托卡伊

各种酱汁烹饪的鸡肉：多种经典搭配一览

在每个大洲，鸡肉都是经典菜肴，通过不同的方式烹饪：炒、烤、采用辣酱烹饪甚至是生食。鸡胸肉肉质细腻，鸡腿肉口感独特而醇厚。可以想象，很多葡萄酒都可以搭配鸡肉。

· 咖喱鸡肉

我们通常认为咖喱的热烈口味适合搭配高单宁的红葡萄酒。这是错误的，单宁与咖喱根本无法融合。其实，甜型桃红葡萄酒和白葡萄酒最适合搭配咖喱。您也可以尝试苏岱或者邦多勒桃红葡萄酒。

· 酸甜口味的鸡肉

日本人常用酱油搭配鸡肉。应该搭配什么葡萄酒呢？果香浓郁的红葡萄酒，比如博若莱或者南非的皮诺塔基，都是非常成功的搭配。

· 巴斯克风味鸡肉

这道菜里有番茄和甜椒，所以需要瓦坡里切拉一类的意大利红葡萄酒或者里奥哈和杜罗河谷一类的西班牙红葡萄酒这种富有力量感的酒款才能匹配。

· 烤鸡

如同“你好”一般简单，但却如此美味的烤鸡，需要口味简单但是果香为主的葡萄酒搭配，比如希农、博若莱、美国加利福尼亚或南非的美乐。

红肉与素菜的配酒

红肉是将丰厚感、力量感与丰富的味道相结合的菜肴。将其与红葡萄酒搭配当然是最精彩的组合！ 但是这并不代表我们不吃肉的话就只能喝水。恰恰相反，很多素菜因其精致的口感和复杂的味道，同样能与葡萄酒密切相伴。

红肉与野味肉

味道特点

一切秘诀都在烹饪方式当中，因为各种肉类的餐酒搭配何止千种。

	煎烤/火烤	采用酱汁烹饪
 经典搭配	波尔多、梅多克、罗讷河谷	波尔多、梅多克、罗讷河谷
 复杂搭配	意大利托斯卡纳的经典基安蒂、蒙达奇诺–布鲁奈罗	里奥哈珍藏和特级珍藏、完全陈年的马蒂宏
 独特搭配	采用橡木桶陈酿的南非皮诺塔基	美国加利福尼亚的金粉黛、意大利南部的普里米蒂沃

番茄酱、烧烤酱和其他难以搭配的东西

吃牛肉，通常就是要吃烧烤、汉堡、带骨牛排或者肋排，所以番茄酱、烧烤酱、甚至是采用小洋葱头或者罗克福尔奶酪制作的酱汁便不可避免。

这些酱汁当中都有什么？什么都有，最通常会包含的是浓度极高的番茄、调味料、辣椒、胡椒、糖，有时还有醋，或者大蒜或小洋葱头一类的香料。

那么应当选择什么葡萄酒搭配所有这些？其实，这些都挺容易搭配葡萄酒的。单宁不会产生问题，恰恰相反，番茄酱一类的甜酱会令比较单薄的葡萄酒显得更加单薄。所以，最好选择口感强劲、果香浓郁的红葡萄酒。可以挑选西班牙、意大利或者美国加利福尼亚出产的所有口味浓厚的酒款。

素菜

味道特点

素菜能与各种白葡萄酒、红葡萄酒和桃红葡萄酒搭配。只有绿色蔬菜的搭配需要小心，因为它们与单宁很难和平共处。

	 **绿色蔬菜** （芦笋、菠菜、青椒、酸模）	 **根茎类蔬菜** （胡萝卜、芹菜、萝卜、根芹菜）	 **豆科蔬菜** （扁豆、鹰嘴豆）
 **经典搭配**	夏布利、桑塞尔	阿尔萨斯的灰皮诺或琼瑶浆	罗讷河谷、博若莱
 **复杂搭配**	孔德里约、阿尔萨斯的灰皮诺、美国加利福尼亚的霞多丽	干型或半干型的匈牙利托卡伊	法国南部罗讷河谷教皇新堡的白葡萄酒
 **独特搭配**	西班牙纳瓦拉或法国普罗旺斯的桃红葡萄酒、南非的白诗南	奥地利的雷司令 汝拉干白或干红葡萄酒	法国利拉克和塔维尔的桃红葡萄酒 意大利北部的灰皮诺

鸡蛋如何搭配葡萄酒？

我们通常认为鸡蛋无法搭配任何葡萄酒。其实，很多搭配都可以尝试，只要避免单宁极重的红葡萄酒即可。酒体饱满的勃艮第或罗讷河谷的白葡萄酒都很适合。桃红葡萄酒同样可以尝试。

奶酪与甜品的配酒

复杂、精彩，同时又很美味：奶酪（以及采用奶酪制作的菜肴）也许是与葡萄酒能够形成最多搭配的食材。而甜品，由于味道甜美，则通常适合搭配甜酒，除了水果和奶油可以搭配白葡萄酒，巧克力和咖啡也可以搭配红葡萄酒。

奶酪

味道特点

按照传统，口感强劲的红葡萄酒通常用来搭配奶酪拼盘。然而，这样的搭配其实很少能够令人满意。因为每种奶酪都会对应不同风格的葡萄酒。有时，白葡萄酒反而比红葡萄酒更加适合搭配。桃红葡萄酒搭配奶酪，尤其是山羊奶酪，同样有趣。如果只能选择一款葡萄酒，那么应该选择精致、均衡、果香浓郁的酒款，而不是强壮而单宁较重的酒款。

除此之外还要考虑奶酪的成熟度，年轻奶酪的味道与奶相似，这种奶酪适合搭配果香最浓、单宁最轻的葡萄酒。比较成熟的奶酪随着时间的推移会散发出更为复杂的香气，能够搭配的葡萄酒种类就更多了。

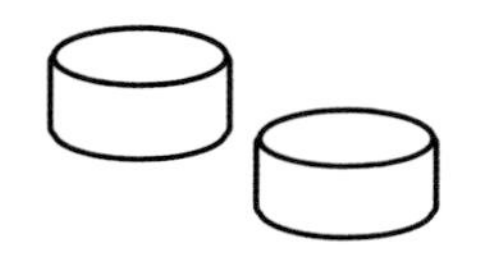

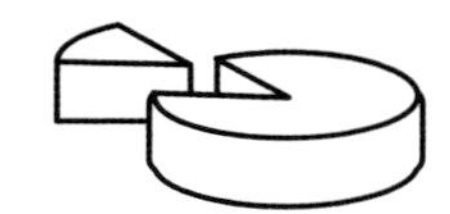

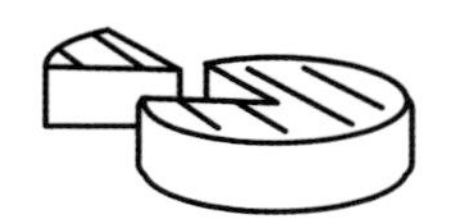

	山羊奶酪 克罗汀（crottin）、 圣摩尔（sainte-maure）、 沙比舒（chabichou）	**软质花皮奶酪** 卡门贝尔（camembert）、 布里（brie）	**软质水洗奶酪** 埃普瓦斯（époisses）、 利瓦若（livarot）
经典搭配	希农、都兰的红葡萄酒、博若莱	夏布利、桑塞尔	都兰或安茹的红葡萄酒、 勃艮第红葡萄酒
复杂搭配	桑塞尔、普伊-芙美	孔德里约、阿尔萨斯的灰皮诺	阿尔萨斯的琼瑶浆、 伯恩丘白葡萄酒
独特搭配	卢瓦尔河谷传统法气泡葡萄酒、 新西兰的长相思、菲诺雪莉酒	西班牙加利西亚下海湾、 南非的白诗南	瓦坡里切拉

	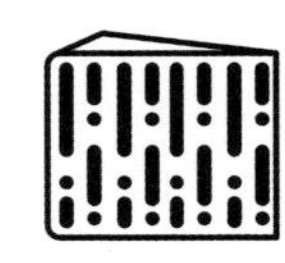 **青纹奶酪** 罗克福尔（roquefort）、 昂贝圆柱（fourme d'Ambert）、 斯提尔顿（stilton）	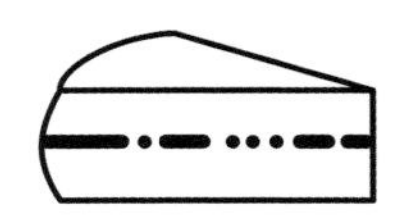 **硬质未熟奶酪** 圣内克泰尔（saint-nectaire）、 莫尔比耶（morbier）	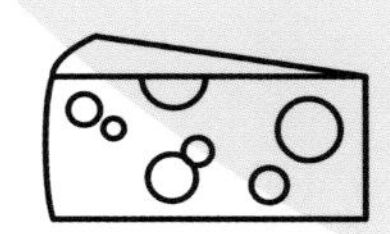 **硬质成熟奶酪** 孔泰（comté）、格鲁耶尔 （gruyère）、车打（cheddar）
经典搭配	博若莱	北罗讷河谷圣约瑟夫、 勃艮第红葡萄酒	意大利皮埃蒙特巴罗洛、玛歌
复杂搭配	苏岱、阿尔萨斯晚收、托卡伊、 瓦坡里切拉-雷乔托	波美侯、酒体饱满的勃艮第白葡萄 酒（比如伯恩丘）	汝拉黄葡萄酒
独特搭配	年份波特酒或者晚装瓶年份波特酒	汝拉的霞多丽、摩泽尔的雷司令	欧罗索雪莉酒

甜品的几种成功搭配

- 麝香葡萄酿造的天然甜葡萄酒因其独特的香气，喝起来如同在吃水果，所以特别适合搭配采用新鲜水果制作的甜品。
- 水果挞和采用煮熟水果制作的甜品适合搭配半甜型和甜型葡萄酒。这种葡萄酒搭配甜度很高的水果非常美味。
- 巧克力在搭配葡萄酒时需要能够限制可可的苦味，同时突出葡萄酒的香气。红的天然甜葡萄酒，比如波特酒或者巴纽尔斯，香气丰富，与巧克力甜品相得益彰。

采用新鲜水果制作的甜品

麝香葡萄酿造的天然甜葡萄酒

采用煮熟的水果制作的甜品

半甜型和甜型葡萄酒

采用巧克力制作的甜品

波特酒或者巴纽尔斯天然甜葡萄酒

负责任地饮酒

饮用葡萄酒应当能够既保持理性，又获得乐趣，从而真正地欣赏它。适量饮酒，才能保证不对健康造成危险。与此相反，如果过量饮酒，则会造成严重的酒精依赖，还会大大缩短寿命。

如何负责任地饮酒

在家饮酒时

在家接待客人时，主人应当负起责任，一瓶酒可供四个人饮用，记得准备水和食物，并且提前想好有人喝酒之后无法开车的解决办法。

在餐厅饮酒时

在餐厅饮酒时，不要将质量和数量混淆，按照人数选择适合的酒瓶容量，并将未喝完的酒带走。

饮酒后禁止开车

在品酒时

如果品尝多款葡萄酒，应当将酒吐出。

在某些情况下

以下情况应当避免饮酒：未成年、怀孕和哺乳期间、上班期间、服用某些药物期间。

酒精度

不同酒精饮料的酒精度可以采用酒精单位表示。一个酒精单位相当于：

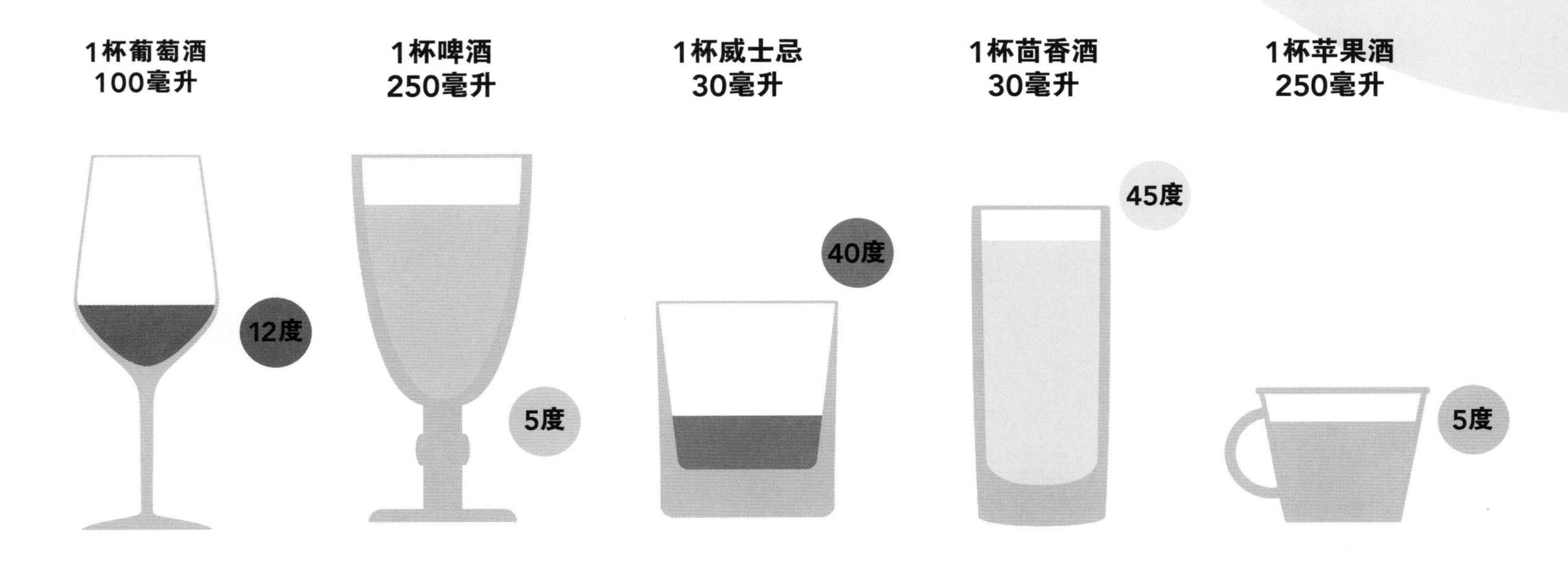

世界卫生组织（OMS）与酒精

世界卫生组织推荐理性饮酒，并且提出每日建议最高饮酒量。

世界卫生组织的倡议

世界卫生组织定义的最高饮酒量如下：

- 女性每日2杯

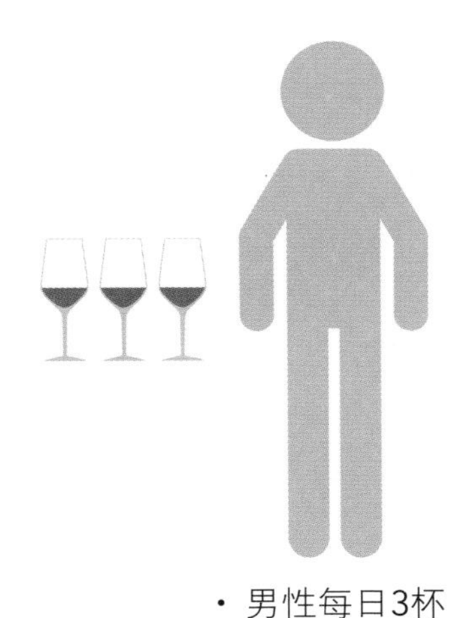

- 男性每日3杯

- 在任何情况下都不超过4杯。
- 每周至少一天不饮用任何酒精饮料。

广告与酒精

许多国家存在相关的广告法规，限制通过宣传生活方式而突出酒精饮料的做法，并且要求在包装和广告中声明合理饮酒的信息。

实践练习1

卷1

准备

在您与朋友集合，进行这次品酒练习之前，需要完成以下几项准备工作：

- 学习第一章从第14页–第33页的内容。
- 购买练习所用的酒款，以正确的温度储存。
- 品酒的房间保持通风，避免任何厨房的气味。
- 准备吐酒桶、水、面包或者几片咸味薄脆饼干。
- 为每人准备两个品酒杯以及白色纸质餐巾。

时间

1小时

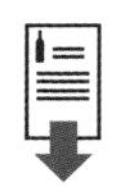

在网站https://www.ecole-vins-spiritueux.com/fr/ecole-du-vin内下载打印或者在本书第33页复印品酒卡。

口感复杂的气泡葡萄酒

比如：
法国勃艮第地区的勃艮第传统法气泡葡萄酒，或者阿尔萨斯地区的阿尔萨斯传统法气泡葡萄酒

香气浓郁的白葡萄酒

比如：
法国卢瓦尔河谷地区桑塞尔或普伊–芙美产区出产的白葡萄酒

果味十足的桃红葡萄酒

比如：
法国普罗旺斯丘产区出产的桃红葡萄酒

口感清淡的红葡萄酒

比如：
法国博若莱地区出产的红葡萄酒

甜型葡萄酒

比如：
法国波尔多地区苏岱产区或者卢瓦尔河谷地区莱昂山丘产区出产的甜白葡萄酒

开始品酒，在酒中享受寻找香气和味道的乐趣！

品酒练习1：探索葡萄酒的主要种类（白葡萄酒、桃红葡萄酒、红葡萄酒、气泡葡萄酒、甜型葡萄酒）

时间

40分钟

品酒分为三个步骤：观看、嗅闻、随后品尝葡萄酒。请您准备好品酒卡，在整个品酒过程中使用，并在您的面前摆好两个杯子。现在您就可以开始了！

将酒倒入杯中，观看气泡的细腻度：从酒倒入杯中的那一刻起，绵密的泡沫便已形成。

在品酒的各个步骤中关注自己的感受。请您描述在鼻中和口中所感受到的果香和花香。

使用同一个杯子，将酒倒入杯中。

在品酒的各个步骤中关注自己的感受。您是否闻到果香，尤其是柑橘类水果的香气？您是否注意到第1款和第2款酒的香气浓郁度以及舌头两侧感受到的酸度有所不同？

将酒倒入您面前的第二个杯子里。

在品酒的各个步骤中关注自己的感受。您是否感受到这种桃红葡萄酒在口中所特有的红色水果的香气以及清新感？清新的感觉是由使您分泌唾液的酸度所带来的。

冲洗杯子，将酒倒入第二个杯子里。

在品酒的各个步骤中关注自己的感受。请您关注葡萄酒在口中形成的体积感，这款酒的酒体很轻。

将甜酒倒在您倒过白葡萄酒的第一个杯子里。

在品酒的各个步骤中关注自己的感受。您的舌尖是否感觉到甜美的味道？将酒吐出之后，请您数一下香气在口中停留的秒数，感受悠长持久的香气。

小窍门

不要倒太多酒，记得品完将酒吐出，然后喝点水。

选择题

回答正确一题得1分，每题有一个正确答案，答错不扣分。

1 葡萄酒的颜色可以给出哪些信息？

a–它的来源和酸度

b–它的年龄和酒体

c–它的年龄和来源

2 如何确定红葡萄酒的色彩浓郁度？

a–将酒杯倾斜45度，观察是否能够透过酒液看到手指

b–这并不是品酒时需要分析的内容

c–红葡萄酒的色彩浓郁度总是很高

3 红葡萄酒随着陈年，将会：

a–直接从年轻时的紫色变为石榴红色

b–从年轻时的紫色或宝石红色变为石榴红色和棕红色

c–红葡萄酒的颜色不会变化

4 品酒的理想条件是什么？

a–白色的背景和品酒杯

b–饭后立即品酒

c–在与朋友一起烹饪时品酒

5 第一次嗅闻葡萄酒可以捕捉到哪些香气？

a–果香

b–挥发性最强的香气

c–陈年香气

6 葡萄酒中的樱桃或草莓的香气来自哪里？

a–在酿酒时加入的香精

b–葡萄树旁边生长的樱桃树

c–葡萄品种、风土、酿酒人的工艺

7 什么是三级香气？

a–来自葡萄酒陈年的香气

b–在葡萄酒中捕捉到的第三种香气

c–来自葡萄酒酿造的香气

8 年轻红葡萄酒的主要香气有哪些？

a–蘑菇、甘草和皮革的香气

b–红色水果和香料的香气

c–柑橘类水果和黄色水果的香气

9 年轻白葡萄酒的主要香气有哪些？

a–柑橘类水果、黄色水果和鲜花的香气

b–热带水果和糖渍水果的香气

c–黑莓、蓝莓和香草的香气

10 一款葡萄酒看起来正常，但是却有发霉的气味。最有可能的原因是什么？

a–这属于这款酒的风格

b–这款酒太老了

c–这款酒有缺陷，存在木塞污染的问题

11 葡萄酒在口中的味道有哪些？

a–甜味、酸味、苦味

b–酒体和香气

c–酒精和香气

12 优质的甜型葡萄酒中含有的糖分来自哪里？

a–加入的甜味剂

b–优质葡萄酒与糖的混合

c–葡萄中天然含有、未完全发酵的糖

13 **我们在品尝葡萄酒时，酸度主要体现为：**

a–成熟水果的味道
b–口中分泌更多的唾液
c–口中的体积感

14 **我们在品尝葡萄酒时，单宁体现为：**

a–口中的苦味和干燥感
b–口中分泌更多的唾液
c–口中的甜味

15 **如何定义葡萄酒的酒体？**

a–通过葡萄酒在口中的体积感
b–通过口中的收敛感
c–通过口中的甜味

16 **葡萄酒的香气持久度是什么？**

a–葡萄酒的甜味和酸味的持续长度
b–酒精的持久度
c–香气的持续长度，它代表着葡萄酒的品质和复杂度

17 **以下哪个说法是正确的？**

a–在干白葡萄酒中，酸度和单宁的平衡最为重要
b–在干白葡萄酒中，酸度和酒精度的平衡最为重要
c–在干白葡萄酒中，甜度和酒精度的平衡最为重要

18 **我们如何评价一款单宁和酸度较低、酒精度较高的葡萄酒？**

a–这款酒酒体饱满
b–这款酒不平衡
c–这款酒酒体圆润

19 **葡萄酒的陈年需要哪些因素？**

a–单宁、酒精、酸度和糖分
b–颜色，只有红葡萄酒才能陈年
c–香料的香气

20 **舌尖能够最先感受到哪种味道？**

a–酸味
b–单宁感
c–甜味

21 **以下哪个说法是错误的？**

a–优质葡萄酒的香气持久度很高
b–优质葡萄酒一定是老酒
c–优质葡萄酒能够代表风土的独特性

22 **品酒的正确顺序是什么？**

a–观看–嗅闻–品尝–对葡萄酒进行评价
b–观看–品尝–嗅闻–对葡萄酒进行评价
c–嗅闻–品尝–对葡萄酒进行评价

23 **用于评价葡萄酒的重点因素有哪些？**

a–品质、价格和酒标
b–品质、陈年潜力和价格
c–价格、陈年潜力和软木塞的使用

24 **以下哪些说法符合白葡萄酒的风格？**

a–口感活泼的白葡萄酒应当达到丰厚感与清新感的平衡
b–口感活泼的白葡萄酒应当脆爽感和超越果香的清新感
c–口感活泼的白葡萄酒应当以果香为主导

25 **以下哪些说法符合清淡红葡萄酒的风格？**

a–清淡的红葡萄酒应当单宁很重，酒精度中等
b–清淡的红葡萄酒应当酸度较低
c–清淡的红葡萄酒应当单宁细腻，酒精度中等

答案

1c，2a，3b，4a，5b，6c，7a，8b，9a，10c，11a，12c，
13b，14a，15a，16c，17b，18b，19a，20c，21b，22a，
23b，24b，25c

实践练习2

卷2

准备

在您与朋友集合，进行这次品酒练习之前，需要完成以下几项准备工作：

- 学习第一章从第34页–第59页的内容。
- 购买练习所用的酒款，以正确的温度储存。
- 品酒的房间保持通风，避免任何厨房的气味。
- 准备吐酒桶、水、面包或者几片咸味薄脆饼干。
- 为每人准备两个品酒杯以及白色纸质餐巾。

时间

1小时

在网站https://www.ecole-vins-spiritueux.com/fr/ecole-du-vin内下载打印或者在本书第33页复印品酒卡。

口感活泼的白葡萄酒

比如：
法国勃艮第地区夏布利产区或者法国南特地区密斯卡岱产区出产的白葡萄酒

口感圆润的白葡萄酒

比如：
法国勃艮第地区默尔索或者圣罗曼（saint-romain）产区出产的白葡萄酒

口感清淡的红葡萄酒

比如：
法国博若莱或者希农产区、意大利威尼托地区瓦坡里切拉产区出产的红葡萄酒

口感强劲的红葡萄酒

比如：
法国教皇新堡或者波美侯产区出产的红葡萄酒，澳大利亚巴罗萨地区采用设拉子酿造的红葡萄酒

单宁较重的红葡萄酒

比如：
法国西南地区马蒂宏或者卡奥尔产区出产的红葡萄酒

开始品酒，在酒中享受寻找香气和味道的乐趣！

品酒练习2：比较白葡萄酒和红葡萄酒的不同风格

品酒分为三个步骤：观看、嗅闻、随后品尝葡萄酒。请您准备好品酒卡，在整个品酒过程中使用，并在您的面前摆好两个杯子。现在您就可以开始了！

40分钟

在品酒的各个步骤中关注您的感受。

比较第1款和第2款酒：入口之后，您是否感觉到第1款酒的口感非常清新？清新感体现为更多唾液的分泌，代表着酒的酸度很高，而第2款酒的酸度则为中等。

请您描述两款酒的酒体：您是否感觉到第2款酒的酒体比第1款更强劲，第2款酒在口中的体积更大？

冲洗前两个杯子，倒入第3款、第4款和第5款酒。

在品酒的各个步骤中关注您的感受。

比较第3款、第4款和第5款酒：关注第3款酒的清新果香、在口中的体积感以及轻薄的酒体，以及第4款酒在口中的体积感和强劲的酒体。
随后比较第3款酒较轻的单宁和第5款酒较重的单宁，第5款酒的苦味和粗糙感比第3款和第4款明显得多。

小窍门

不要倒太多酒，记得品完将酒吐出，然后喝点水。

卷2

选择题

回答正确一题得1分，每题有一个正确答案，答错不扣分。

1 使用杯口微收的品酒杯有什么好处？

a–可以增强香气，并且方便摇晃杯中的葡萄酒
b–完全是为了美观
c–将葡萄酒杯与水杯区分开

2 为什么要醒酒？

a–为了让年轻葡萄酒透气，柔化单宁
b–为了将沉淀物与酒液分开
c–为了美观

3 哪种葡萄酒需要滗酒？

a–桃红葡萄酒
b–口感清淡的红葡萄酒
c–陈年的红葡萄酒

4 侍酒温度太高的风险是什么？

a–超过18℃，酸度会掩盖所有味道
b–超过18℃，单宁会变得苦涩
c–超过18℃，酒精会碾压一切

5 气泡葡萄酒的侍酒温度是多少？

a–10℃～12℃
b–6℃～10℃
c–12℃～14℃

6 口感活泼、香气浓郁的白葡萄酒的侍酒温度是多少？

a–12℃～14℃
b–8℃～10℃
c–10℃～12℃

7 天然甜葡萄酒开瓶之后可以储存多久？

a–6个月以上
b–天然甜葡萄酒不是能够长期储存的葡萄酒
c–冷藏1个星期

8 口感强劲的红葡萄酒在什么时候能达到巅峰状态？

a–2～5年
b–20年以上
c–10～15年

9 为什么要将葡萄酒瓶从纸箱中取出？

a–为了将其暴露在阳光下
b–为了节省储存空间
c–为了避免其吸收纸箱的不良气味

10 以下哪种情况需要始终避免？

a–酒窖位于震动较大的区域旁边
b–为储存区域通风
c–将酒瓶放倒

11 哪些葡萄酒对于储存环境最为敏感？

a–白葡萄酒
b–未加硫的天然葡萄酒
c–单宁较重的红葡萄酒

12 在建立酒窖时需要避免哪种做法？

a–准备适合即时饮用的葡萄酒、不同的风格以及适合陈年的葡萄酒
b–定期购买自己喜欢的一款葡萄酒的各个年份
c–建立酒窖清单

13 以下哪个信息并非必须出现在酒标上？

a–年份
b–葡萄酒的级别（IGP、AOP等）
c–容量

14 **以下哪个信息必须出现葡萄酒的酒标上？**

a—葡萄品种的名称
b—特酿的名称
c—卫生信息（含有硫化物等）

15 **以下哪个标志未经欧盟认证？**

a—采用合理化种植的葡萄酒
b—有机葡萄酒
c—自然葡萄酒

16 **将有机葡萄酒的标志贴在酒标上，需要符合哪些标准？**

a—葡萄必须完全来自有机种植
b—葡萄必须来自有机种植，并且硫含量低于普通种植的要求量
c—不可加硫

17 **罗波安（Réhoboam）、撒缦以色（Salmanazar）指的是什么？**

a—根据容量不同所起的不同大小的酒瓶的名字
b—古老的葡萄品种
c—古代酿造的加强型葡萄酒

18 **以下哪个说法是正确的？**

a—葡萄酒的酸味和单宁味适合搭配所有菜肴
b—葡萄酒的果味适合搭配所有菜肴
c—菜肴里的盐能够减弱葡萄酒的味道

19 **葡萄酒中需要哪种味道占据主导，才能搭配酸味菜肴？**

a—明显的单宁味道
b—脆爽清淡的口感以及果香
c—天然甜葡萄酒的甜味

20 **哪些菜肴最适合搭配陈年葡萄酒？**

a—带血的红肉
b—甜味菜肴、甜品
c—白肉、家禽肉、成熟奶酪

21 **如果只能选择一款葡萄酒搭配所有菜肴，应当选择哪种葡萄酒？**

a—单宁较重的红葡萄酒
b—口感清淡的白葡萄酒或红葡萄酒
c—香气浓郁的白葡萄酒

22 **哪种葡萄酒不适合搭配青纹奶酪？**

a—桃红葡萄酒
b—甜型葡萄酒
c—年份波特酒

23 **如果只能选择一款葡萄酒搭配奶酪拼盘，应当选择哪种？**

a—口感清淡、果香浓郁的红葡萄酒
b—单宁较重的红葡萄酒
c—奶酪可以搭配各种葡萄酒

24 **世界卫生组织定义的负责任的饮酒限度是什么？**

a—每天3杯，在任何情况下都不超过4杯，一周内有一天不饮用任何酒精饮料
b—每天2杯，在任何情况下都不超过3杯，一周内有一天不饮用任何酒精饮料
c—在任何情况下每天都不超过4杯，一周内有一天不饮用任何酒精饮料

答案

1a，2a，3c，4c，5b，6b，7a，8c，9c，10a，11b，12b，13a，14c，15c，16b，17a，18b，19b，20c，21b，22a，23a，24b

第二章：葡萄酒的千变万化

葡萄

世界上共有超过6000个葡萄品种，其中有几百个随着时间的推移因其独特的品质被选出用于酿酒。其中有些世界闻名，全球都有种植，故被称为“世界品种”（比如美乐和霞多丽）。有些只在某些地区种植，在其起源国以外的地方则很少或没有种植，故被称为土著品种或者本土品种（比如意大利的黑珍珠或者葡萄牙的国家多瑞加）。

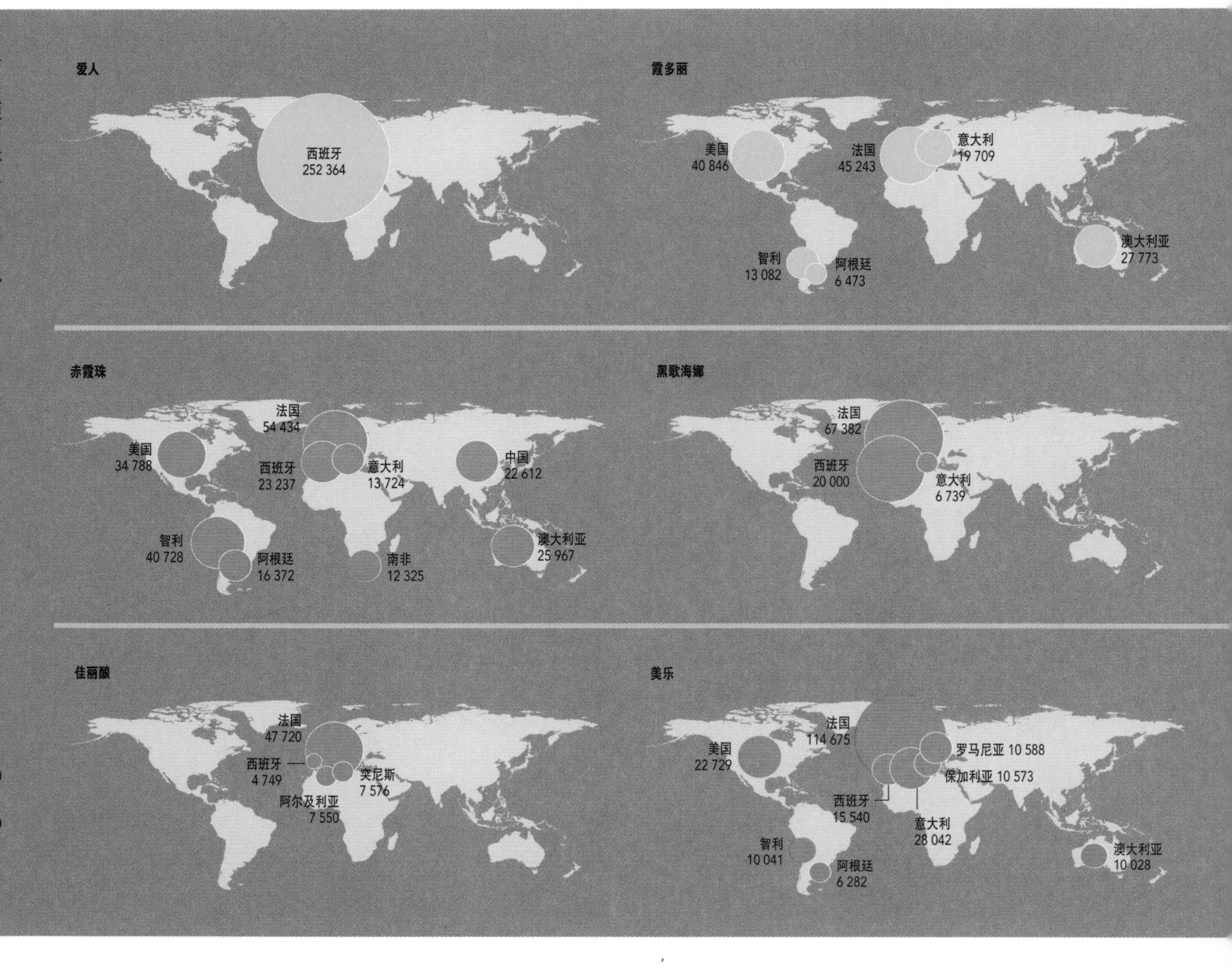

白葡萄品种
红葡萄品种

种植面积（公顷）
250 000
100 000
50 000
10 000

葡萄

葡萄当中含有酿造葡萄酒所需的所有元素：用于酒精发酵的糖、大量的水、酸、香气成分、色素和单宁。无须添加人工香精，葡萄能够自然提供葡萄酒风格所需的各种香气成分。

定义

葡萄酒如果采用一个葡萄品种酿造，称为“单品种”（monocépage）葡萄酒；如果采用多个葡萄酒品种酿造，称为“混酿”（assemblage）葡萄酒。勃艮第的葡萄酒大部分为单品种，而波尔多的葡萄酒通常混酿而成。

定义

- 某些葡萄品种在不同的种植地区拥有不同名称。比如，意大利的特雷比亚诺（trebbiano）在法国称为白玉霓（ugni blanc），法国的西拉（syrah）在澳大利亚称为设拉子（shiraz，这样更改是因为比较容易发音）。
- 用于酿造葡萄酒的葡萄品种称为“酿酒葡萄”（raisin de cuve），以便与我们所吃的鲜食葡萄（raisin de table）区分。酿酒葡萄个头较小，甜度较高，果皮较厚，从而为葡萄酒带来颜色和单宁。

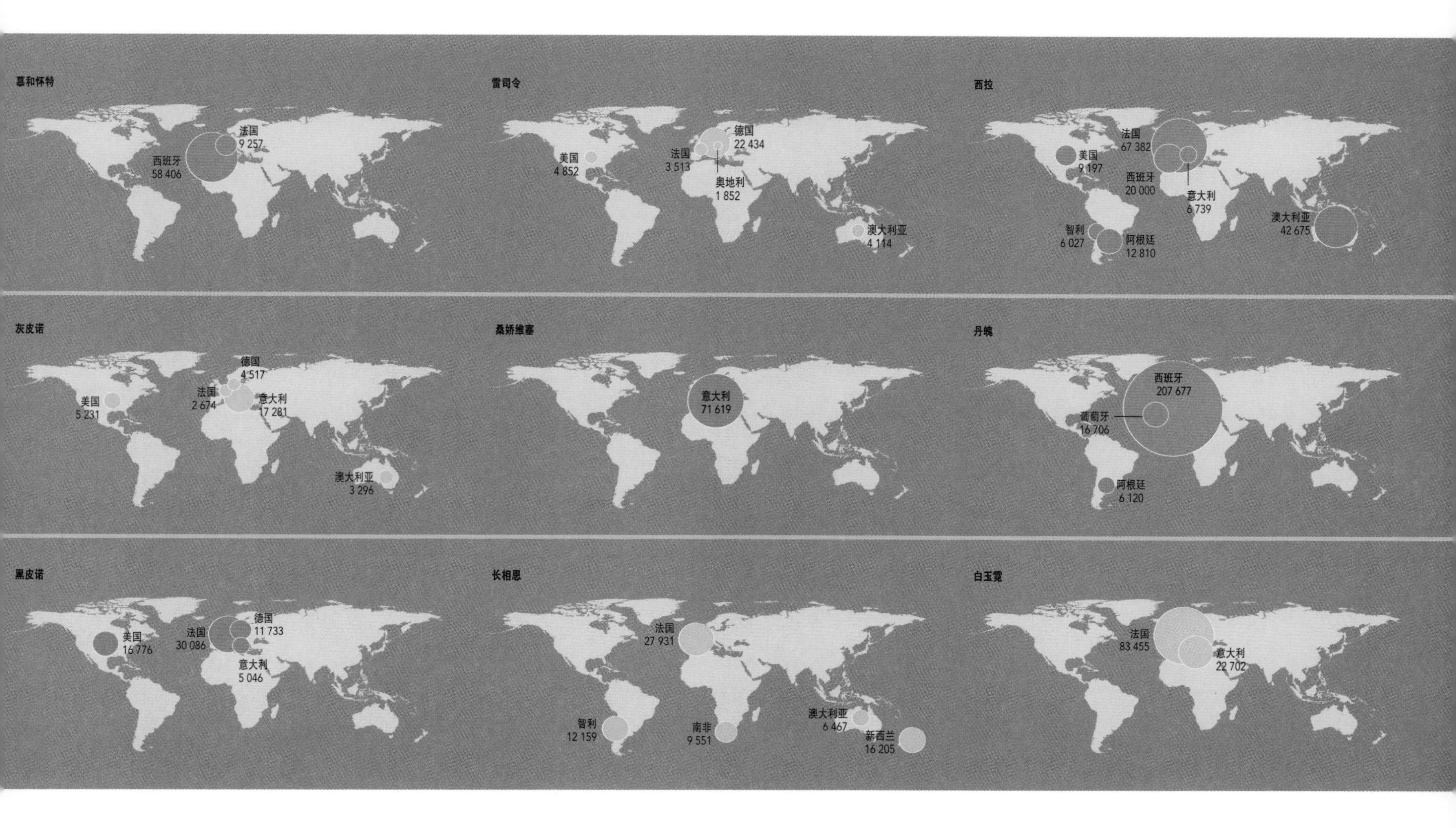

一颗葡萄的解剖图

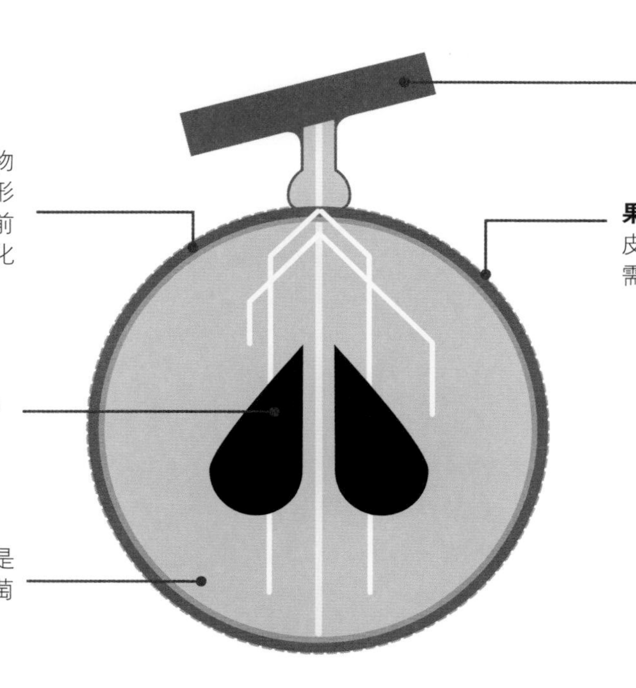

葡萄梗：含有单宁。

葡萄皮：含有单宁、花青素、香气前身物质。单宁为红葡萄酒带来结构。花青素是形成葡萄酒颜色的色素。葡萄中含有的香气前身物质是没有气味的，但是在发酵中会转化为香气。

果霜：果霜是覆盖在葡萄皮上的薄层，含有发酵所需的酵母。

葡萄籽：含有油和单宁。葡萄籽含有苦油，通常需要避免将其释放在葡萄酒中。

果肉：果肉中含量最高的成分是水，其次是发酵所必需的糖、酸，香气最为浓郁的葡萄品种的果肉还会含有香气前身物质。

白葡萄品种

白葡萄酒之所以种类极其丰富，存在几个原因。首先是所用的葡萄品种多种多样，能够提供各具特色的香气和口感。其他原因包括葡萄种植的气候和土壤、葡萄酒的酿造工艺和陈酿方式，都会有利于形成白葡萄酒的不同风格。

常见香气

柠檬　柚子　杏　椴树花　玫瑰　八角茴香

气候

凉爽气候　酸度　糖分　酒精　酒体 → 新鲜水果的香气

炎热气候　酸度　糖分　酒精　酒体 → 热带水果和成熟水果的香气

土壤

较热的土壤：沙子、沙砾

较凉的土壤：能够直接影响酸度的黏土石灰石土壤

酿造工艺

橡木桶可以带来类似香草或者丁香的特殊香气。
如果采用苹果酸乳酸发酵，则会出现黄油、奶油和酸奶的香气。
如果葡萄酒曾与酒泥（死酵母）接触，则会发展出面包和酵母的香气。
采用这些酿造工艺酿出的葡萄酒令人感觉酸度较低。

熟成（陈年方式）

经过陈年，白葡萄酒会呈现金黄色，散发出杏仁、榛子、核桃、咖啡、焦糖、烤苹果、杏干、糖渍橙子、蜂蜜等香气。
酸度会柔和一些。

餐酒搭配

白葡萄酒因为酸度清新，能够使人胃口大开，所以建议餐前饮用，特别适合搭配口味清淡的咸味菜肴。口感最为活泼的白葡萄酒适合搭配贝类等海鲜，贝类的碘味和咸味能与葡萄酒的清新感相得益彰。

酒的命名

某些白葡萄酒以葡萄品种的名称或者出产地点的名称而命名。比如在新西兰，白葡萄酒的名称会以长相思为酒名。而在法国，桑塞尔白葡萄酒虽然同样采用长相思酿造，但却习惯于将桑塞尔这个出产地点作为酒名。

白葡萄酒的风格取决于其香气的浓郁度和种类，以及酸度在口中所形成的清新感。所有这些因素综合塑造出一款葡萄酒的特色，我们要用几个词语来进行总结。

两款特色完全不同的白葡萄酒

· 意大利威尼托保护地理标识级别（IGT）的灰皮诺：口感清新的干白葡萄酒

酒液呈浅黄色，泛着绿色的光泽，酒香清淡，充满青苹果、柑橘类水果和白花的芬芳。入口为干型，酸度清沁。这是一款口感清淡、在口中充满青柠檬香气的葡萄酒。

· 法国阿尔萨斯法定产区级别（AOP）的琼瑶浆：香气馥郁、酒体强劲的白葡萄酒

酒液呈金色，泛着玫瑰色的光泽，酒香极其浓郁，充满玫瑰、荔枝、桃子以及生姜一类的甜香料的芬芳。入口酒体饱满，酸度较低，呈现与鼻中同样的香气。余味悠长，收尾中略带香料气息。

白葡萄酒的特色

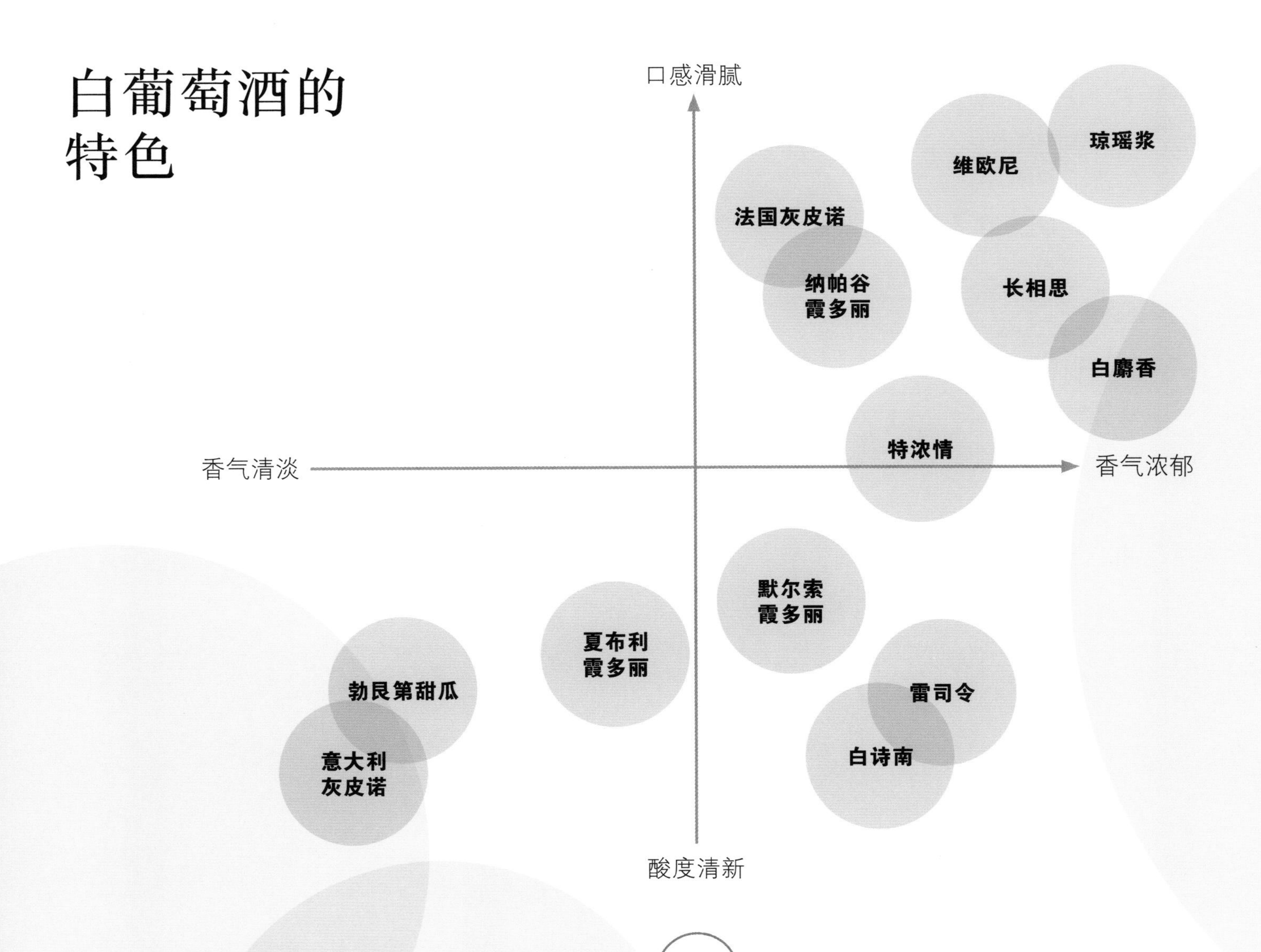

霞多丽（chardonnay）

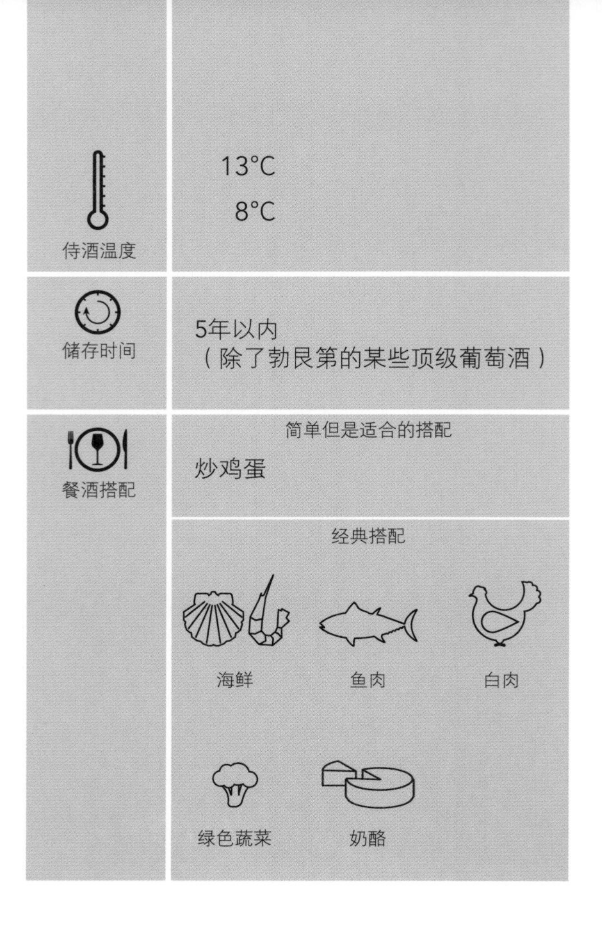

霞多丽几乎就是白葡萄酒的代名词，世界闻名。它源于法国勃艮第的一个同名小镇，是酿造众多著名白葡萄酒所采用的葡萄品种。它在全世界均有种植，尤其是在法国和美国。霞多丽酿造的葡萄酒根据气候和酿造风格的不同而风格各异。

品种特点

霞多丽特别容易留下酿造方式的痕迹。经过橡木桶陈酿，它会散发出香草和烤面包的香气。苹果酸乳酸发酵能够柔化它有时非常活跃的酸度，赋予它黄油和新鲜奶油的香气。搅桶为它增加酒体，带来绵密的结构以及面包和酵母的香气。

气候	味道	香气
 凉爽	酸度 ●●●●● 酒精度 ●●○○○ 酒体 ●●○○○	 苹果  梨  青柠檬  青李子  黄瓜
 温和	酸度 ●●●○○ 酒精度 ●●●○○ 酒体 ●●●○○	黄柠檬 柚子  桃
 炎热	酸度 ●●○○○ 酒精度 ●●●●○ 酒体 ●●●●○	 香蕉  无花果  菠萝 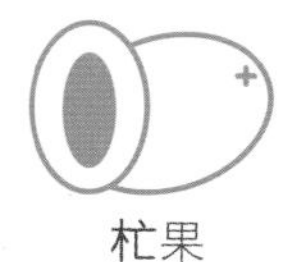 杧果

地理

霞多丽在勃艮第（尤其是在金丘，在这里可以找到全世界最优质的白葡萄酒）、香槟以及法国其他产区都有大量种植，同时也是在全世界都很常见的葡萄品种。它在美国加利福尼亚、澳大利亚、智利、阿根廷和南非均有精彩的表现，其高贵的特质呈现在众多新世界葡萄酒中。

推荐品尝的酒款

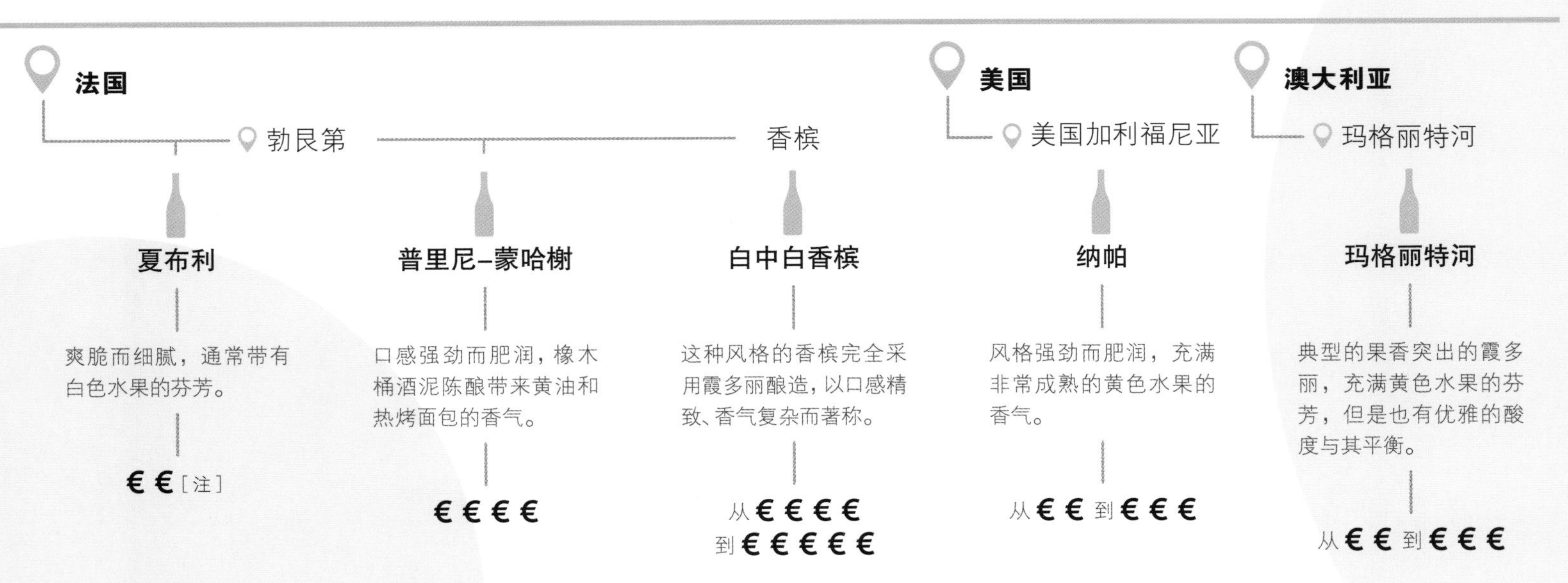

[注]：本书中，€=10欧元或以下，€ €=20欧元或以下，€ € €=30欧元或以下，€ € € €=40欧元或以下，€ € € € €=50欧元或以下

长相思（sauvignon blanc）

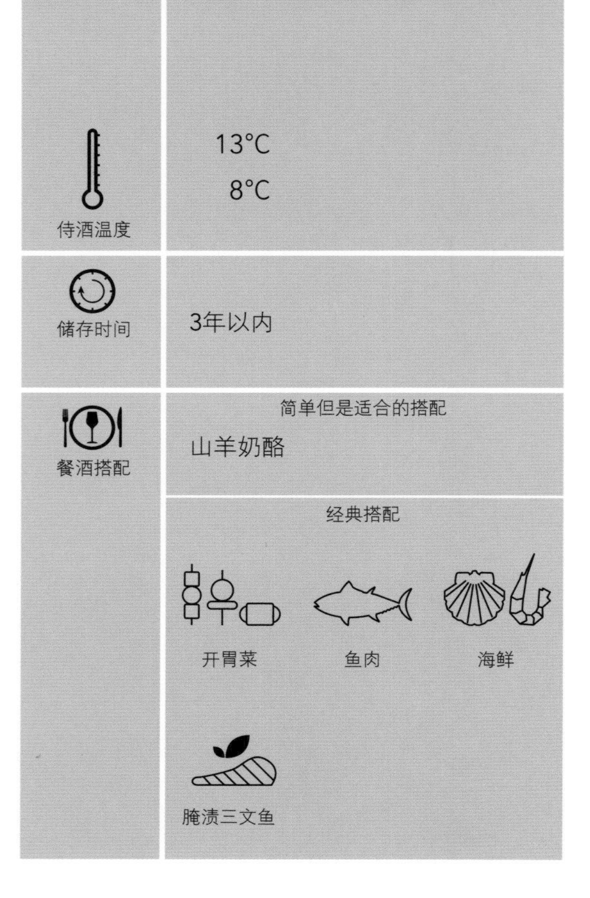

长相思是一个源于法国中部的重要的芳香葡萄品种。它在全世界的闻名是因为其在新西兰的成功以及罗伯特·蒙大维（Robert Mondavi）的营销，后者于20世纪80年代在美国加利福尼亚将采用橡木桶陈酿的长相思命名为“白芙美”（Fumé blanc）。采用长相思酿造的白葡萄酒具有浓郁的香气和极其活泼的口感。

品种特点

这个芳香葡萄品种通常不使用橡木桶。

它也可以用在波尔多，尤其是格拉夫和佩萨克–雷奥良（在此经常采用橡木桶陈酿）的干白葡萄酒以及苏岱的顶级甜白葡萄酒（与赛美蓉搭配）的混酿当中。

气候　**味道**　**香气**

凉爽

味道	
酸度	●●●●●
酒精度	●●○○○
酒体	●●○○○

青柠檬

黄柠檬

绿甜瓜

新鲜青草

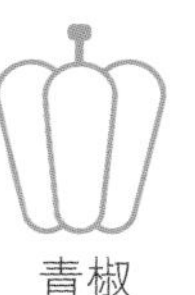
青椒

芦笋

荨麻

燧石

温和

味道	
酸度	●●●●○
酒精度	●●●○○
酒体	●●●○○

百香果

桃子

成熟的柚子

油桃

地理

这个葡萄品种在法国被称为“sauvignon”，在世界其他地方被称为“sauvignon blanc”。它起源于卢瓦尔河谷，那里出产品质卓越的葡萄酒，它在世界多个产区都有种植：澳大利亚、南非、智利、意大利北部。但是它在新西兰的表现最好，焕发出新的生机，当地出产令人惊喜的香气鲜明的葡萄酒。

气候

想要酿出优质的长相思，需要将其种植在理想的气候下，才能达到成熟度、香气和酸度之间的细致平衡。它在法国桑塞尔的大陆性气候下和新西兰的海洋性气候下表现极佳。您可以将这两种长相思葡萄酒一起品鉴，比较一下。

推荐品尝的酒款

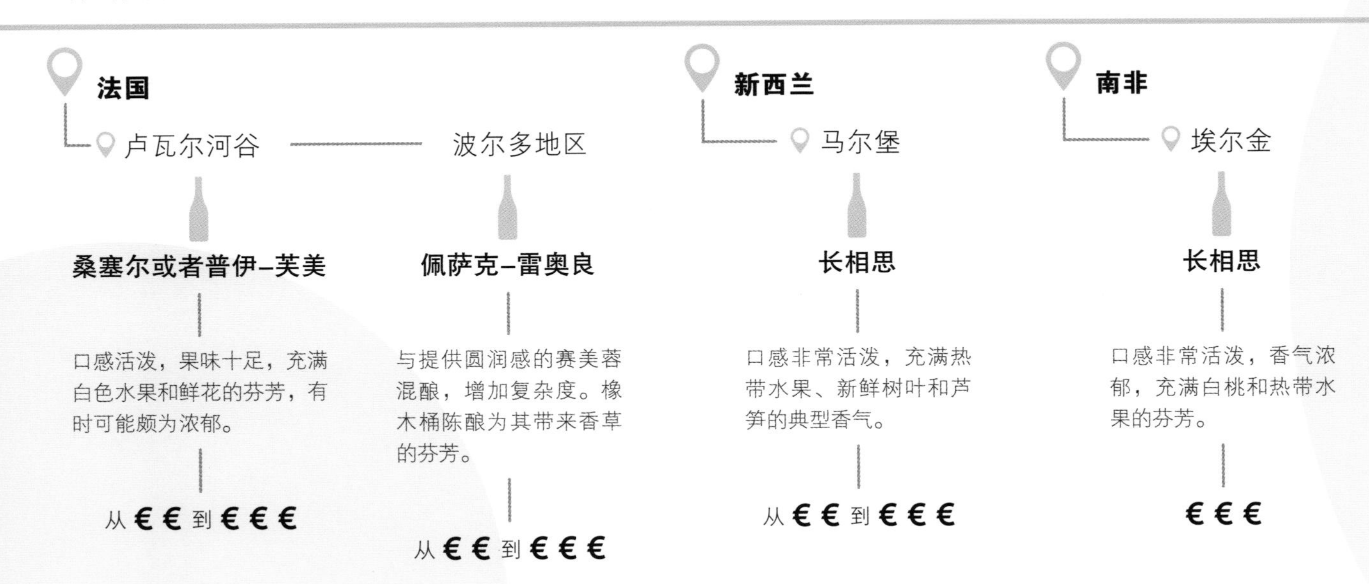

雷司令（riesling）

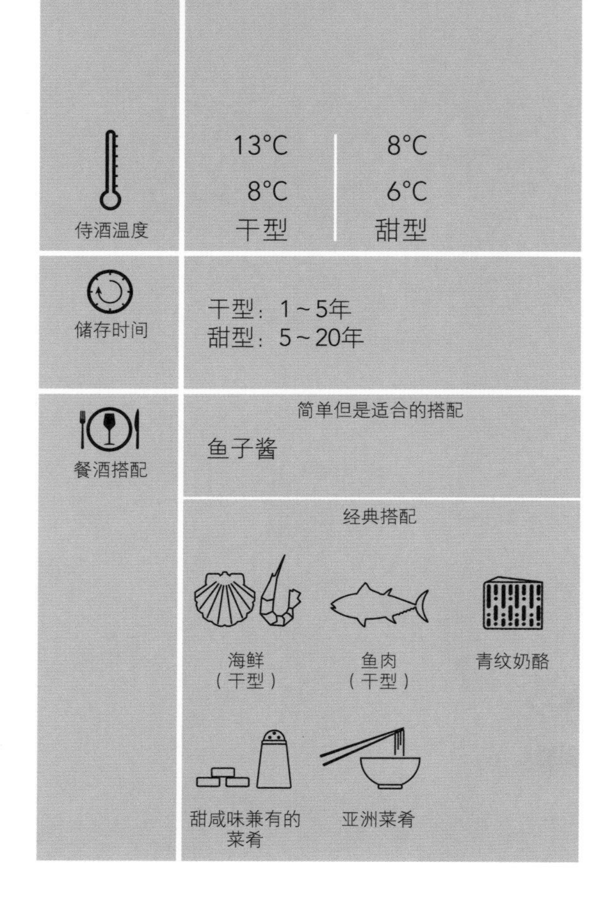

雷司令是德国的葡萄品种之王，从中世纪起便在欧洲所有的日耳曼地区种植。它在全世界的众多产区都有卓越的表现，可以酿出多种风格。它的陈年潜力很强。雷司令酿造的葡萄酒口感活泼爽脆，香气扑鼻。

品种特点

这个芳香葡萄品种通常不使用橡木桶，所以经常采用不锈钢桶发酵，以便保持其香气的纯净度。

它是为数不多的同时能够出产干型和甜型顶级葡萄酒的品种之一，因为它的酸度能够与糖分形成优雅的平衡。

气候 **味道** **香气**

凉爽

味道	
酸度	●●●●●
酒精度	●●○○○
酒体	●○○○○

刺槐花

苹果

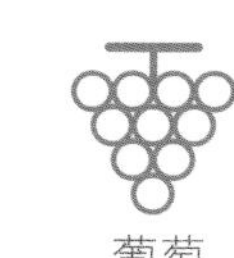
葡萄

青柠檬

黄柠檬

成熟之后（干型）
汽油、烤面包、烟熏、蜂蜡

甜型
橙子果酱、蘑菇、蜂蜜

温和

味道	
酸度	●●●●○
酒精度	●●●○○
酒体	●●○○○

菠萝

杧果

桃

杏

油桃

成熟之后（干型）
汽油、烤面包、烟熏、蜂蜡

甜型
橙子果酱、蘑菇、蜂蜜

地理

雷司令酿造的葡萄酒曾经一直被认为是全世界的优质葡萄酒之一，但也曾一度不受欢迎。它的再度回归非常令人欣喜。它在气候凉爽和温和的地区表现最好。雷司令在德国（能够出产一些传奇级别的酒款）、奥地利和欧洲东部都有大量种植，同时也在法国（阿尔萨斯）和澳大利亚出产风格非常丰富的酒款。

名称

在购买雷司令酿造的葡萄酒时，有时很难弄清它是干型还是甜型的。如果是法国酒，会标出“晚收”（Vendanges tardives）或者“贵腐粒选”（Sélection de grains nobles）的字样，作为甜酒的标志。如果是德国酒，并且为低酒精度（7度或8度），那么是甜酒的可能性就很大，尤其是标有“珍藏酒”（Kabinett）、“晚收酒”（Spätlese）、“逐串精选酒”（Auslese）、“逐粒精选酒”（Beerenauslese）、“枯萄精选酒”（Trockenbeerenauslese）、“冰酒”（Eiswein）字样的酒款。

推荐品尝的酒款

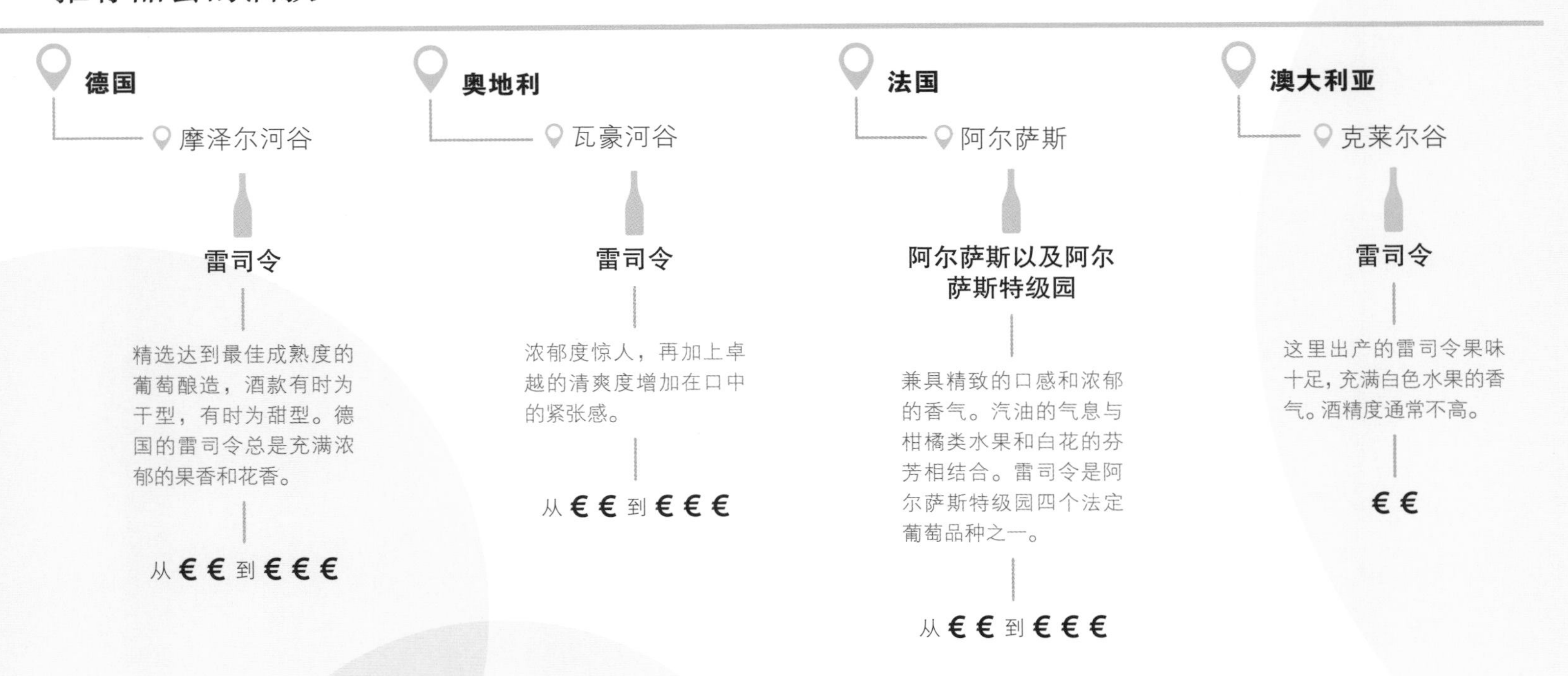

白诗南（chenin）

这是一个非常独特的葡萄品种，从9世纪中期起便在卢瓦尔河谷开始种植，并且在此的表现最佳。它的主要种植区域位于法国、南非和阿根廷。白诗南酿造的葡萄酒风格多种多样，通常香气浓郁，具有极佳的陈年潜力。

侍酒温度	13°C / 8°C 干型	8°C / 6°C 甜型
储存时间	气泡葡萄酒：2年以内 干型：1～5年 甜型：5～20年	
餐酒搭配	简单但是适合的搭配：三文鱼肉酱	

经典搭配

鱼肉（干型）

青纹奶酪

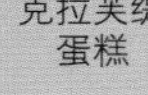

克拉芙缇蛋糕

亚洲菜肴

品种特点

这个葡萄品种在酿造干白葡萄酒时通常采用不锈钢桶发酵，从而保持香气的纯净度。它在南非被称为“施特恩”（steen），有时采用橡木桶酿造，以便增加酒体和烤面包的香气。

白诗南同样能够出产卓越的甜型葡萄酒和优质的气泡葡萄酒。

气候 **味道** **香气**

凉爽

酸度 ●●●●●
酒精度 ●●○○○
酒体 ●●○○○

苹果 梨

柠檬

生姜 木瓜

成熟之后（干型）
烤面包、蜂蜜、烟熏、蜂蜡

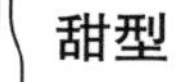

甜型
橙子果酱、蘑菇、蜂蜜

温和

酸度 ●●●●○
酒精度 ●●●○○
酒体 ●●○○○

菠萝 杧果

桃

杏

成熟之后（干型）
烤面包、蜂蜜、烟熏、蜂蜡

甜型
橙子果酱、蘑菇、蜂蜜

炎热

酸度 ●●●○○
酒精度 ●●●○○
酒体 ●●●○○

菠萝 油桃

香蕉

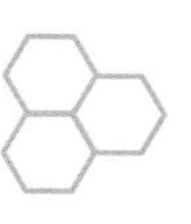

蜂蜜

地理

白诗南在众多国家都有种植，但是并非风格一致。这个生长力旺盛的葡萄品种需要一个能够限制其生长的环境。它在南非以及其他众多国家均有大量种植，但在法国，尤其是在卢瓦尔河谷的安茹和都兰的出产而名声最盛。

萨韦涅尔-塞朗古勒（Savennières-coulée-de-serrant）

萨韦涅尔-塞朗古勒法定产区位于卢瓦尔河谷的昂热市（Angers）附近，100%采用白诗南酿造葡萄酒，被法国著名美食家科侬斯基（Curnonsky）评为世界五款卓越白葡萄酒之一，其他许多评论家也对其不吝赞誉。在这个小小的区域及其周围，白诗南出产的葡萄酒无论干型、半干还是甜型，都能陈放多年。

推荐品尝的酒款

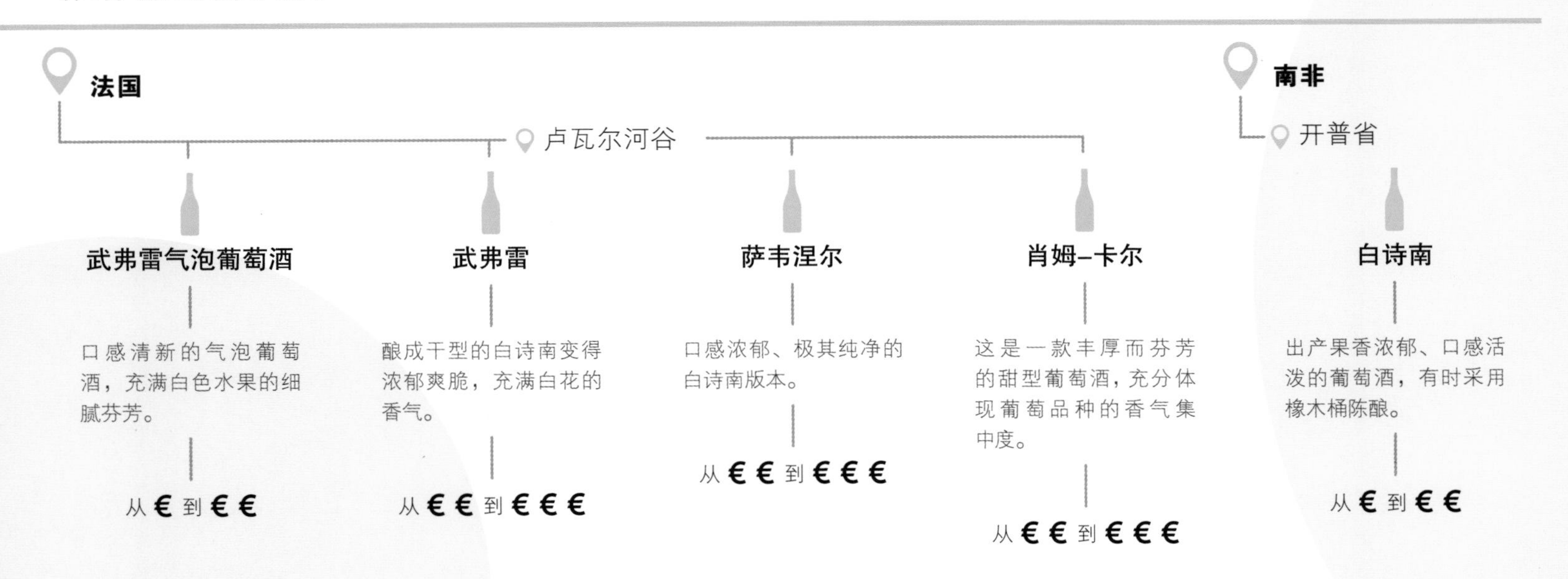

其他白葡萄品种

霞多丽、长相思、雷司令和白诗南只不过是您在品酒过程中将会遇到的几个例子。还有很多其他葡萄品种能够出产美味的酒款，葡萄酒爱好者应当尽可能多地品鉴，从而塑造符合自己口味的葡萄酒文化和经验。以下有些品种相对常见。

葡萄品种 别名	起源国家	代表酒款	香气	特征
阿尔巴利诺（Albarino） 阿瓦里诺（Alvarinho）	西班牙	下海湾 绿酒	柠檬、柚子、桃	酸度 ◉◉◉◉○ 酒体 ◉○○○○ 浓郁度 ◉◉◉◉○
夏瑟拉（Chasselas） 在瓦莱（Vallais）称为“芬丹”（Fendant） 在德国称为“古特德”（Gutedel）	瑞士	克雷皮 塞塞勒气泡葡萄酒 萨瓦葡萄酒	柠檬、山楂花、薄荷	酸度 ◉◉○○○ 酒体 ◉◉○○○ 浓郁度 ◉◉◉○○
鸽笼白（Colombard） 白彭（Bon blanc） 布朗克特（Blanquette）	法国	加斯科涅丘 美国加利福尼亚	柠檬、柚子、热带水果	酸度 ◉◉◉◉○ 酒体 ◉◉○○○ 浓郁度 ◉◉◉◉◉
柯蒂斯（Cortese） 比扬卡-费尔南达（Bianca Fernanda） 科特斯（Corteis）	意大利	加维（Gavi） 蒙菲拉托	青苹果、柑橘类水果、蜂蜜、鲜花	酸度 ◉◉◉○○ 酒体 ◉◉◉○○ 浓郁度 ◉◉◉○○
卡尔卡耐卡（Garganega） 奥罗（Oro）	意大利	索阿维 科斯多佐白葡萄酒（Bianco di Custoza）	柠檬、杏仁、野花、香料	酸度 ◉◉◉○○ 酒体 ◉◉◉◉○ 浓郁度 ◉◉◉◉◉
琼瑶浆（Gewurztraminer） 玫瑰萨瓦涅（Savagnin rose）	意大利	阿尔萨斯 阿尔萨斯特级园 特伦特	玫瑰、荔枝、刺槐花、甜香料	酸度 ◉○○○○ 酒体 ◉◉○○○ 浓郁度 ◉◉◉◉◉
格雷拉（Glera）	意大利	科内利亚诺-瓦尔多比亚德尼-普罗塞克	柑橘类水果、苹果、苦杏仁	酸度 ◉◉◉◉○ 酒体 ◉◉○○○ 浓郁度 ◉◉◉◉◉
绿维特利纳（Grüner veltliner）	奥地利	坎普谷（Kamptal） 克雷姆斯谷（Kremstal）	柠檬、黄苹果、白胡椒	酸度 ◉◉◉◉○ 酒体 ◉◉○○○ 浓郁度 ◉◉◉○○
玛珊（Marsanne）	法国	埃米塔日 圣佩雷	杏干、刺槐花、木瓜	酸度 ◉○○○○ 酒体 ◉◉○○○ 浓郁度 ◉◉◉○○
勃艮第甜瓜（Melon） 密斯卡岱（Muscadet）	法国	密斯卡岱-酒泥陈酿法 密斯卡岱-塞维-曼尼	柠檬、青苹果、梨	酸度 ◉◉◉◉○ 酒体 ◉○○○○ 浓郁度 ◉○○○○

混酿

某些葡萄酒为了变得更加平衡，可能采用多个白葡萄品种一起酿造。此时需要选择能够互补的葡萄品种，使得混酿的结果尽可能地好。比如在波尔多地区，通常会将赛美蓉与长相思进行混酿，前者带来滑腻的口感，后者带来清新的酸度。

葡萄品种 别名	起源国家	代表酒款	香气	特征
小粒白麝香（Muscat blanc à petits grains） 阿斯蒂麝香（Moscato d'Asti） 莫斯卡特（Moscatel）	希腊	威尼斯–博姆麝香 阿斯蒂 上阿迪杰	柠檬、葡萄干、忍冬	酸度 ●●○○○ 酒体 ●●●●○ 浓郁度 ●●●●●
白皮诺（Pinot blanc） 克莱维内（Klevner）	法国	阿尔萨斯 阿尔萨斯传统法气泡葡萄酒 上阿迪杰	苹果、桃、鲜花	酸度 ●●●●○ 酒体 ●●○○○ 浓郁度 ●○○○○
灰皮诺（Pinot gris） 意大利称为“Pinot grigio” 德国称为“Grauburgunder” 玛勒瓦西（Malvoisie）	法国	阿尔萨斯 弗留利东丘 帕维亚波河流域（Oltrepo Pavese）	柠檬、黄苹果、桃	酸度 ●●●○○ 酒体 ●●●○○ 浓郁度 ●●○○○
胡珊（Roussanne） 贝哲宏（Bergeron）	法国	埃米塔日 圣约瑟夫	蜂蜜、山楂花、杏	酸度 ●●●○○ 酒体 ●●●●○ 浓郁度 ●●●○○
赛美蓉（Sémillon）	法国	苏岱 澳大利亚猎人谷	青苹果、杏、蜂蜜	酸度 ●●●○○ 酒体 ●●●●○ 浓郁度 ●●●●○
特浓情（Torrontés）	阿根廷	门多萨	柠檬、桃、玫瑰花瓣	酸度 ●●●○○ 酒体 ●○○○○ 浓郁度 ●●●●●
托斯卡纳–特雷比亚诺（Trebbiano toscano） 白玉霓（Ugni blanc）	意大利	托斯卡纳 加斯科涅丘	苹果、梨、紫罗兰	酸度 ●●●●○ 酒体 ●○○○○ 浓郁度 ●○○○○
青葡萄（Verdejo） 华帝露（Verdelho）	西班牙	卢埃达	苹果、梨、柑橘类水果、青草	酸度 ●●●●○ 酒体 ●●●●○ 浓郁度 ●○○○○
韦尔蒙蒂诺（Vermentino） 法沃里达–侯尔（Favorita rolle）	意大利	邦多勒 帕特里莫尼奥	苹果、杏仁、山楂花	酸度 ●○○○○ 酒体 ●●○○○ 浓郁度 ●●●○○
维欧尼（Viognier）	法国	孔德里约 奥克地区 美国加利福尼亚	桃、忍冬、玫瑰	酸度 ●○○○○ 酒体 ●●●●○ 浓郁度 ●●●●●

红葡萄品种

红葡萄酒像白葡萄酒一样，因为所用的葡萄品种、气候、土壤和酿造工艺不同而多种多样。红葡萄酒当中最独特的一点是形成结构感的单宁的味道。有些红葡萄酒单宁较重，因此更具陈年潜力。这种葡萄酒在达到成熟状态之后将会更加复杂，质地更加柔和。

常见香气

柠檬

红樱桃

黑加仑

蓝李子

黑胡椒

气候

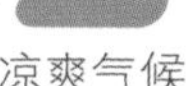

凉爽气候

酸度

单宁

糖分

酒精

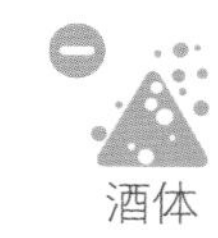

酒体

新鲜水果的香气

炎热气候

酸度

单宁

糖分

酒精

酒体

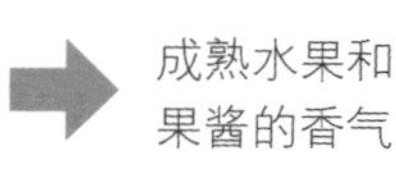

成熟水果和果酱的香气

土壤

沙砾土壤

片岩土壤

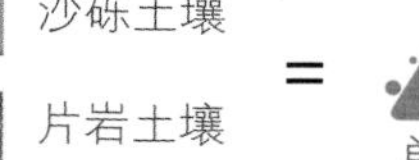

= 单宁

石灰石土壤 =

单宁

沙砾或片岩土壤出产的葡萄酒与石灰石土壤相比单宁更重。

酿造工艺

酿造工艺对于红葡萄酒的颜色、香气和单宁的影响尤其显著，特别是酒液与葡萄皮浸泡接触的时长。橡木桶能够带来类似香草和丁香的特殊香气，以及较为柔和的单宁。

熟成
（陈年方式）

经过陈年，红葡萄酒会呈现出宝石红和棕红的颜色，以及水煮李子、李子干、灌木、蘑菇、土壤、烟草的香气。酸度和单宁都会柔和一些。

法国悖论（French Paradox）

在欧洲南部的广大地区（法国、意大利、西班牙、葡萄牙等国），红葡萄酒都与饮食存在密不可分的联系。人们对于红葡萄酒的喜爱具有历史和文化的渊源。适量饮用红葡萄酒有益健康，这就是著名的法国悖论。葡萄当中的多酚是强力的抗氧化剂，能够预防心脑血管疾病的发生。

红葡萄酒的风格取决于颜色的浓郁度、香气的表现，尤其是为葡萄酒带来结构感和力量感的单宁和酒精的多寡。

红葡萄酒的特色

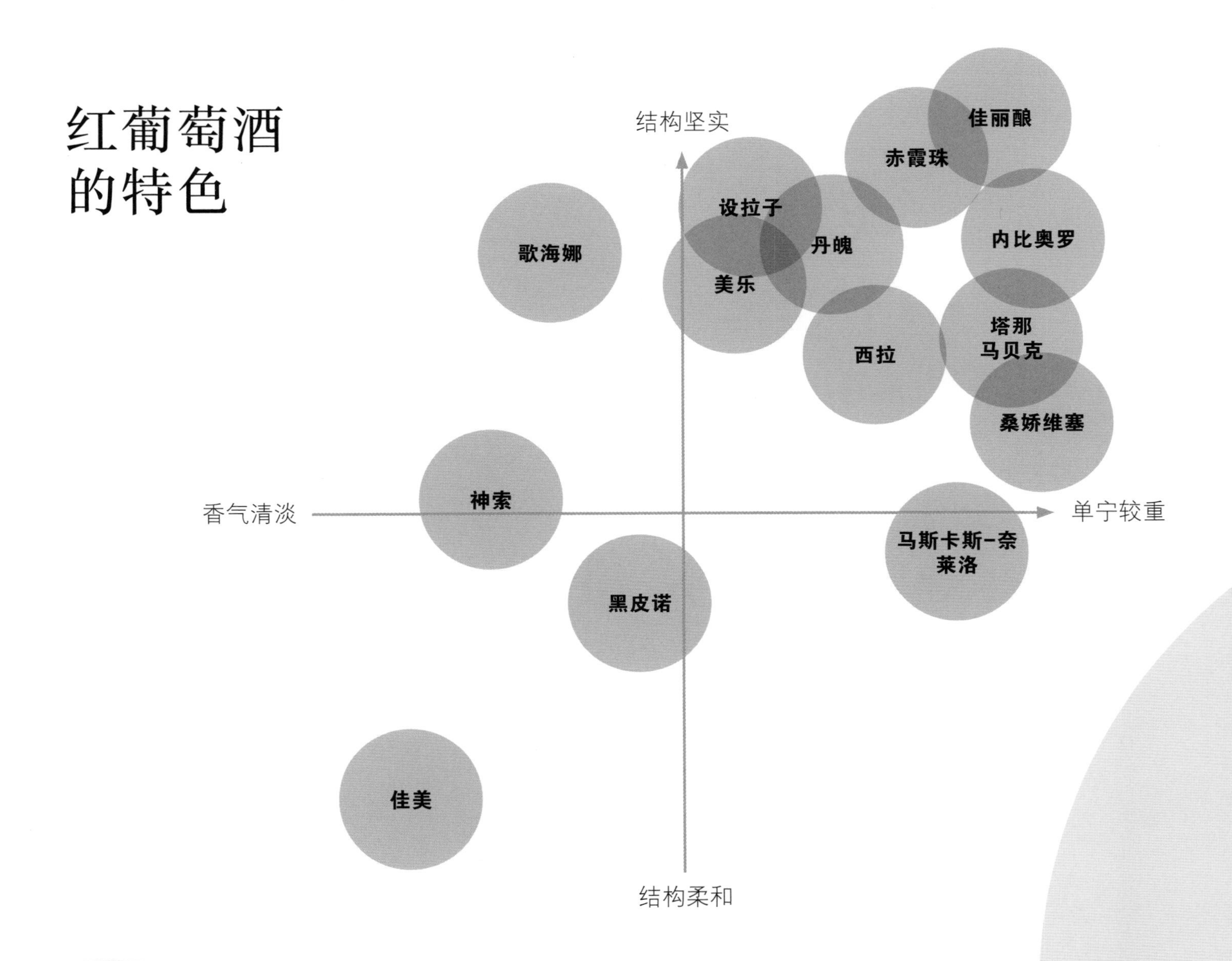

混酿

55%歌海娜，30%西拉，15%的慕和怀特：这样的混酿方式在酒标上不难看到。葡萄品种的混酿非常常见，尤其是在炎热的地区。酿酒人采用不同的葡萄品种酿酒，每个葡萄品种都将其独特的风格融入酒中。

黑皮诺（Pinot noir）

黑皮诺是一个细腻而优雅的葡萄品种，自14世纪起开始与勃艮第变得不可分割。它在夜丘和伯恩丘以及香槟区表现最佳，同时也在世界各地大量种植。

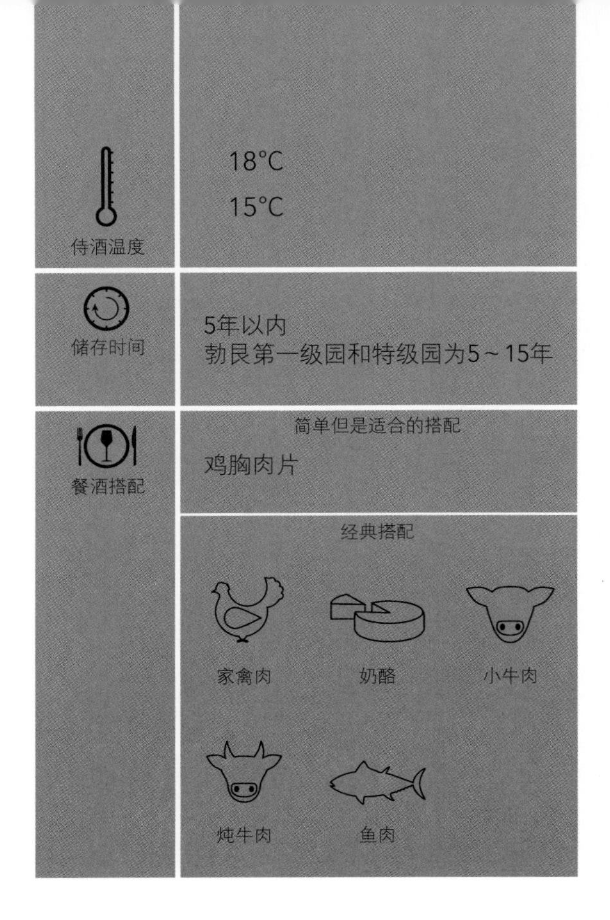

品种特点

黑皮诺是一个较难种植的葡萄品种。它出产的葡萄酒在太过寒冷的风土中可能呈现植物气息，口感坚硬，而在过于炎热的地区又会变得不平衡和沉重。

采用橡木桶来培育品质最好的黑皮诺葡萄酒是常见的做法，但是需要注意避免这个葡萄品种的细腻香气被新橡木桶的香气所覆盖。

气候　**味道**　**香气**

凉爽

酸度
酒精度
酒体
单宁
颜色

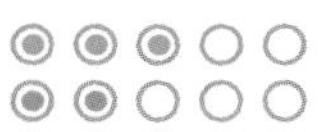

草莓

覆盆子

樱桃

树叶

蘑菇

成熟之后

酒浸樱桃、皮革、野味肉、烟草、松露

温和

酸度
酒精度
酒体
单宁
颜色

草莓

覆盆子

黑加仑

鲜花

树叶

成熟之后

酒浸樱桃、皮革、野味肉、烟草、松露

地理

黑皮诺在法国有非常明确的种植范围：偏北的地区，其中最著名的是勃艮第。

黑皮诺在北半球的其他地区和国家同样也有种植，是全世界颇受追捧的红葡萄品种之一。在南半球，它在新西兰中奥塔哥、澳大利亚雅拉谷和莫宁顿半岛（Mornington Peninsula）以及南非沃克湾也有种植。

价格

世界上最昂贵的葡萄酒是100%采用黑皮诺酿造的。产自面积极小的勃艮第特级园罗曼尼康帝（romanée-conti，1.805公顷）的葡萄酒多次打破所有拍卖会的记录。由于这个特级园属于一家酒庄，所以罗曼尼-康帝又被称为“独占园”（monopole）。

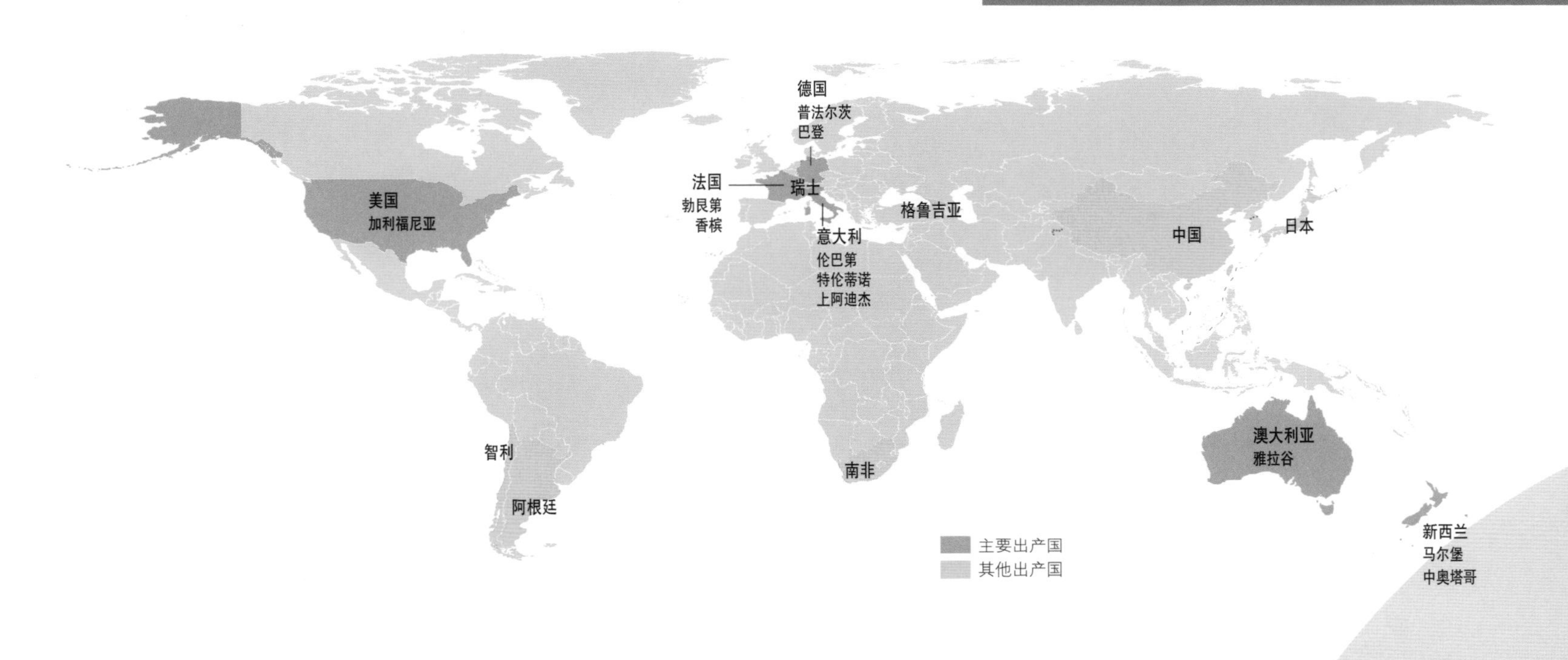

推荐品尝的酒款

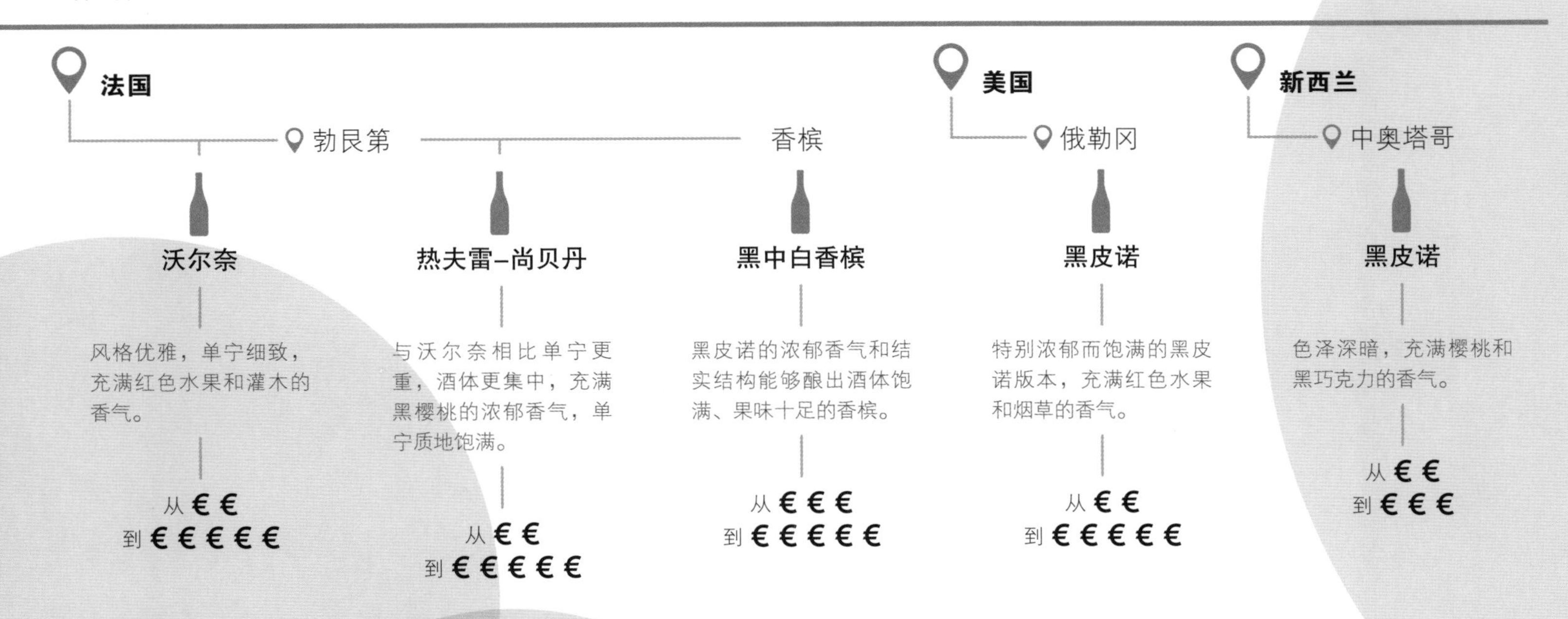

赤霞珠（Cabernet sauvignon）

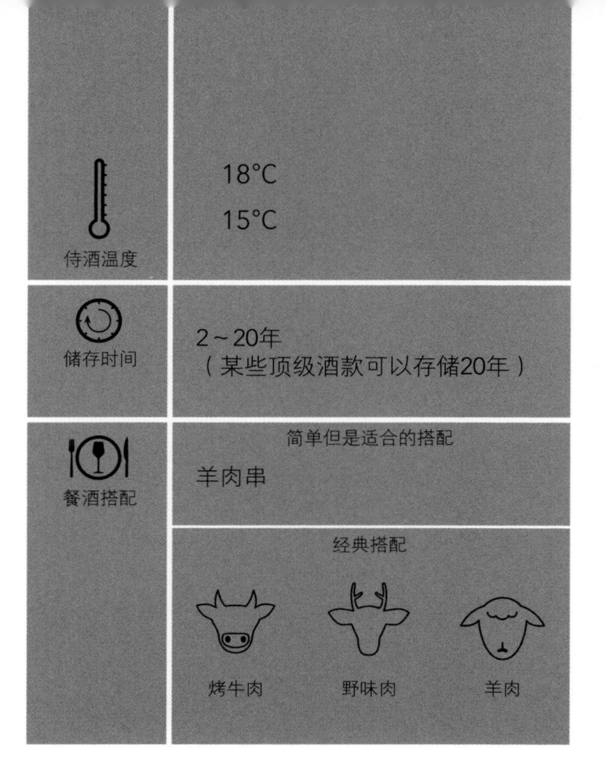

赤霞珠是波尔多最优质的葡萄品种，被称为“葡萄品种之王”。它是在17世纪初由品丽珠和长相思自然杂交而成，在世界各地都有大量种植。这个葡萄品种需要较热的土壤和大量的日照才能成熟。它的果皮很厚，因此出产的葡萄酒颜色深暗，单宁较重。它有时单独酿酒，但是经常会与美乐等其他葡萄品种混酿。

品种特点

在过于凉爽的地区，赤霞珠出产的葡萄酒带有不愉悦的植物气息，口感坚硬。经常使用橡木桶陈酿，从而产生香草、咖啡和雪松的香气。

赤霞珠经常与美乐混酿，两者能够相辅相成。美乐提供红色水果的香气和圆润的口感，而赤霞珠则带来坚实的结构（酸度、单宁）和黑色水果的香气。

气候 **味道** **香气**

温和

味道	
酸度	●●●●●
酒精度	●●●○○
酒体	●●●●○
单宁	●●●●●
颜色	●●●●●

黑加仑

黑樱桃

青椒

薄荷

成熟之后
红肉、野味肉、皮革

橡木桶
烤面包、香草、丁香、烟熏、咖啡、雪松

炎热

味道	
酸度	●●●○○
酒精度	●●●●○
酒体	●●●●●
单宁	●●●●●
颜色	●●●●●

黑樱桃

黑莓

黑加仑

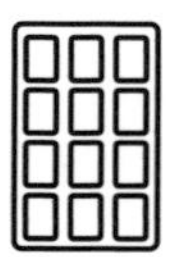

巧克力

成熟之后
红肉、野味肉、皮革

橡木桶
烤面包、香草、丁香、椰子、烟熏、咖啡、雪松

地理

赤霞珠最偏爱的风土位于波尔多地区，尤其是波亚克、圣朱利安和玛歌等产区，出产全世界颇为复杂的葡萄酒之一。但是不要忘记，赤霞珠也是全世界种植最广的葡萄品种，比如在美国加利福尼亚，它就是当之无愧的红葡萄酒之王。

品鉴

在1976年的巴黎大型盲品（巴黎的审判）中拔得头筹的赤霞珠来自美国加利福尼亚。鹿跃酒庄（Stag's Leap Wine Cellars）战胜了罗思柴尔德木桐（Mouton-Rothschild）、侯伯王和玫瑰山（Montrose）等法国著名列级酒庄！此次品鉴对于葡萄酒世界产生了深远的影响。

推荐品尝的酒款

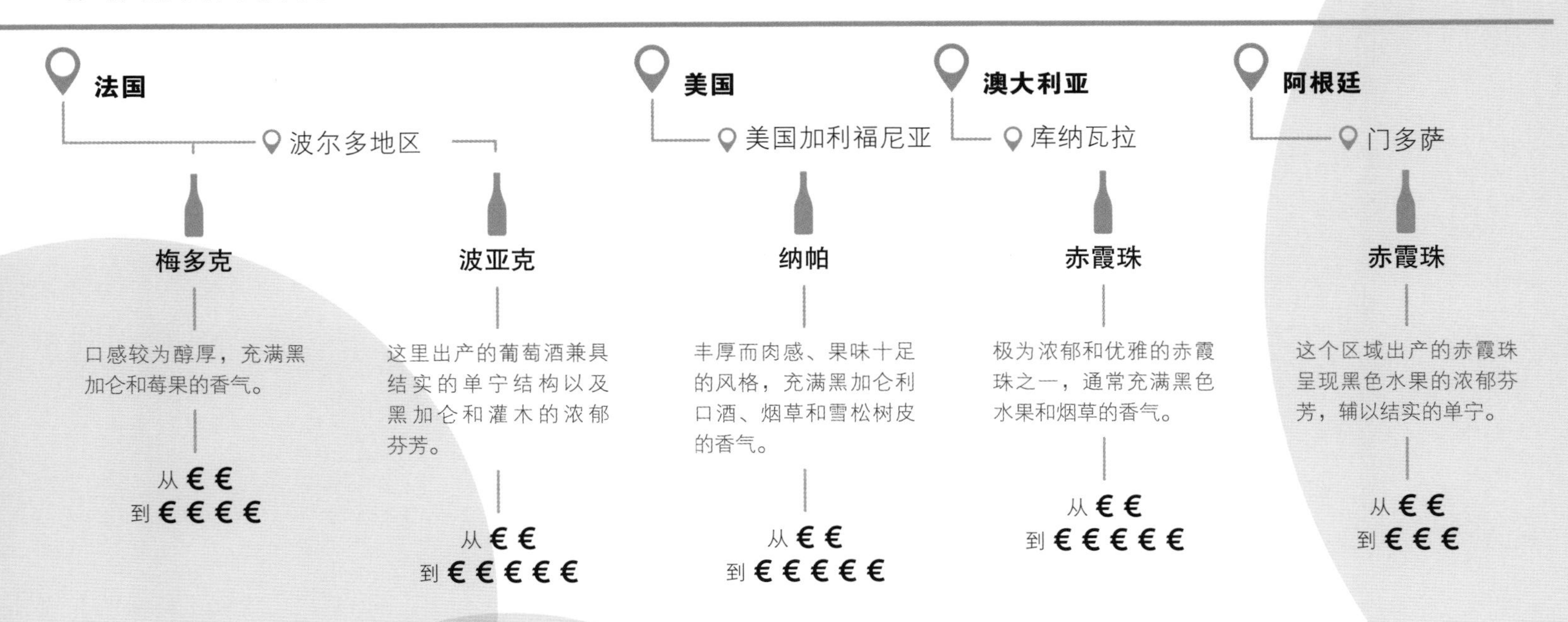

美乐（Merlot）

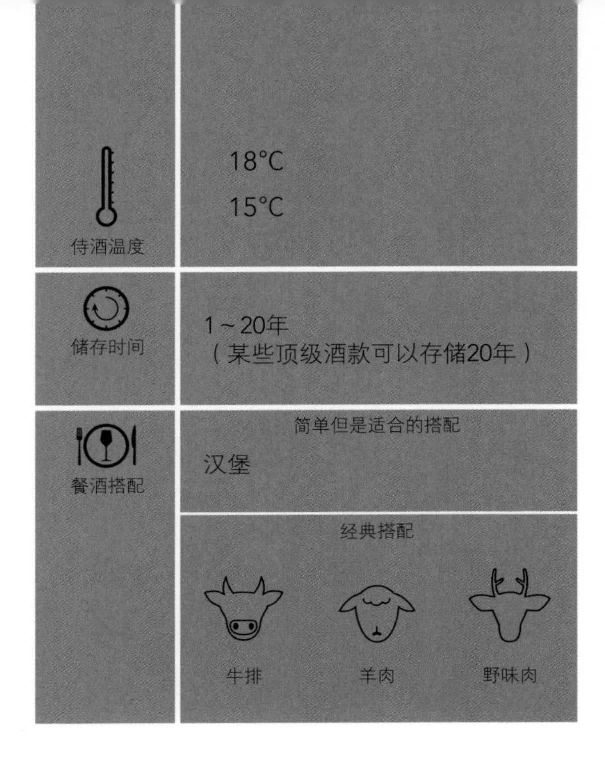

美乐起源于法国的西南地区，尤其是波尔多地区，据说"美乐"一名来自乌鸫鸟（merle），因为后者非常喜欢这种甜美的葡萄。美乐是法国种植面积最广的葡萄品种，同时也大量种植于北美、智利、意大利和欧洲中部。

美乐出产颜色深郁、酸度不高、酒体圆润、单宁中等、口感强劲的葡萄酒。它有时会单品种酿酒，但是通常都会与赤霞珠等其他葡萄品种混酿。

品种特点

美乐经常采用橡木桶陈酿，为其带来香草、咖啡和雪松的香气。

美乐经常与赤霞珠混酿，两者能够相辅相成。美乐提供红色水果的香气、坚实的酒体和圆润的口感。

气候　　味道　　香气

温和

味道	
酸度	●●●○○
酒精度	●●●●○
酒体	●●●●○
单宁	●●●○○
颜色	●●●●○

草莓　红樱桃

红李子　薄荷　紫罗兰

成熟之后
皮革、雪松、松露、烟草

橡木桶
烟草、烤面包、香草、丁香、咖啡

炎热

味道	
酸度	●●○○○
酒精度	●●●●●
酒体	●●●●●
单宁	●●●○○
颜色	●●●●○

黑樱桃

黑莓

黑李子

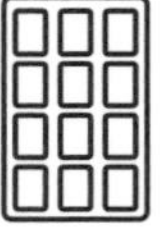

巧克力

成熟之后
皮革、雪松、松露、烟草

橡木桶
烟草、烤面包、香草、丁香、咖啡

地理

作为最受法国人（以及世界各地）欢迎的葡萄品种，美乐能够出产果香浓郁的酒款，也能塑造像柏图斯（Petrus）那样的顶级佳酿。它在圣爱美浓以及整个波尔多地区的表现都很出色。

意大利以及美国加利福尼亚和世界其他地方随后也开始种植这个葡萄品种，因为它的口味能够迎合消费者的要求。

特点

“女性葡萄品种还是男性葡萄品种”：很多品酒者将美乐视为“女性”葡萄品种，因为它肥润而迷人。柔和的单宁和丝绒般的口感令它可以即刻饮用，无须等待多年。

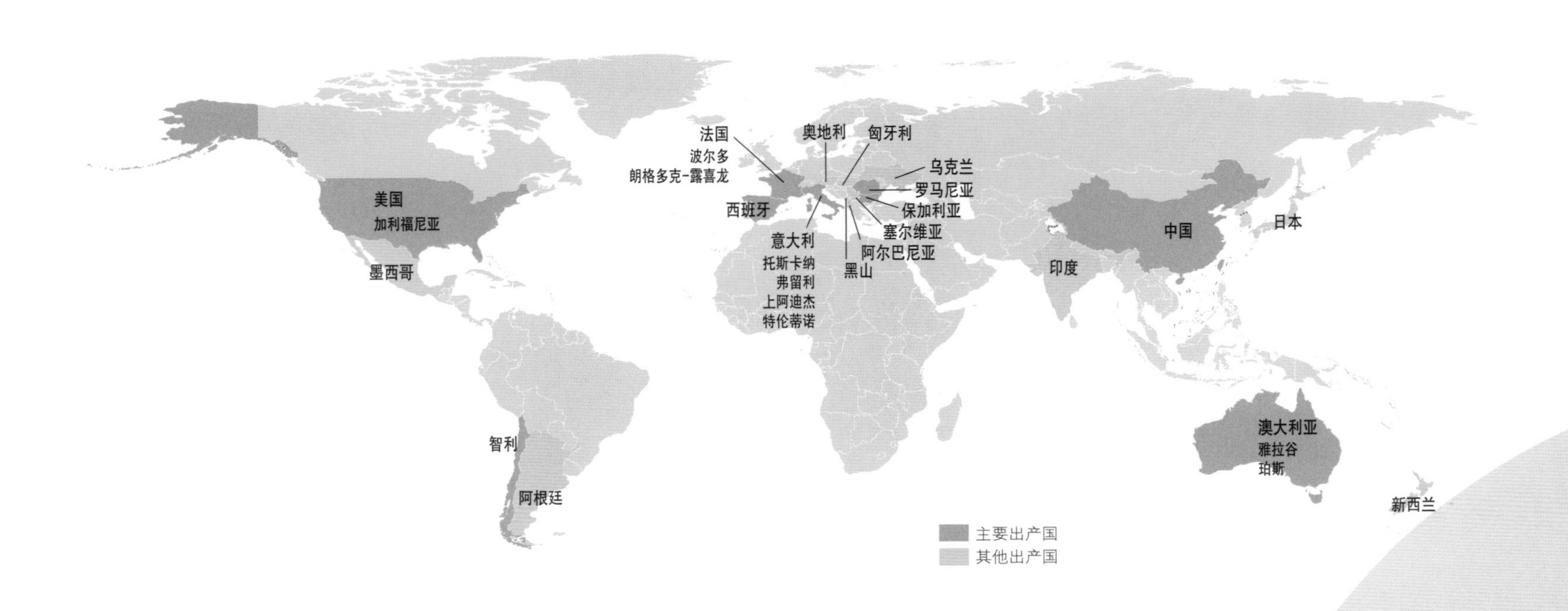

推荐品尝的酒款

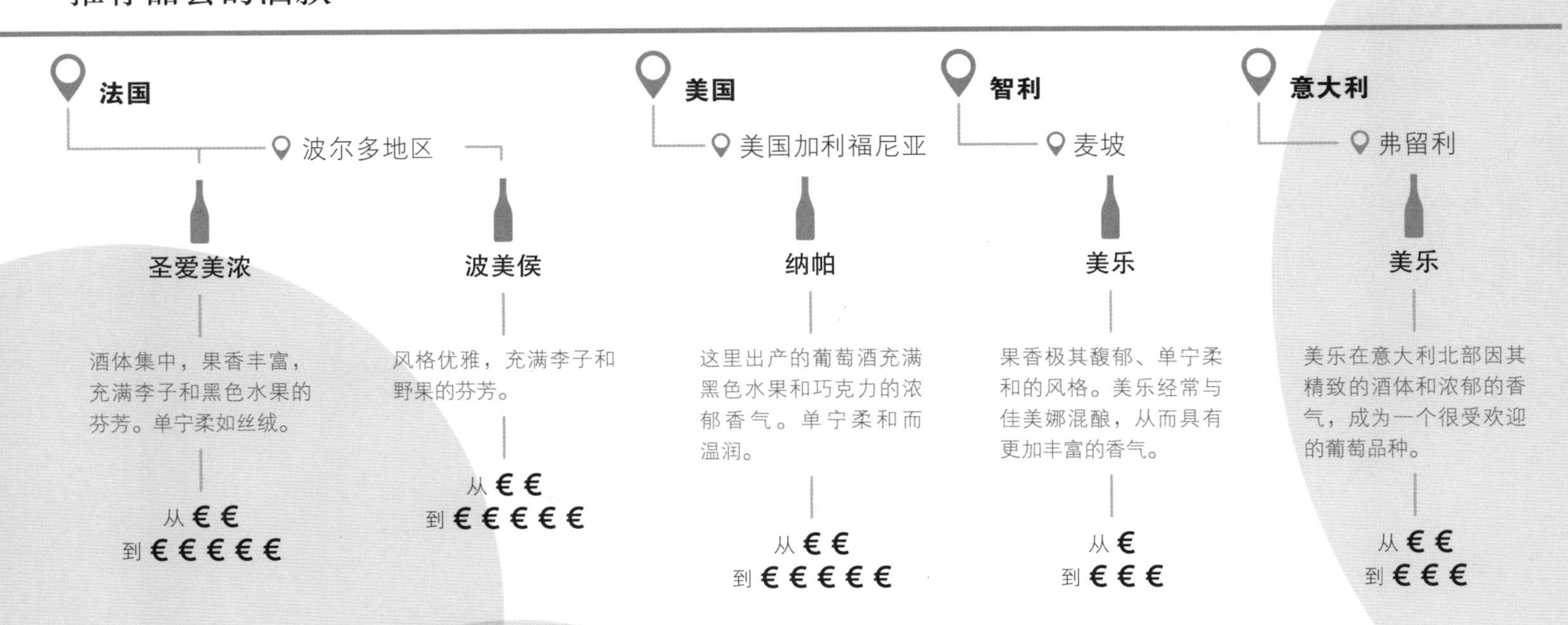

西拉（Syrah）

这个古老的葡萄品种起源于法国北罗讷河谷，而并非像传说中那样来自伊朗的设拉子（Shiraz）地区。西拉在整个法国罗讷河谷和法国南部都有种植，而在澳大利亚则被称为设拉子（shiraz）。采用西拉酿造的葡萄酒颜色深暗，泛着淡蓝的光泽，口感清新，结构严密，充满黑色水果、紫罗兰和香料的独特芬芳。

侍酒温度	18°C 15°C
储存时间	果香丰富的酒款：5年以内 罗蒂丘或埃米塔日一类的特级园：10～20年
餐酒搭配	简单但是适合的搭配 牛肉春卷 经典搭配 羊肉、猪肉、红肉、鸭肉

品种特点

西拉酿造的很多葡萄酒都会使用橡木桶，从而具有香草、烟熏和烘烤的香气。

西拉经常会与歌海娜和慕和怀特混酿，歌海娜提供结实的酒体和圆润的口感，而慕和怀特则带来严密的结构和陈年潜力。

气候　　味道　　香气

温和

味道	
酸度	●●●●○
酒精度	●●●○○
酒体	●●●○○
单宁	●●●●○
颜色	●●●●●

黑莓

蓝莓

黑胡椒

青橄榄

紫罗兰

成熟之后
皮革、李子干

橡木桶
香草、烤面包、丁香

炎热

味道	
酸度	●●●○○
酒精度	●●●●○
酒体	●●●●○
单宁	●●●○○
颜色	●●●●●

水煮黑莓

黑巧克力

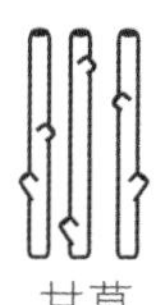

甘草

地理

西拉是北罗讷河谷顶级佳酿的基础葡萄品种，它非常适应这里的花岗岩土壤和陡峭地势，比如埃米塔日、罗蒂丘、圣约瑟夫等产区。

西拉喜爱阳光，在法国和全世界的众多产区都有种植，尤其是在澳大利亚的巴罗萨谷和麦克拉伦谷（MacLaren Vale）建立了坚实的名望。

历史

埃米塔日（Hermitage）是一个传奇的特级园，这里的红葡萄酒完全采用西拉酿造。“埃米塔日”一名直到17世纪才出现，因为骑士亨利·加斯帕·德·施特林伯格（Henri Gaspard de Sterimberg）而得名，亨利于12世纪回到家乡，随后他决定在这片罗讷河畔阳光明媚的山坡上成为一名隐修士（ermite）。他在这里建起一片葡萄园，逐渐发展成隐修士（ermitage）产区，随后演变成为埃米塔日（hermitage）。

推荐品尝的酒款

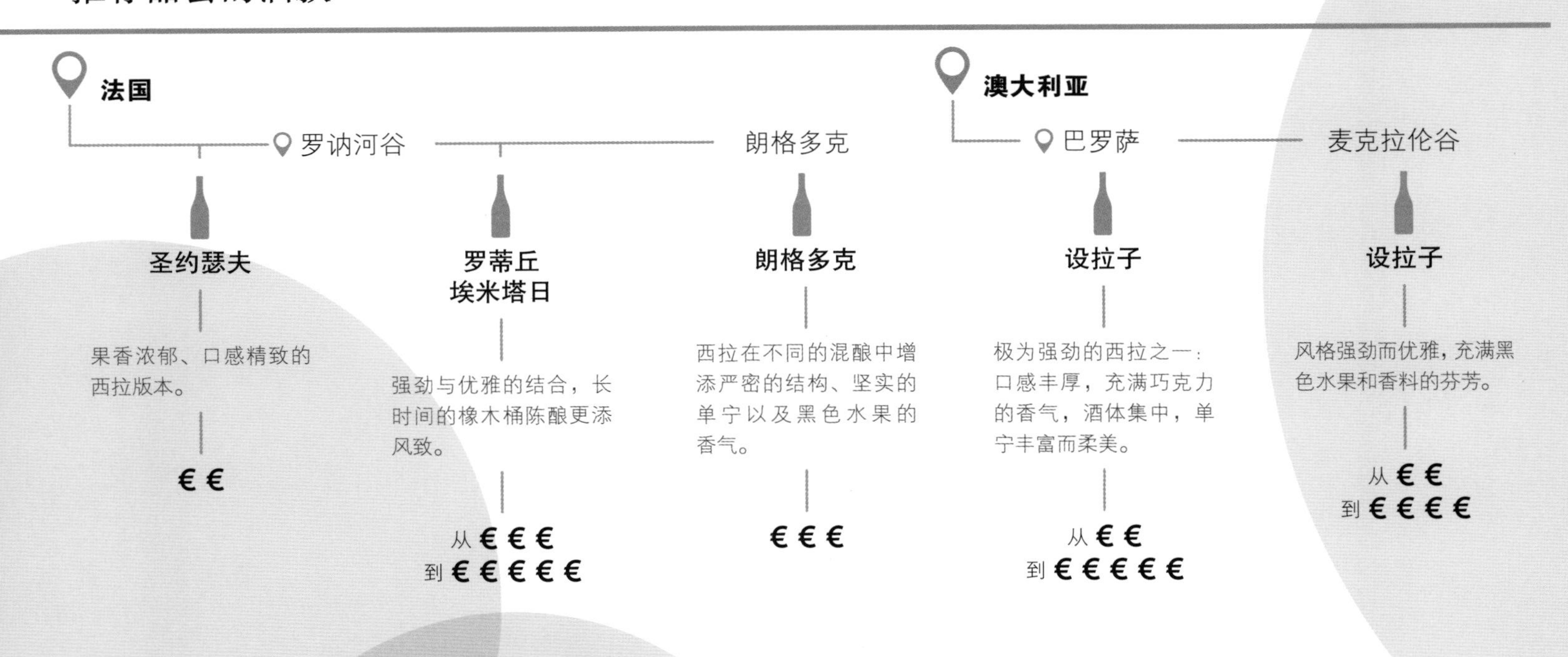

黑歌海娜（Grenache noir）

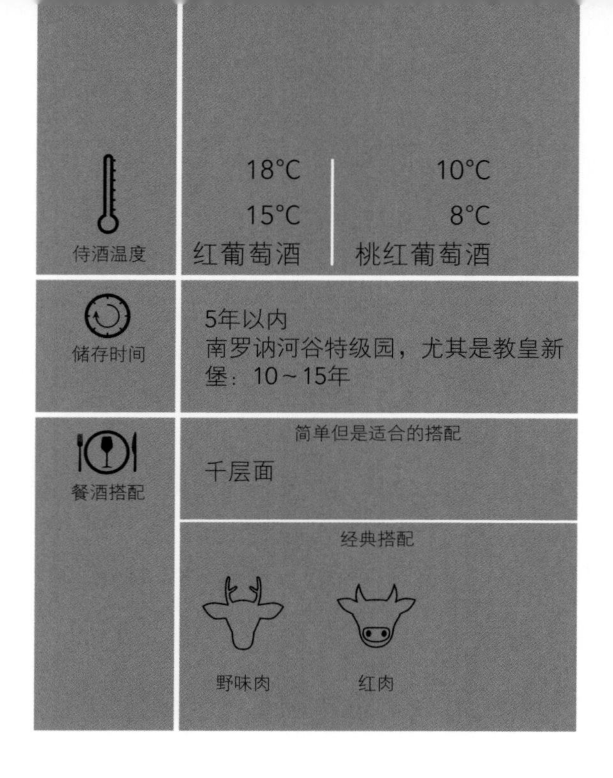

黑歌海娜是西班牙最常见的葡萄品种，尤其是在纳瓦拉和里奥哈，在里奥哈它被称为“garnacha tinta”。它喜欢阳光和炎热的天气。在法国，它是南部主要的葡萄品种，另外在澳大利亚和美国加利福尼亚也有种植。

它是最好的桃红葡萄酒以及众多红葡萄酒的基础葡萄品种。它的果皮很薄，能够出产充满红色水果芬芳、酒体较重、酒精度较高的葡萄酒。

品种特点

黑歌海娜经常与西拉和慕和怀特混酿，西拉带来酸度、单宁和黑色水果的香气，而慕和怀特则增添结构和陈年潜力。

它非常适合酿造桃红葡萄酒。

气候

炎热

味道

酸度	●●○○○
酒精度	●●●●●
酒体	●●●●●
单宁	●●○○○
颜色	●●●○○

香气

草莓

覆盆子
（有时为水煮覆盆子）

白胡椒

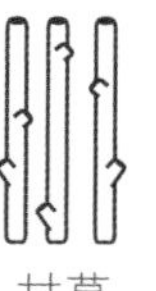

甘草

成熟之后
皮革、焦糖

橡木桶
烘烤、咖啡

地理

黑歌海娜因其圆润的口感和红色水果的香气，可以酿成适合夏季饮用的桃红葡萄酒，同时也能出产圆润而柔美的红葡萄酒。

它的成功主要来自两个国家：它的发源地西班牙以及法国，尤其是在法国罗讷河谷、普罗旺斯和朗格多克-露喜龙。

种植

黑歌海娜是全世界种植面积极广的葡萄品种之一，是法国除了美乐种植面积最广的葡萄品种。它能酿出优质的桃红葡萄酒，而且特别适合酿造天然甜葡萄酒。

推荐品尝的酒款

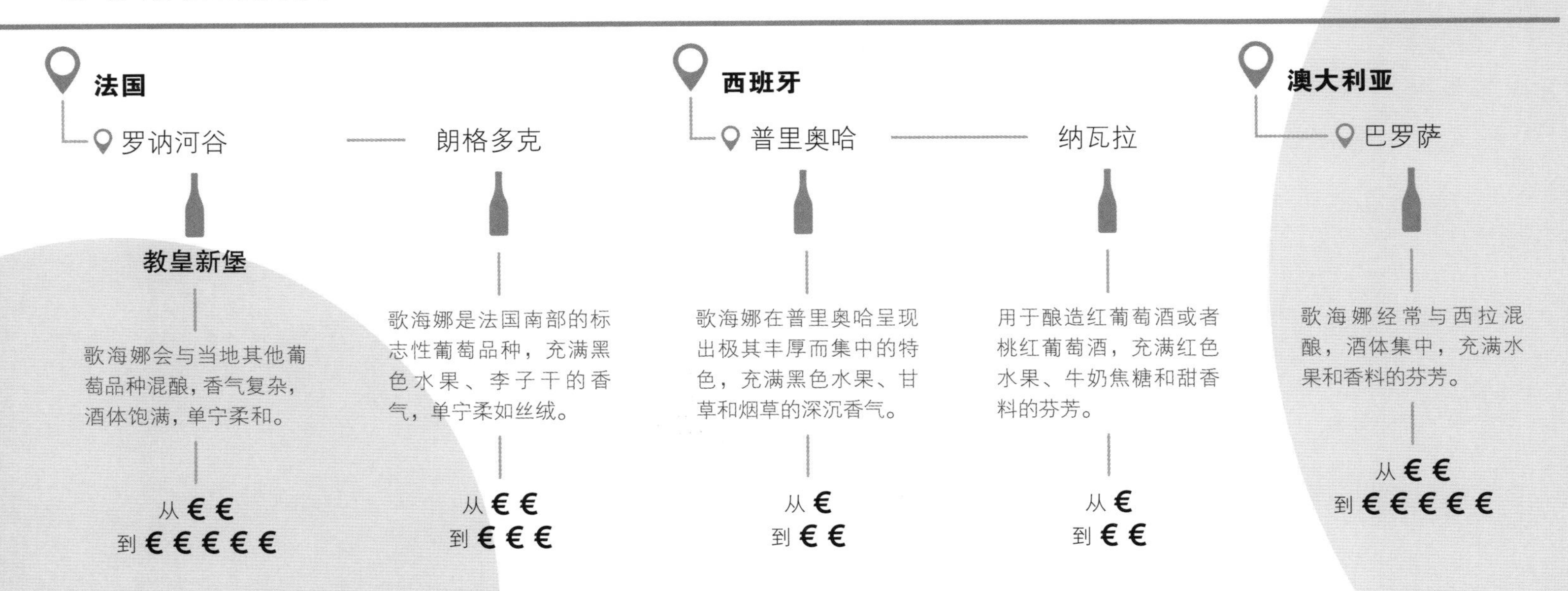

丹魄（Tempranillo）

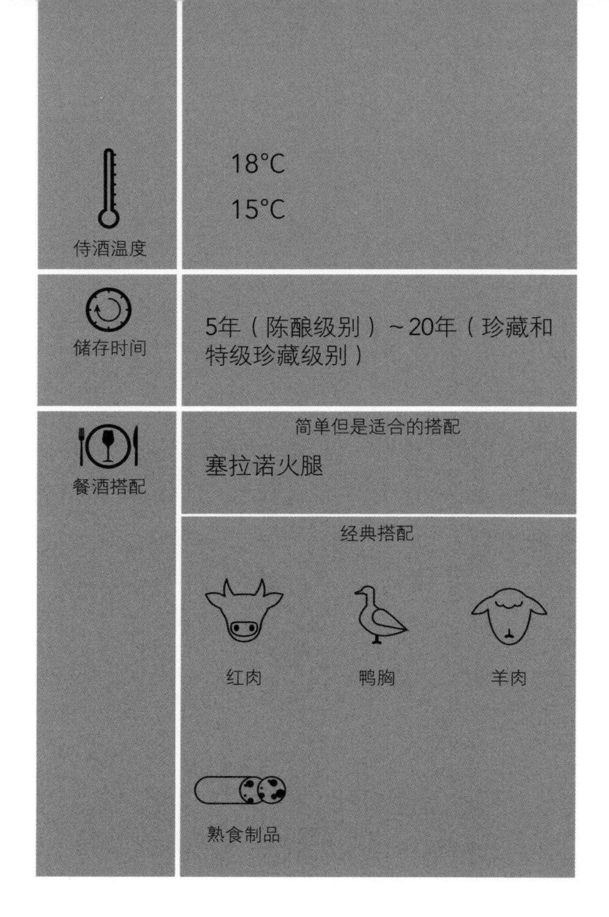

丹魄在大众眼中并不出名，但它却是西班牙的重要葡萄品种。它得名于西班牙语中的“temprano”一词，意为“早”。它偏爱的风土位于西班牙的里奥哈和杜罗河谷，以及葡萄牙和阿根廷。

这个葡萄品种的果皮很厚，喜欢温和的气候。它能酿出风格多样的葡萄酒，有的果香浓郁，适合尽早饮用，有的酒体集中，陈年潜力卓越。

品种特点

丹魄可以与歌海娜混酿，后者提供酒精和酒体，以及香料的香气和较为柔和的单宁。两者还会与另一个当地葡萄品种——格拉西亚诺（graciano）混酿，后者成熟极晚，陈年潜力上佳。

采用丹魄酿造的西班牙葡萄酒（参见第256页的西班牙章节）经常使用以下术语：

- 陈酿（Crianza）：葡萄酒至少陈酿2年，具有成熟香气
- 珍藏（Reserva）：葡萄酒至少陈酿3年，具有成熟香气
- 特级珍藏（Gran Reserva）：葡萄酒至少陈酿5年，具有成熟香气

气候　味道　香气

温和

味道	
酸度	●●●○○
酒精度	●●●●○
酒体	●●●●○
单宁	●●●○○
颜色	●●●●○

草莓

酸樱桃

红李子

成熟之后
皮革、野味肉、蘑菇、烟草

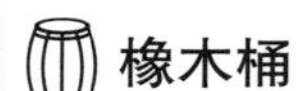

橡木桶
烟熏、烤面包、香草、椰子

温和

味道	
酸度	●●●●○
酒精度	●●●●●
酒体	●●●●●
单宁	●●●●○
颜色	●●●●●

李子

黑莓

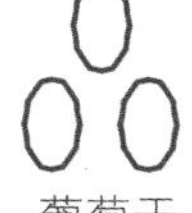

葡萄干

无花果

成熟之后
皮革、野味肉、蘑菇、烟草

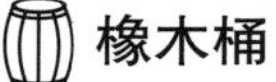

橡木桶
烟熏、烤面包、香草、丁香

地理

丹魄是全世界种植面积第五大的葡萄品种，共有23万公顷，基本都在西班牙和葡萄牙。它凭借一些顶级酒款而享有盛名，比如来自杜罗河谷的贝加西西里亚（Vega Sicilia）。它在其他国家也有种植，尤其是阿根廷。

别名

丹魄在不同的种植地区拥有众多名称：在巴尔德佩纳斯称为“森西贝尔”（cencibel），在杜罗河谷称为“菲诺红”（tinto fino），在多罗称为“多罗红”（tinta de toro），在佩内德斯称为“野兔眼睛”（ull de llebre）等。它在葡萄牙还被称为“罗丽红”（tinta roriz）和“阿拉哥斯”（aragonez），通常它被酿成干型葡萄酒，但在波特产区则会酿成天然甜葡萄酒。

推荐品尝的酒款

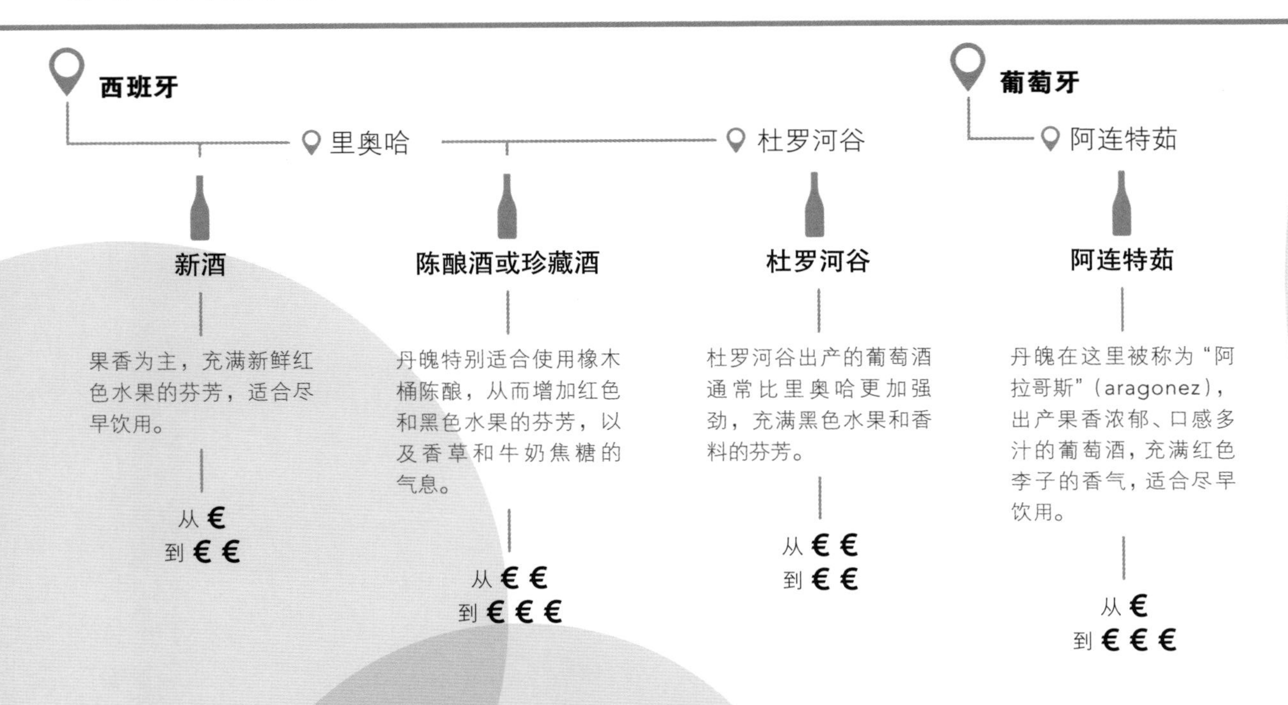

西班牙

里奥哈

新酒

果香为主，充满新鲜红色水果的芬芳，适合尽早饮用。

从 € 到 € €

陈酿酒或珍藏酒

丹魄特别适合使用橡木桶陈酿，从而增加红色和黑色水果的芬芳，以及香草和牛奶焦糖的气息。

从 € € 到 € € €

杜罗河谷

杜罗河谷

杜罗河谷出产的葡萄酒通常比里奥哈更加强劲，充满黑色水果和香料的芬芳。

从 € € 到 € €

葡萄牙

阿连特茹

阿连特茹

丹魄在这里被称为“阿拉哥斯”（aragonez），出产果香浓郁、口感多汁的葡萄酒，充满红色李子的香气，适合尽早饮用。

从 € 到 € € €

桑娇维塞（sangiovese）

桑娇维塞是意大利的主要葡萄品种，它的名字直译为“朱庇特之血”，是托斯卡纳，尤其是基安蒂的经典葡萄品种，但是在意大利其他地区也有种植。

这个葡萄品种成熟较晚，需要炎热的天气和漫长的秋天才能成熟。它出产的葡萄酒有着非常鲜明的酸度和单宁，充满樱桃、紫罗兰和番茄的迷人芬芳。

侍酒温度：18°C 15°C

储存时间：5~20年

餐酒搭配

简单但是适合的搭配：比萨

经典搭配：羊肉、红肉、小牛肉（慢炖小牛肉）、意式菜肴

品种特点

在基安蒂，桑娇维塞虽然通常都是单品种酿造，但是也会与卡内奥罗（canaiolo）、玛墨兰（mammolo）等当地品种或者赤霞珠、美乐等国际品种混酿，不过在混酿中它的占比是非常高的。

气候

炎热

味道

酸度 ●●●●○
酒精度 ●●●●○
酒体 ●●●●○
单宁 ●●●●○
颜色 ●●●○○

香气

酸樱桃、蓝莓、李子

番茄、干草

成熟之后
红肉、皮革、野味肉、蘑菇、烟草、茶叶

橡木桶
烘烤、咖啡、丁香、香草

地理

桑娇维塞在全世界的种植面积将近78 000公顷，基本都在意大利，它也是意大利种植面积遥遥领先的葡萄品种，而且还有很多别名，比如布鲁奈罗（brunello）。它在托斯卡纳和意大利中部都占据主导地位，另外在阿根廷也有种植。

一种受欢迎的葡萄酒

锡耶纳的南部出产一种采用桑娇维塞酿造的葡萄酒，现在这款葡萄酒——蒙达奇诺–布鲁奈罗（Brunello di Montalcino）越来越多地受到葡萄酒爱好者的追捧。这个区域微气候非常独特，白天炎热，夜晚较为凉爽，从而能够保证桑娇维塞（在此被称为布鲁奈罗）完美成熟，出产充满纯粹果香的佳酿。

推荐品尝的酒款

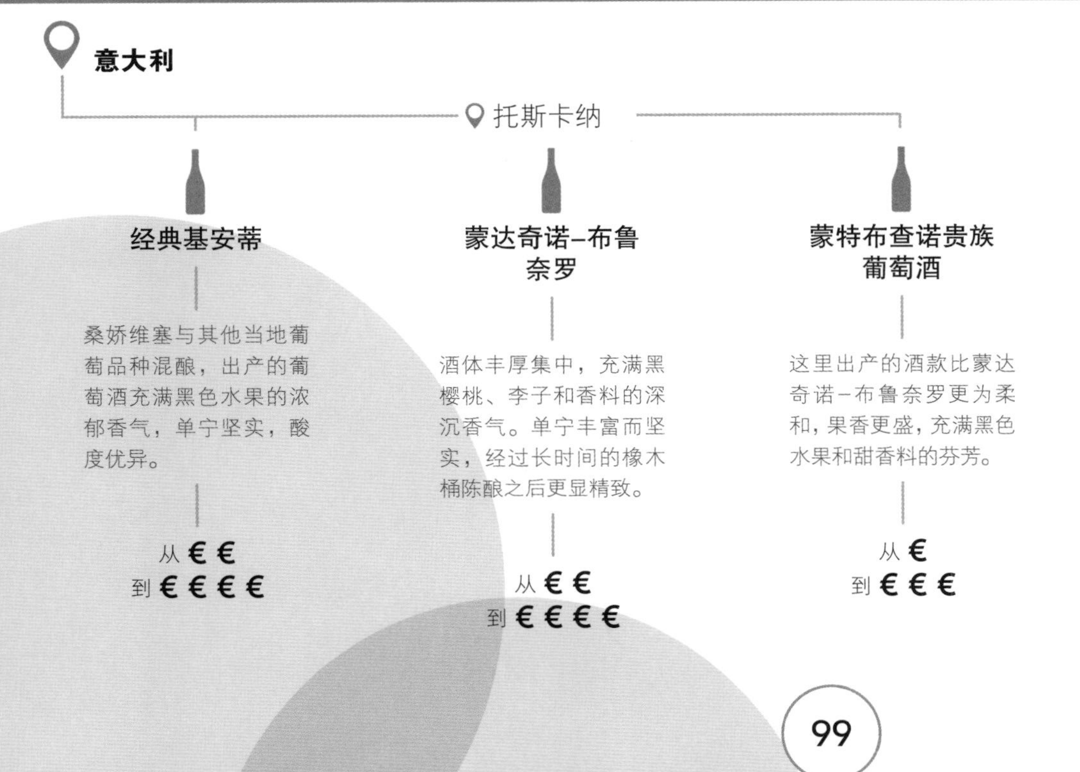

内比奥罗（Nebbiolo）

著名的意大利葡萄品种内比奥罗是皮埃蒙特的经典品种，也是世界上极为优质的葡萄品种之一。它的名字来源于意大利语中的“nebbia”一词，意为“薄雾”，而这正是皮埃蒙特典型的气候现象。

它酿造的葡萄酒品质优越，颜色不深，香气复杂，酸度和单宁都很突出，陈年潜力极强。

侍酒温度	18℃ 15℃
储存时间	10～25年
餐酒搭配	简单但是适合的搭配 松露面包 （搭配5年以上的内比奥罗） 经典搭配 羊肉、烤肉、鸭肉、野味肉、蘑菇

品种特点

内比奥罗的颜色变化较快。3～4年的内比奥罗很快会从宝石红色变为石榴红色，但这并不影响它的陈年潜力。

内比奥罗在巴罗洛和巴巴莱斯科都为单品种酿造，它很适合橡木桶陈酿，可在桶中沉睡数年之久。

气候

温和

味道

酸度	◉◉◉◉◉
酒精度	◉◉◉◉◉
酒体	◉◉◉◉◉
单宁	◉◉◉◉◉
颜色	◉◉○○○

香气

草莓

樱桃

李子

玫瑰

紫罗兰

干草

甘草

泥土

成熟之后

红肉、野味肉、皮革、松露、烟草、无花果、焦油

橡木桶

烘烤、咖啡、丁香

地理

内比奥罗在全世界的种植面积只有6000公顷，其中5500公顷在意大利。它在葡萄酒世界中的成名时间并不长。这个要求苛刻的葡萄品种成熟得很晚，成熟时间很长，而且需要大量的日照。它是意大利皮埃蒙特的王者品种，另外在伦巴第和世界其他地方也有种植，比如澳大利亚、美国加利福尼亚和阿根廷。

种植

在皮埃蒙特的巴罗洛村，这个葡萄品种在各个山坡上都有种植，葡萄树代替了曾经在当地四处遍布的榛子树。它将所有朝阳的山坡全都占据，形成葡萄遍野的绝美风光。内比奥罗近年来取得了巨大的成功，当地几个村庄的人们都说“它的根部藏有黄金”。

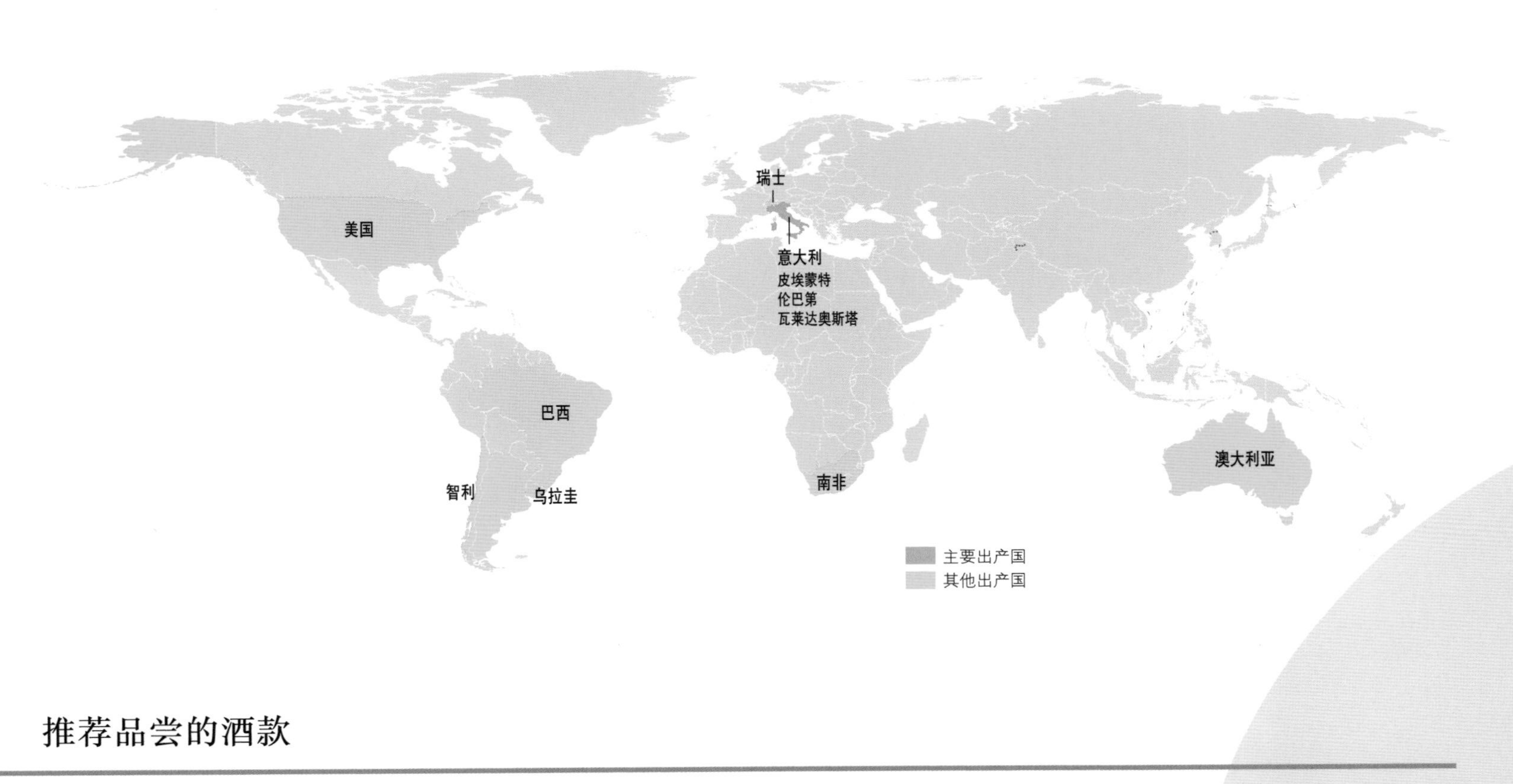

推荐品尝的酒款

意大利

皮埃蒙特

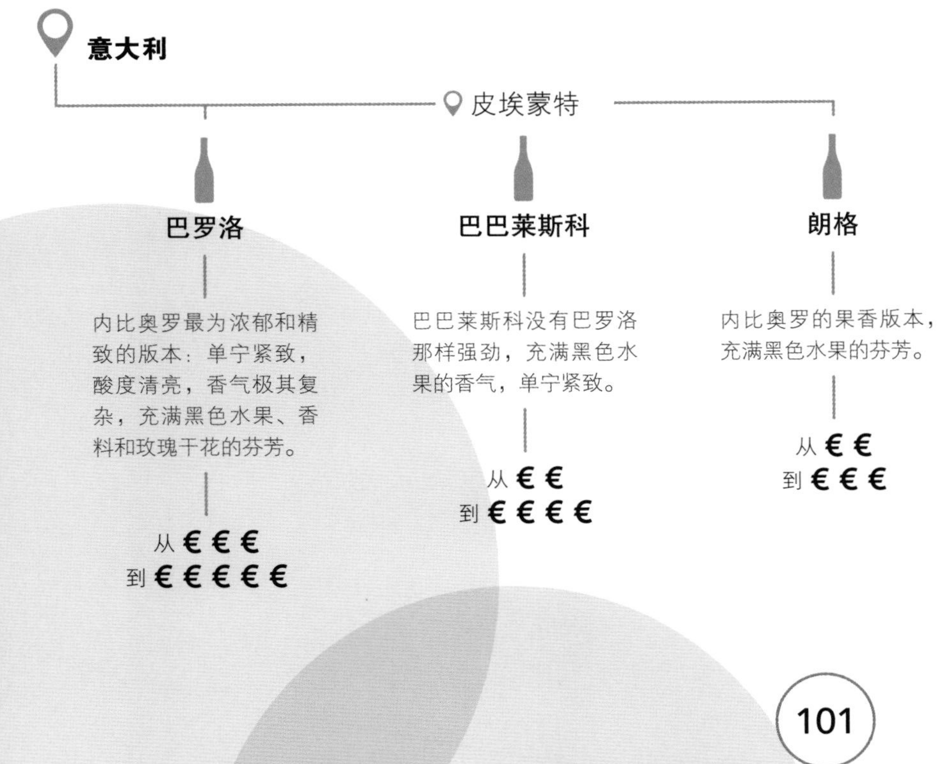

巴罗洛

内比奥罗最为浓郁和精致的版本：单宁紧致，酸度清亮，香气极其复杂，充满黑色水果、香料和玫瑰干花的芬芳。

从 € € €
到 € € € € €

巴巴莱斯科

巴巴莱斯科没有巴罗洛那样强劲，充满黑色水果的香气，单宁紧致。

从 € €
到 € € € €

朗格

内比奥罗的果香版本，充满黑色水果的芬芳。

从 € €
到 € € €

佳丽酿（Carignan）

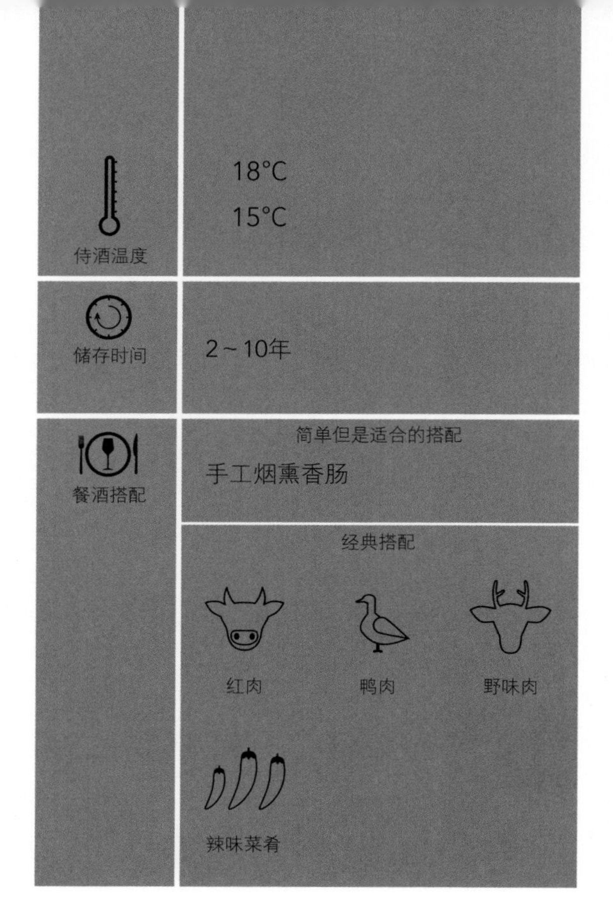

佳丽酿是朗格多克–露喜龙的标志性葡萄品种，它曾被贬低、从而被大面积拔除是很不公正的。其实，只要能够控制单位产量，它能够出产非常优质的葡萄酒。它主要在法国和西班牙种植。

这个生长力旺盛的葡萄品种颜色很深，出产的葡萄酒充满黑色水果和甘草的香气，口感强劲。

品种特点

佳丽酿在众多混酿中充当脊柱的角色，常与歌海娜和西拉混酿，提供更多的结构和个性。

气候

炎热

味道

酸度	●●●●○
酒精度	●●●●○
酒体	●●●●○
单宁	●●●●○
颜色	●●●●○

香气

樱桃

黑加仑

黑莓

李子

石灰质荒地灌木丛

紫罗兰

甘草

成熟之后

皮革、野味、蘑菇、烟草

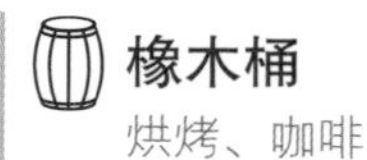

橡木桶

烘烤、咖啡

地理

佳丽酿是一个成熟较晚的葡萄品种，能够抵御干燥，喜欢炎热的气候。所以它在朗格多克–露喜龙、西班牙［在当地被称为“卡利涅纳”（carinena）］以及地中海沿岸都有种植。

它在全世界的种植面积超过75 000公顷，主要位于法国和西班牙。

种植

佳丽酿在21世纪初曾是法国种植面积最广的葡萄品种，随后被美乐超过。长久以来，因为采用粗放型的种植方式，而且产量过高，所以它的种植比例曾被大幅降低。经过这段不公正的待遇之后，今天的佳丽酿已经开始复苏，因为它出产的葡萄酒品质通常极佳，越来越多极具天赋的酿酒人都开始使用这个品种。

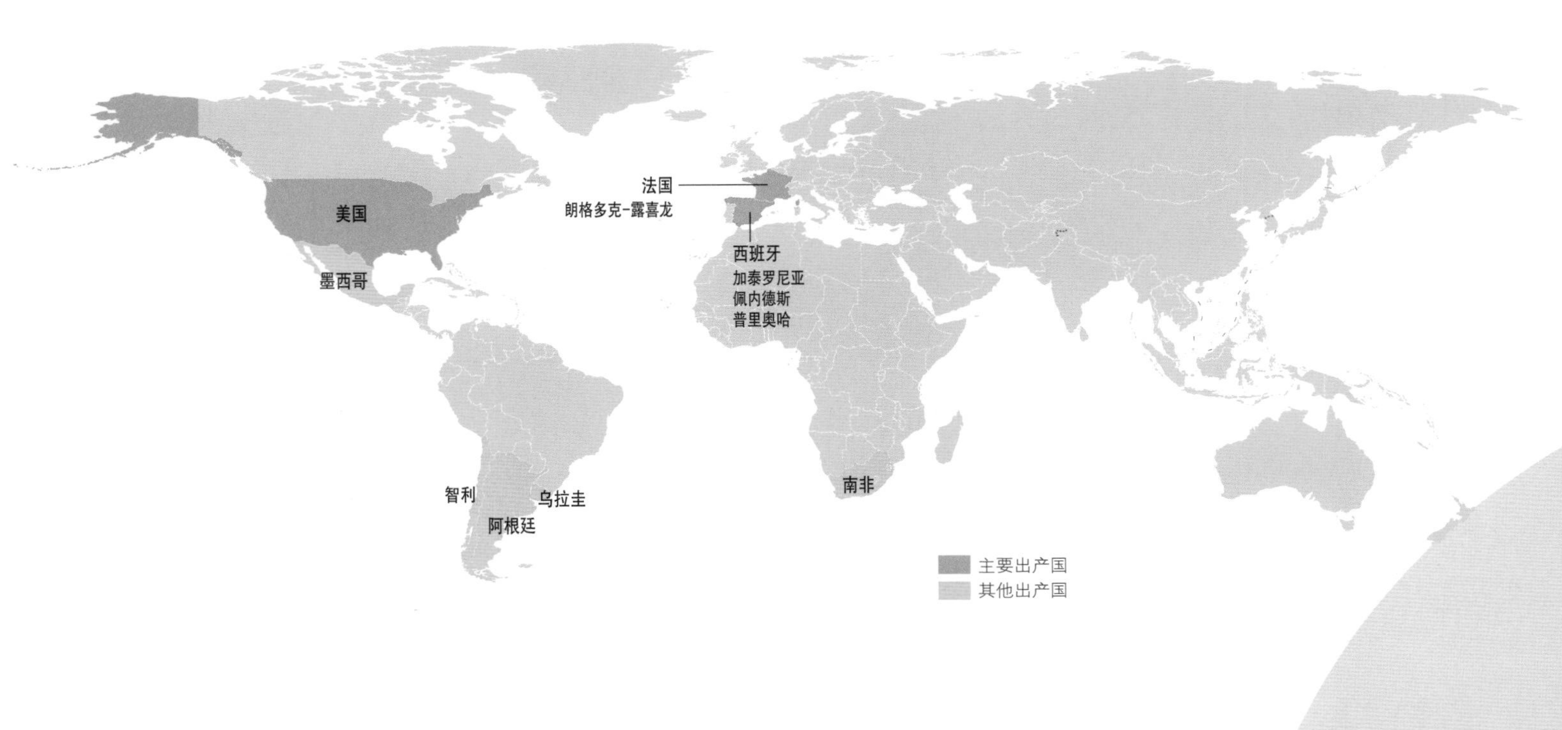

推荐品尝的酒款

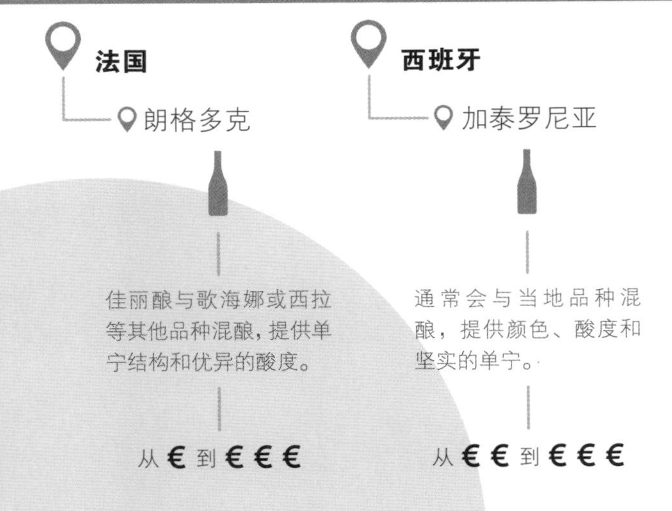

其他红葡萄品种

大自然是慷慨的，为我们塑造了数量惊人的葡萄品种。有些红葡萄品种我们很熟悉，有些则比较没有什么名气，很难在我们常喝的葡萄酒的酒标上出现。它们的颜色或深或浅，香气丰富多彩，结构和单宁形态各异，每种都值得探索。

葡萄品种 别名	起源国家	代表酒款	香气	特征
阿吉提克（Agiorgitiko） 圣乔治（Saint-georges）	希腊	尼米亚法定保护产区 伯罗奔尼撒半岛地区保护餐酒	樱桃、桉树、甜香料	酸度 ●●○○○ 酒体 ●●●○○ 浓郁度 ●●●●●
艾格尼科（Aglianico） 孚图-艾格尼科 （Aglianico del Vulture）	意大利	图拉斯法定保证产区 孚图-艾格尼科法定产区	黑樱桃、白胡椒、烟熏	酸度 ●●●○○ 酒体 ●●●●○ 浓郁度 ●●●●●
博巴尔（Bobal） 雷格纳（Requena）	西班牙	乌迭尔-雷格纳法定产区 瓦伦西亚产区	草莓、樱桃、香料	酸度 ●●○○○ 酒体 ●○○○○ 浓郁度 ●●●○○
巴贝拉（Barbera）	意大利	阿尔巴-巴贝拉法定产区 阿斯蒂-巴贝拉法定产区	樱桃、甘草、黑莓	酸度 ●●●●○ 酒体 ●●○○○ 浓郁度 ●●●●●
品丽珠（Cabernet franc） 布歇（Bouchet） 布莱顿（Breton）	法国	希农法定保护产区 布尔格伊法定保护产区	覆盆子、紫罗兰、青椒	酸度 ●●●●○ 酒体 ●●○○○ 浓郁度 ●●●○○
佳美娜（Carménère）	法国	智利阿空加瓜谷 智利中央山谷 波尔多法定保护产区	覆盆子、青椒、黑莓	酸度 ●●○○○ 酒体 ●●○○○ 浓郁度 ●●●●●
神索（Cinsault） 南非称为“埃米塔日” （Hermitage）	法国	塔维尔法定保护产区 罗讷河谷法定保护产区	覆盆子、桃、白花	酸度 ●●○○○ 酒体 ●●○○○ 浓郁度 ●●●○○
科维纳（Corvina）	意大利	瓦坡里切拉法定产区 瓦坡里切拉-阿玛罗尼法定保证产区 超级巴多利诺（Bardolino superiore）法定保证产区	樱桃、蔓越莓、青椒	酸度 ●●●●○ 酒体 ●●○○○ 浓郁度 ●●●○○
佳美（Gamay）	法国	博若莱法定保护产区 朱里耶纳法定保护产区 侯安丘（Côte-roannaise）法定保护产区	覆盆子、醋栗、紫罗兰	酸度 ●●●●○ 酒体 ●●●○○ 浓郁度 ●●●○○
马贝克（Malbec） 高特（Côt）	法国	卡奥尔法定保护产区 阿根廷门多萨产区	李子、黑樱桃、蓝莓	酸度 ●●○○○ 酒体 ●●●●● 浓郁度 ●●●●●
蒙德斯（Mondeuse）	法国	萨瓦法定保护产区 比热法定保护产区	覆盆子、黑加仑、白胡椒	酸度 ●●●●○ 酒体 ●●○○○ 浓郁度 ●●●○○

混酿

许多红葡萄品种都能相辅相成。有些通过提供单宁和颜色增加力量感，有些单宁较少，酿出的葡萄酒口感圆润，仿佛丝绒。
有些葡萄品种的混酿方式逐渐变得著名：比如赤霞珠（力量）和美乐（圆润），西拉（力量）和黑歌海娜（圆润）。

葡萄品种 别名	起源国家	代表酒款	香气	特征
蒙特布查诺（Montepulciano）	意大利	阿布鲁佐-蒙特布查诺法定产区 特拉玛内丘-蒙特布查诺（Montepulciano Colline Teramane）法定保证产区 科内罗红葡萄酒（Rosso Conero）法定产区	樱桃、李子、干草（牛至）	酸度 ●●●●○ 酒体 ●●●○○ 浓郁度 ●●●●●
涅格雷特（Négrette） 黑福儿（Folle noire） 美国称为圣乔治皮诺（Pinot saint-georges）	法国	弗隆东法定保护产区 旺代领地马贺依（Fiefs-vendéens Mareuil	草莓、紫罗兰、甘草	酸度 ●○○○○ 酒体 ●●●○○ 浓郁度 ●●●●●
黑珍珠（Nero d'Avola） 阿沃拉-卡拉布雷斯（Calabrese d'Avola）	意大利	维多利亚-瑟拉索罗（Cerasuolo di Vittoria）法定保证产区 西西里岛红葡萄酒（Sicilia Rosso）地区保护餐酒	草莓、香料、烟熏	酸度 ●●○○○ 酒体 ●●●●○ 浓郁度 ●●●●●
小味儿多（Petit verdot）	法国	玛歌法定保护产区 佩萨克-雷奥良法定保护产区	蓝莓、可可、干草	酸度 ●●●●○ 酒体 ●●●●○ 浓郁度 ●●●●●
皮诺塔基（Pinotage）	南非	斯泰伦博斯法定产区 西开普产区	樱桃、紫罗兰、桉树叶	酸度 ●○○○○ 酒体 ●●●●○ 浓郁度 ●●●●●
普萨（Poulsard） 普鲁萨（Ploussard）	法国	阿尔布瓦法定保护产区	醋栗、草莓、烟熏	酸度 ●●○○○ 酒体 ●○○○○ 浓郁度 ●○○○○
普里米蒂沃（Primitivo） 金粉黛（Zinfandel） 特里彼德拉格（Tribidrag）	克罗地亚	曼杜里亚-普里米蒂沃法定产区 美国加利福尼亚金粉黛 索诺玛县	草莓、黑莓、香料	酸度 ●○○○○ 酒体 ●●●●○ 浓郁度 ●●●●●
塔那（Tannat）	法国	马蒂宏法定保护产区 乌拉圭红葡萄酒	樱桃、黑加仑、甘草	酸度 ●●●●○ 酒体 ●●●●○ 浓郁度 ●●●●●
国家多瑞加（Touriga nacional）	葡萄牙	杜罗法定产区 杜奥法定产区	覆盆子、黑加仑、紫罗兰	酸度 ●●○○○ 酒体 ●●●●○ 浓郁度 ●●●●●

桃红葡萄酒

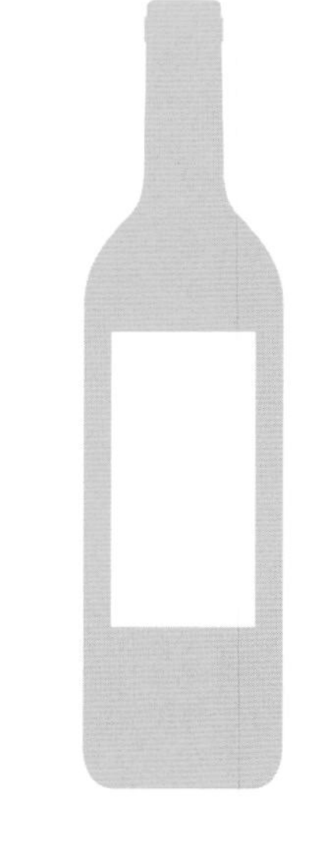

桃红葡萄酒的风格取决于所用葡萄品种、风土，尤其是酿造工艺。它们通常充满果香和花香，香气或浓或淡。桃红葡萄酒不太能够陈年，在年轻时饮用最为适合。

常见香气

草莓

红樱桃

覆盆子

白花

柚子

风土与葡萄品种

根据风土和葡萄品种的不同：

酸度	或高或低
香气	或浓或淡
酒体	或重或轻
单宁	单宁稍有残留，有时略重
颜色	或深或浅

酿造工艺

参见第151页
直接压榨法酿造的桃红葡萄酒颜色较浅，口感清淡，果香浓郁。
放血法酿造的桃红葡萄酒颜色较深，单宁、香气和酒体都更重。

陈年方式

一款桃红葡萄酒如果太老是很容易看出来的，它的颜色会变成橙色。年轻而新鲜的桃红葡萄酒根据所用葡萄品种的不同，会呈现出清亮的粉红色或者三文鱼色。出现橙色光泽意味着氧化，清新感渐失，也不再有品尝的乐趣。

不同风格的桃红葡萄酒拥有不同的香气、浓郁度和酒体，有的清淡，有的强劲，香气有的淡雅，有的浓郁。

桃红葡萄酒的特色

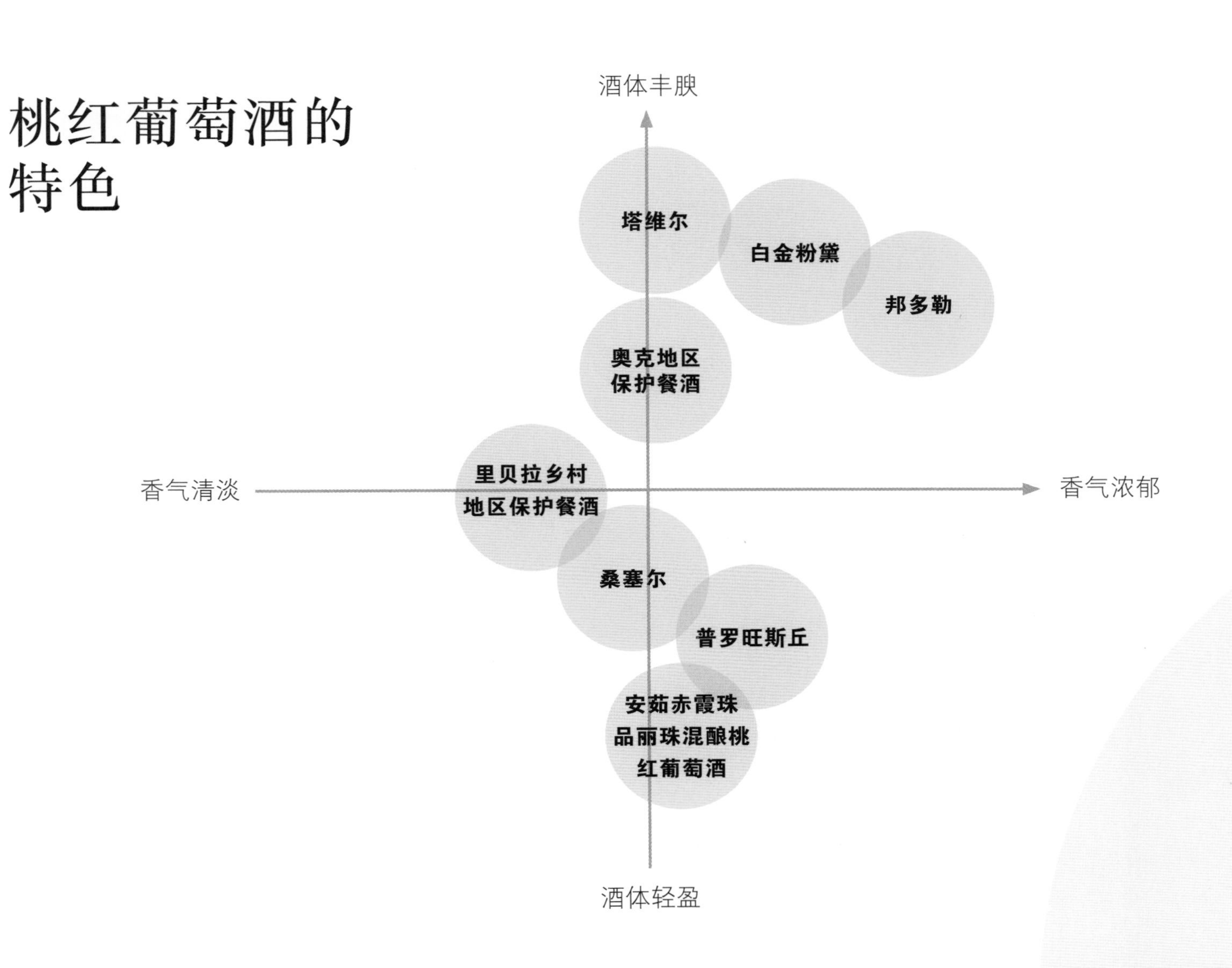

混酿

桃红葡萄酒通常采用多个葡萄品种混酿，从而获得更为丰富的香气。在普罗旺斯，混酿所用的葡萄品种数量很多。

气泡葡萄酒

全世界气泡葡萄酒的种类繁多，而且其消费方式也在不断变化。气泡葡萄酒是节日的常客，采用多种多样的葡萄品种，通过精细的工艺酿造而成。另外，它也是一种真正的风土产品，需要酿酒人具有独特的技术。

常见香气

白花

苹果

梨

黄柠檬

青柠檬

青草

桃

杏

风土与葡萄品种

根据风土和葡萄品种的不同：

酸度	或高或低
香气	或浓或淡
酒体	或重或轻
颜色	或深或浅

酿造工艺

根据所用酿造工艺的不同，呈现：

或强或弱的气泡。
或浓或淡的香气。
典型香气：果香（苹果、梨、白花、黄花）或者复杂香气（面包、烤面包、黄油、榛子、杏仁、新鲜奶油）。
或高或低的酒精度。
或高或低的甜度。

餐酒搭配

气泡葡萄酒通常作为开胃酒，或者搭配甜品。干型气泡葡萄酒更适合作为开胃酒，因为酸度活泼，能够调动胃口。但是甜品更需要的是带有少量糖分的酒款，所以此时应当选择半干型气泡葡萄酒或者阿斯蒂一类带有天然残糖的气泡葡萄酒。

气泡葡萄酒拥有多种多样的香气，有的果味十足，有的香气复杂。虽然大部分都口感清淡，但是偶尔也会拥有较重的酒体。

气泡葡萄酒的特色

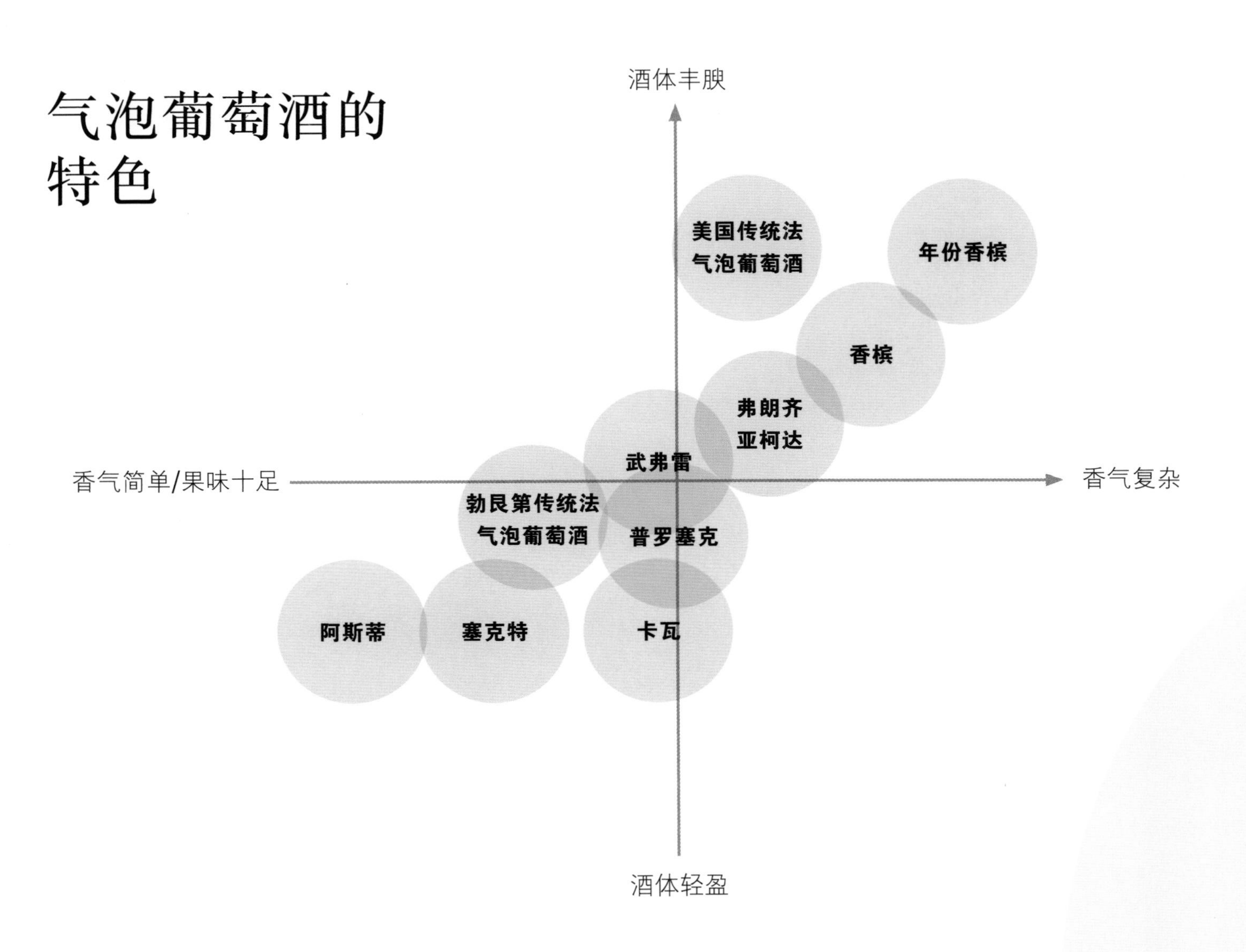

气泡

气泡葡萄酒或多或少都有气泡，气泡的大小各有不同，这取决于酿造工艺和陈酿时间，陈酿能使气泡变得细腻。

甜型葡萄酒

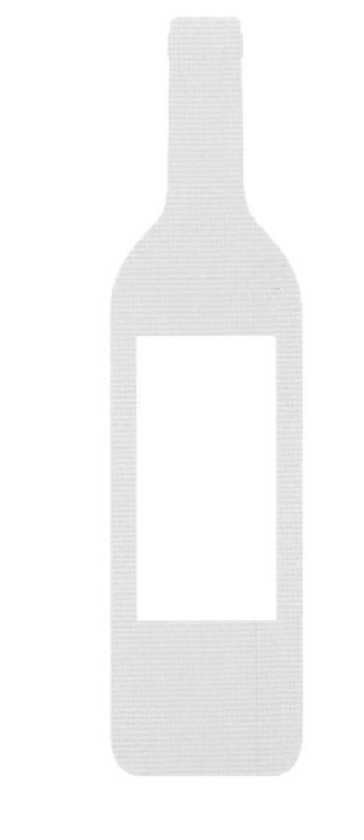

世界上大部分的葡萄酒都是干型的，只有少数含有在发酵中未经转化的糖，于是便在口中产生了甜美的味道。甜型葡萄酒的特色来源于葡萄品种、独特的气候以及不同的酿造工艺。

常见香气

白花	苹果	梨	黄柠檬	青柠檬	甜瓜	桃	杏

风土与葡萄品种

根据风土和葡萄品种的不同：

酸度	或高或低
香气	或浓或淡
酒体	或重或轻
颜色	或深或浅

酿造工艺

根据所用酿造工艺的不同，呈现浓郁的香气以及或重或轻的酒体

中止发酵： 果香浓郁，酸度较低，酒体饱满。

晒干葡萄： 葡萄干的香气。

贵腐葡萄： 果酱、葡萄干和桃子的香气，如果采用橡木桶则有香草的香气。

有些葡萄品种，比如雷司令、赛美蓉和白诗南，特别容易感染贵腐菌。

熟成
（陈年方式）

有些甜型葡萄酒，比如苏岱和雷司令，都很适合陈年，从而出现更为复杂的香气，比如蜂蜜、甜香料等。

分类

甜型葡萄酒根据所含糖分的比例进行分类：

- 半干型（demi–sec）：每升葡萄酒含有4～12克糖。
- 半甜型（moelleux）：每升葡萄酒含有12～45克糖。
- 甜型（liquoreux）：每升葡萄酒含有45克以上的糖。

贵腐菌

清晨的雾气和潮湿再加上炎热的下午能够促进灰葡萄孢菌（Botrytis cinerea）的生成，这种真菌会使葡萄干缩，糖分和酸度得以集中，从而产生罕见的香气。这一现象被称为“贵腐”。

甜型葡萄酒有的果香纯净，有的则香气复杂，弥漫着蜂蜜、烤面包、葡萄干的成熟芬芳。根据葡萄酒种类的不同，含糖量也有所不同。

气泡葡萄酒的特色

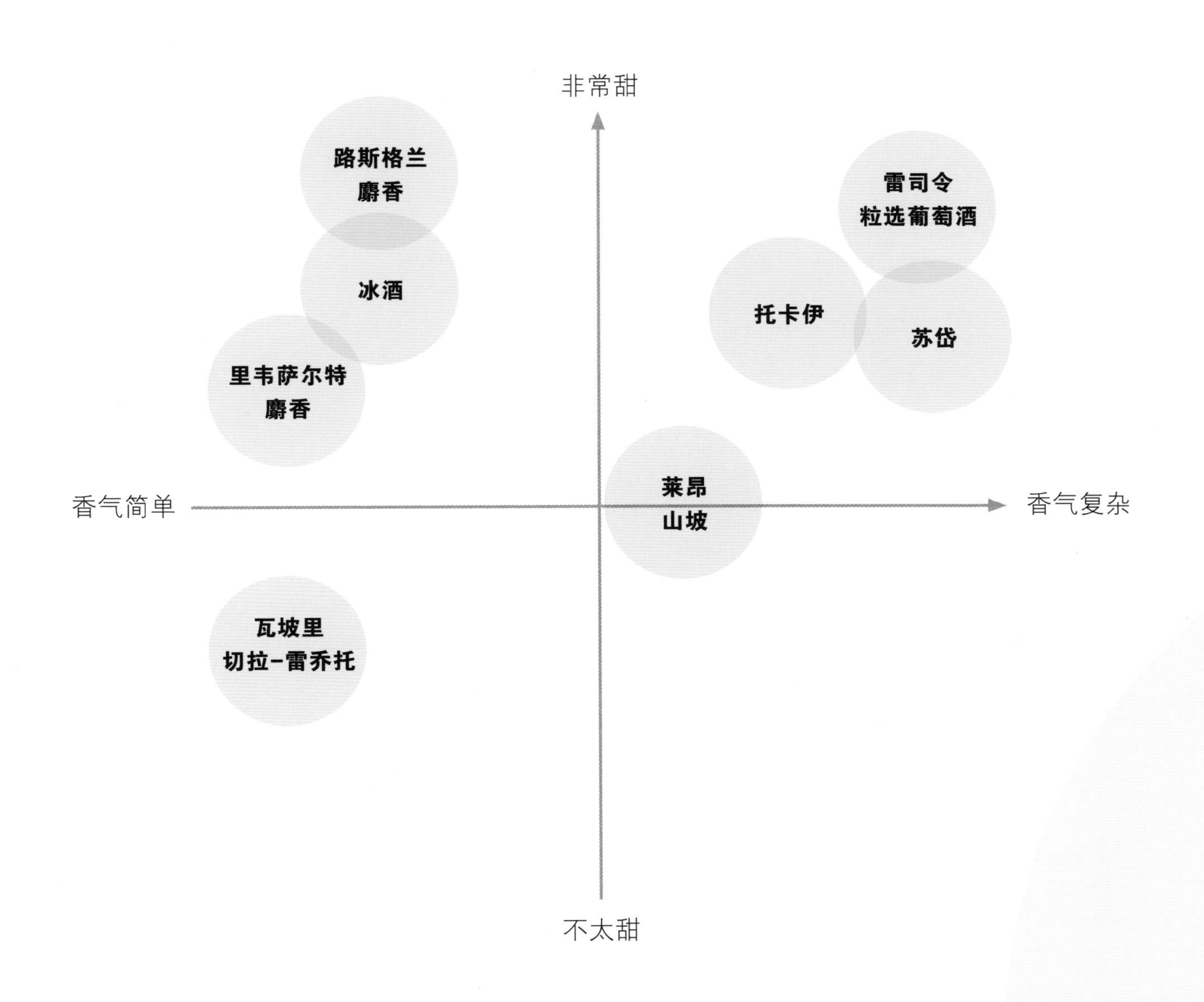

冰酒（Vin de glace）

冰酒在加拿大被称为“icewine”，在德国被称为“Eiswein”，采用非常成熟、在冰冻状态下采摘的葡萄酿造而成。采收者在黎明之前，乘着秋冬之际的冷雾，在气温低于零下6℃——在加拿大甚至是零下10℃至零下12℃——的条件下采摘葡萄。在压榨时，流出的只有葡萄里的糖浆以及最甜美最丰厚的果汁，剩下的水分仍为冰冻状态。冰酒的香气极为纯净，产量稀少。

加强型葡萄酒

加强型葡萄酒通过在发酵时加入中性酒精酿造而成，是一种独特的葡萄酒，在欧洲多个地区都有出产，尤其是法国、西班牙和葡萄牙。加强型葡萄酒的特点取决于所用葡萄品种和风土，但是主要受到酿酒人工艺的影响。陈酿过程对于决定其最终风格也极其重要。

常见香气

新鲜葡萄

杏

菠萝

桃

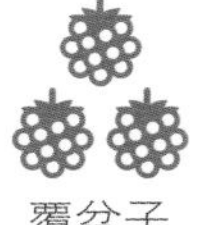
覆盆子

樱桃

黑莓

黑加仑

风土与葡萄品种

根据风土和葡萄品种的不同：

酸度	或高或低
香气	或浓或淡
酒体	或重或轻
单宁	没有单宁，或者单宁或重或轻

酿造工艺

没有甜度，或者甜度或高或低。
果香为主，或者香气复杂。
典型的复杂香气：烤榛子、咖啡、焦糖、烟草、甜香料。
酒精度或高或低。
酒体或重或轻。
单宁或重或轻。

餐酒搭配

加强型葡萄酒在传统上会被作为开胃酒，有些非常适合，比如菲诺雪莉酒。但是加强型葡萄酒也可以搭配甜品，还可以搭配某些奶酪。

气泡葡萄酒拥有多种多样的香气，有的果味十足，有的香气复杂。虽然大部分都口感清淡，但是偶尔也会拥有较重的酒体。

加强型葡萄酒的特点

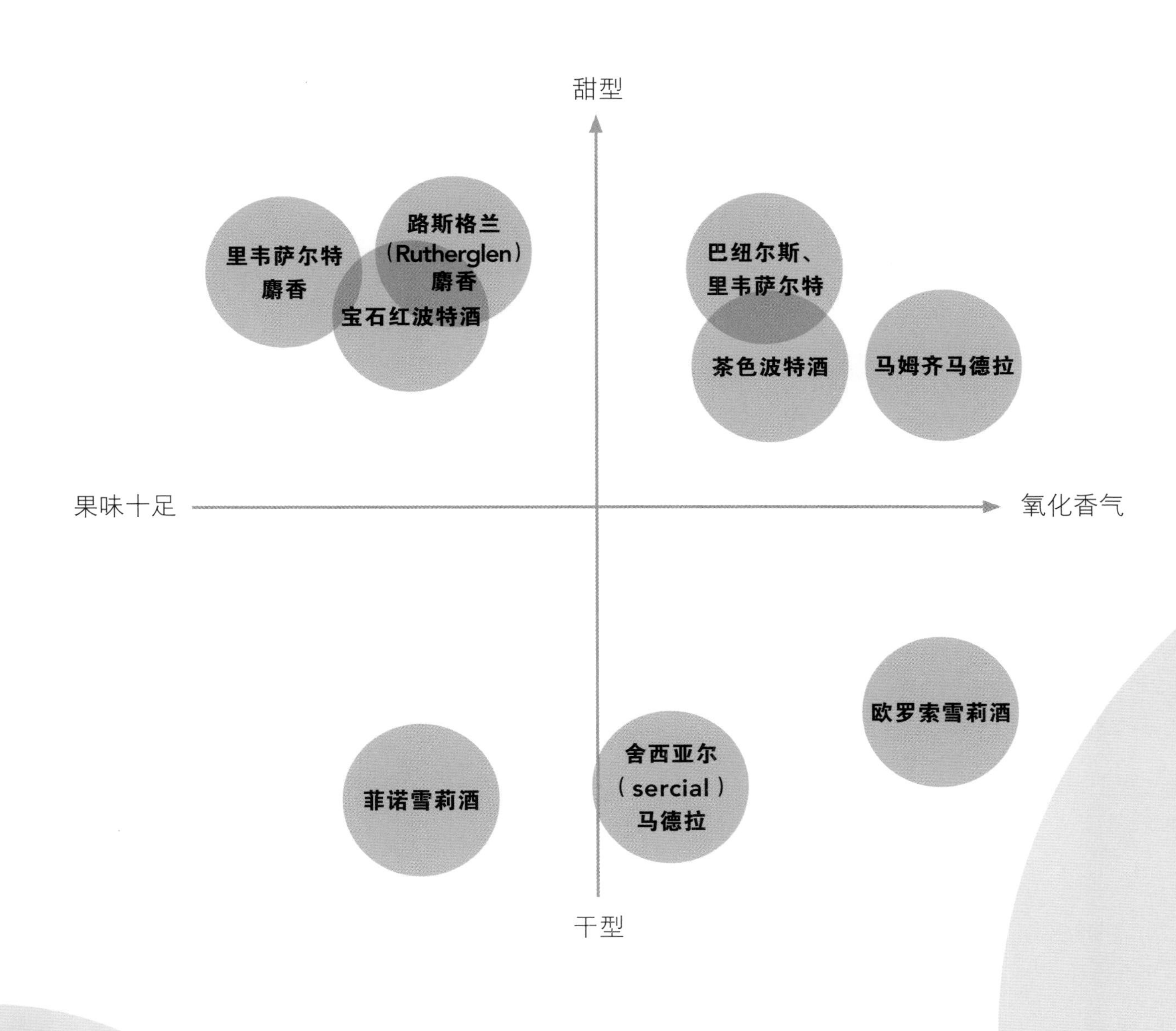

香气

这种葡萄酒主要通过橡木桶陈酿所产生的氧化而形成复杂的香气。其中尤其会有类似烟草、巧克力、咖啡、烤榛子或是辛香料的气息。

实践练习3

卷3

准备

在您与朋友集合，进行这次品酒练习之前，需要完成以下几项准备工作：

- 学习第二章第72页–第93页的内容。
- 购买练习所用的酒款，以正确的温度储存。
- 品酒的房间保持通风，避免任何厨房的气味。
- 准备吐酒桶、水、面包或者几片咸味薄脆饼干。
- 为每人准备三个品酒杯以及白色纸质餐巾。

时间

1小时

在网站https://www.ecole-vins-spiritueux.com/fr/ecole-du-vin内下载打印或者在本书第33页复印品酒卡。

采用霞多丽酿造的白葡萄酒

比如：
法国勃艮第地区普伊–富塞产区或者澳大利亚的白葡萄酒

采用长相思酿造的白葡萄酒

比如：
新西兰马尔堡地区或者法国波尔多地区两海之间产区的白葡萄酒

采用白诗南酿造的白葡萄酒

比如：
法国卢瓦尔河谷武弗雷产区或者南非的白葡萄酒

采用阿尔巴尼诺酿造的白葡萄酒

比如：
西班牙加利西亚地区下海湾产区或者葡萄牙绿酒地区的白葡萄酒

采用意大利灰皮诺酿造的白葡萄酒

比如：
意大利威尼托地区的白葡萄酒

开始品酒，在酒中享受寻找香气和味道的乐趣！

品酒练习3：探索三种主要的国际白葡萄品种和两种本土白葡萄品种

40分钟

品酒分为三个步骤：观看、嗅闻、随后品尝葡萄酒。请您准备好品酒卡，在整个品酒过程中使用，并在您的面前摆好两个杯子。现在您就可以开始了！

将第1款和第2款酒倒入杯中。

在品酒的各个步骤中关注自己的感受。

每款酒主要的香气种类是什么？它们是相似的还是不同的？您有什么感觉？

第1款酒：您是否闻到这款酒散发出黄油和香草的香气？

第2款酒：在口中寻找柑橘类水果的浓郁香气以及明显的酸味，这款酒会让您分泌很多唾液。

冲洗两个杯子，将第3款、第4款和第5款酒倒入杯中。

在品酒的各个步骤中关注自己的感受。

第3款酒：现在请您品尝第3款酒。感受口中梨子和木瓜的浓郁香气以及明显的酸味，这款酒会让您分泌很多唾液。

第4款酒：现在请您品尝第4款酒，感受口中的体积感。这款酒酒体轻盈，酸味明显。

第5款酒：请注意这款酒呈淡黄色，泛着绿色的光泽，在鼻中和在口中都有新鲜水果的香气，尤其是青苹果的香气。

小窍门

不要倒太多酒，记得品完将酒吐出，然后喝点水。

选择题

回答正确一题得1分，每题有一个正确答案，答错不扣分。

1 产自寒冷气候的白葡萄酒的香气主要为：

a–新鲜水果的香气，酸度较高

b–热带水果的香气，酸度较低

c–红色水果和香料的香气

2 “这是一款强劲而丰腴的葡萄酒。橡木桶酒泥陈年为其带来黄油和热烤面包的香气……”以下哪个葡萄品种能够酿出最符合以上描述的葡萄酒？

a–长相思

b–赤霞珠

c–霞多丽

3 以下哪个葡萄品种香气最为清淡，最易受到酿造工艺的影响？

a–雷司令

b–霞多丽

c–白诗南

4 酒标标为“白芙美”（fumé blanc）的葡萄酒采用以下哪个葡萄品种酿造？

a–长相思

b–白诗南

c–小粒白麝香

5 以下哪个葡萄品种在凉爽和温和的地区表现最佳？

a–雷司令

b–韦尔蒙蒂诺

c–玛珊

6 以下哪个葡萄品种最符合这些描述：酸度，南非，安茹，柠檬，木瓜，蜂蜜，陈年潜力？

a–维欧尼

b–琼瑶浆

c–白诗南

7 以下哪个元素在红葡萄酒和白葡萄酒中都会出现？

a–酸度

b–单宁

c–糖

8 “细腻、产量不高的葡萄品种，果皮较薄，出产颜色不深的葡萄酒。”以下哪个葡萄品种出产的葡萄酒最符合以上描述？

a–赤霞珠

b–黑皮诺

c–格雷拉

9 以下哪个葡萄品种经常用于混酿，提供结构（酸度、单宁）和黑色水果的香气？

a–赤霞珠

b–黑皮诺

c–柯蒂斯

10 我最偏爱的风土位于波尔多地区，出产全世界极为复杂的葡萄酒之一，但是我在美国加利福尼亚也是红葡萄酒之王。我是谁？

a–品丽珠

b–赛美蓉

c–赤霞珠

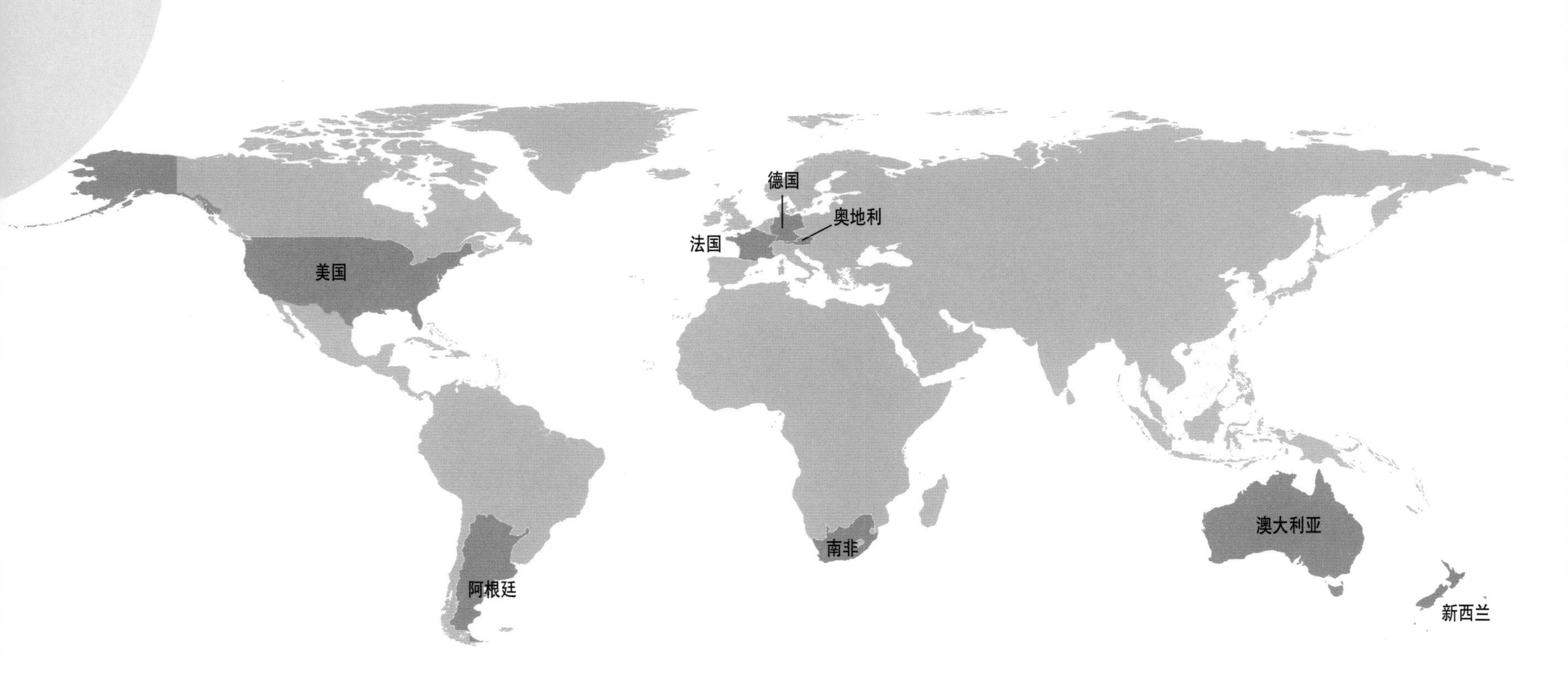

世界葡萄品种一览：在地图上选择符合以下描述的国家（一个葡萄品种对应一个国家）：

1 我在哪个国家能够尝到一杯绿维特利纳？

2 我在哪个国家能够尝到一杯施特恩？

3 我在哪个国家能够尝到一杯萨韦涅尔？

4 我在哪个国家能够尝到一杯白芙美？

5 我在哪个国家能够尝到一杯特浓情？

6 我在哪个国家能够尝到一杯酒精度较低（7度至8度）、有可能是干型或甜型的雷司令？

7 我在哪个国家能够尝到一杯口感极其活泼，充满热带水果、绿叶和芦笋的典型香气，风格年轻的长相思？

8 我在哪个国家能够尝到一杯设拉子？

答案

选择题

1a, 2c, 3b, 4a, 5a, 6c, 7b, 8b, 9a, 10c

地图：

1：奥地利 2：南非 3：法国 4：美国 5：阿根廷 6：德国 7：新西兰 8：澳大利亚

实践练习4

卷4

准备

在您与朋友集合，进行这次品酒练习之前，需要完成以下几项准备工作：

- 学习第二章第72页–第93页的内容。
- 购买练习所用的酒款，以正确的温度储存。
- 品酒的房间保持通风，避免任何厨房的气味。
- 准备吐酒桶、水、面包或者几片咸味薄脆饼干。
- 为每人准备三个品酒杯以及白色纸质餐巾。

时间

1小时

在网站https://www.ecole-vins-spiritueux.com/fr/ecole-du-vin/内下载打印或者在本书第33页复印品酒卡。

采用赤霞珠酿造的红葡萄酒

比如：
美国加利福尼亚州纳帕谷产区或者法国波尔多地区上梅多克产区的红葡萄酒

采用美乐酿造的红葡萄酒

比如：
美国华盛顿地区哥伦比亚谷产区的红葡萄酒或者法国波尔多地区的优级波尔多红葡萄酒

采用西拉酿造的红葡萄酒

比如：
澳大利亚巴罗萨谷地区或者法国罗讷河谷地区克罗兹–埃米塔日或圣约瑟夫产区的红葡萄酒

采用内比奥罗酿造的红葡萄酒

比如：
意大利皮埃蒙特地区巴罗洛或朗格产区的红葡萄酒

采用丹魄酿造的红葡萄酒

比如：
西班牙上埃布罗河地区里奥哈产区或者卡斯蒂利亚–莱昂地区杜罗河谷产区的红葡萄酒

开始品酒，在酒中享受寻找香气和味道的乐趣！

品酒练习4：探索三种主要的国际红葡萄品种和两种本土红葡萄品种

40分钟

品酒分为三个步骤：观看、嗅闻、随后品尝葡萄酒。请您准备好品酒卡，在整个品酒过程中使用，并在您的面前摆好两个杯子。现在您就可以开始了！

将第1款和、第2款和第3款酒倒入杯中。

在品酒的各个步骤中关注自己的感受。

第1款酒：您是否在口中感觉到黑色水果、烤面包和香草的香气？您会感觉到舌头后部的苦味以及粗糙的感觉，这是单宁较重的信号。

第2款酒：请您注意口中红色水果的香气和中等的单宁。

第3款酒：请您注意葡萄酒在口中的体积感。酒液占据整个口腔，酒体强劲。感受口中黑色水果和香料的香气。

将第4款和第5款酒倒入杯中，比较这两个本土品种。

在品酒的各个步骤中关注自己的感受。

第4款酒：您是否闻到浓郁的花香（玫瑰）？请您关注口中的酸味和强烈的单宁感。内比奥罗的一切都是浓重的！

第5款酒：请您注意口中烟熏和烤面包的香气，以及明显的单宁感。

小窍门

不要倒太多酒，记得品完将酒吐出，然后喝点水。

选择题

回答正确一题得1分，每题有一个正确答案，答错不扣分。

时间 20分钟

1 以下哪个葡萄品种具有红色水果的香气，并且能为混酿带来圆润的口感？

a–赤霞珠
b–佳丽酿
c–美乐

2 以下哪个葡萄品种酿出的葡萄酒颜色深暗，泛着淡蓝的光泽，充满黑色水果和香料的香气？

a–西拉
b–霞多丽
c–歌海娜

3 我酿造的桃红葡萄酒特别适合夏季饮用，但是我也可以酿造优质的红葡萄酒。我是谁？

a–灰皮诺
b–歌海娜
c–内比奥罗

4 以下哪个葡萄品种，虽然名气不大，却是里奥哈和杜罗河谷葡萄酒的必要品种？

a–慕和怀特
b–丹魄
c–佳丽酿

5 以下哪个葡萄品种是托斯卡纳，尤其是著名的基安蒂的重要品种？

a–桑娇维塞
b–内比奥罗
c–科维纳

6 以下哪个葡萄品种酿出的葡萄酒品质卓越，颜色不深，香气复杂，酸度和单宁明显，陈年潜力极佳？

a–赤霞珠
b–黑皮诺
c–内比奥罗

7 以下哪个葡萄品种如果种在凉爽的地区便难以成熟？

a–黑皮诺
b–佳丽酿
c–霞多丽

8 以下哪个葡萄品种在整个罗讷河谷和法国南部，以及澳大利亚都有种植？

a–西拉
b–慕和怀特
c–美乐

9 “风格优雅，充满李子和野果的芬芳……”以下哪个葡萄品种最符合以上描述？

a–雷司令
b–佳美
c–美乐

10 弗朗齐亚柯达、卡瓦、阿斯提，这三种葡萄酒的共同点是什么？

a–它们都是气泡葡萄酒
b–它们都采用霞多丽酿造
c–它们都是半干型

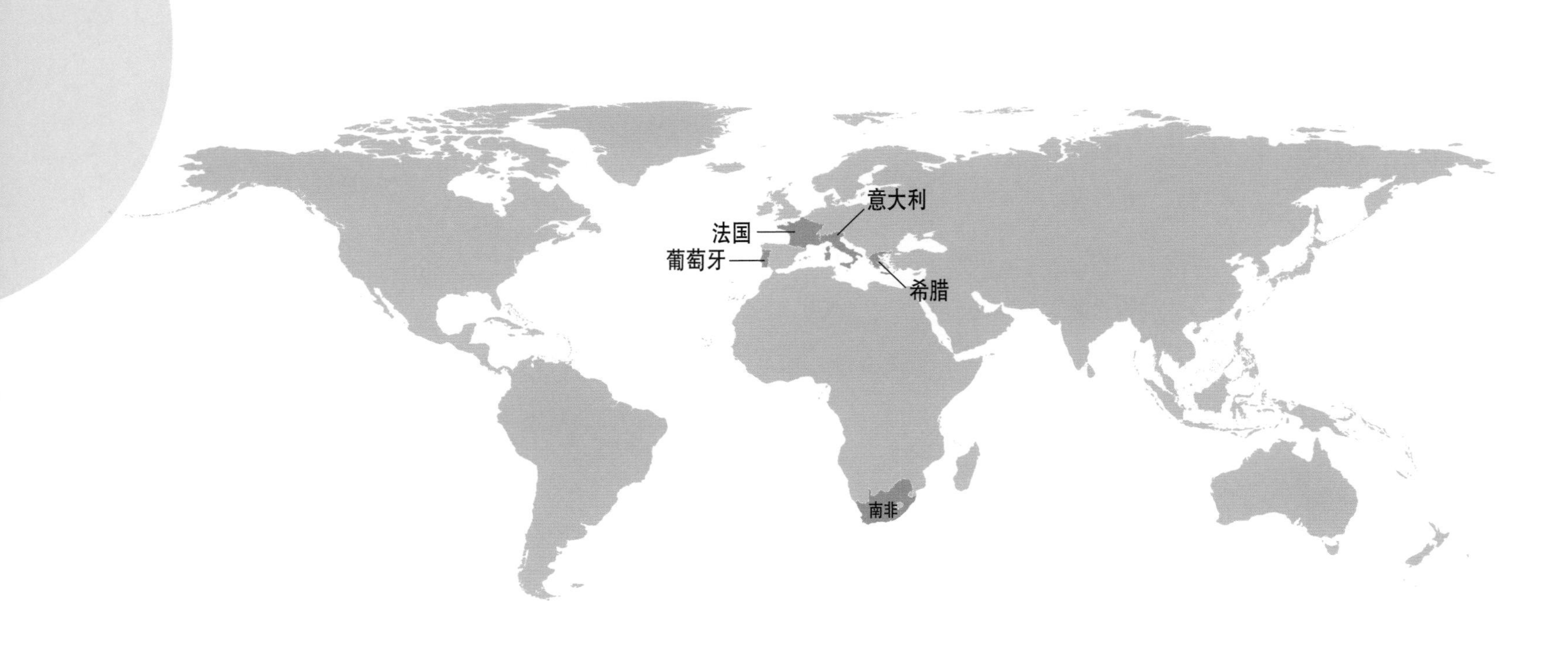

1 我在哪个国家能够尝到一杯国家多瑞加？

2 我在哪个国家能够尝到一杯丹那？

3 我在哪个国家能够尝到一杯科维纳？

4 我在哪个国家能够尝到一杯阿吉提克？

5 我在哪个国家能够尝到一杯皮诺塔基？

甜型葡萄酒按照酒中所含的糖分比例进行分类：请将类别与相应的糖含量连线：

半干型 ●	● 每升超过45克糖
半甜型 ●	● 每升12～45克糖
甜型 ●	● 每升4～12克糖

甜型葡萄酒的酒标

答案

选择题

1c，2a，3b，4b，5a，6c，7b，8a，9c，10a

地图：

1：葡萄牙 2：法国 3：意大利 4：希腊 5：南非

甜型葡萄酒的酒标：

答案

1 半干型：每升4～12克糖

2 半甜型：每升12～45克糖

3 甜型：每升超过45克糖

第三章：葡萄酒的品质

葡萄酒庄

“风土”（terroir）是一个法语词，也是一个特殊的概念，包含两层含义：

• 狭义的含义认为“风土”主要是指葡萄园上层和下层土壤的地质特点以及气候（日照、年降水、气温、海拔等）。

• 广义的含义包括人类的决定所控制或者影响的所有因素：地块的整理（台地、围墙的修建等）、种植方式、酿造工艺、历史以及传统。风土的概念在此意味着一个地区出产的葡萄酒是独一无二的，即使采用同样的葡萄品种和酿造工艺，也无法在这个地方以外进行复制。

• 特殊性

“风土”一词没有英语翻译。这是一种罕见的情况。

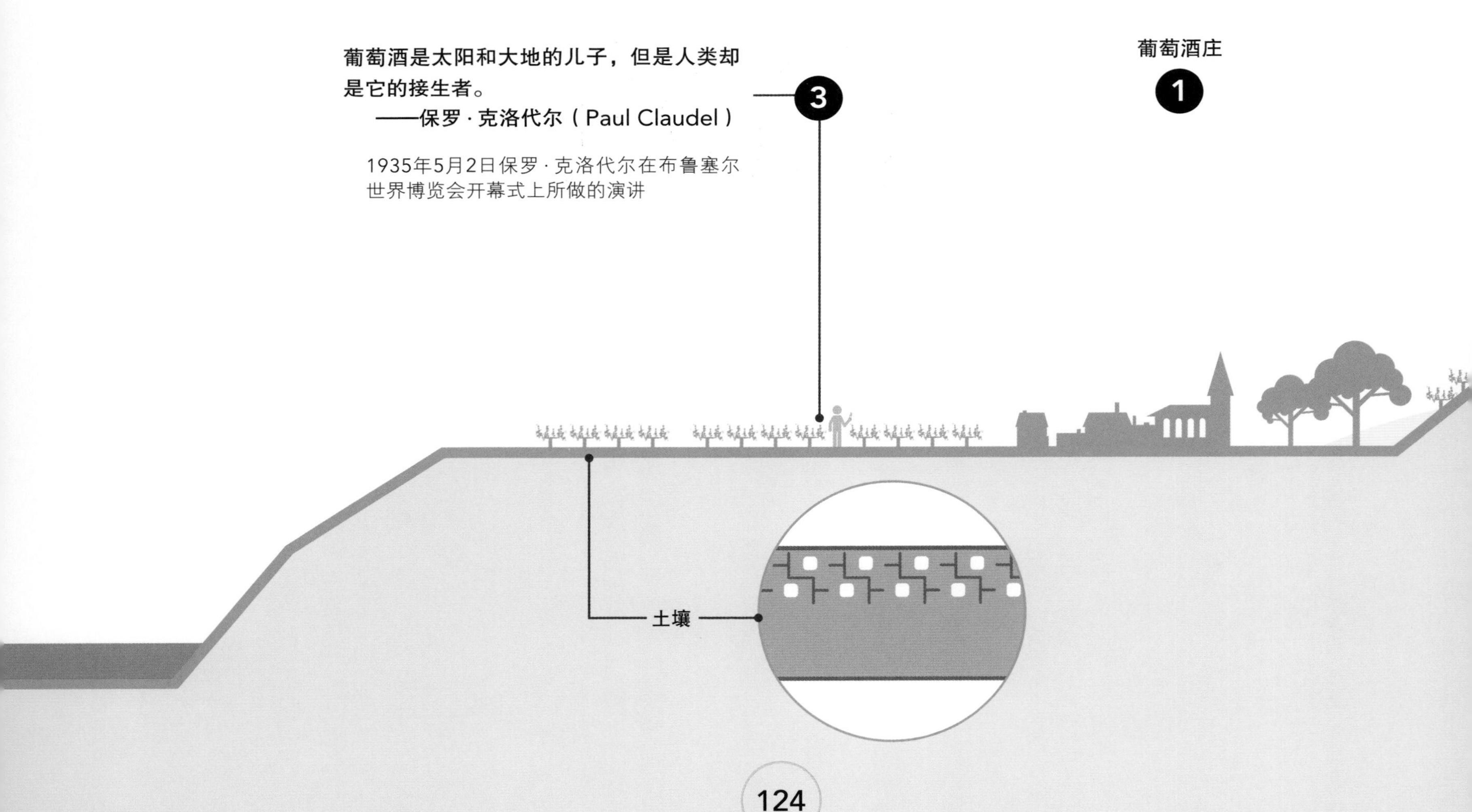

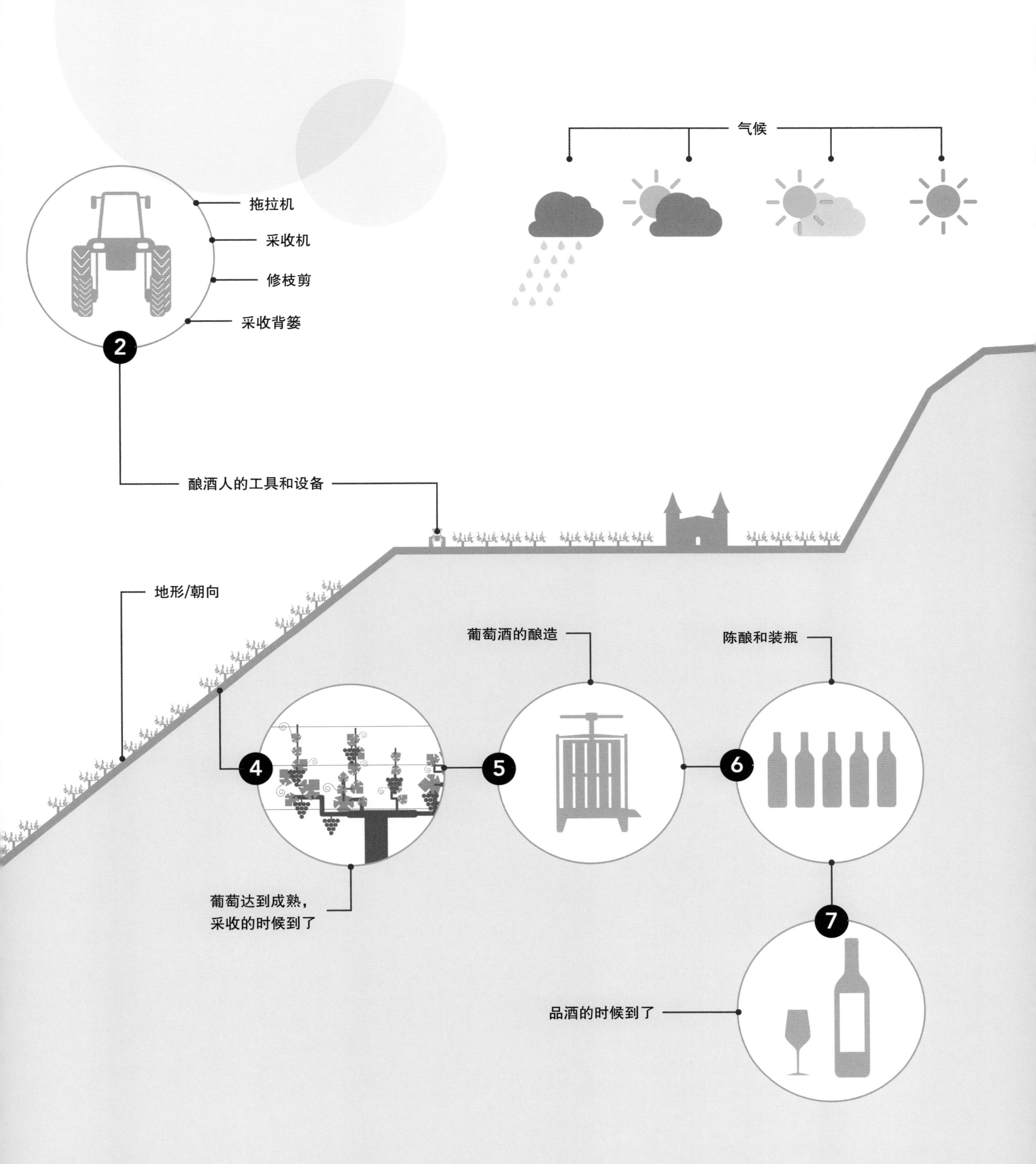
气候
拖拉机
采收机
修枝剪
采收背篓
2
酿酒人的工具和设备
地形/朝向
葡萄酒的酿造
陈酿和装瓶
4
5
6
葡萄达到成熟，
采收的时候到了
7
品酒的时候到了

葡萄树

葡萄是一种攀爬植物，大约6000万年前出现在地球上。在现有的各个葡萄品种中，欧亚种葡萄（Vitis Vinifera）出产的果实质量最高，适合酿造葡萄酒。

阳光：葡萄果实中糖的形成来自葡萄树的光合作用，与阳光直接相关。葡萄树需要阳光才能结出果实，在采收期需要大量的阳光，果实才能成熟。也正是在这个阶段，果实中的糖分增加，酸度降低。葡萄园是否位于斜坡、是否靠近海洋或湖泊、土壤为何种质地，这些对于葡萄串能否接收阳光和接收阳光的时间长短都有很大的影响。

水分：葡萄树每年需要400～600毫米的降雨，在整个植物生长过程中葡萄树也需要均衡的水分，才能结出优质的果实。葡萄需要充足的水分才能成熟，但是不能过多，否则果实就会因水而膨胀，导致香气被稀释。

气温：葡萄树必须积累足够的热量，才能保证植物生长过程在最佳的条件下进行，从而使其果实成熟。气温低于10°C或者高于35°C，葡萄树都无法生长。植物生长过程最理想的平均气温在16°C～21°C之间，不同的葡萄品种还有细微的差别。海拔、土壤、风力或雾气都会对气温造成显著的影响，从而影响葡萄的成熟度。

土壤：土壤的组成取决于下层母岩的分解，植物和动物带来的地表有机物质又转化成腐殖土，与土壤混合。葡萄树在生长过程中需要足够的矿物元素和微量元素。土壤能够调整和保证葡萄树所需的水分供给。土壤的颜色、质地、结构和多孔性都是多种多样的。

葡萄树可能遇到的主要风险

春霜：如果芽孢和枝丫被春霜损坏，便无法存活。

害虫：比如根瘤蚜，它是一种类似蚜虫的寄生虫，可以在叶子或根上生长，通过扎破根部，引起葡萄树生长不均和浮肿，这不仅会影响根部的吸收功能，而且会使其受到微生物的侵袭。

疾病：

霜霉病是一种寄生真菌，尤其易在多雨温和的春季发生。它能感染葡萄树的绿色机体，引发果实的损失、葡萄酒的品质问题以及葡萄藤的衰弱。

粉霉病同样也会侵袭葡萄树的草本部分。被感染的花会干燥坠落，果粒会蒙上一层灰白色的物质，果皮会产生裂纹并裂开，从而造成灰霉菌的生长。

黑霉病（Black rot）是一种由真菌引起的疾病，首先袭击叶子，随后袭击幼小的果实。叶子上会出现棕色的斑点，果粒会苦味变硬，呈现蓝黑色。

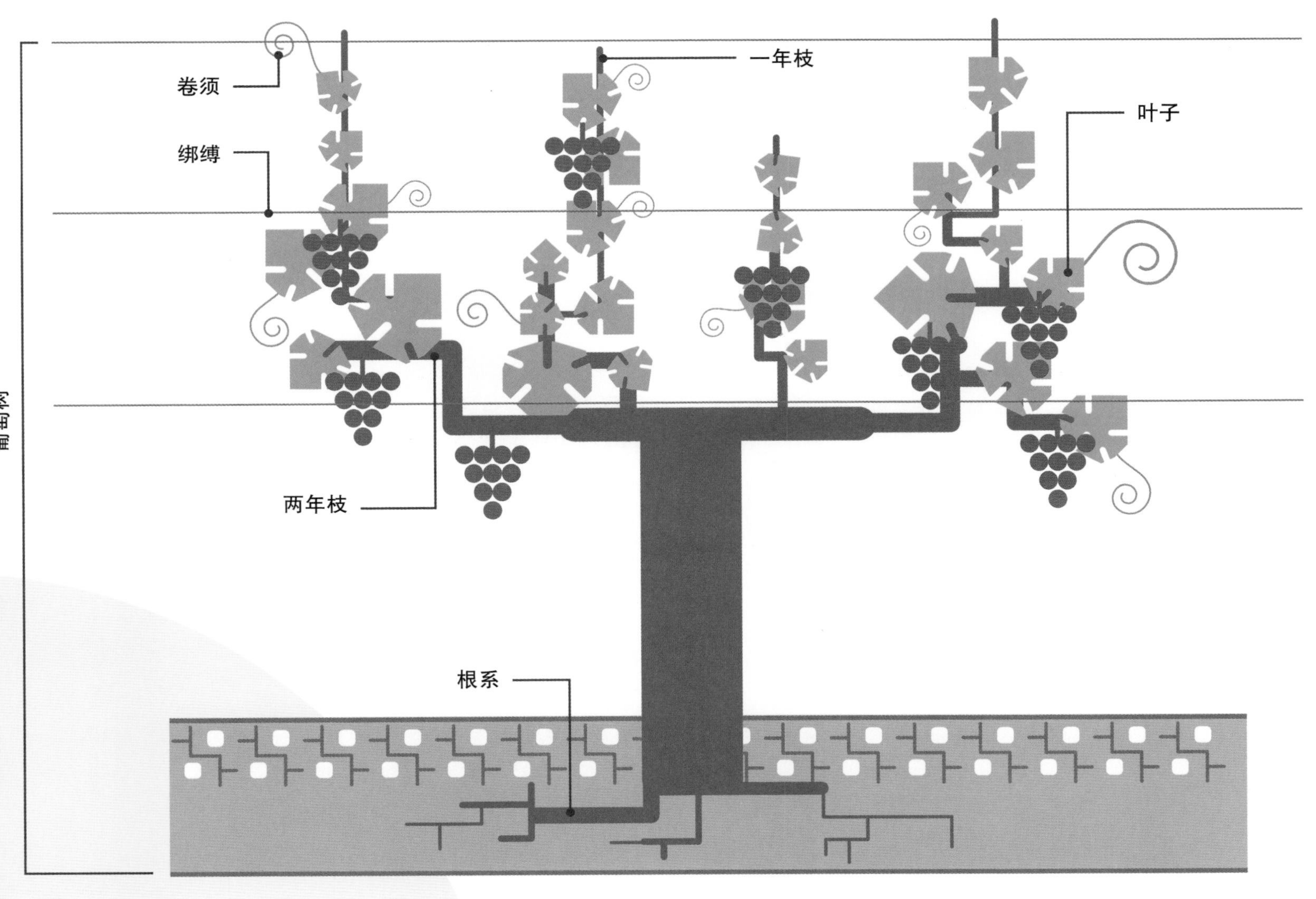

葡萄的基因存在多种组合的可能，所以同一种欧亚种葡萄能够诞生出6000个葡萄品种，其中4000个已经被人类识别。

葡萄树的四季

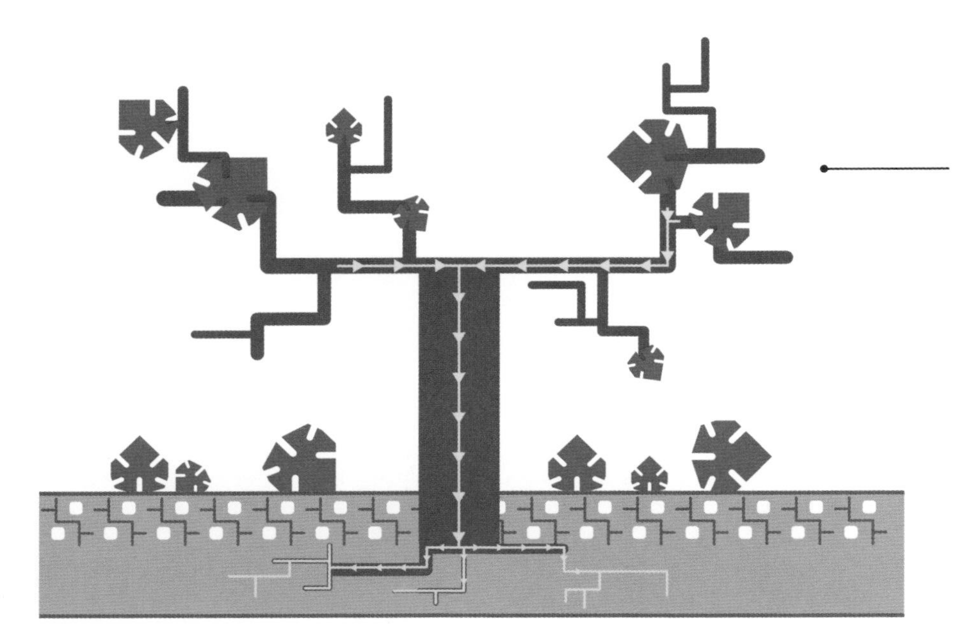

休眠：在果实达到成熟后，葡萄树便将能量储藏在根部，开始落叶。我们说葡萄树在十二月至次年二月（在南半球则为七月至九月）会进入“休眠”。植物中的汁液不再流动。

发芽：初春，当气温升至10℃以上，葡萄树的根部开始汲取生长所需的水分和矿物质。芽孢膨胀张开，形成新的枝丫。芽茸（bourre）是冬季保护芽孢的白色绒毛，法语中的“发芽”（débourrement）一词直译为脱去芽茸，便是来源于此，这是葡萄树恢复生机的第一个信号。枝丫和叶子的生长期为四月至八月（在南半球则为九月至次年三月）。

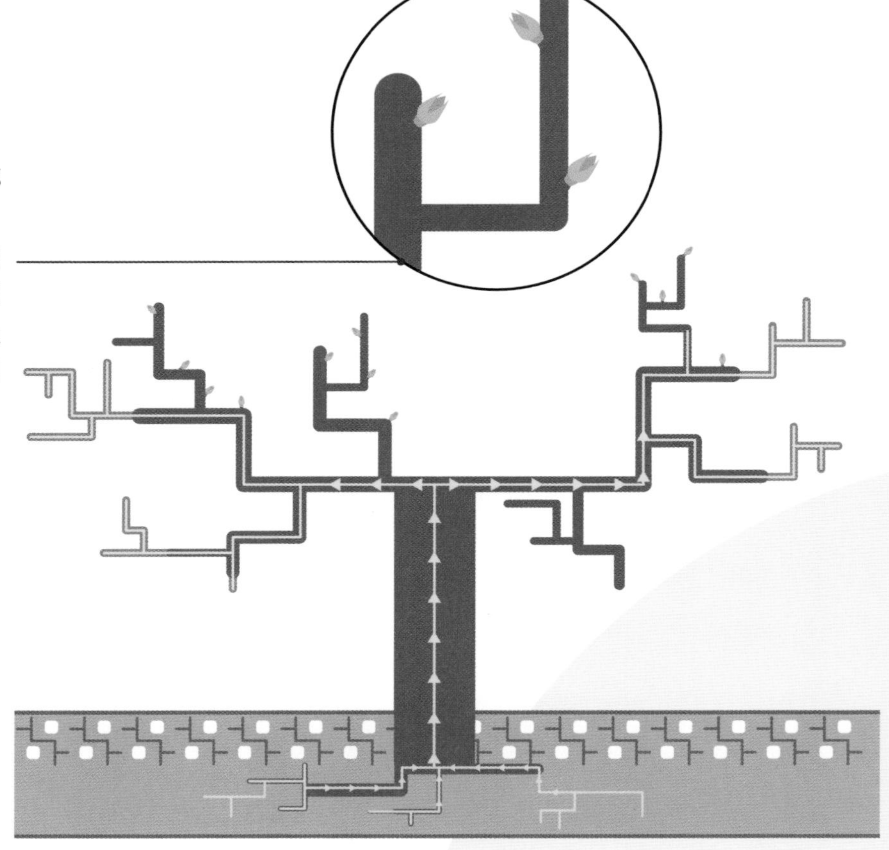

开花：花期始于六月。天气温暖，阳光明媚，小小的花朵绽放，形成葡萄串的形状，每串都有100～200朵花。开花是一个精细而关键的步骤，因为如果遇到潮湿阴凉的春季，开花完成得不好，就会因为授粉不足而发生落果（没有结果）的问题。

做果：开花期之后立刻就是做果期，即花朵转化成果实的时期，经过授粉的花朵开始形成葡萄粒。如果开花完成得不好，葡萄粒就会稀少、变小，有的还会始终保持绿色。

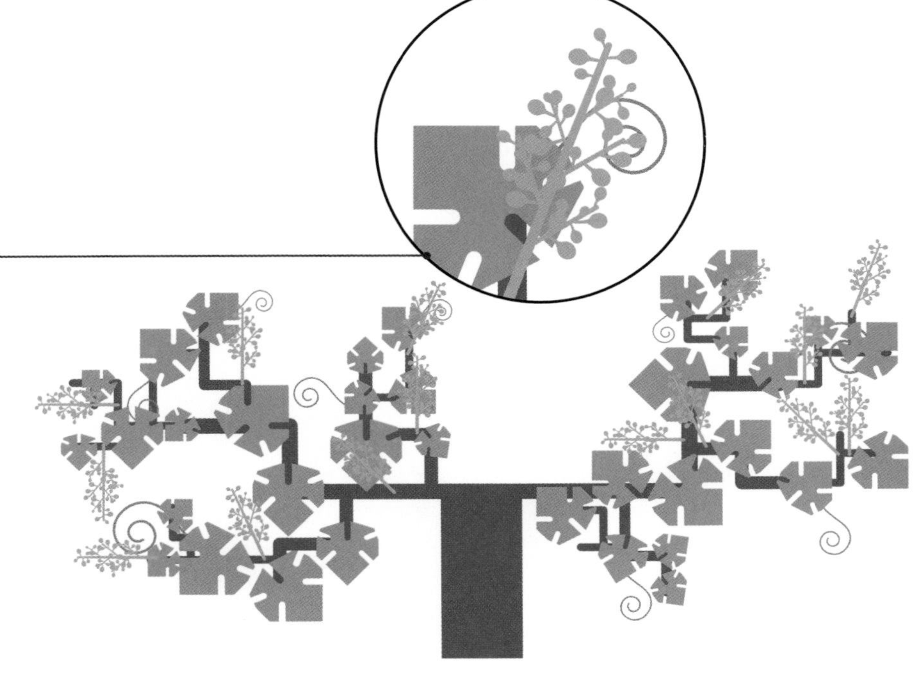

转色：这是葡萄开始成熟并且转变颜色的时期。红葡萄品种逐渐从绿色转为红色，再转为紫色；白葡萄品种则变为半透明，再变为金色。

葡萄树此时需要热量，果实膨胀，充满水分，叶子生产糖分，并向果实输送，酸度降低。与此同时，葡萄的颜色、香气和单宁都在变化。

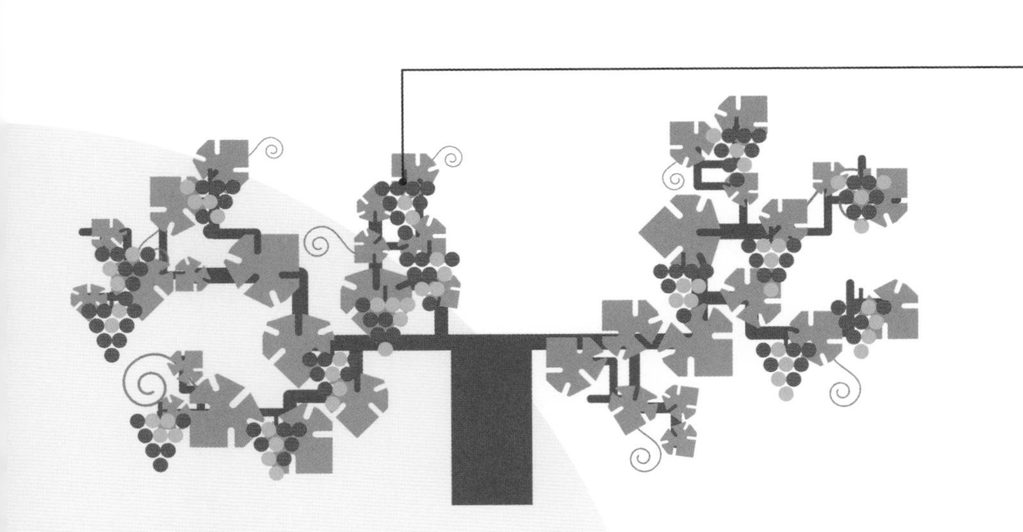

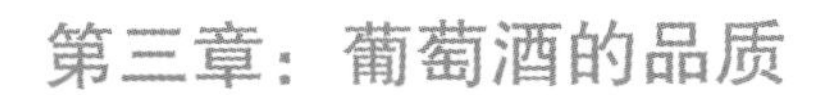

气候

气候指的是一个特定地区在一个较长时期内观察到的平均天气条件（温度、降雨、日照、空气湿度、风速等）。它主要取决于这个地区的纬度、经度和海拔。

气候条件

在所有影响葡萄酒品质的因素中，气候条件起到最为关键的作用。

位于北纬和南纬30°～50°之间的区域最为适合葡萄种植。一个区域越靠近赤道，气候就越炎热；越远离赤道，气候就越凉爽。还有一些因素能够影响温度和日照。

冷的洋流能够为本来过于炎热而不适合葡萄种植的地区降低温度，比如沿着智利海岸的洪堡（Humboldt）洋流。**热的洋流**，比如墨西哥湾洋流（Gulf Stream），则起到相反的作用。

雾气可以帮助一个区域降低温度，从而使一个气候炎热的区域变成优质的产酒地区，比如美国加利福尼亚。

靠近湖泊或河流可以帮助调整温度，并且形成更好的光照（阳光在水面上反射）。

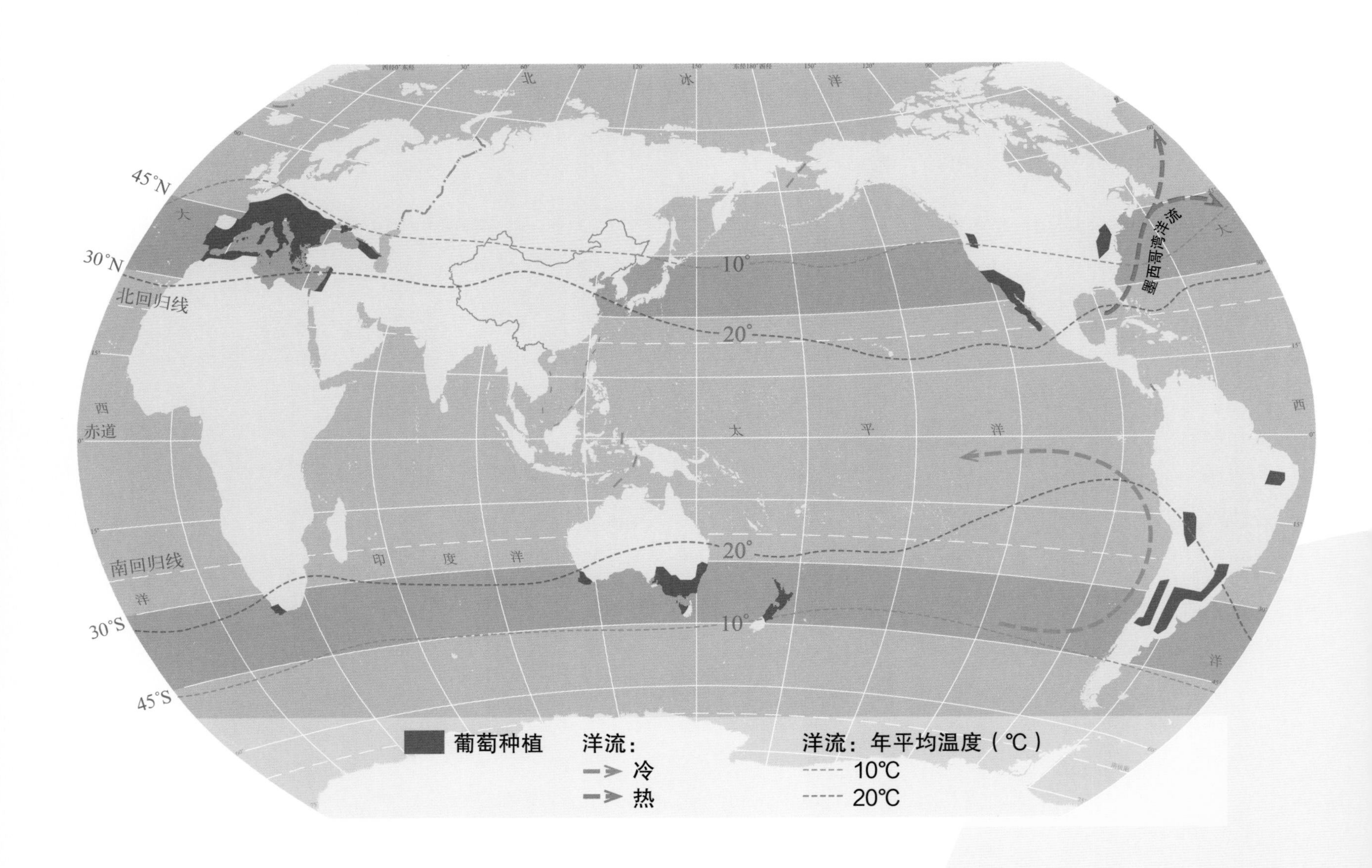

葡萄树可能遇到的气候风险

与降雨相关的风险：

可能出现干旱、叶子凋落、果实无法成熟的问题

果实膨胀，香气稀释，可能感染病害

与日照相关的风险

长时间的高温会增加蒸发，葡萄树可能被晒伤。
葡萄树受到太阳直射的部分会被烤焦。
果实失水，干瘪掉落。

与气温相关的风险

如果冬季气温降至零下20°C以下，葡萄树可能受损甚至死亡。春霜可能在葡萄树恢复生机的时候出现，在葡萄生长过程中的不同阶段产生不同的症状。白霜会形成薄薄一层冰晶，这对葡萄产量的影响可能非常严重。

气候的组成部分

气温（凉爽、温和、炎热）、一年当中气温的变化（大陆度）、日夜温差、降雨的多少和频率以及日照都是气候的组成部分。

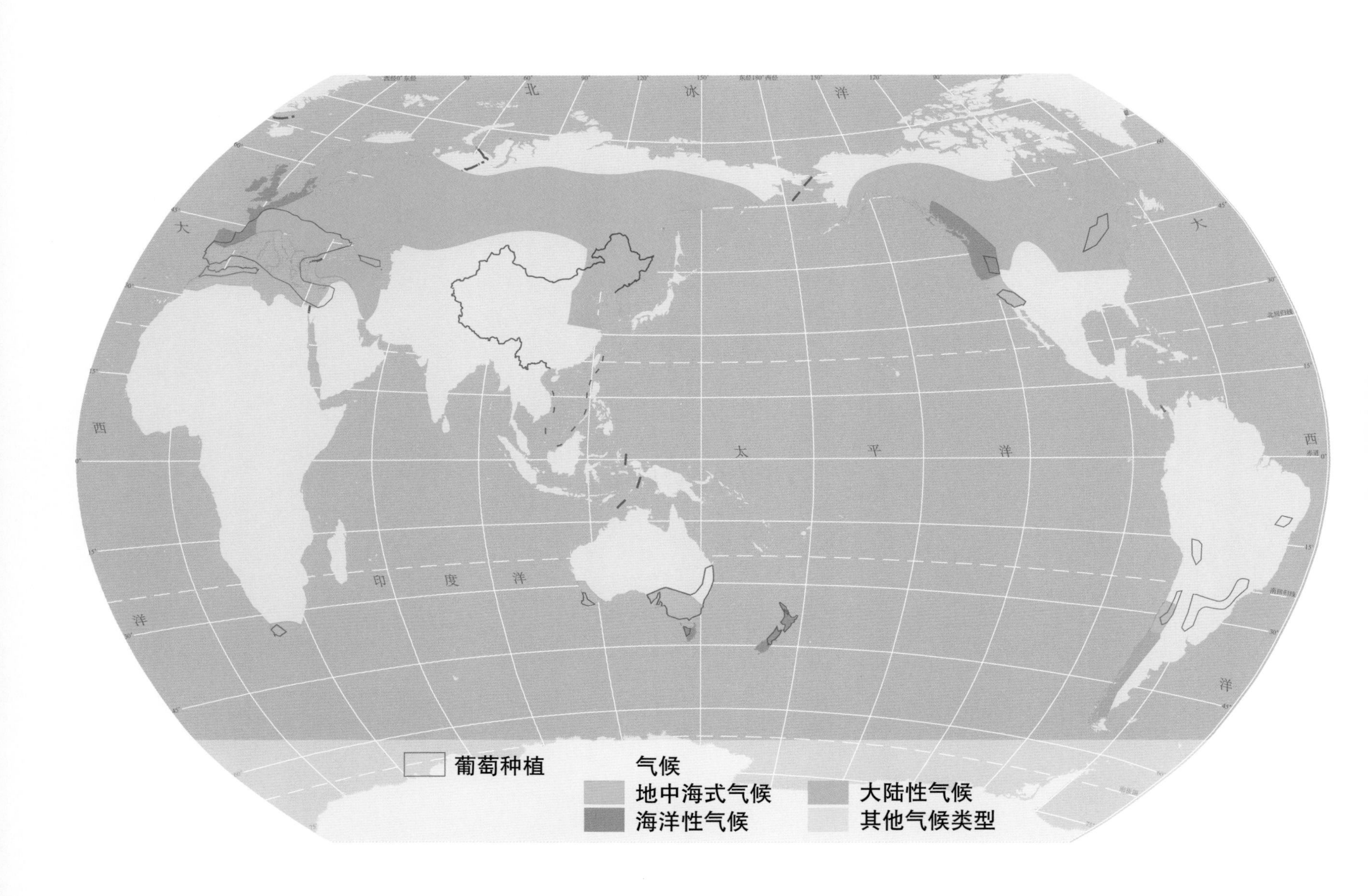

大气候或称地区性气候

指的是一个较大区域的气候，比如波尔多地区或者摩泽尔。葡萄园根据其地理位置，具有不同的大气候或称地区性气候。

微气候

指的是一个较小区域的气候，因为靠近大型水体、河流、丘陵等而形成特殊的气温条件。

气候对葡萄酒风格的影响

以下三种气候加上从凉爽到非常炎热的四种温度，对于所出产的葡萄酒的风格形成细微的影响。

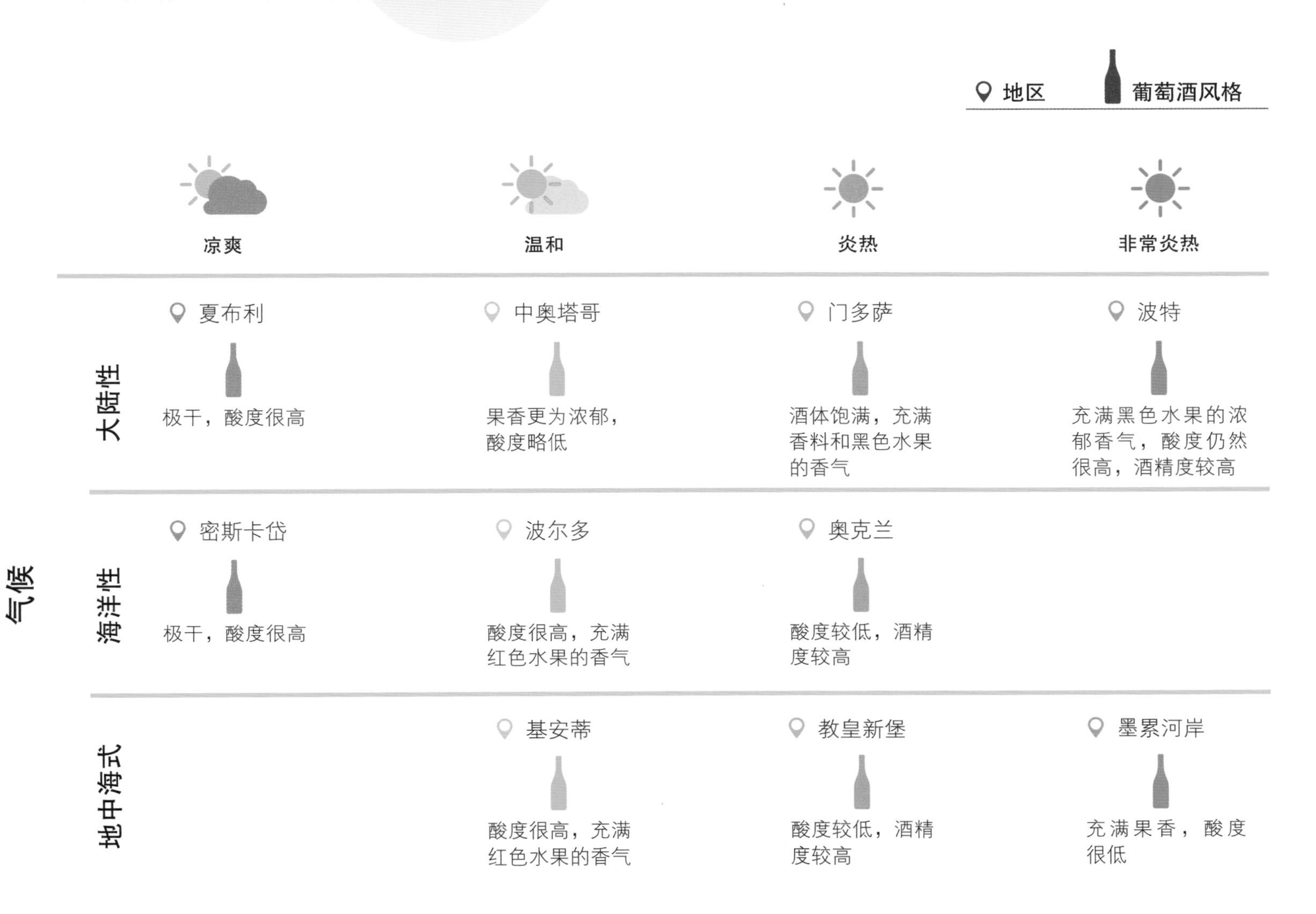

与葡萄酒风格的联系

最适合葡萄种植的条件：纬度30°～50°之间

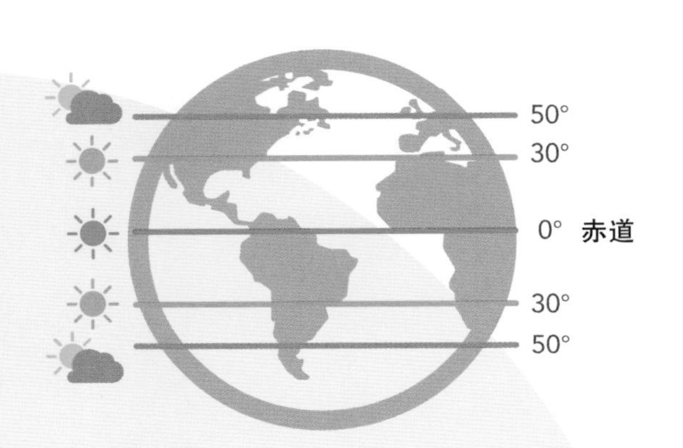

越远离赤道，气候越凉爽

越靠近赤道，气候越炎热

年份效应

年份指的是葡萄采摘和葡萄酒酿造的年份，通常会标记在酒标上。年份的特点取决于当年的气候条件是否适宜酿酒，每个地区、每个产区，有时甚至每个地块都各有不同。年份能够帮助确定一款葡萄酒的巅峰时期，或者至少根据其质量确定其陈年潜力。

土壤

土壤是组成下层土壤的母岩与大气之间的土地部分。

根据葡萄品种的不同，土壤能够为葡萄酒增添相应的特色。土壤的质地、排水能力和矿物质含量能够影响葡萄树的生长和葡萄酒的风格。

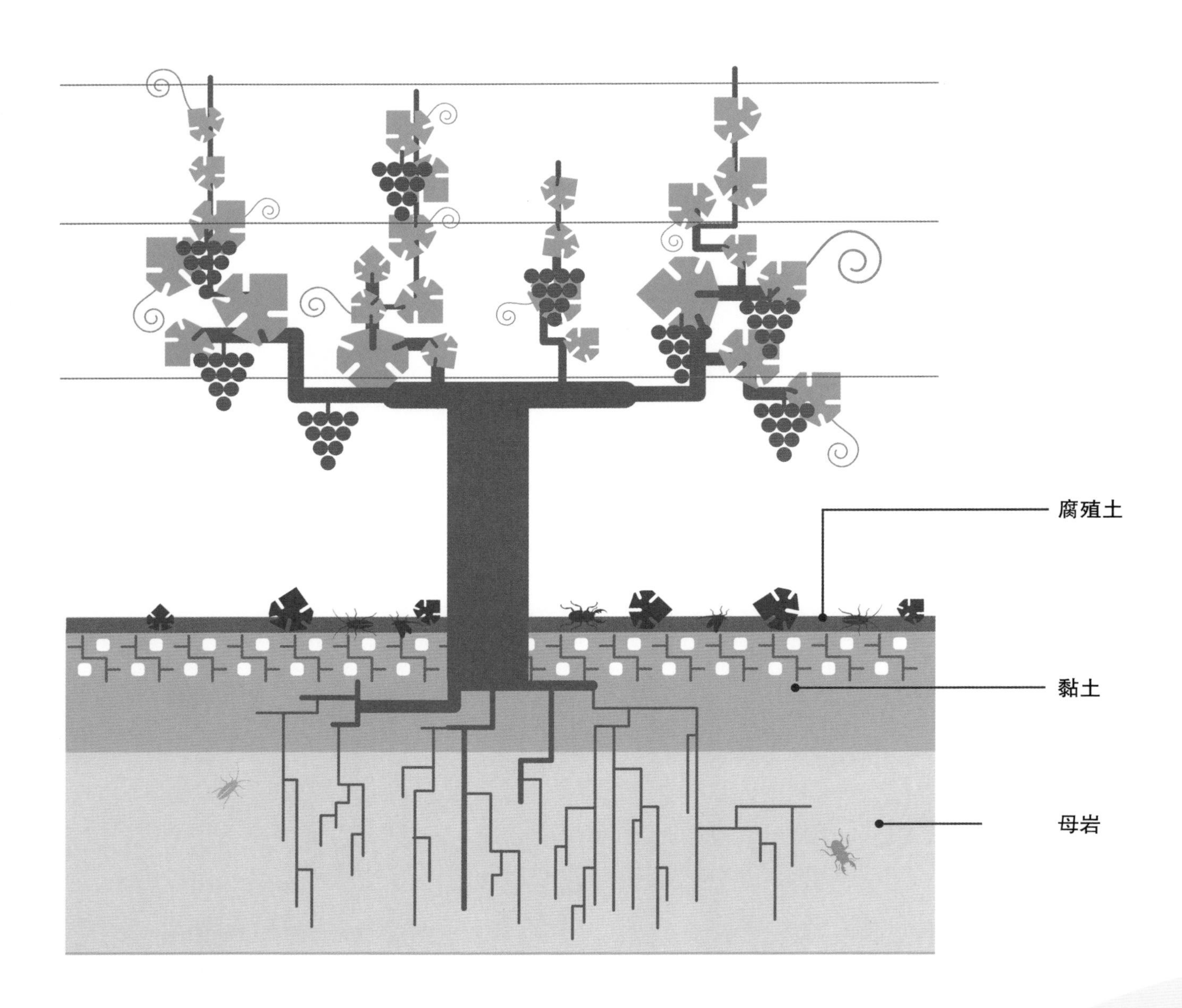

一些基础数据

对葡萄树而言，所谓的优质土壤具有：

- 中等至较低的矿物质含量。
- 较强的排水能力。
- 快速升温的能力。

通常来说，潮湿的土壤和过于干燥的土壤都不适宜种植葡萄树。

土壤对于葡萄树在不同生长阶段所能获得水分有调节作用，这是各个优质产区的共同点。

土壤的肥沃度和排水性

· 土壤肥沃度不应太高，以避免葡萄枝叶生长得过于繁茂，产量过高。

· 土壤应当排水性良好。

风险：

过于肥沃的土壤出产的葡萄酒品质低劣，口感稀释，毫无个性。

土壤结构和温度的影响

土壤根据结构和颜色的不同，能够：

· 或多或少地捕捉和蓄积阳光的热量。

· 以其良好的传导性保证葡萄树根部的正常温度。

优势：

葡萄能够更好地成熟。

葡萄酒的香气更加浓郁，复杂度更高。

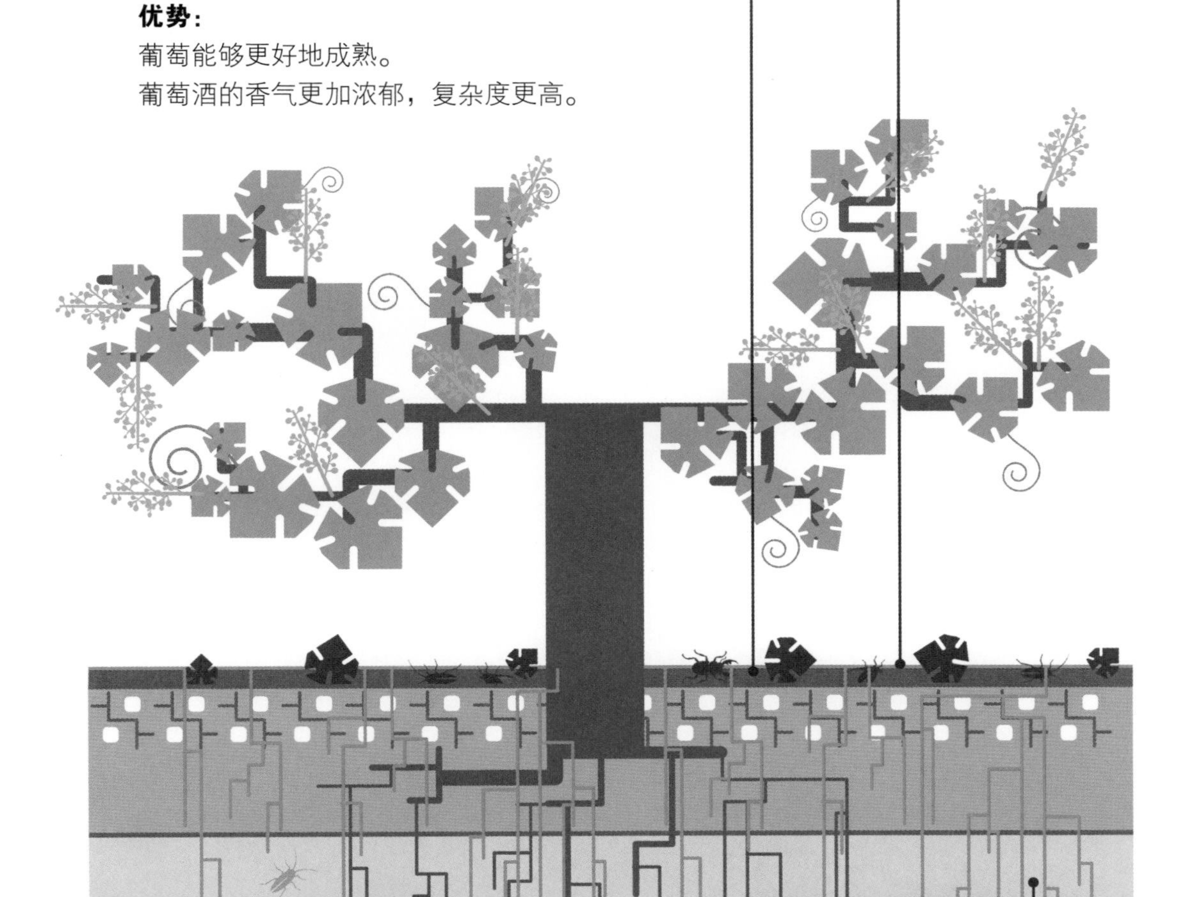

土壤对水分的调节

· 葡萄生长的初期需要大量水分。

· 随后在转色之后则需要轻微的水分胁迫，从而保证葡萄的成熟。

风险：

· 水分过多会稀释葡萄酒中的香气和其他成分。

· 水分不足会使葡萄无法成熟。

不同种类的土壤

不同的土壤对于葡萄的生长会产生不同的影响。有时，适合的葡萄品种、土壤和气候的结合能够塑造出独一无二的葡萄酒。

土壤的种类	黏土石灰石土壤	黏土沙砾土壤	石灰岩和泥灰岩土壤	白垩土壤
特点	凉爽，排水性好：黏土的凉爽与石灰石的优异排水性相结合。	沉积形成的沙砾土壤能够掩盖深厚的纯黏土层。在此酿出的葡萄酒相对强劲。	土壤呈赭石色，含有通常易碎的白色石头。泥灰岩中的黏土为葡萄酒提供酒体，石灰岩提供精致的口感。	白垩特别多孔，排水性好，能使水分保存在葡萄树里，而不是流向更深层的土壤。
典型产区	**多尔多涅省、里奥哈**	**圣爱美浓**	**阿尔萨斯**	**香槟**
葡萄品种	美乐、丹魄	美乐、品丽珠	黑皮诺、霞多丽	霞多丽、白诗南
葡萄酒的风格	圆润精致、果香浓郁、颜色深暗、酒体丰腴	强劲优雅、颜色深暗	口感精致	口感精致、果香浓郁

葡萄品种及其偏好

有些葡萄品种——比如佳美或者琼瑶浆——种植在酸性土壤中更能产生丰富的香气；黑皮诺适合含有大量石灰石的土壤；而香槟地区的霞多丽则偏爱泥灰岩和石灰岩土壤。

花岗岩土壤	砾石土壤	片岩土壤	鹅卵石土壤
坚硬的岩石，富含矿物质，能够快速升温，保存热量。	鹅卵石与沙子和黏土混合，是温度较高的土壤。	晶体岩石，富含钾和锰，保水性强	大块卵石，能够反射热量。
绿酒	**上梅多克**	**托斯卡纳**	**教皇新堡**
佳美、西拉	赤霞珠	西拉、歌海娜	歌海娜
精致优雅、充满矿物质气息、果香浓郁	单宁较重，随着时间的推移将会柔化	个性突出	口感强劲

土壤的种类与葡萄酒的种类

土壤能够影响葡萄酒的外观（颜色浓郁度）和特色（香气、力量感、细腻度等）。同一个葡萄品种在不同种类的土壤（沙子、沙砾、黏土、石灰石、黏土石灰石、片岩等）中能够出产口味不同的葡萄酒。片岩土壤出产清淡精致的葡萄酒，因此它更加适合种植白葡萄品种；石灰岩土壤出产颜色深暗、酒体饱满、口感强劲、同时不失圆润柔和的葡萄酒；而黏土土壤则出产酒体丰腴、颇具体积感的葡萄酒。

环境

其他自然因素，比如海拔、地形、风力等也会影响葡萄树的生长过程，从而影响葡萄的成熟。

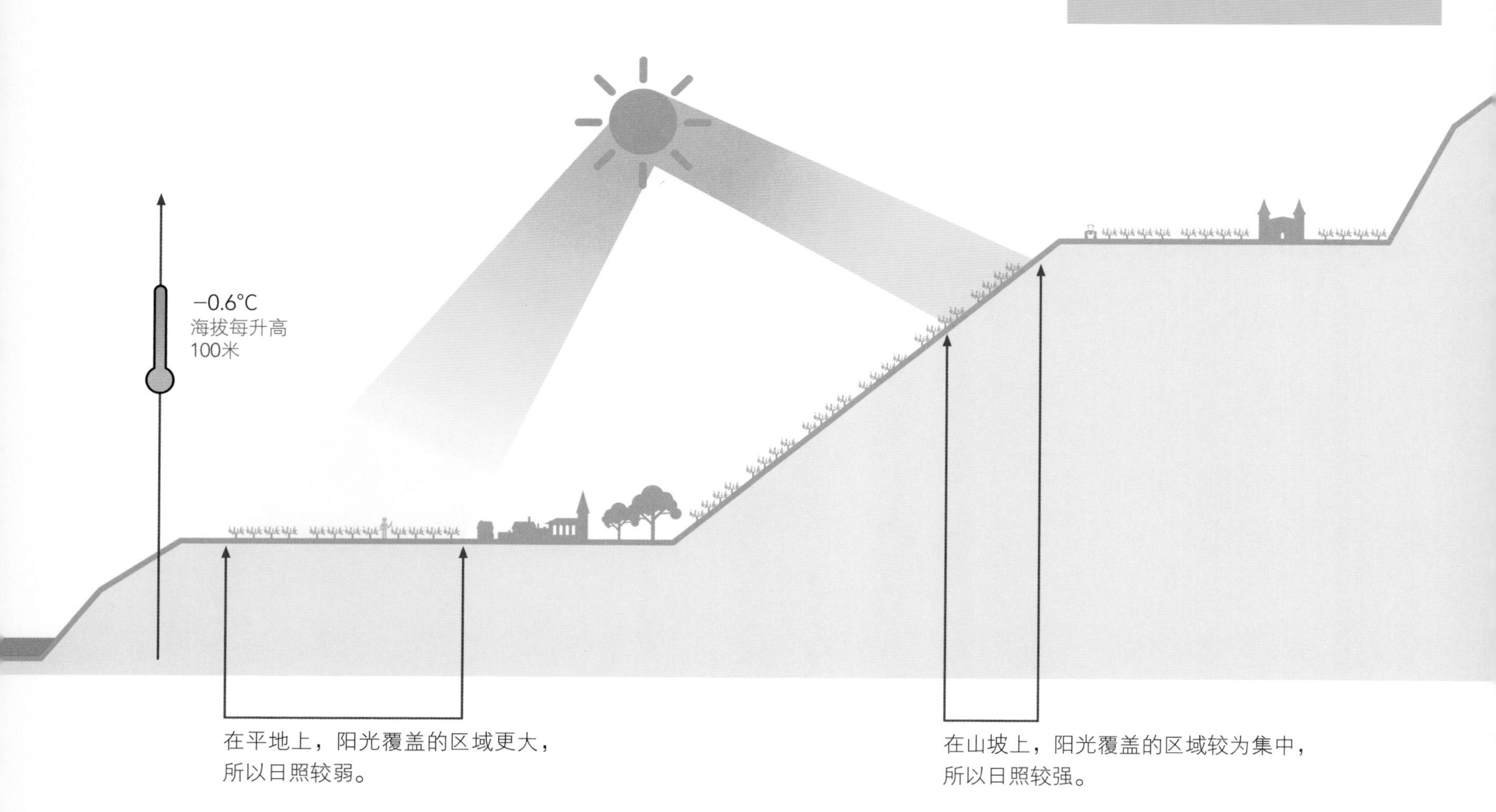

影响葡萄树的自然因素

海拔：海拔每升高100米，平均气温降低大约0.6°C。海拔效应可以使一些原本太过炎热、不适合种植葡萄的区域出产优质的葡萄酒。阿根廷北部的卡法亚特（Cafayte）地区就是一个典型的例子。

地形：山坡因为能够保证极佳的日照和雨水的流淌，对于葡萄的成熟具有重要的影响。这有助于控制病害的危险，避免产量过高以稀释香气。

日照：山坡的朝向影响气温和日照。坡度越大，山坡越陡，日照越强。朝向赤道的葡萄园能够接收更多的热量。在北半球，朝南的山坡温度最高。

风力的作用

风可分为冷风和热风。

风可以驱散昆虫、潮气以及多余的热量，使过于干旱的地区能够种植葡萄树。

比如，炎热的地中海地区（在法国和欧洲其他国家）因为有风调节气温，葡萄得以慢慢成熟。

有些南风在“焚风作用”的影响下也对过于潮湿的海洋性气候有所调节，由此带来干燥炎热的秋季，从而避免葡萄发霉，还能集中葡萄的香气。

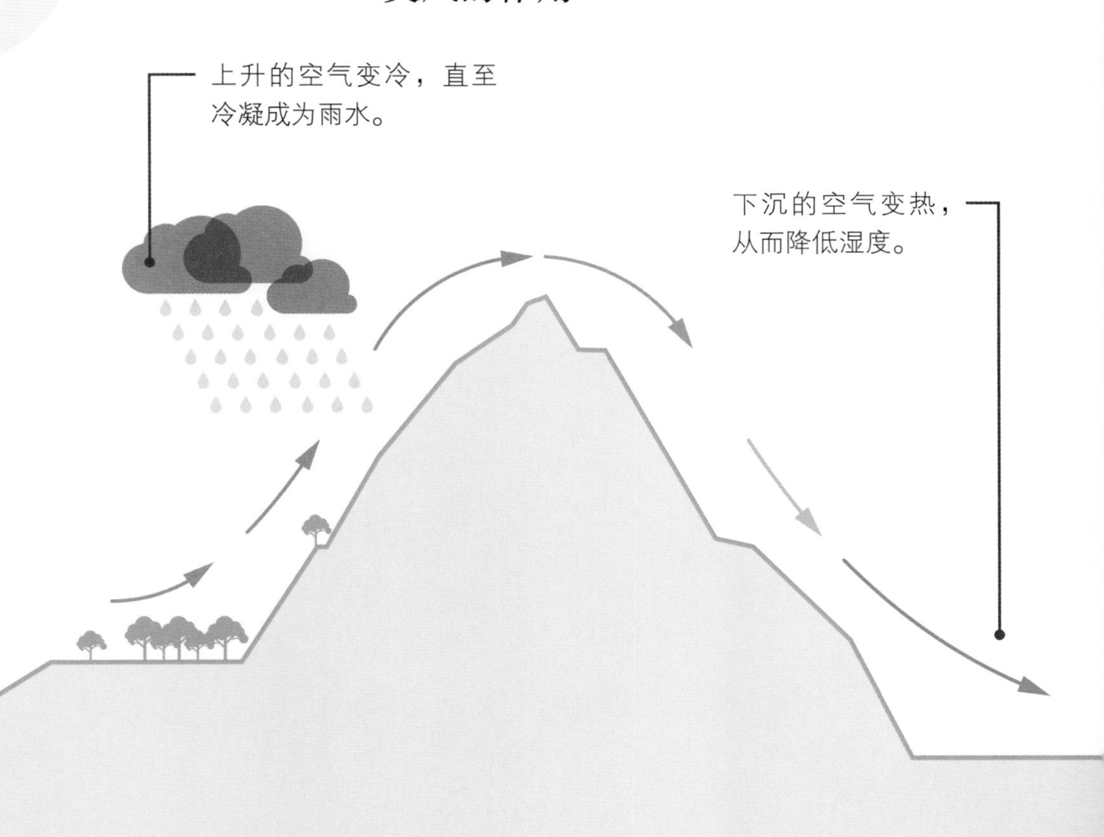

	温度	日照	降水
斜坡		促进光合作用和葡萄的成熟	促进排水，土壤的肥沃度低于平地
海拔	降低温度，在非常炎热的地区减缓葡萄的成熟		
葡萄酒的风格	葡萄酒保持清新的酸度	朝阳的山坡：葡萄酒酒精度更高 背阴的山坡（气候炎热）：葡萄酒保持清新的酸度和中等的酒精度	葡萄酒酒体更为集中

以勃艮第的气候为例

地球的漫长历史塑造了勃艮第的葡萄园。

研究显示，勃艮第种植葡萄的地块（climat）虽然相互距离很近，但却存在千差万别。

在地形上形成皱褶的小型山谷（combe）造就了众多微气候，比如在夜丘，对葡萄酒的影响深重。山谷里的凉风从高地下沉，对不同地块上葡萄的成熟造成不同的影响。

根据土壤、地形和朝向选择葡萄品种和划分产区

科尔登葡萄园的葡萄品种

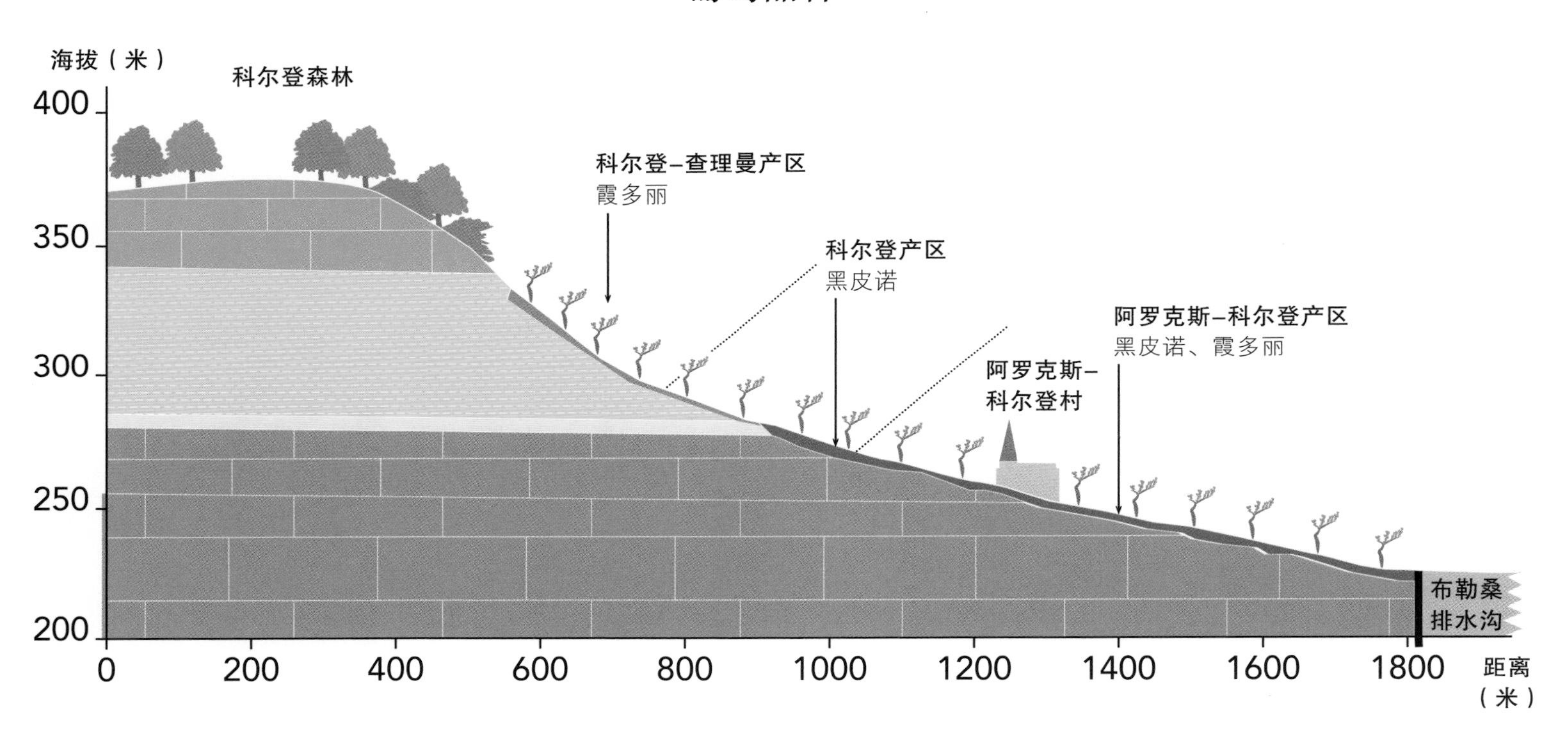

崩积层和崩塌物

含有碎石、沙砾的淤泥

沙砾、淤泥、沙子、黏土石灰岩、泥灰岩、砾岩［布勒桑（Bressan）排水沟的填充物］

布勒桑排水沟的主要边缘断层

石灰岩：形成于中牛津阶和上牛津阶

泥灰石灰岩和细石灰岩：形成于中牛津阶和上牛津阶

含有铁质鱼卵石的石灰岩和泥灰岩：形成于中牛津阶

石灰岩和泥灰岩：形成于巴通阶末期和卡洛夫阶

石灰岩和白色鱼卵石：形成于巴通阶

波玛葡萄园的葡萄品种

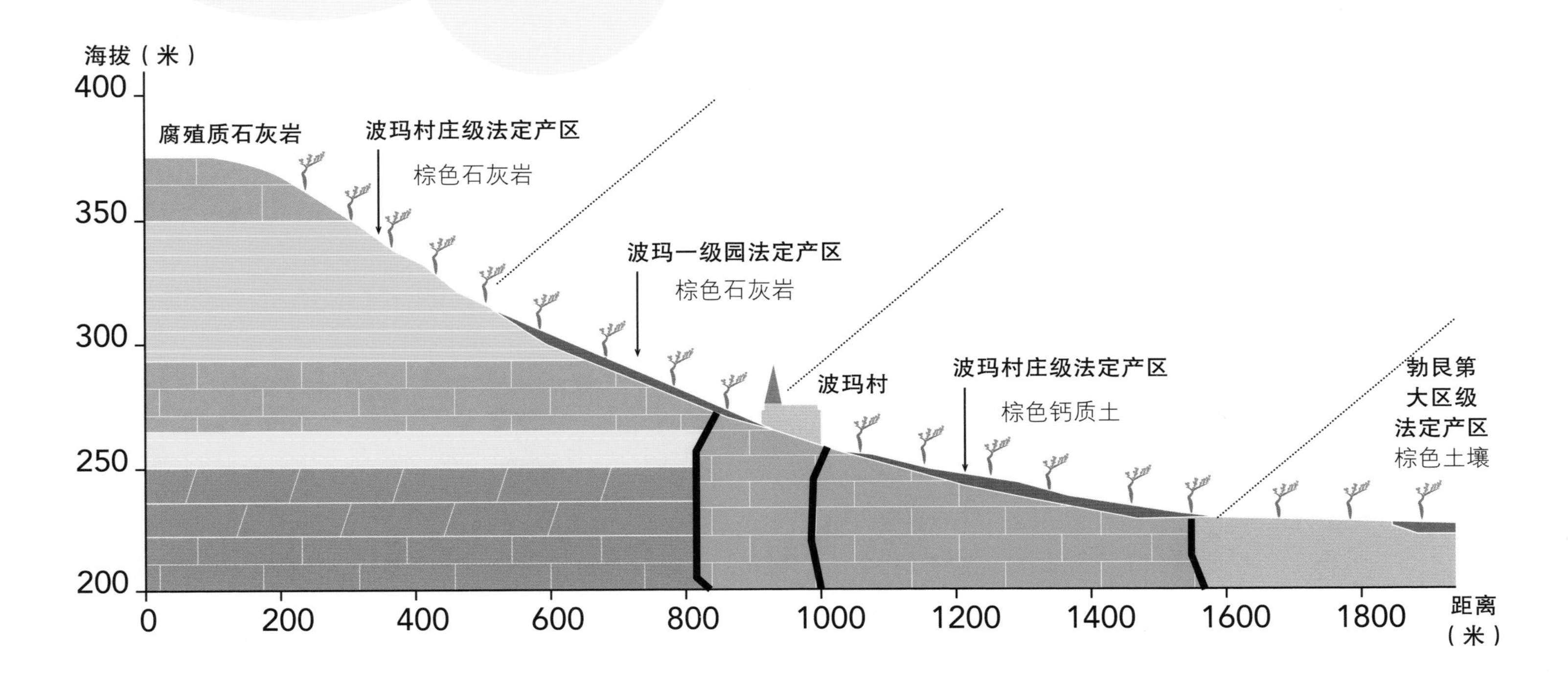

硬质泥灰岩：形成于罗拉斯阶

泥灰岩：形成于上牛津阶

泥灰石灰岩

红色淤泥：淤泥能够形成丰富的土壤，成为波玛能够出产优质葡萄酒的原因

泥灰岩与含有鱼卵石的石灰岩交替出现

孔布朗希安石灰岩

沉积土、积水淤泥

断层

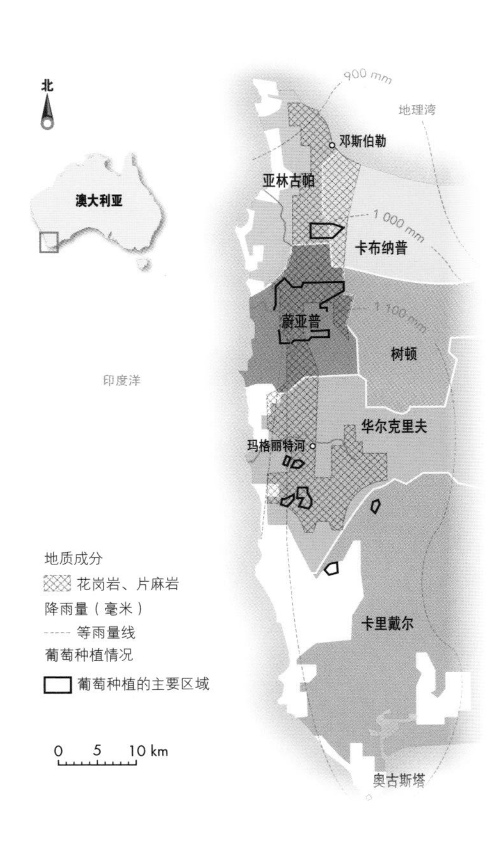

以玛格丽特河为例

澳大利亚的玛格丽特河是世界上非常偏远的产酒地区之一。在不到40年的时间里，这里获得了世界级的名望。凭借冬季相对充沛的雨水与夏季炎热干燥的天气，玛格丽特河拥有葡萄种植的理想气候。因为靠近海岸，印度洋又对当地的气候起到调节的作用。

澳大利亚葡萄种植权威人物约翰·格拉斯通（John Gladstones）于1965年撰写发表了一篇科普文章，对玛格丽特河及其风土进行了分析，这促进了该地区葡萄酒酿造的快速发展。

玛格丽特河地区面积相对广阔，包含多个差别极大的微气候以及多种多样的土壤。为此，约翰·格拉斯通于1999年提出，主要按照排水系统和海风效应对葡萄酒风格的影响进行产区分级。当地大部分的土壤均为淤泥，其含有不同比例的铁元素，所以呈现红色。

葡萄园的工作

酿酒人的日历跟随葡萄的生长过程而展开。从剪枝到采摘的关键时期，酿酒人竭尽全力，都是为了产出质量最好的葡萄。

酿酒人的四季

冬季的葡萄树

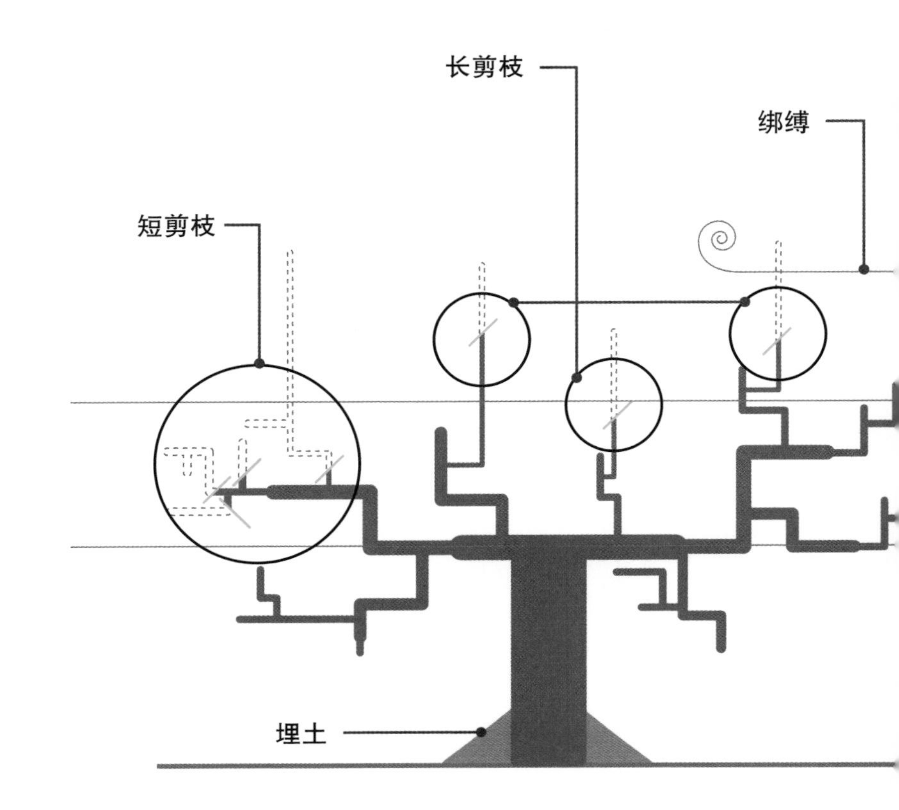

剪枝：葡萄是一种藤蔓植物，每年都需要剪枝。这项工作的目的在于大大限制葡萄的枝叶生长，使其集中于果实的生长。

剪枝指的是剪除超过一年、已经不再结果的枝丫。这个步骤非常重要，必须在葡萄进行休眠时进行。

芽孢的生育能力取决于它在枝丫上的位置，不同的葡萄品种生育能力有所不同。

所以，在剪枝时一定要考虑这两个因素，从而尽可能地平衡好葡萄树的生长状态，在枝丫上保留适合数量的芽孢（也被称为“芽眼”）。目前采用的剪枝方法有两种，长剪枝和短剪枝，另外还有多种剪枝系统，主要包括：高登式（Royat）、居由式（Guyot）、高杯式（Gobelet）、竖琴式（Lyre）。

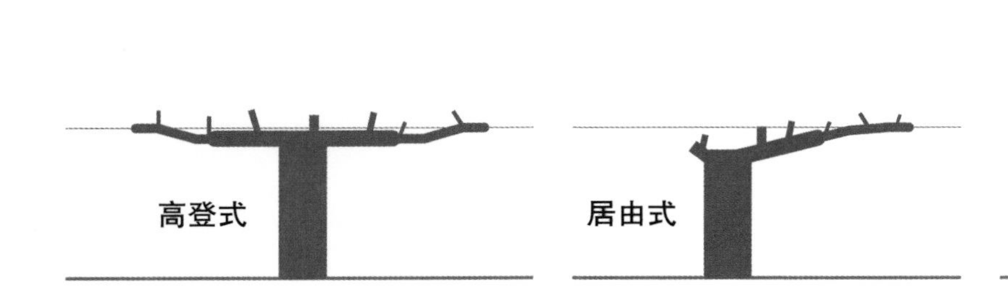

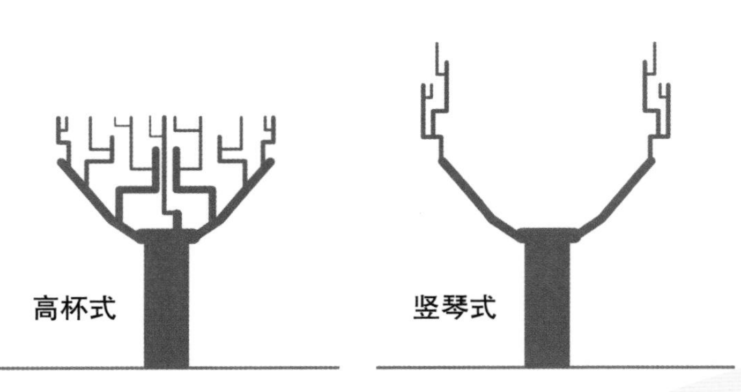

绑缚：这项工作包括更换被恶劣天气或者机器损坏的木桩，更换折断的铁丝，将其重新拉直等。

埋土：这项工作包括将葡萄树的根部用泥土部分掩盖，从而保护其不受冬霜的损害。这一做法也被称为“给葡萄树穿鞋”。

剪枝工具：传统的酿酒人习惯于单手或双手使用机械修枝剪。今天，技术的进步已经为酿酒人们提供了配备便携电池的电动修枝剪，能够提高剪力，只需单手即可剪枝。

春季的葡萄树

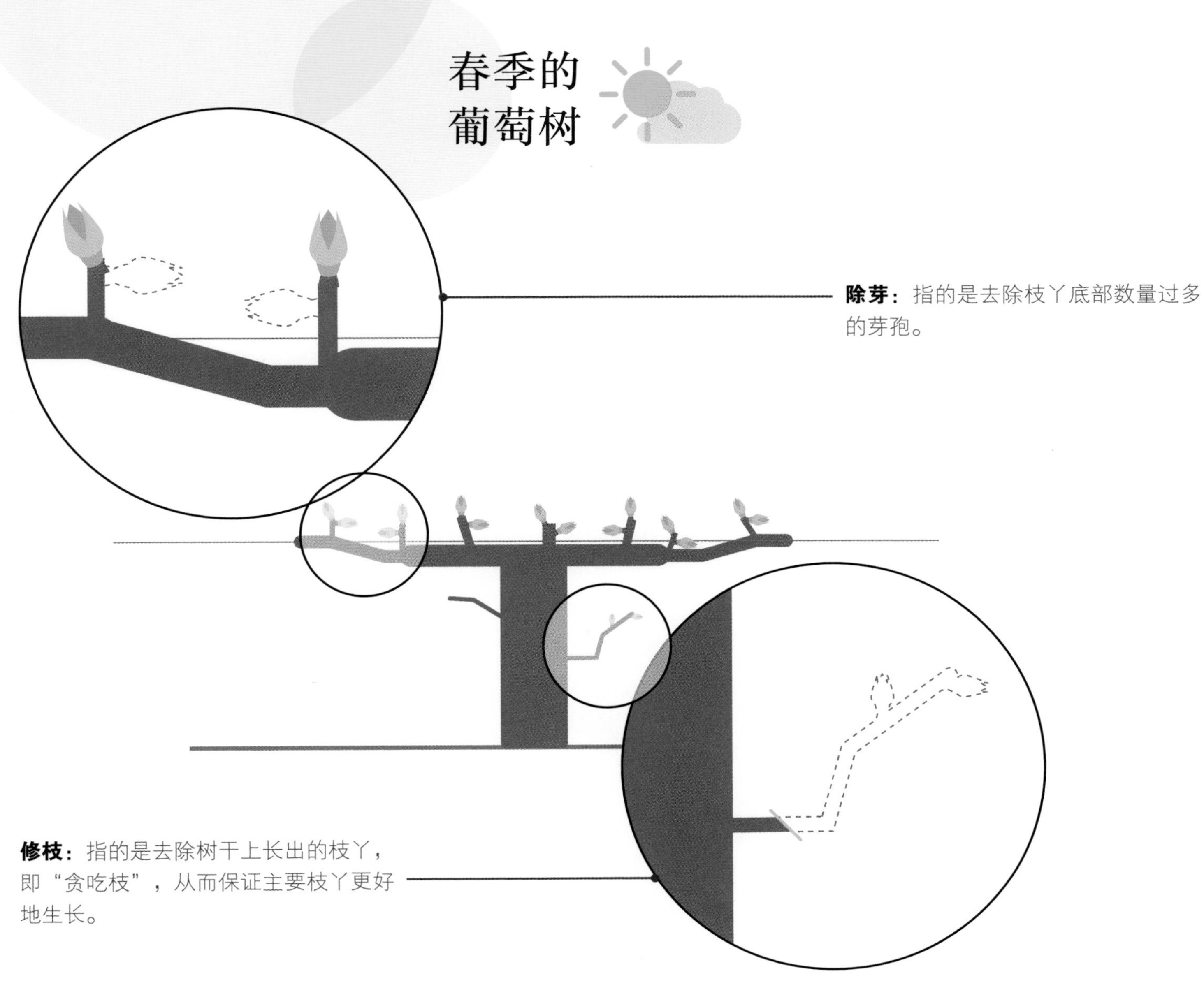

除芽：指的是去除枝丫底部数量过多的芽孢。

修枝：指的是去除树干上长出的枝丫，即“贪吃枝”，从而保证主要枝丫更好地生长。

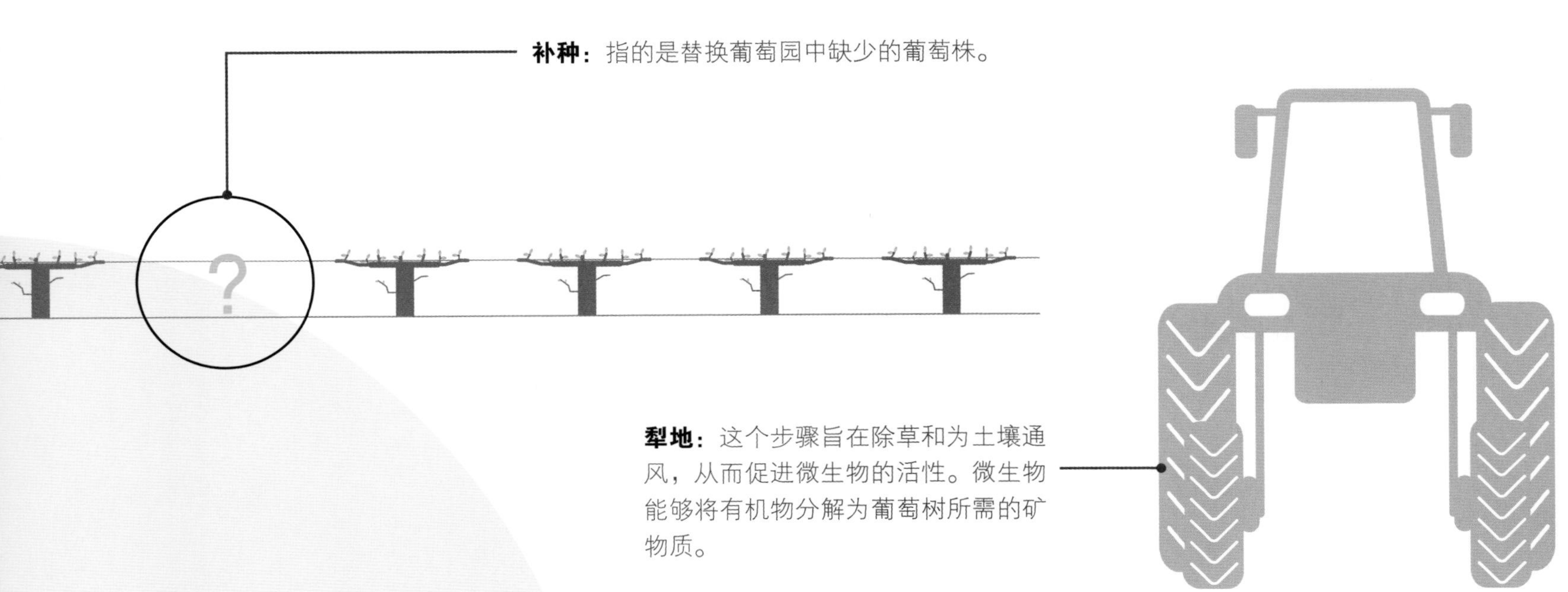

补种：指的是替换葡萄园中缺少的葡萄株。

犁地：这个步骤旨在除草和为土壤通风，从而促进微生物的活性。微生物能够将有机物分解为葡萄树所需的矿物质。

夏季的葡萄树

葡萄树的保护：在这个敏感的时期，酿酒人需要保证自己未来的收成受到保护。这种保护包括传统、有机、生物动力和合理化等各种方式。

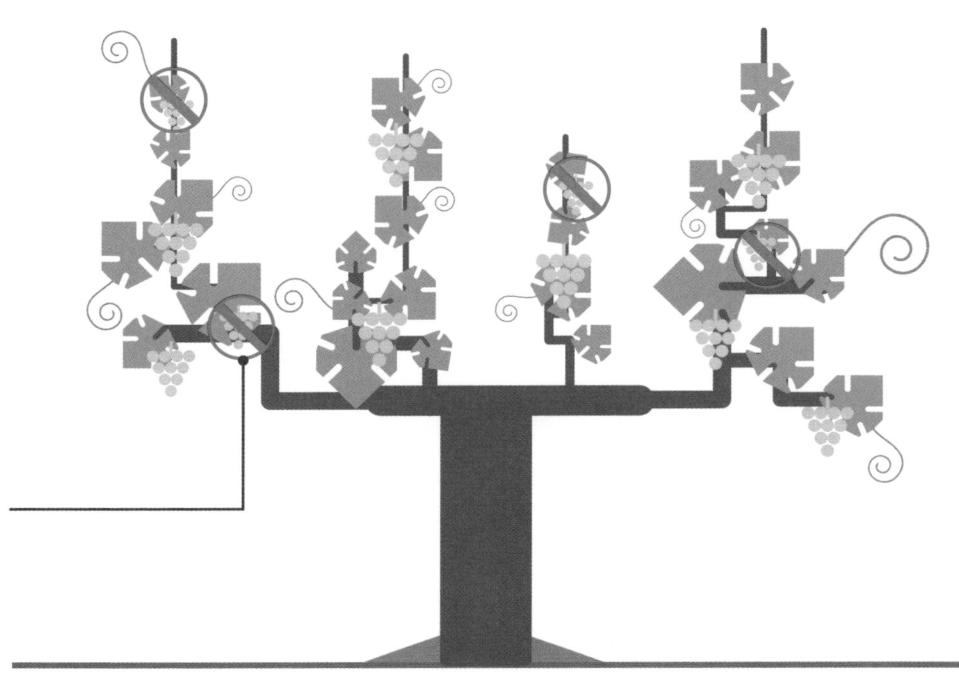

绿色采摘：从做果到转色初期，酿酒人都需要进行疏叶，并且将结果过多的藤株进行疏果，这就是所谓的绿色采摘。

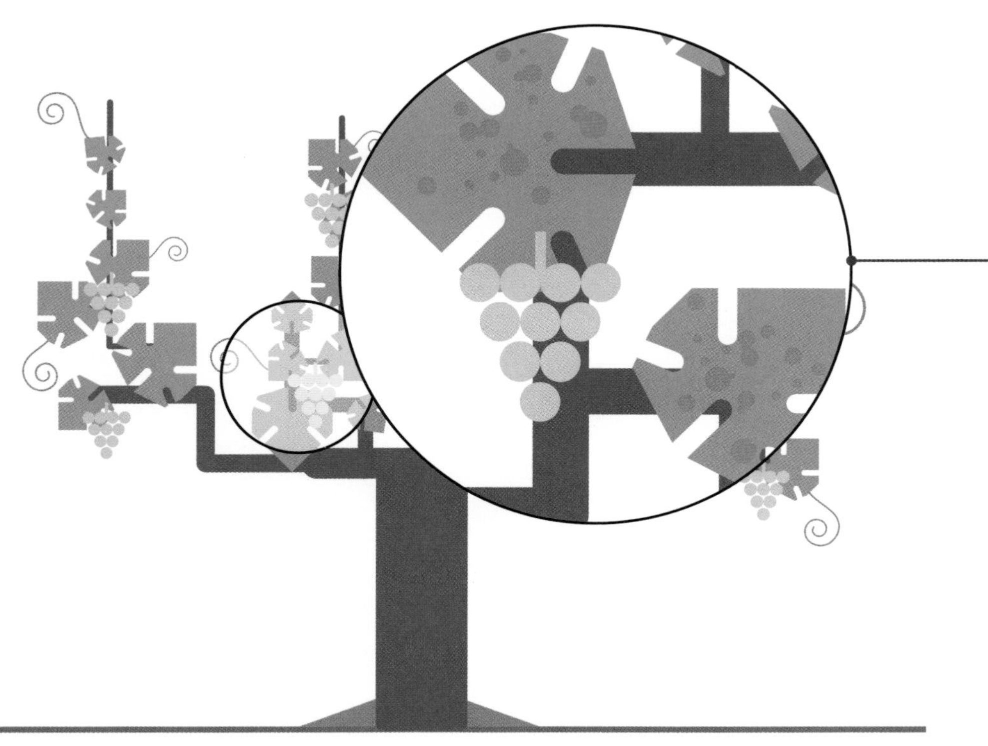

酿酒人需要严密地监控葡萄园，随时准备好已经调试完毕的打药设备是必不可少的。酿酒人需要清晰地了解天气预报，有时候还需要设置天气站，从而更好地为打药做准备。

秋季的葡萄树

采收：葡萄已经成熟。采收期通常在九月末、十月初。
酿酒人进行成熟度检测（分析葡萄的糖分和酸度），从而决定最佳的采收日期。

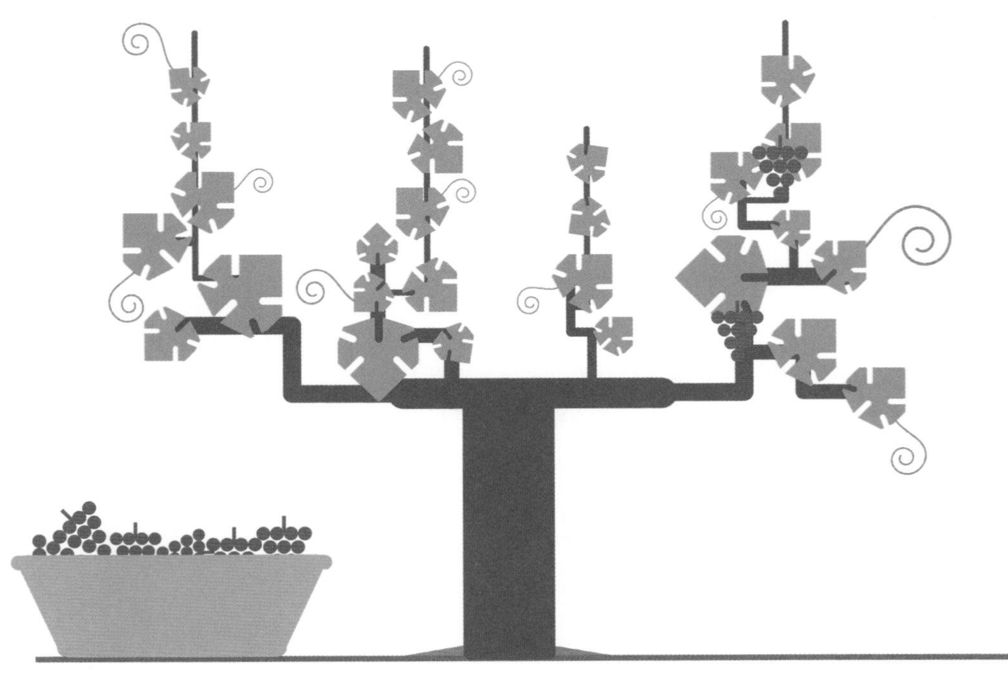

葡萄成熟度的分析技术：成熟的葡萄表现为糖分和酸度的正确比例、果皮富含多酚以及单宁涩味不重。酿酒人会通过品尝一颗葡萄的不同部分（葡萄皮、葡萄果肉和葡萄籽）来确定葡萄的成熟度。

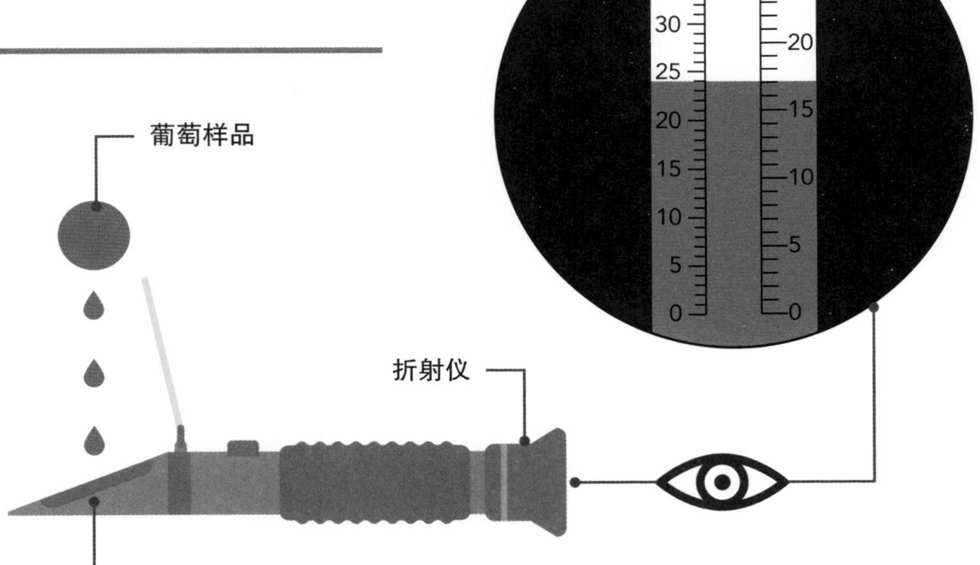

酿酒人还会通过定期巡视葡萄园来检验葡萄的成熟度。
比如，折射仪能够通过将测出的糖分转化为潜在酒精度来对酒精度进行预测。
实验室中的分析则能够给出更多的补充信息。

什么是有机葡萄酒？

有机葡萄酒的种植技术

按照有机种植的规范，酿酒人只能使用自然来源的药剂。为了抵御霜霉病和粉霉病等病害，酿酒人可以使用波尔多液（含有铜）。禁止使用杀虫剂和除草剂，所以酿酒人必须更频繁地犁地。

采收

葡萄已经成熟，采收的时刻来临。采收可以手工或者采用机器完成，通常在开花后100天开始。采收的日期需要根据葡萄的成熟度和酿酒人所需的葡萄酒的风格来选择。

正确的日期

采收时间的选择非常艰难，而且影响力极大。开始得太早，有可能采摘的葡萄太酸，并未达到最佳含糖量；开始得太晚，则有可能采摘的葡萄过度成熟（酸度不足，含糖量太高），还有感染灰霉菌的风险。

所以酒农需要花费大量的时间观测天气，从而保证在正确的时间做正确的事情。

手工采摘

葡萄的挑选和尊重采摘

尽管手工采摘既辛苦，时间又长，但是顶级产区、机器难以进入的葡萄园、山坡以及采用特殊酿造工艺的葡萄酒仍然保持着这一做法。比如，用于酿造甜型葡萄酒的贵腐葡萄必须手工采摘。有些产区的生产规范——比如香槟——也要求手工采摘。

手工采摘是一项由摘葡萄者和运输者进行协作的团队工作。摘葡萄时手拿修枝剪，小心地剪下葡萄串，放在桶或箱子等容器中。运输者将葡萄搬到运输车旁边，倒在车斗里，也可以将运输箱直接放在拖车里，运输到酒窖。

· 夜间采摘

为什么要借助探照灯、月亮和星星的光芒，在夜间采摘？这是为了保持葡萄的新鲜度，降低葡萄的温度可以避免氧化，保持新鲜水果、鲜花以及其他所有香气。

修枝剪：摘葡萄时手拿修枝剪，小心地剪下葡萄串。

机械采摘

2010年，法国60%的葡萄园采用机器采摘，全世界则有90%。

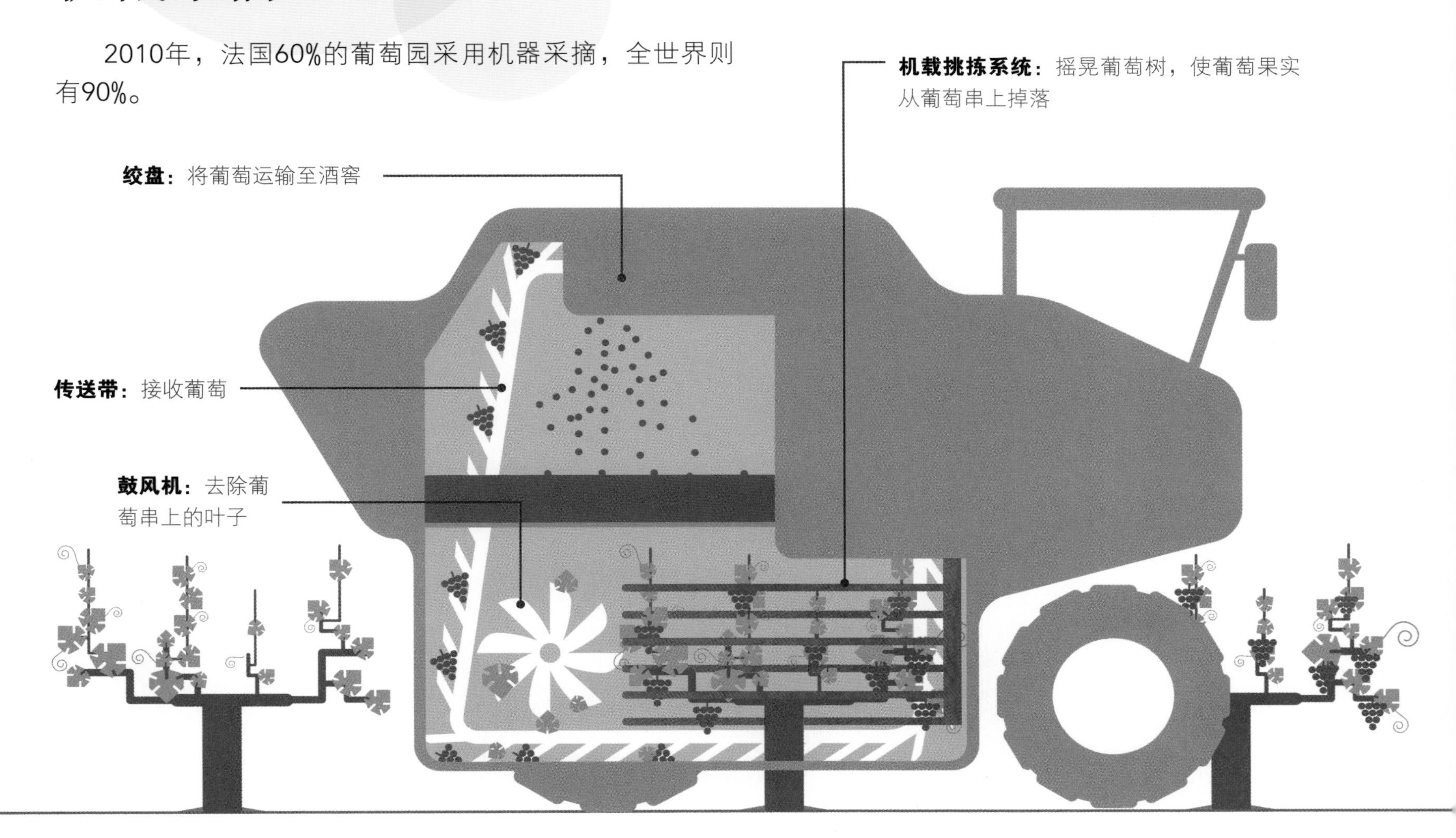

快速而灵活

采收机从20世纪70年代起出现。它的优势在于能够快速地采摘葡萄，从而避免葡萄果实在葡萄树上发霉。采收机也可以在夜间使用，这样能够保持葡萄的新鲜度。而它降低成本的优势更是毋庸置疑的。

采收机在采收质量方面的恶劣名声同样众所周知，但是新一代的采收机只要经过正确的调整和准备，便能获得极佳的采收效果。

采收机

采收机是为采摘葡萄而设计的，能够一次性完成采收工作。采收机横跨在葡萄树两端，通过震动来完成采摘。

采收机通过震动绑缚铁丝和葡萄树，将葡萄果粒摇落。

不是所有葡萄品种都适合使用机器采收。

容易→困难		
容易	赤霞珠、品丽珠、慕和怀特	雷司令
	美乐	霞多丽、长相思、琼瑶浆
	佳丽酿、神索、歌海娜、佳美	勃艮第甜瓜、赛美蓉、密斯卡岱勒、琼瑶浆
困难	黑皮诺	白玉霓

酒窖的工作

葡萄园的工作已经结束，采收完成，酿酒人现在需要将葡萄转化为葡萄酒。葡萄进入酒窖，也就是酿造葡萄酒所需所有步骤——从接收葡萄到装瓶——发生的地方。

葡萄的准备

挑拣

想要酿造品质上乘的葡萄酒，需要将葡萄在挑拣台上一个一个地检查，以便去除不够成熟或者受到损伤的果粒。挑拣可以手工完成，也可以利用特别设计的机器（光学挑拣台）完成。

去梗和破皮

这两个步骤可以自行选择是否进行。

如果采用机械采摘，那么葡萄运到酒窖便已经是无梗的状态；但是如果采用手工采摘，那么葡萄则为成串的状态，一般需要去掉果梗，从而避免葡萄酒中的单宁过多。破皮的目的是轻微压破葡萄皮，使葡萄汁流出。

· 酒窖里都有什么

酒窖是酿造葡萄酒的地方。从广义的角度来说，这个名词同样可以用于指代储存葡萄酒的地方。

现在的酒窖包括葡萄酒酿造各个步骤所需空间的总和：

· 接收葡萄的空间，放置挑拣台、破皮或者去梗的机器；

· 酿造葡萄酒的空间，放置压榨机、发酵罐等；

· 储存和陈酿葡萄酒的空间，包装、装瓶和贴标的空间，最后还有用于保存和发货的空间。

· 新型酒窖

随着葡萄酒旅游的发展，很多新型酒窖出现在葡萄园中。酒窖常常由著名建筑师与酿酒人密切合作，一同设计。

这是进行交流、了解一个酒庄的酒款的新方式。

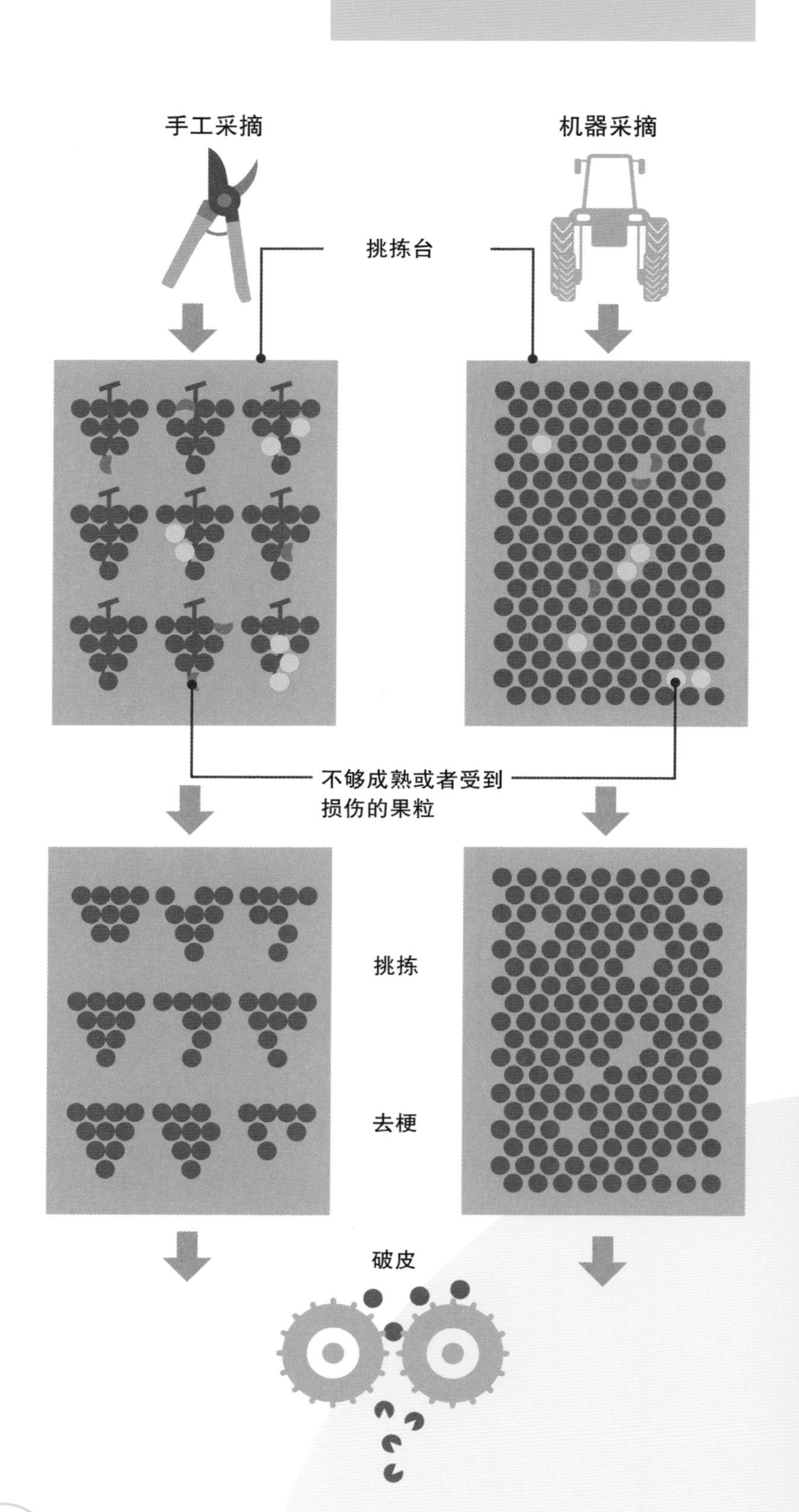

酒精发酵

指的是糖分在酵母的作用下，转化为酒精和二氧化碳。酵母是能够完成葡萄发酵的活性微生物。

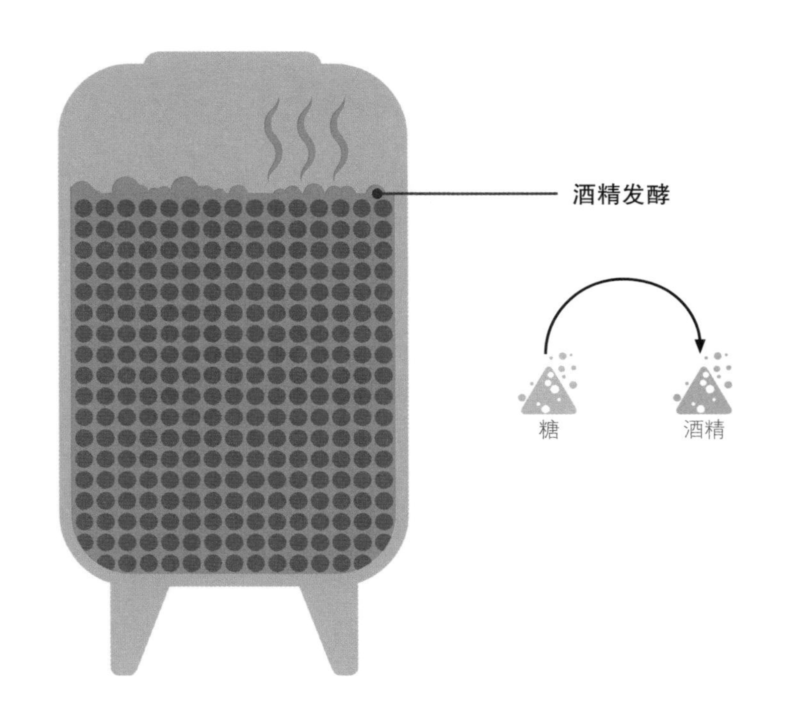

苹果酸乳酸发酵

这里指的是葡萄里的苹果酸在细菌的作用下，转化为较为柔和的乳酸。苹果酸乳酸发酵能够降低葡萄酒的酸度，使其更加稳定。

红葡萄酒的酿造通常包括苹果酸乳酸发酵，但是白葡萄酒就不一定了。如果想要追求极致的清新感，可以不进行苹果酸乳酸发酵。

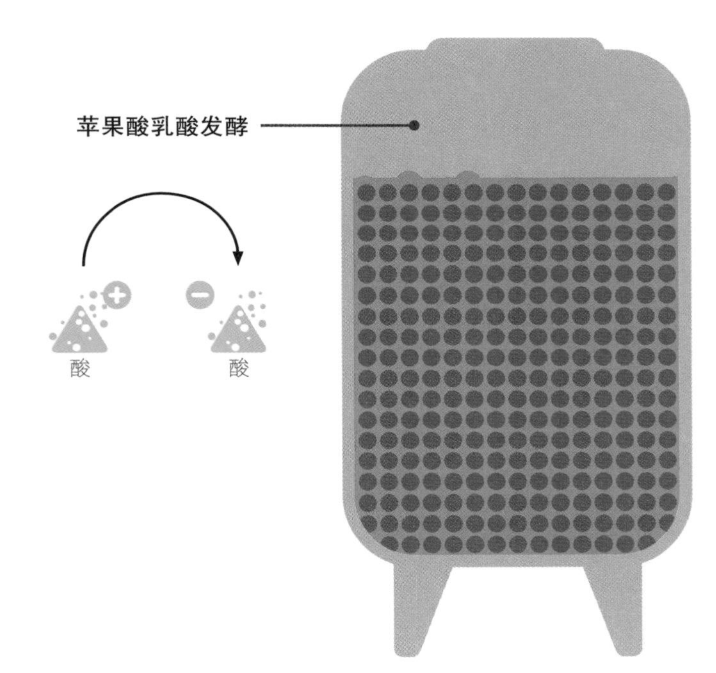

- **二氧化硫、硫化物、硫：到底是什么**？

硫、二氧化硫和硫化物这些其实都是同一个东西。

二氧化硫（SO_2）在葡萄酒酿造中几乎是不可或缺的，其最高使用量在法律中有严格的规定。二氧化硫的首要作用是抗氧化，同时也有很受欢迎的杀菌效果。它能杀死可能在葡萄酒中产生不良气味的多种细菌和酵母。

直到今天，除了二氧化硫，仍然没有其他任何化合物能够提供类似的抗氧化和杀菌效果。

什么是有机葡萄酒？

有机葡萄酒的酿造工艺

2005年，硫被视为一种变态反应原，它的使用开始受到限制。根据“有机葡萄酒酿造”的原则，用于酿造葡萄酒的葡萄必须产自有机农业。传统红葡萄酒允许的二氧化硫最高添加量为150毫克/升，传统白葡萄酒和桃红葡萄酒为200毫克/升，而有机葡萄酒在此基础上都有所降低。

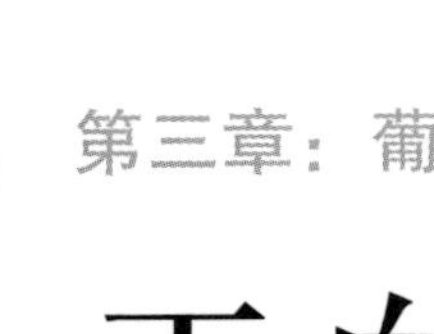

干白葡萄酒的酿造

酿酒是将葡萄转化为葡萄酒的过程。需要1.3~1.5千克的葡萄。酿酒的不同步骤根据葡萄酒的种类有所不同，主要包括去梗、浸皮、发酵和压榨。

酿造白葡萄酒，需要压榨葡萄以获得葡萄汁，随后立即将葡萄汁与葡萄皮和葡萄籽分开，从而避免单宁和颜色的析出。

葡萄汁的清澈度、浸皮、温度以及发酵所用容器的种类，是酿酒人需要关注的重要问题。

是否浸皮？

酿酒人可以选择将葡萄汁与果皮短暂接触一段时间，尤其是芬芳葡萄品种，以便萃取更多的香气（比如雷司令、麝香、阿尔巴尼诺）。

压榨

这是一个机械步骤，指的是挤压葡萄以萃取葡萄汁，从而将葡萄的液体部分与固体部分分开。

澄清

通过压榨所得的葡萄汁里还存在或大或小的固体微粒。其中最重的部分将沉淀到罐底，称为粗渣（bourbe）。澄清的过程旨在将葡萄汁在发酵前进行澄清。

发酵

如果酿酒人希望保留以果香为主、纯净的一级香气，可以选择在中性（惰性）的容器中进行发酵。有的白葡萄酒在去皮之后也可能在橡木桶中发酵。橡木桶发酵非常适合某些葡萄品种，比如霞多丽，橡木桶与惰性发酵罐相比能为葡萄酒带来更为融合的木质香气。

· **温度的调节**

发酵罐通常需要配备温控系统。橡木桶无法安装温控系统，所以通常储存在凉爽的地方。因为尺寸较小，所以能够比较高效地散热。

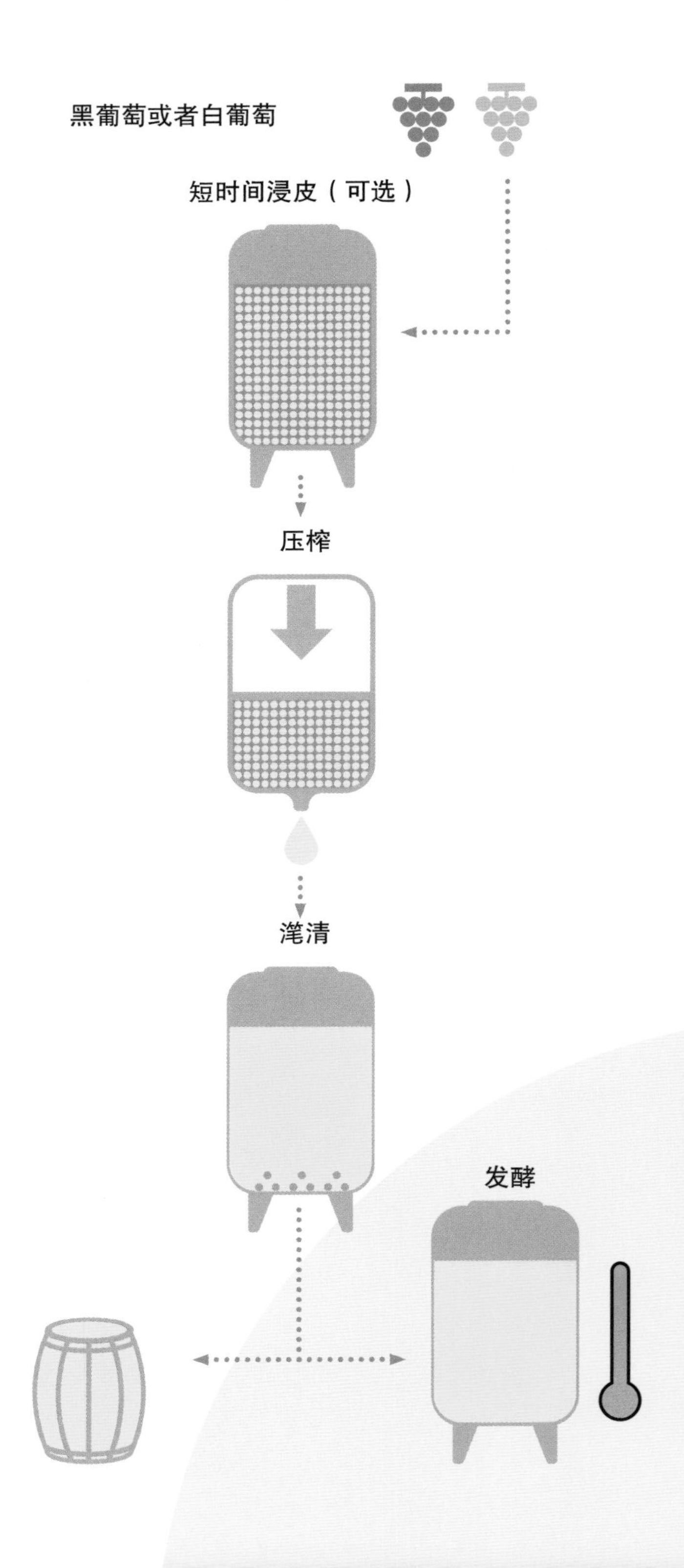

桃红葡萄酒的酿造

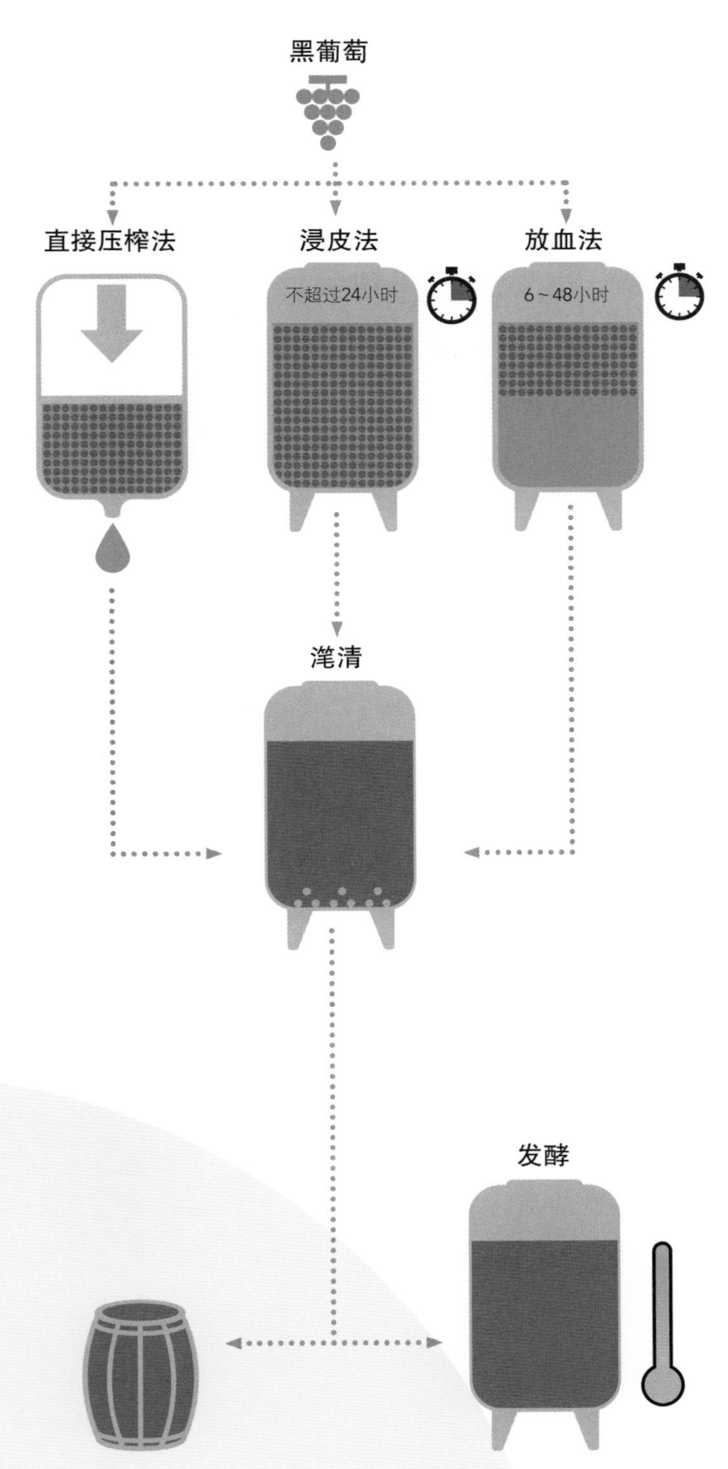

最初，桃红葡萄酒和红葡萄酒采用同样的酿造工艺，只需将桃红葡萄酒的上色时间缩短即可。桃红葡萄酒只能采用黑色葡萄酿造。香槟地区是唯一一个允许将红葡萄酒和白葡萄酒混合来酿造桃红葡萄酒的地区。

葡萄汁与葡萄皮一起浸泡的时间越长，葡萄酒的颜色就越深。因此，只要将葡萄皮与葡萄汁分开，就能终止葡萄酒的上色过程。

接收葡萄

葡萄经过挑拣，去除不够成熟或者腐烂的果粒。

去梗和破皮

这两个步骤可以自行选择是否进行。采用机器采收的葡萄已经是无梗的状态。

破皮的目的是压破果粒，释放果汁。

直接压榨

将红色葡萄像酿造白葡萄酒一样先破皮，随后压榨。葡萄皮会将葡萄汁轻微上色。这样酿出的桃红葡萄酒颜色很浅。

压榨一定要轻柔，以避免从葡萄皮和葡萄梗中萃取出不需要的物质。

浸皮法酿造的桃红葡萄酒

将红色葡萄放入发酵罐，在开始发酵前浸泡24小时。在此期间，葡萄皮中的香气和色素将被萃取到葡萄汁当中。随后压榨葡萄，将果实的固体部分与葡萄汁分开，接着将葡萄汁低温发酵，从而最大限度地保持新鲜的果香和花香。

放血法酿造的桃红葡萄酒

将葡萄按照红葡萄酒的方法酿造。在发酵开始后，将一部分葡萄汁（大约20%）根据所需颜色的深浅，在6～48小时后滗出。将滗出的葡萄汁在更低的温度下发酵。剩余80%的葡萄汁继续与葡萄皮接触，酿造红葡萄酒。这一方法的主要目的是增强桃红葡萄酒的浓郁度。

红葡萄酒的酿造

红葡萄酒酿造的关键步骤是浸皮，即令葡萄皮与葡萄汁进行或长或短的接触。

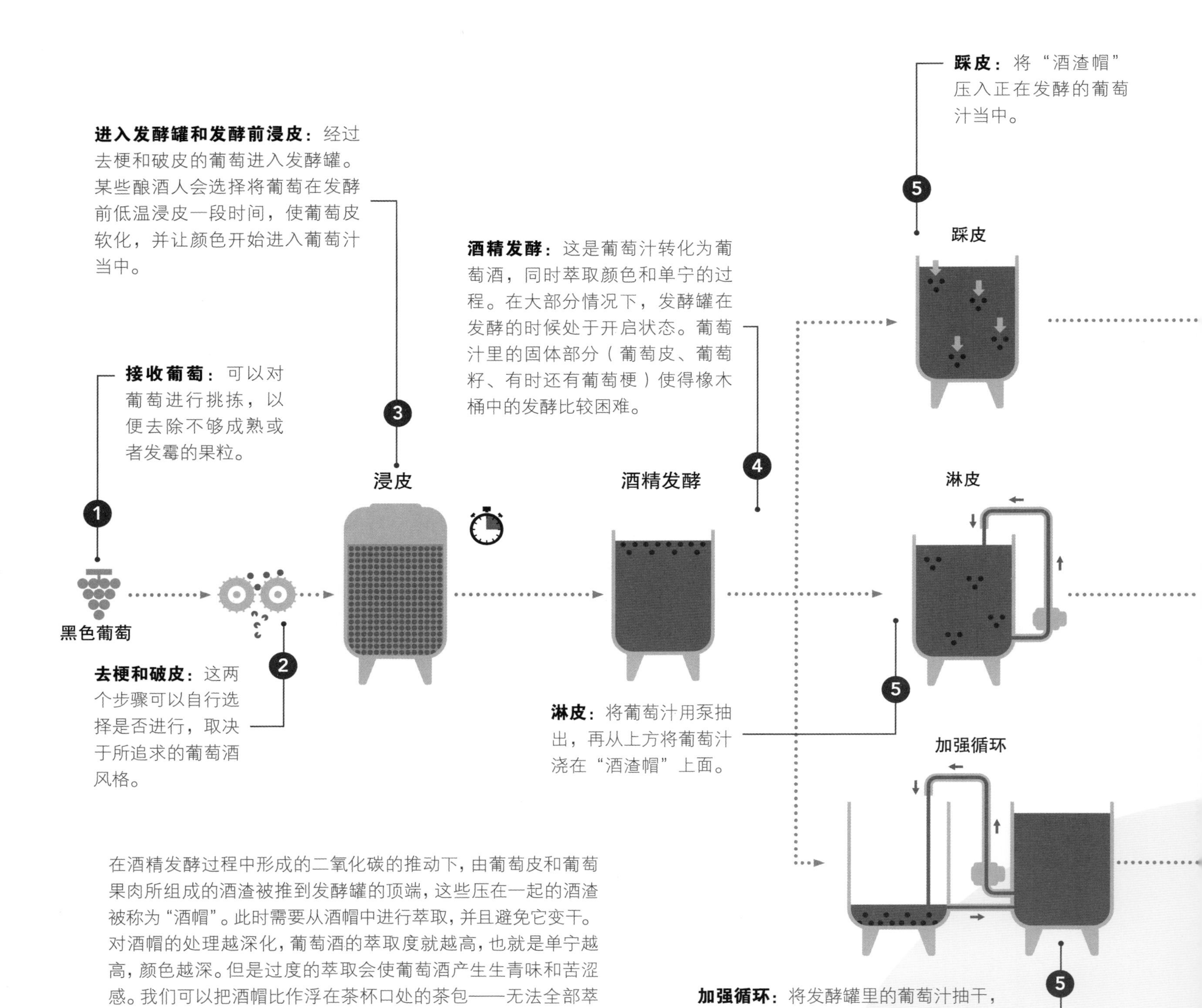

在酒精发酵过程中形成的二氧化碳的推动下，由葡萄皮和葡萄果肉所组成的酒渣被推到发酵罐的顶端，这些压在一起的酒渣被称为“酒帽”。此时需要从酒帽中进行萃取，并且避免它变干。对酒帽的处理越深化，葡萄酒的萃取度就越高，也就是单宁越高，颜色越深。但是过度的萃取会使葡萄酒产生生青味和苦涩感。我们可以把酒帽比作浮在茶杯口处的茶包——无法全部萃取茶叶的所有香气和单宁，浸泡也不完全。此时酿酒人有三个解决办法：**踩皮、加强循环和淋皮**，然后决定使用的频率。

放出新酒：葡萄酒通过重力的作用流到（自流酒）另一个发酵罐或者橡木桶中。回收酒渣准备压榨。

苹果酸乳酸发酵：细菌会将苹果酸转化为乳酸，从而降低葡萄酒的酸度，以天然的方式使其变得更加稳定。

调配：自流酒和压榨酒可以在陈酿之前或之后调配在一起。在此期间，葡萄酒仍然是浑浊的。最重的微粒（粗渣）沉淀在发酵罐底部。将“清澈”的酒液放入橡木桶中，或者转移到另一个发酵罐中，从而去除粗渣。

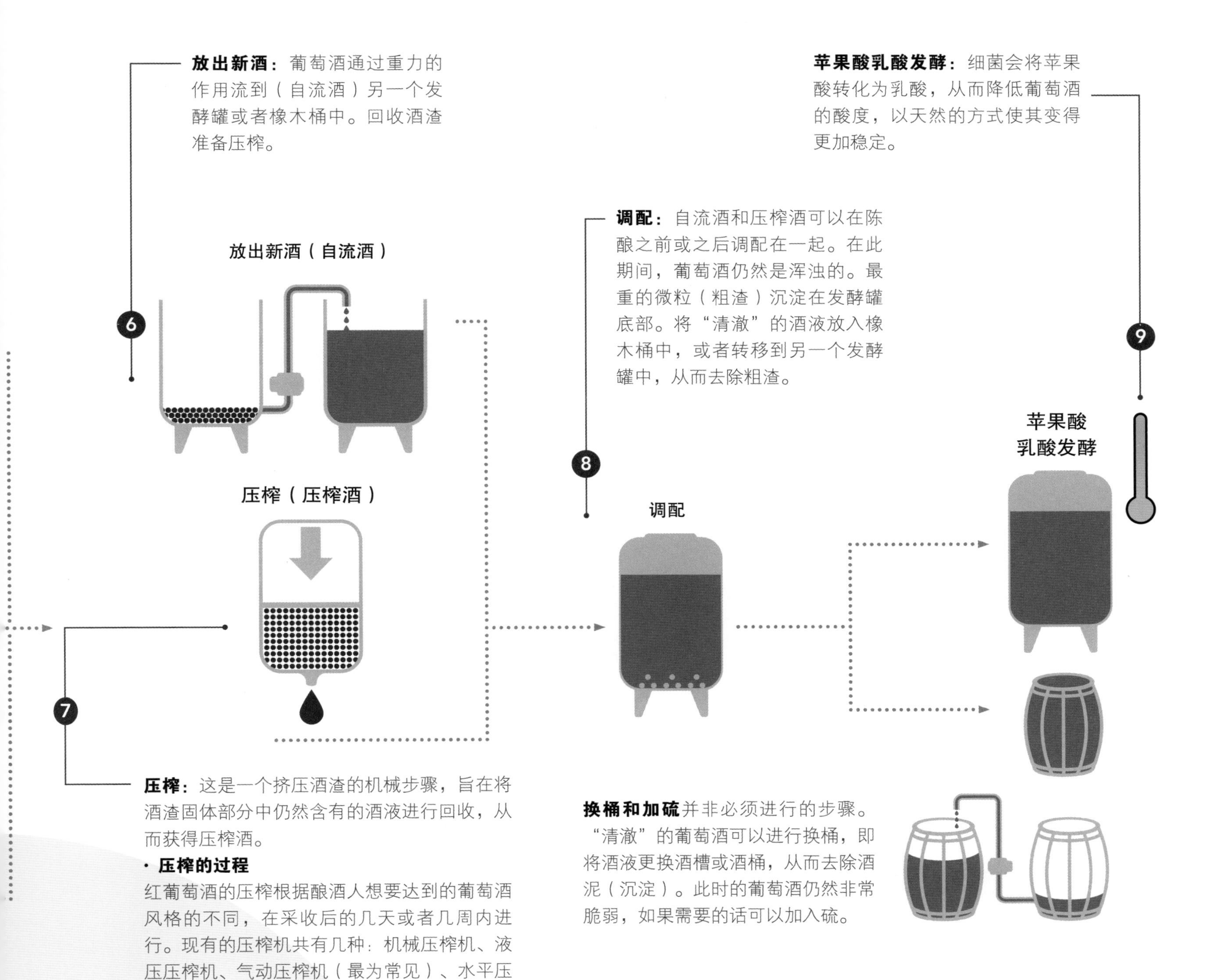

压榨：这是一个挤压酒渣的机械步骤，旨在将酒渣固体部分中仍然含有的酒液进行回收，从而获得压榨酒。

- **压榨的过程**

红葡萄酒的压榨根据酿酒人想要达到的葡萄酒风格的不同，在采收后的几天或者几周内进行。现有的压榨机共有几种：机械压榨机、液压压榨机、气动压榨机（最为常见）、水平压榨机、垂直压榨机。压榨的目的在于萃取所需的单宁，从而获得想要的葡萄酒结构，开发葡萄酒应有的潜力，而不是过度地萃取。

换桶和加硫并非必须进行的步骤。“清澈”的葡萄酒可以进行换桶，即将酒液更换酒槽或酒桶，从而去除酒泥（沉淀）。此时的葡萄酒仍然非常脆弱，如果需要的话可以加入硫。

在这个阶段，酿酒人需要再次按照其所希望达到的葡萄酒风格做出选择，是在装瓶前进行收尾工作，还是开始葡萄酒的陈酿。

其他种类的葡萄酒

甜白葡萄酒的传统酿造工艺与干白葡萄酒相同，只不过用于发酵的葡萄汁含糖量特别高而已。

酿造半甜白和甜白葡萄酒

在酿造干白葡萄酒时，酵母将葡萄汁里的所有糖分全部转化。而在酿造半甜白和甜白葡萄酒时，葡萄汁里还留有部分残糖（未发酵，所以未转化成酒精）。

加糖法

在一些国家，尤其是在新世界，甜型葡萄酒可以通过加入增甜剂来酿造，尤其是加入浓缩葡萄汁，即无味、无色、由葡萄糖和果糖组成的葡萄糖浆。

在一些德语系的国家，尤其是德国，还会使用未发酵葡萄汁（Süssreserve）来酿造甜型葡萄酒。.

“天然”法

其实，最优质的甜型葡萄酒都是不加入增甜剂的（加入增甜剂在有些产区是被禁止的），而是采用含糖量特别高的葡萄酿造。采摘时选择过度成熟的葡萄，它们的酸度和香气也会非常集中。

糖分的集中使得转化而成的酒精有抑制酵母的作用，从而停止发酵，并在葡萄酒中留下残糖。

葡萄中大量含有的糖分可以通过多种方式获得。

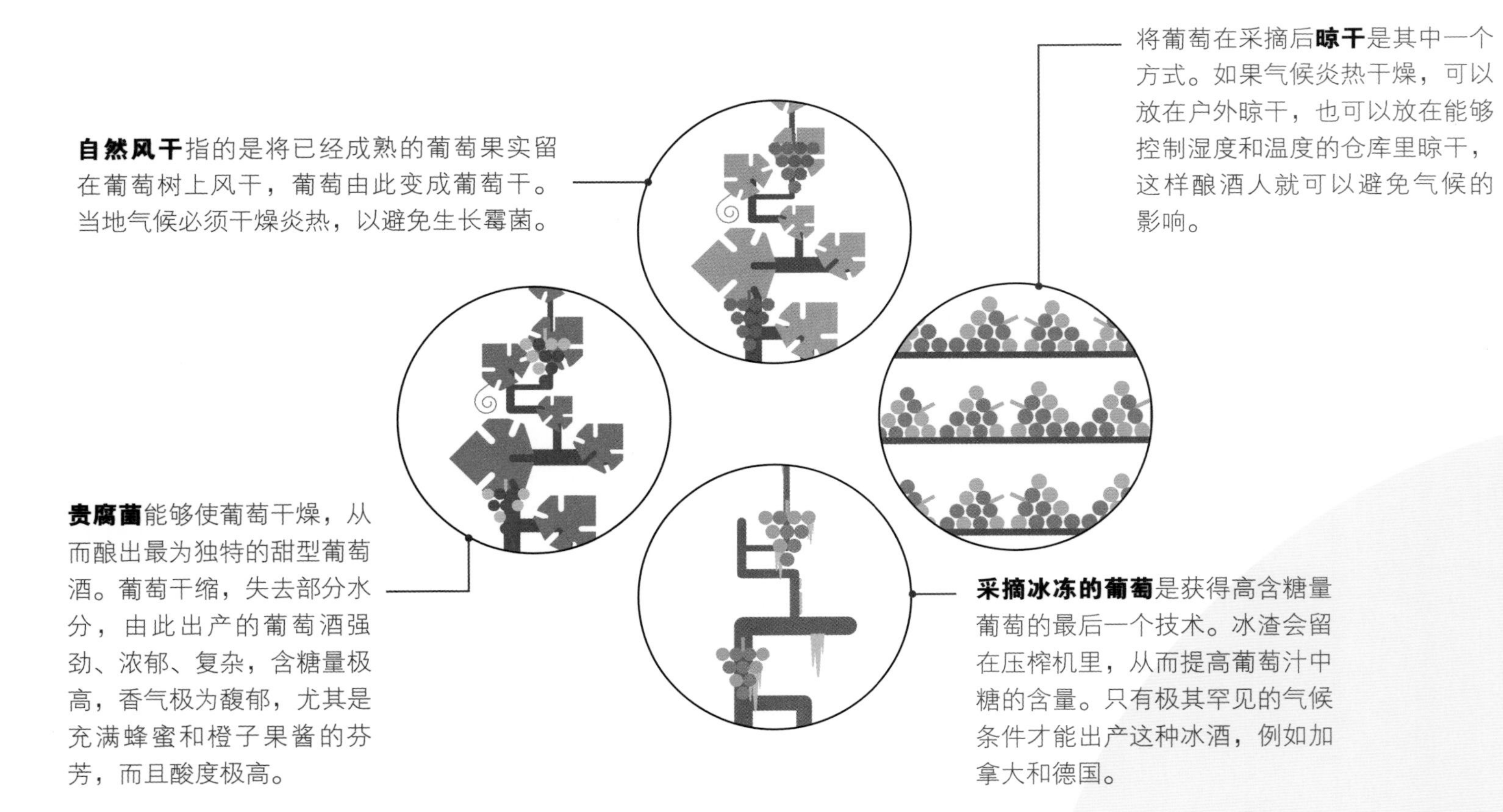

酿造加强型葡萄酒

加强型（或称中断发酵型）葡萄酒通过加入用葡萄制成的生命之水酿造而成。这种葡萄酒的酒精度在15.5%~20%之间。中断发酵法又称“加强法”，起源于17世纪。当时这样做的目的是避免葡萄酒再发酵，从而更加易于储存，尤其是在长时间的运输当中。

中断发酵法的原则

加入酒精，杀死酵母，从而完全终止发酵。根据在发酵过程中的不同时间将发酵中断，可以酿出甜度不同的葡萄酒。

中断发酵法共有三种方式：

在发酵前中断

糖分

葡萄汁的香气

举例：
利口酒
果仁甜酒（ratafia）

在发酵时中断

糖分

葡萄和发酵带来的香气

举例：
莫利天然甜葡萄酒
路斯格兰
麝香

在发酵后中断

糖分

葡萄和发酵带来的香气

举例：
雪莉酒
马德拉酒

半甜白和甜白葡萄酒的区别：

- 半甜白葡萄酒：每升含有12～45克糖
- 甜白葡萄酒：每升含有45克以上糖

气泡葡萄酒

与静止葡萄酒不同，气泡葡萄酒中含有足量的二氧化碳（CO_2），使葡萄酒在开瓶时能够产生气泡和泡沫。

三种酿造方式

大槽法

又称夏尔玛法（Charmat）或者玛蒂诺蒂法（Martinotti）。在酒精发酵完成后，在葡萄酒中加入糖和酵母，引起二次发酵。二次发酵在封闭抗压的大槽中进行，所以二氧化碳（CO_2）将溶于葡萄酒中。很多葡萄品种都适合大槽法，尤其是芳香品种，能够酿出果香浓郁的酒款。

传统法

在酒精发酵完成后，将葡萄酒装瓶，放入糖和酵母。将酒瓶密封，瓶中便会开始二次发酵。

通过调配来酿造特酿：监控整个酿酒过程的酒窖经理通过品尝葡萄酒，制作香槟品牌所特有的特酿（cuvée）。如果特酿采用同一年份的酒液酿造，则称为“年份”香槟。如需酿造桃红葡萄酒，可以在调配中加入少量红葡萄酒。

葡萄酒进入酒窖

调配

过滤

充气法

这个方法是将液态二氧化碳（CO_2）注入干型或半甜型葡萄酒当中，可在瓶中或在大槽中进行。采用这个方法酿造的葡萄酒的泡沫并不持久，气泡较大，因为二氧化碳散发得很快。酒标上必须标明“充气法气泡葡萄酒”（Vin mousseux gazéifié）字样。

“气泡葡萄酒”（effervescent）一词并未经过官方法规定义，但是可以指代所有的气泡葡萄酒（mousseux）和微气泡葡萄酒（pétillant）。

加入再发酵液（liqueur de tirage）： 再发酵液由葡萄酒、糖和特别选取的酵母组成，每升含有24克糖，在装瓶时加入，然后用临时木塞封闭酒瓶。这个步骤被称为加入再发酵液（tirage）。

二次发酵： 将酒瓶储存在酒窖里，横放在板条上。瓶中的酒液将在加入的糖和酵母的作用下进行二次酒精发酵。因为酒瓶是封闭的，二氧化碳无法逸出，于是溶于酒液当中，气泡葡萄酒由此诞生。这个步骤称为形成泡沫（prise de mousse）。

转瓶： 目的在于无须将葡萄酒从瓶中倒出，即可达到过滤和去除死酵母的目的。将酒瓶放在倾斜的转瓶架（pupitre）上，每天将其稍微向上转动一点。这个过程现在通常采用转瓶器（gyropalette）来机械完成。最后，酒瓶被转成底朝天的状态，沉淀位于木塞处。

除渣： 将酒瓶口浸入冰水中，将木塞处的沉淀冻住。将酒瓶竖起来，取出木塞，瓶内的压力会使冻住的沉淀喷出。少量酒液随之喷出，所以需要补充一定的酒液，并且增加少许甜味。加入由葡萄酒、用葡萄酒制作的生命之水和少许糖所组成的补糖液（liqueur de dosage）或称调味液（liqueur d'expédition）。

封瓶和包装： 用软木塞封闭酒瓶，用金属丝固定软木塞，再用铝制酒帽包装。

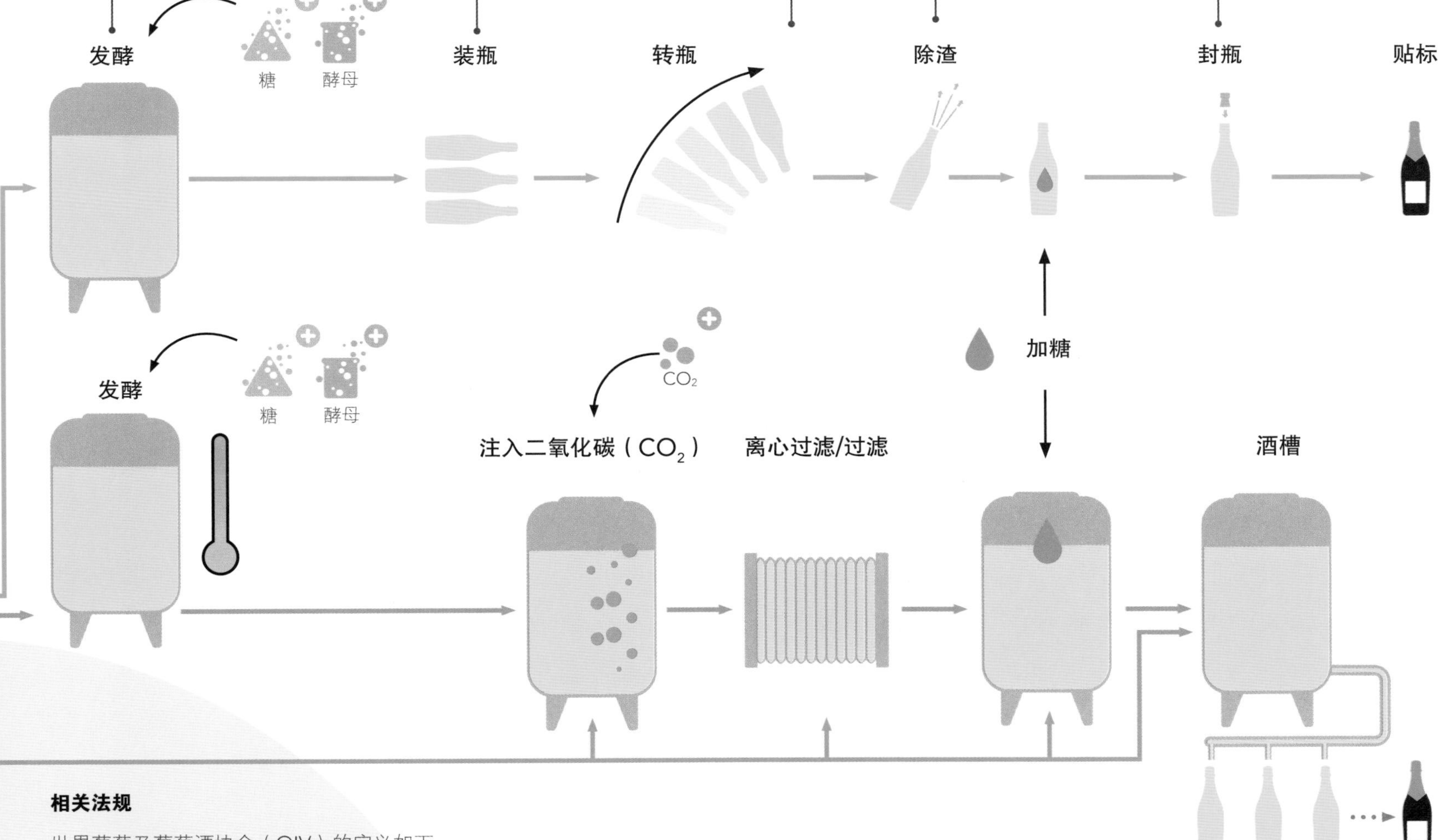

相关法规

世界葡萄及葡萄酒协会（OIV）的定义如下：

- 静止葡萄酒：葡萄酒在20°C时含有的二氧化碳量低于4克/升。
- 微气泡葡萄酒：葡萄酒在20°C时含有的二氧化碳量等于或高于3克/升，不超过5克/升。
- 气泡葡萄酒：因发酵而产生二氧化碳、并在开瓶时产生持久泡沫的特殊葡萄酒。瓶中二氧化碳在20°C时的压力不低于3.5巴。
- 充气葡萄酒：通过加入二氧化碳酿造。

陈酿

发酵结束之后，葡萄酒仍然浑浊，酿酒人需要针对澄清、陈酿和包装做出相关决定。

传统陈酿

陈酿是酿造之后的一个步骤，旨在让葡萄酒休眠，从而慢慢澄清，并且在装瓶前发生演变。

陈酿能让葡萄酒变得更好，改变结构，增加特别的香气。陈酿可以在酿酒罐或者橡木桶中进行。使用发酵罐还是橡木桶、是用新橡木桶还是旧橡木桶来陈酿，则由酿酒人根据其所追求的葡萄酒风格来进行选择。

陈酿的时间对新酒和适合年轻饮用的葡萄酒来说可以是几天，而对适合陈年的红葡萄酒或白葡萄酒，或者天然甜葡萄酒来说则可以是几年（甚至长达10年）。

酿酒人的选择

橡木桶 ← ? → 发酵罐

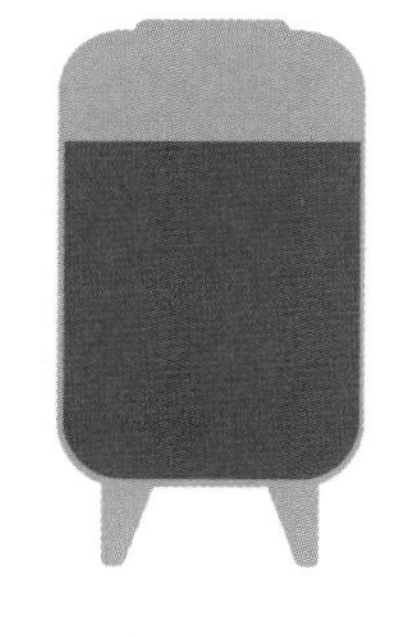

橡木桶

全世界2%~3%的葡萄酒
法国15%~20%的法定产区葡萄酒

带来氧气，单宁变得更加柔和

带来香草、烤面包或者咖啡的香气

橡木桶年龄（即在多少款葡萄酒上使用过，比如用过2年的橡木桶）的影响：橡木桶使用次数越多，带来的木质香气越弱

发酵罐

中性材料制造

保持水果的香气以及更为清新的口感

橡木桶陈酿

橡木的产地将会影响其为葡萄酒带来的香气。法国、美国和东欧国家是出产橡木的主要国家。

美国橡木带来的香气更偏向椰子；法国橡木带来的香气更偏向香草。

木头这一原材料的选择，在橡木桶的制作当中是一个关键的步骤，不仅关乎橡木桶的质量，同样关乎它的香气。

在将橡木条组装之后，要将橡木桶放在露天火盆里加热，使其弯曲。在获得其最终的形状之后，就需要深层加热木头，使其具有未来即将赋予葡萄酒的各种香气，这个步骤称为加热（chaufffe）。

其他陈酿方式

橡木片

还有一些比橡木桶便宜许多的新型工艺可以使用。橡木棒（staves）、橡木片（chips）都是橡木的碎块，放在葡萄酒当中同样可以带来木质的香气。

酒泥陈酿

死的酵母（酒泥）能够为葡萄酒带来更多的结构和香气。

在陈酿中可以采用搅桶（bâtonnage）的方式，搅动在陈酿过程中沉淀的酒泥，使其浮起。这个步骤在传统上是用一根棍子（bâton）完成的，由此得名。搅桶能够带来黄油的味道，并使葡萄酒的口感更加滑腻。酒泥陈酿很少用于红葡萄酒。

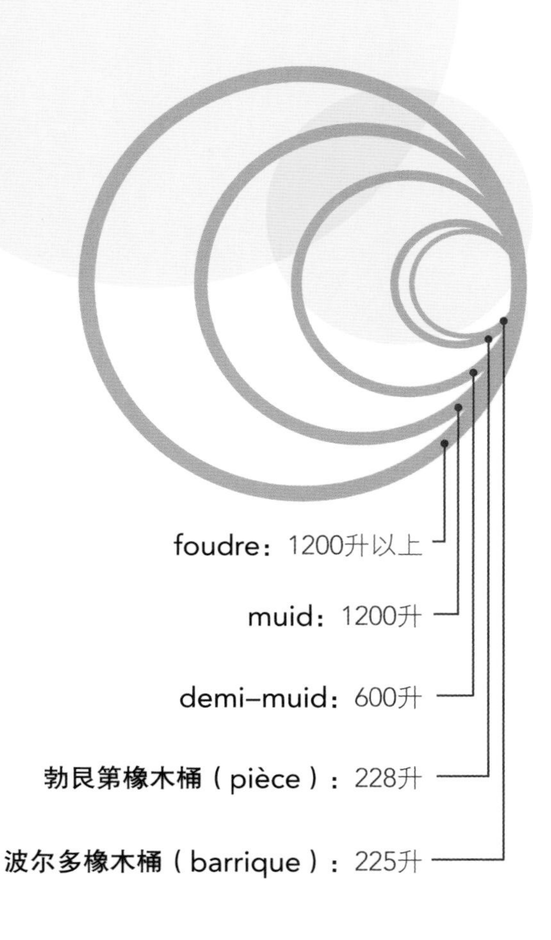

酒桶的不同容量：

· barrique：225升。不过勃艮第所用的橡木桶称为pièce，却是228升。
· 酿酒人还会使用其他容量的橡木桶，每种都有特殊的名称：
· muid：很少使用，容量为1200升；
· demi-muid：较常使用：容量为600升；
· foudre指的是极大容量的木桶，可以盛放几千升葡萄酒。

· 天使的分享
在陈酿的过程中，一部分葡萄酒会蒸发，使得橡木桶中的酒液减少。这被称为"天使的分享"。这个现象会增加葡萄酒与氧气接触的面积，对于葡萄酒是不好的。所以酿酒人需要定期添酒（ouillage），就是在橡木桶里加入酒液，补充减少的部分。

收尾工作

在最终的装瓶环节之前，酿酒人可以进行澄清，使葡萄酒变得更加清澈。下胶（collage）指的是使悬浮物沉淀，有时会在过滤之前进行。过滤的目的则是去除沉淀，使葡萄酒变得更加清澈。

装瓶

如何装瓶？

装瓶是一个实际比看起来更为复杂的步骤。

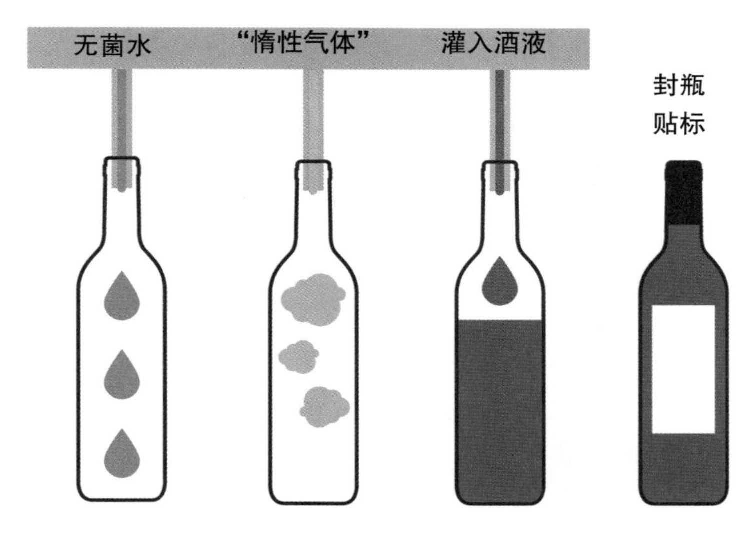

装瓶日期指的是陈酿完成的时间。这个日期的选择并非随意。而且，在这个过程中，还要尽可能地避免葡萄酒氧化。首先用无菌水冲洗酒瓶，随后注入中性气体，以便去除所有氧气。将酒瓶放在装瓶生产线上，灌入葡萄酒，最后真空封瓶，贴上酒标。

· "装瓶后生病"
装瓶后生病是葡萄酒在装瓶后出现的短暂缺陷。葡萄酒在这个过程中因为受到撞击而变得"疲倦"，所以葡萄酒根据种类的不同，需要休息几个星期、甚至几个月才能品尝。

瓶中陈年

大部分葡萄酒都应当在装瓶后的两年内饮用，以便保持其新鲜的口感和果香。

但是，还有很多葡萄酒可以保存数年。

葡萄酒的陈年演变是无法预测的，而且难以确定其达到巅峰状态的时间。不过如果运气好，能够在巅峰状态下品尝葡萄酒，那么时间所带来的香气和质地便是无与伦比的。

实践练习5

卷5

准备

在您与朋友集合，进行这次品酒练习之前，需要完成以下几项准备工作：

- 学习第三章第124页–第139页的内容。
- 购买练习所用的酒款，以正确的温度储存。
- 品酒的房间保持通风，避免任何厨房的气味。
- 准备吐酒桶、水、面包或者几片咸味薄脆饼干。
- 为每人准备三个品酒杯以及白色纸质餐巾。

时间

1小时

在网站https://www.ecole-vins-spiritueux.com/fr/ecole-du-vin内下载打印或者在本书第33页复印品酒卡。

口感清淡的桃红葡萄酒

比如：
法国卢瓦尔河谷地区安茹桃红葡萄酒或者卢瓦尔桃红葡萄酒

果香浓郁的桃红葡萄酒

比如：
西班牙纳瓦拉或上埃布罗河地区里奥哈产区或者法国罗讷河谷地区塔维尔产区出产的桃红葡萄酒

产自凉爽气候的红葡萄酒

比如：
法国勃艮第地区夜丘当中的产区或者博若莱地区莫尔贡或弗勒里一类的产区出产的红葡萄酒

产自炎热气候的红葡萄酒

比如：
葡萄牙杜罗地区采用国家多瑞加酿造的红葡萄酒

加强型葡萄酒

比如：
葡萄牙波特酒，或者法国莫利产区出产的加强型葡萄酒

开始品酒，在酒中享受寻找香气和味道的乐趣！

品酒练习5：比较来自不同气候的地区的两款桃红葡萄酒和两款红葡萄酒的香气和味道，探索加强型葡萄酒的香气和味道

时间

40分钟

品酒分为三个步骤：观看，嗅闻，随后品尝葡萄酒。请您准备好品酒卡，在整个品酒过程中使用，并在您的面前摆好两个杯子。现在您就可以开始了！

将第1款和第2款酒倒入杯中。

在品酒的各个步骤中关注自己的感受。

注意颜色和浓郁度的区别。
第1款酒口感非常清新，令人分泌唾液，说明酸度很高，而第2款酒则酸度中等。

第2款酒的酒体比第1款酒更重，第2款酒在口中的体积感更大。

将第3款和第4款酒倒入杯中。

在品酒的各个步骤中关注自己的感受。

比较颜色浓郁度：第4款酒的颜色更深。产自炎热地区的葡萄酒颜色更深。

在口中，第4款酒的单宁感更重，第3款酒的果香比较清新，第4款酒的果香更加成熟，不同的香气源于不同的气候。

您还剩下一个杯子，倒入第5款酒。

在品酒的各个步骤中关注自己的感受。

注意第5款酒呈宝石红色，颜色很深。在鼻中和在口中都有樱桃、野生黑莓和黑加仑的浓郁果香。

小窍门

不要倒太多酒，记得品完将酒吐出，然后喝点水。

卷5

选择题

回答正确一题得1分，每题有一个正确答案，答错不扣分。

20分钟

1 在现存的所有葡萄中，哪种葡萄品质最高，能够酿造葡萄酒？

a–美洲种（Vitis labrusca）
b–欧亚种葡萄（Vitis vinifera）
c–冬葡萄（Vitis berlandieri）

2 哪种现象能够帮助葡萄果实集中糖分？

a–光合作用
b–蒸腾作用
c–蒸发作用

3 转色期间会发生什么？

a–葡萄果实转变颜色
b–花朵变成果实
c–芽孢膨胀开花

4 哪些地理区域最适合葡萄种植？

a–靠近两极
b–纬度在30° ~50°之间
c–赤道附近

5 哪种葡萄酒最经常与炎热气候相联系？

a–糖分较低，所以酒精度较低，酸度较高
b–干型，带有柑橘类水果的香气和较高的酸度
c–糖分较高，所以酒精度较高，酸度较低

6 对葡萄树而言的"优质土壤"有一定的特点，以下哪个特点需要避免？

a–富含矿物质
b–升温迅速
c–排水性弱

7 非常肥沃的土壤对葡萄酒的影响是什么？

a–酒体更为复杂
b–香气稀释
c–葡萄更为成熟

8 在炎热的地区，以下哪个是海拔对所产葡萄酒风格的影响？

a–葡萄酒的集中度和复杂度更高
b–酸度降低
c–高海拔的地区只能出产口感清淡的葡萄酒

9 什么是补种（complantation）？

a–去除树干上长出的枝丫，即"贪吃枝"
b–替换葡萄园中缺少的葡萄株
c–去除枝丫底部数量过多的芽孢

10 酿酒人在哪个阶段需要剪枝？

a–在葡萄休眠时
b–在采收时
c–在春季葡萄树开花时

葡萄株

找出以下部分：

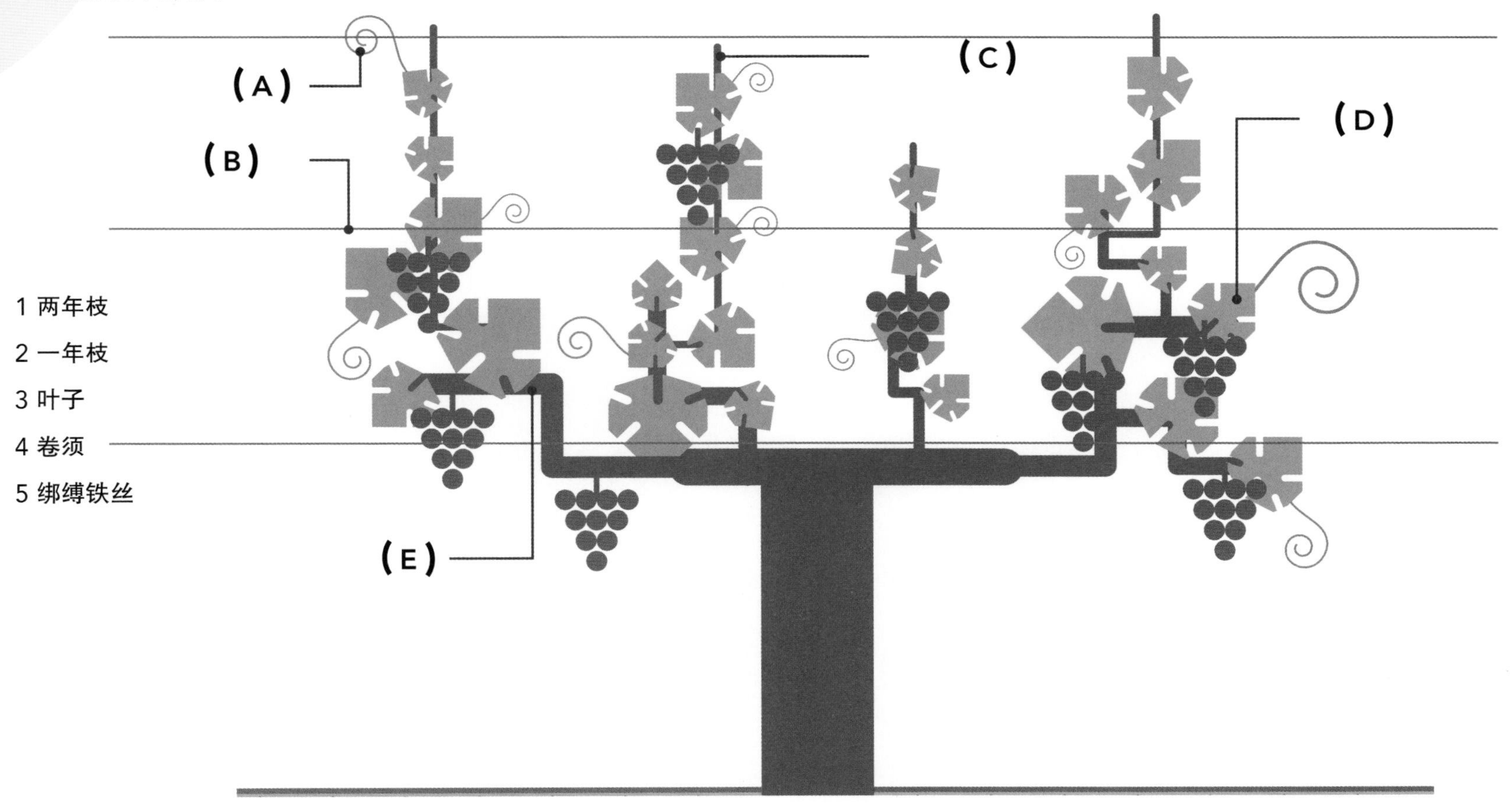

酿酒人的日历

将工作与集结连线：

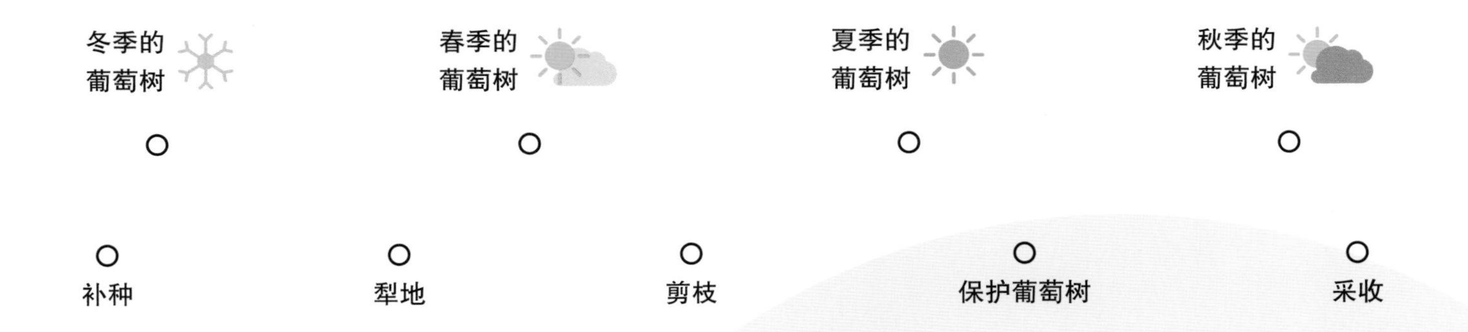

答案

选择题

1e，2c，3d，4a，5b

葡萄树

1两年枝，2一年枝，3叶子，4卷须，5绑缚铁丝

葡萄树的日历

1冬季：剪枝

2春季：补种、犁地

3夏季：保护葡萄树

4秋季：采收

实践练习6

卷6

在您与朋友集合，进行这次品酒练习之前，需要完成以下几项准备工作：

- 学习第三章第124页–第139页的内容。
- 购买练习所用的酒款，以正确的温度储存。
- 品酒的房间保持通风，避免任何厨房的气味。
- 准备吐酒桶、水、面包或者几片咸味薄脆饼干。
- 为每人准备三个品酒杯以及白色纸质餐巾。

1小时

在网站https://www.ecole-vins-spiritueux.com/fr/ecole-du-vin内下载打印或者在本书第33页复印品酒卡。

采用琼瑶浆酿造、香气浓郁的白葡萄酒

单宁较重的年轻红葡萄酒（1或2年）

比如：
法国朗格多克地区圣卢山、科比埃或拉扎克台地（terrasse-du-larzac）一类的产区出产的红葡萄酒

单宁较重、超过8年的红葡萄酒

比如：
法国波尔多地区玛歌、圣埃斯泰夫或佩萨克-雷奥良一类的产区出产的红葡萄酒

采用大槽法酿造的气泡葡萄酒

比如：
意大利威尼托地区普罗塞克产区出产的气泡葡萄酒

采用传统法酿造的气泡葡萄酒

比如：
法国香槟地区出产的气泡葡萄酒

开始品酒，在酒中享受寻找香气和味道的乐趣！

品酒练习6：探索琼瑶浆的独特香气，比较年轻红葡萄酒与陈年红葡萄酒的香气和味道，比较采用两种不同方式酿造的气泡葡萄酒的风格

时间 40分钟

品酒分为三个步骤：观看、嗅闻、随后品尝葡萄酒。请您准备好品酒卡，在整个品酒过程中使用，并在您的面前摆好两个杯子。现在您就可以开始了！

将第1款酒倒入杯中，描述您感受到的香气浓郁度。

在品酒的各个步骤中关注自己的感受。

您闻到了哪些水果、香料和鲜花的香气？您是否闻到热带水果、玫瑰和肉桂的香气？请注意香气在口中与在鼻中闻到的同样浓郁：充满热带水果，尤其是荔枝、热情果、菠萝和香料的香气。

将第2款和第3款酒倒入另外两个杯子。

在品酒的各个步骤中关注自己的感受。

两款酒颜色的区别非常明显，第2款酒呈深暗的紫色，而第3款酒则呈中等的宝石红色。葡萄酒的颜色会随着时间的推移而变浅，染上橙色的光泽。

在鼻中和在口中，第2款酒呈现出一级和二级香气，即黑莓、蓝莓、黑樱桃、香草的香气；而第3款酒则充满三级香气，即瓶中陈年所带来的香气，比如松露、灌木和皮革。

将倒过红葡萄酒的杯子洗净，倒入第4款和第5款酒。

观察两款酒，注意气泡的不同，第5款酒的气泡更加细腻和充沛。

入口之后，第4款酒非常清新活泼，而第5款酒则充满榛子和烤面包的香气，酒体更加强劲，活泼感较弱。

这些区别来源于酿造工艺的不同。更多细节参见第148页和第149页。

小窍门

不要倒太多酒，记得品完将酒吐出，然后喝点水。

卷6

选择题

时间 20分钟

回答正确一题得1分，每题有一个正确答案，答错不扣分。

1 葡萄中含有的糖转化为酒精，从而酿成葡萄酒的过程称为什么？

a–苹果酸乳酸发酵
b–氧化
c–酒精发酵

2 为什么酿酒人可以选择不进行苹果酸乳酸发酵？

a–这样可以保持葡萄酒的清新感和活泼感
b–这样可以降低葡萄酒的酸度
c–这样可以酿出圆润而复杂的葡萄酒

3 在酒精发酵过程中形成的气体是什么？

a–二氧化硫
b–二氧化碳
c–二氧化氮

4 桃红葡萄酒的浅粉红色来自哪里？

a–红葡萄的皮
b–人工色素
c–加入的红葡萄酒

5 马德拉葡萄酒的风格是什么？

a–干红葡萄酒
b–气泡葡萄酒
c–加强型葡萄酒

6 采用传统法酿造气泡葡萄酒的特点是什么？

a–二次发酵在大槽中进行
b–二次发酵在酒瓶中进行
c–气泡来自注入的二氧化碳

7 以下哪个是橡木桶陈酿带来的香气？

a–香草
b–黄油
c–樱桃

8 葡萄酒的单宁主要来自哪里？

a–葡萄叶和葡萄籽
b–葡萄果肉和酵母
c–葡萄皮和葡萄梗

9 使用橡木片而不是橡木桶来陈酿的好处是什么？

a–比较便宜
b–葡萄酒的口感会更加复杂
c–葡萄酒的颜色会更加稳定

10 在酿造白葡萄酒时：

a–压榨在酒精发酵后进行
b–一定会进行苹果酸乳酸发酵
c–压榨在酒精发酵前进行

葡萄酒的酿造

按照时间先后排列酿造红葡萄酒的各个步骤：

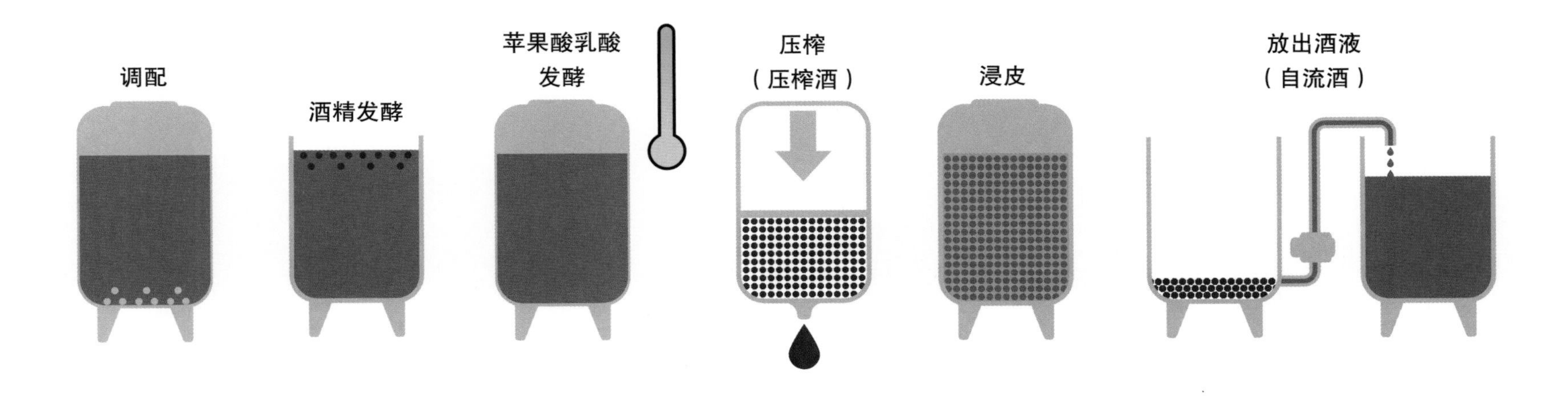

香槟：先后顺序

按照时间先后排列各个步骤：

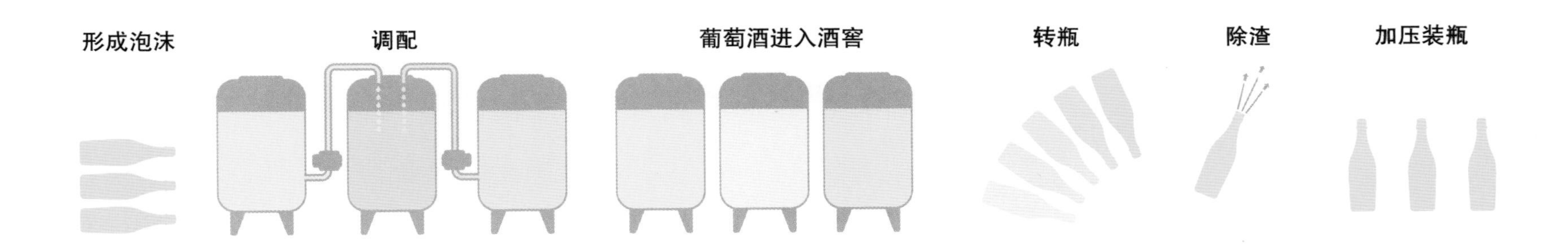

答案

选择题

1c，2a，3b，4a，5c，6b，7a，8c，9a，10c

葡萄酒的酿造

红葡萄酒：先后顺序

1：浸皮　2：酒精发酵　3：放出酒液　4：压榨

5：调配　6：苹果酸乳酸发酵

香槟：先后顺序

1 葡萄酒进入酒窖

2 调配

3 加压装瓶

4 形成泡沫

5 转瓶

6 除渣

第四章：葡萄酒地图

全世界的葡萄酒

世界葡萄酒的生产是有区域集中性的。主要的尤其是最古老的葡萄酒产区都位于北半球的西班牙、意大利和法国等国家。但是新的消费者追求的是特色鲜明的葡萄酒，从而促进了世界各地葡萄酒产区的发展和复兴。

新产区的崛起

新的葡萄酒产区正在全世界崛起，无论是欧洲大陆的“历史”产酒国还是所谓“新世界”的其他国家。这些产区出产优质的葡萄酒，受到全世界消费者的关注，拥有悠久的产酒历史以及鲜明的地区特色。朗格多克、西西里岛或是新西兰中奥塔哥出产的酒款便是最好的例证。

主要产酒国
其他产酒国

奥地利
克罗地亚
匈牙利
德国
塞尔维亚
罗马尼亚
俄罗斯
瑞士
摩尔多瓦
法国
保加利亚
乌兹别克斯坦
西班牙
意大利
土耳其
格鲁吉亚
葡萄牙
希腊
伊朗
中国
摩洛哥
阿尔及利亚
埃及
印度
澳大利亚
南非
新西兰

法国

法国的葡萄种植

法国多种多样的气候和数不尽的风土条件使其特别适合种植葡萄树和酿造优质葡萄酒。

随着时间的推移，法国围绕着葡萄酒形成了一整套的生活艺术。文化、艺术、美食和商业等各个领域都见证着葡萄酒在法国的重要性。法国共有不少于10000家葡萄酒商店，每年迎接1000万名游客，以及31家有关葡萄酒的博物馆和景点。

法国葡萄酒在国外拥有极佳的声誉，每出产3瓶葡萄酒便有1瓶出口到法国以外的国家和地区。

种植面积	大约723 334公顷（占全世界种植面积的10.4%）
主要葡萄品种	霞多丽 白诗南 琼瑶浆 麝香 雷司令 长相思 赛美蓉 品丽珠 赤霞珠 佳美 歌海娜 美乐 黑皮诺 西拉
葡萄酒的种类	主要出产红葡萄酒

细读酒标

法国葡萄酒（VDF）

“法国葡萄酒”标识集合了采用不同法国地区（无地理标识）的葡萄酒调配而成的法国葡萄酒。一款葡萄酒想要使用这一标识，只需葡萄产自法国即可；如果酒液来自欧盟不同葡萄园的调配，则需标注“欧盟葡萄酒”。

总种植面积：723 334公顷

法定保护产区葡萄酒（AOP）占57%

地区保护餐酒（IGP）占33%

无地理标识葡萄酒（VSIG）占10%

总产量：每年2.75亿升

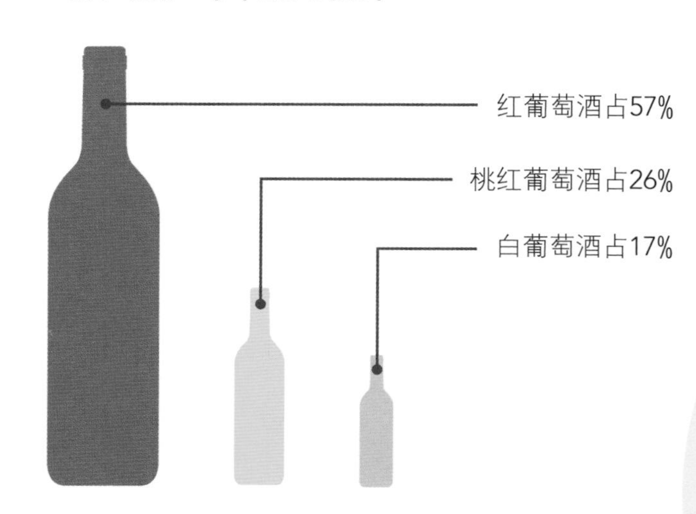

产区	种植面积（公顷）	产量（升/年）	葡萄酒的种类
香槟	34 300	130 000 000	
阿尔萨斯	15 500	120 000 000	
洛林	200	420 000	
勃艮第	30 052	150 000 000	
博若莱	17 324	100 000 000	
汝拉	1 945	8 500 000	
萨瓦	2 200	140 000 000	
卢瓦尔河谷	52 600	280 000 000	
普瓦图–夏朗德	78 000	89 000 000（其中76 500 000为干邑，10 000 000来自夏朗德–皮诺省）	
波尔多	110 800	570 000 000	
西南	53 863	160 000 000	
罗讷河谷	70 768	250 000 000	
朗格多克	200 000	1 270 000 000（包括130 000 000为法定保护产区）	
露喜龙	21 000	90 000 000（包括540 000 00为法定保护产区）	
普罗旺斯	29 000	130 000 000	
科西嘉	5 782	35 000 000	

图例

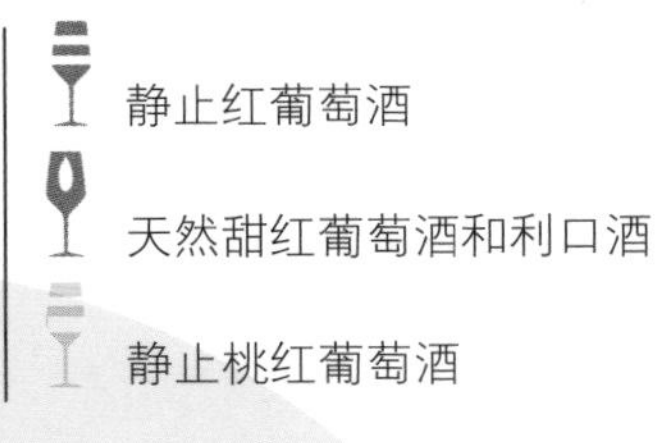

静止红葡萄酒

天然甜红葡萄酒和利口酒

静止桃红葡萄酒

静止干白葡萄酒

静止甜白葡萄酒（包括天然甜白葡萄酒和利口酒）

气泡白葡萄酒

气泡桃红葡萄酒

向外出口的小型企业

法国葡萄酒的成功是众多活跃而富有创意的小型产酒企业努力奋斗的结果。这些企业是法国农业以及整个法国经济的发动机，在出口领域成就斐然。但是，让人无法理解的是，公共机构对于这些企业的鼓励却极其不足，交流不畅。这样的成功是由下而上完成的。

聚焦

法国

法国葡萄酒地图

法国拥有几种不同的气候，有些葡萄园位于几种不同气候的交界处：

· 大陆性气候：
最热月份和最冷月份之间的温差很大（香槟、勃艮第、阿尔萨斯、汝拉和萨瓦）。

· 地中海式气候：
夏季炎热干燥，冬季温暖（南罗讷河谷、朗格多克-露喜龙、普罗旺斯）。

· 海洋性气候：
法国与意大利一样，都有各种各样的气候类型，所以能够出产风格大相径庭的葡萄酒，既有类似德国莱茵河畔出产的酒款，又有类似西班牙梅塞塔高原出产的酒款。

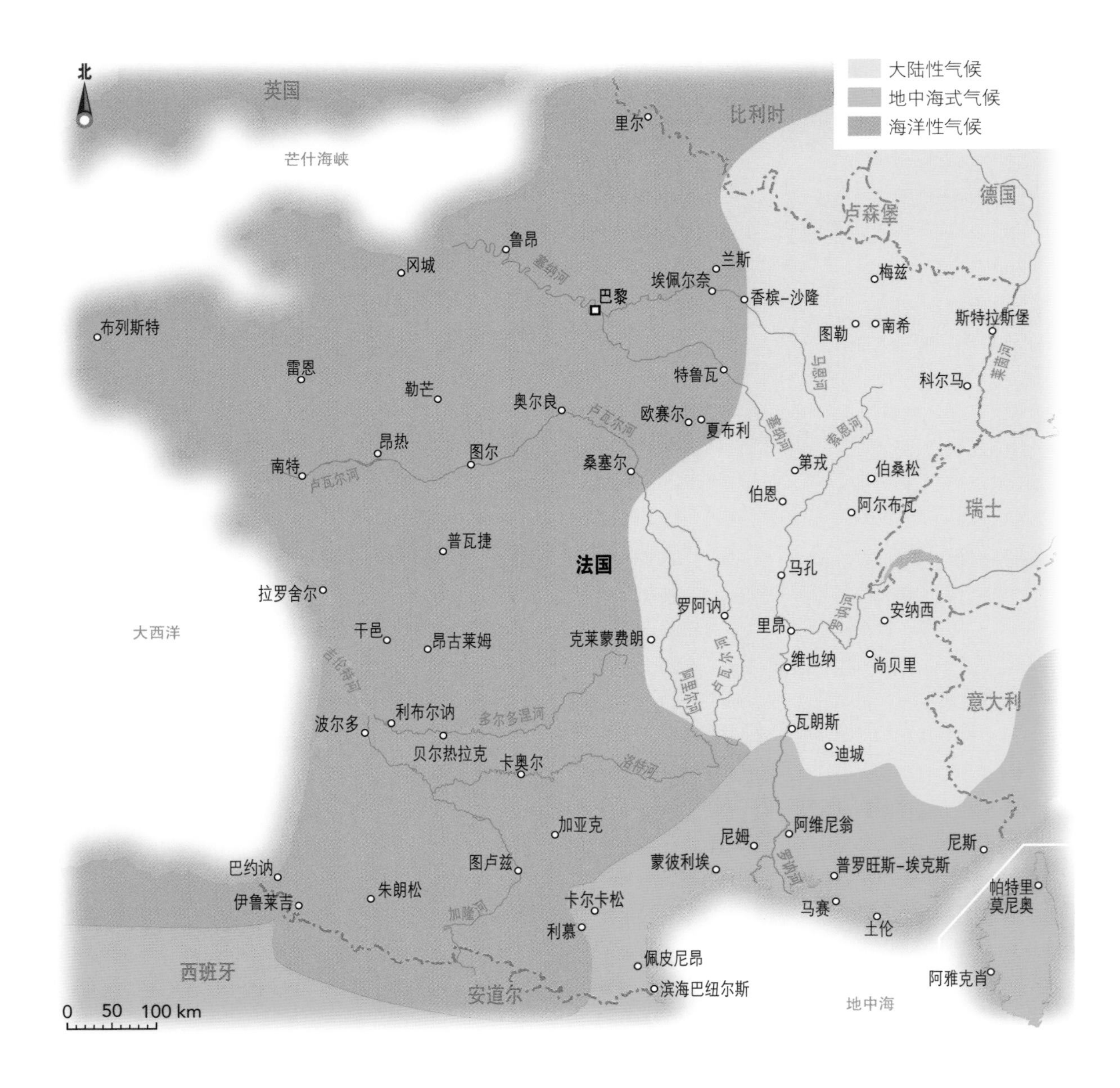

回归法式风格

法国的葡萄种植与其所在的风土密不可分，而法国葡萄酒也拥有与其相应的风格。法国共有大约106 600家葡萄种植者，其中大约30 250家进行葡萄酒酿造。与此对比，澳大利亚共有150 000公顷葡萄园，但生产系统却很集中，只有6 000家葡萄种植者，其中的38家酿酒厂出产全年90%的葡萄酒。

经过长时间的法规界定，时至今日，法国葡萄园的划分已经成为一项创举，尤其是通过能够代表风土和酿酒人工艺的小型特酿而体现出来。

法国新风尚的快速发展

有机葡萄酒和自然葡萄酒风头正盛。法国非常善于捕捉这些新的趋势，越来越多的酿酒人笃信并参与其中。

今天，法国已有8.7%的葡萄园采用有机种植，16%处于转化期。有机葡萄园的面积在8年内翻了3倍。

所谓的自然葡萄酒——在酒窖里或在酿造中不使用硫（SO_2）——同样获得大幅的发展。

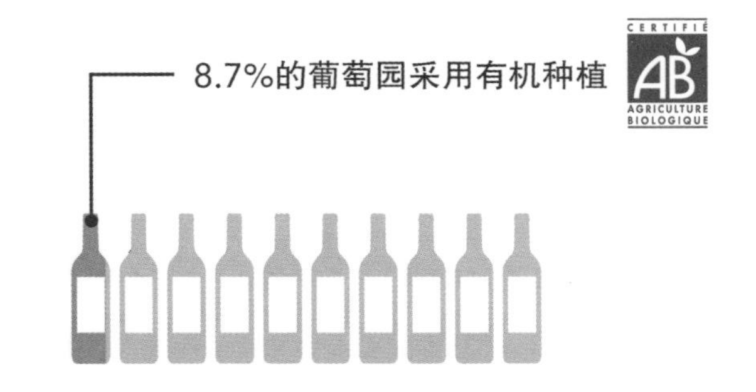

法国的产区分级

法定保护产区（AOP，欧盟术语）或称法定产区（AOC，传统术语）葡萄酒： 葡萄酒产自一种特定的风土，当地的自然和人文因素决定了葡萄酒的品质和特点。

地区保护餐酒（IGP）： 从前称为地区餐酒（vins de pays），葡萄酒产自一个特定的区域，具有与该区域相对应的品质、名声以及其他特点。

无地理标识的葡萄酒（VSIG）： 法国葡萄酒金字塔的最底层。从前称为普通餐酒（vins de table），葡萄酒来自欧盟成员国家的混合。如果完全来自法国，则称为法国葡萄酒（vins de France）。

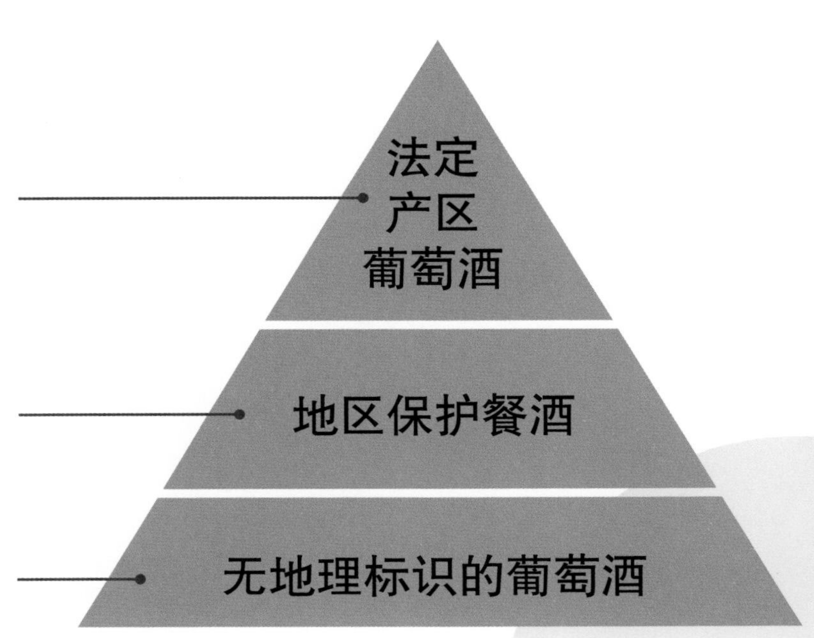

香槟（Champagne）

基本情况

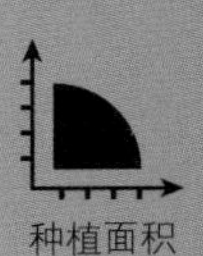
种植面积

大约33 350公顷（占世界总种植面积的0.44%）

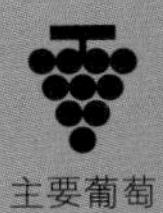
主要葡萄品种

霞多丽
皮诺莫尼耶
黑皮诺

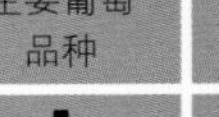
葡萄酒的种类

主要出产气泡白葡萄酒

香槟是一种气泡葡萄酒，与其所在的产区同名。香槟风土的第一个特点，是位于北半球葡萄种植的边界；第二个特点，是受到双重气候的影响，主要为海洋性气候，又有大陆性气候的影响，所以天气凉爽，非常适合出产气泡葡萄酒。

酿造香槟需要采用三个葡萄品种：黑皮诺、皮诺莫尼耶（Pinot meunier）和霞多丽。

香槟一名经常遭到滥用，所以受到法律的严格保护，只有产自香槟区域的葡萄酒才能称为香槟。

细读酒标

黎赛桃红葡萄酒

- 巴尔山坡的法定产区
- 采用放血法酿造的静止桃红葡萄酒：
  - 或者采用发酵罐陈酿：新鲜清淡；
  - 或者采用橡木桶陈酿1~2年，口感更加饱满圆润。

香槟的主要特点

位置	典型风格	主要葡萄品种	地质条件	价格
白丘（Côte des Blancs）				
阿维兹 维特斯	• 气泡葡萄酒 • 清新细腻、口感活泼，充满花香、果香（柑橘类水果）、榛子和甜酥面包的香气	霞多丽	• 距离香槟地区的布里（Brie）高地10～15千米的白垩悬崖和山坡	从 €€ 到 €€€€
兰斯山脉（Montagne de Reims）				
布齐 安邦内	• 气泡葡萄酒 • 更加圆润的黑皮诺，充满红色水果和黄色水果的香气	黑皮诺	• 朝西和朝北的高原侧翼，狭窄山谷中朝南和朝西南的石灰岩山坡	从 €€ 到 €€€€
马恩河谷（Vallée de la Marne）				
艾伊 玛勒伊	• 气泡葡萄酒 • 非常浓厚的黑皮诺，与兰斯山坡相比酸度略低 • 皮诺莫尼耶：不如黑皮诺浓厚，酸度略高	皮诺莫尼耶 黑皮诺	• 马恩河沿岸的山坡	从 €€ 到 €€€
巴尔山坡（Côte des Bar）				
黎赛	• 气泡葡萄酒和静止葡萄酒 • 较为清淡的黑皮诺，在调配中提供清新感 • 黎赛桃红葡萄酒（Rosé-des-riceys）：充满杏仁和红色水果香气的静止桃红葡萄酒	黑皮诺	• 香槟产区的南部	从 €€ 到 €€€
香槟山坡（coteaux-champenois）法定产区				
	• 静止葡萄酒 • 充满柑橘类水果和榛子香气的干白葡萄酒 • 精致细腻、充满覆盆子和樱桃香气的红葡萄酒	霞多丽 皮诺莫尼耶 黑皮诺	• 整个产区	€€

特级园（grand cru）与一级园（premier cru）

香槟共有17个村庄享有“特级园”的名称，约占香槟总种植面积的14%；44个村庄享有“一级园”的名称，约占香槟总种植面积17.4%。

捍卫香槟的名字

2005年，香槟人与美国加利福尼亚纳帕谷的酿酒人一起，推出《位置的声明》（*Declaration of place*），旨在督促消费者关注葡萄酒来源的重要性。

聚焦

香槟

加糖

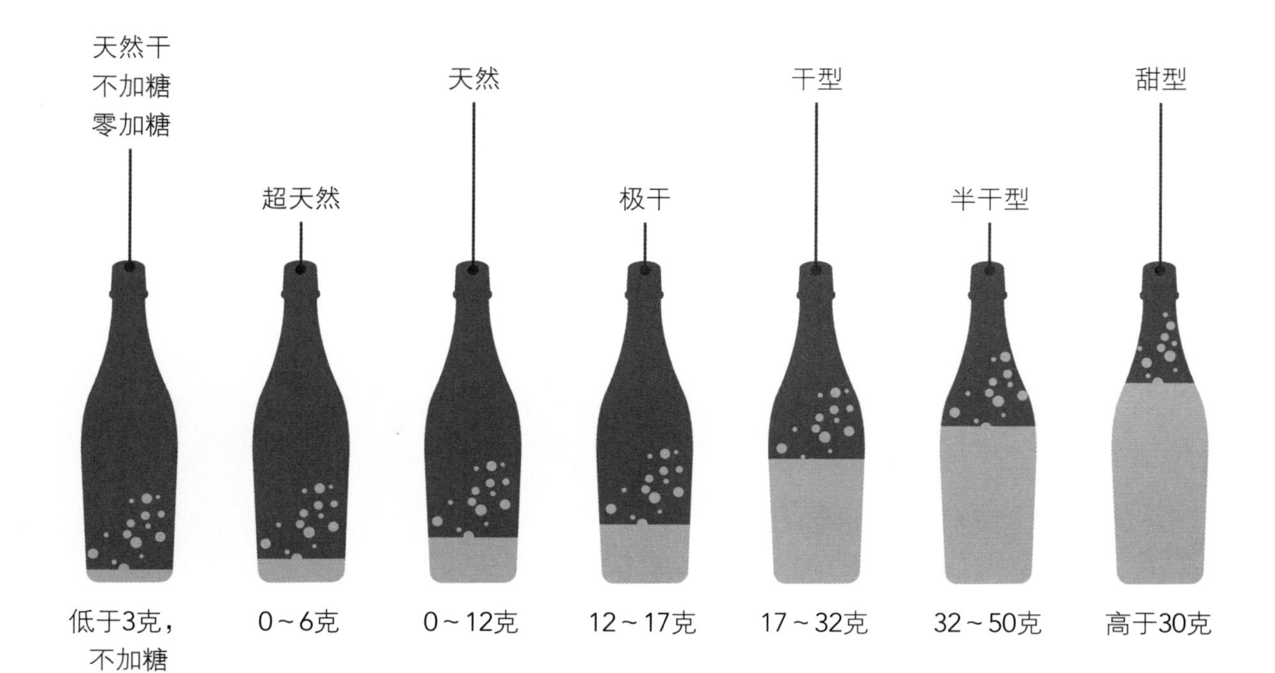

不同的香槟风格

无年份香槟

- 占香槟总产量的绝大部分
- 将当前年份的酒和储备酒（之前年份的酒）进行调配
- 至少陈酿15个月，其中至少12个月为酒泥陈酿

年份香槟

- 只在最好的年份出产
- 葡萄来自同一个年份（最多可加20%的储备酒）
- 至少酒泥陈酿3年

白中白香槟

- 完全采用白葡萄酿造，即100%霞多丽

黑中白香槟

- 完全采用红色葡萄酿造，即100%黑皮诺或莫尼耶

桃红香槟

- 两种酿造方法：
  - 白葡萄酒和红葡萄酒调配（在欧盟只有桃红香槟允许红白葡萄酒调配）
  - 酿造桃红基酒

奢华特酿（Cuvée Prestige）

- 并非官方术语，指的是一个酿酒人或一家酒庄出产的高端酒款
- 通常产量很小

晚除渣（RD，全称Récemment dégorgé）香槟

- 是某些香槟酒厂最高品质等级的酒款
- 在多年的酒泥陈酿后除渣上市

特别术语

酿酒人的职业身份必须在酒标上注明。

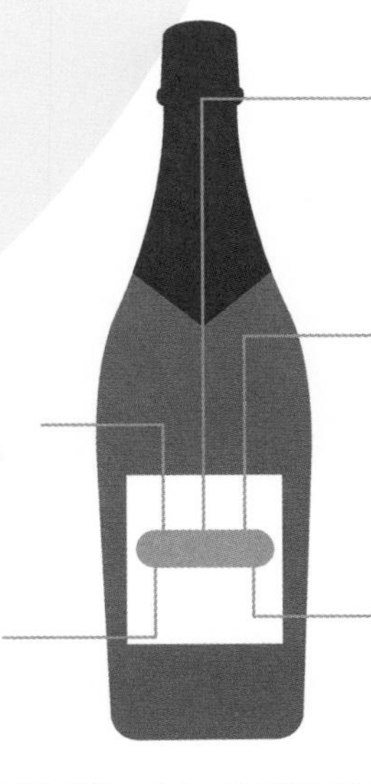

合作社葡萄种植者（RC）
葡萄种植者将葡萄交给合作社酒窖，后者酿造香槟，并以自己的名称销售。

酒商兼酿酒人（NM）
酒商收购葡萄，有时自己也种植葡萄，酿造并销售香槟。大部分大型香槟酒厂都属于这个门类。

葡萄种植者兼酿酒人（RM）
采用自己酒庄的葡萄酿造和销售自己的香槟。

种植兼酿酒公司
集合多个葡萄种植者兼酿酒人的公司。

合作社酿酒人（CM）
合作社酿造香槟，并以自己的品牌销售。

香槟葡萄酒的香气特征

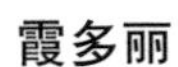

	霞多丽	皮诺莫尼耶	黑皮诺
年轻葡萄酒	 椴树花  白花  山楂花 柠檬 柚子 橙子  苹果  菠萝  荔枝 薄荷 八角茴香 生姜	 苹果  野生草莓  桃 杏 梨 橘子  香草	草莓  樱桃 覆盆子  紫罗兰  玫瑰 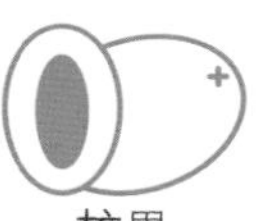 杧果  蓝莓 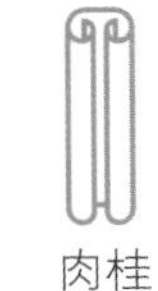 肉桂  苹果 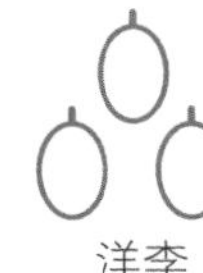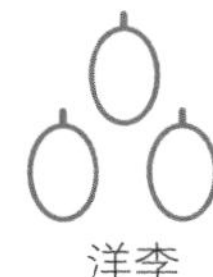 洋李
成熟葡萄酒	 焦糖  糕点  布里欧修	 杏仁 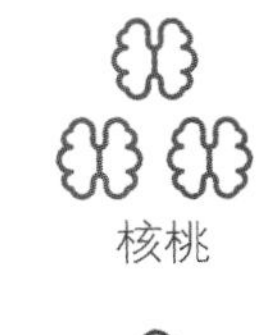 核桃  蜂蜜	无花果  黑莓 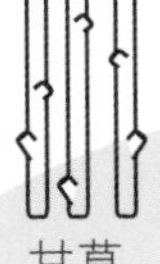 甘草
巅峰状态的葡萄酒	 烤面包 香料面包 木瓜酱	灌木 可可 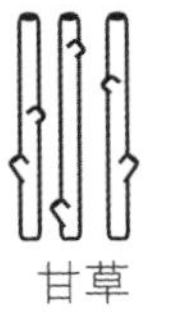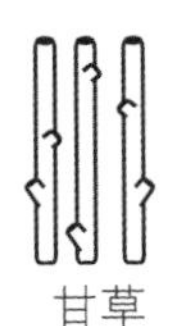 甘草	榛子 咖啡  烟草

阿尔萨斯和洛林

基本情况

阿尔萨斯产区由北到南长170千米，北起马尔勒南（Marlenheim），南至塔恩（Thann），宽4～20千米。

阿尔萨斯的海拔在150～400米，属于丘陵地带，受到孚日山脉（Vosges）的保护。这道天然屏障形成大陆性气候，当地秋季干燥漫长，日照极佳。阿尔萨斯出产的葡萄酒除了极少的例外，都是单品种酿造。所以葡萄酒都以葡萄品种命名，并且香气浓郁。

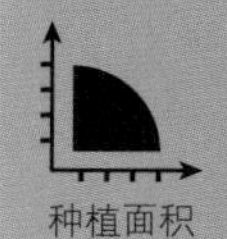 种植面积	大约15 600公顷（占全世界总种植面积的0.2%）
 主要葡萄品种	欧塞瓦（Auxerrois） 夏瑟拉 琼瑶浆 麝香 白皮诺 灰皮诺 雷司令 黑皮诺
葡萄酒的种类	主要出产从干型到甜型的白葡萄酒

细读酒标

阿尔萨斯特级园雷司令

- 100%采用标注的葡萄品种酿造
- 共有51个地块享有特级园的名称
- 只能采用四个贵族葡萄品种酿造：雷司令、琼瑶浆、灰皮诺、麝香

阿尔萨斯和洛林葡萄酒的主要特点

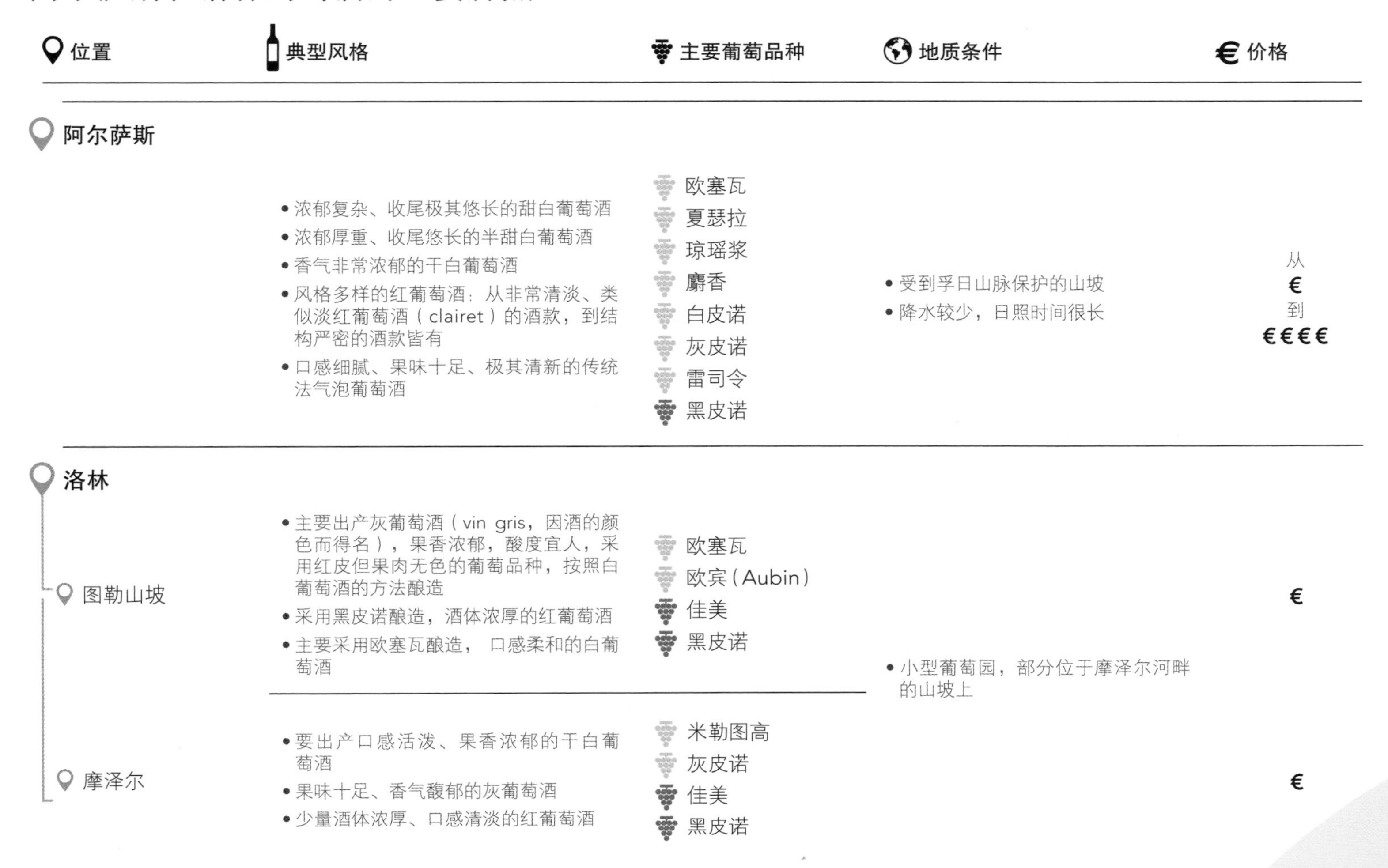

位置	典型风格	主要葡萄品种	地质条件	价格
阿尔萨斯	• 浓郁复杂、收尾极其悠长的甜白葡萄酒 • 浓郁厚重、收尾悠长的半甜白葡萄酒 • 香气非常浓郁的干白葡萄酒 • 风格多样的红葡萄酒：从非常清淡、类似淡红葡萄酒（clairet）的酒款，到结构严密的酒款皆有 • 口感细腻、果味十足、极其清新的传统法气泡葡萄酒	欧塞瓦 夏瑟拉 琼瑶浆 麝香 白皮诺 灰皮诺 雷司令 黑皮诺	• 受到孚日山脉保护的山坡 • 降水较少，日照时间很长	从 € 到 €€€€
洛林				
图勒山坡	• 主要出产灰葡萄酒（vin gris，因酒的颜色而得名），果香浓郁，酸度宜人，采用红皮但果肉无色的葡萄品种，按照白葡萄酒的方法酿造 • 采用黑皮诺酿造，酒体浓厚的红葡萄酒 • 主要采用欧塞瓦酿造， 口感柔和的白葡萄酒	欧塞瓦 欧宾（Aubin） 佳美 黑皮诺	• 小型葡萄园，部分位于摩泽尔河畔的山坡上	€
摩泽尔	• 要出产口感活泼、果香浓郁的干白葡萄酒 • 果味十足、香气馥郁的灰葡萄酒 • 少量酒体浓厚、口感清淡的红葡萄酒	米勒图高 灰皮诺 佳美 黑皮诺		€

晚收（Vendanges tardives）和贵腐粒选（Sélection de grains nobles）

阿尔萨斯产区属于半大陆性气候，降雨很少，日照时间极长，尤其是秋季，特别适合葡萄的自然风干以及贵腐菌的生长，并且能使雷司令、麝香、灰皮诺和琼瑶浆这些贵族葡萄品种的采收时间比一般情况晚得多。

“晚收”葡萄酒采用在过度成熟的状态（采收开始几个星期以后）下采摘的葡萄酿造，从而增添复杂度和浓郁度。晚收葡萄酒的风格各种各样，从干型（少见）到半甜型皆有。

“贵腐粒选”葡萄酒指的是采用感染贵腐菌、手工采摘的葡萄酿造的优质甜型葡萄酒。

精选混酿（Gentil）和高贵混酿（edelzwicker）

“精选混酿”葡萄酒指的是采用至少50%的雷司令、琼瑶浆、灰皮诺或麝香酿造的葡萄酒。

“高贵混酿”葡萄酒同样也是调配葡萄酒，但是没有其他要求，风格根据混酿方式的不同而各种各样。

勃艮第（Bourgogne）

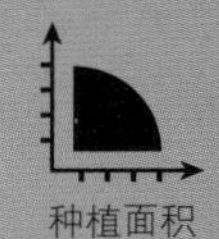
种植面积

大约28 000公顷（占全世界总种植面积的0.4%）

主要葡萄品种

阿里高特（Aligoté）
霞多丽
黑皮诺

葡萄酒的种类

主要出产白葡萄酒

基本情况

勃艮第产区的历史可以上溯到高卢–古罗马时期，但是使其上升到现在高度的，却是西多会修道院的修士。霞多丽和黑皮诺的葡萄树绵延在从夏布利到马孔的长达50千米的狭窄区域之内，出产闻名世界的佳酿。其中最为著名的要数一级园和特级园的酒款，但是勃艮第同样也有非常优质的大区级和村庄级酒款，分布在夏布利地区、金丘、夏龙丘以及马孔地区。

细读酒标

勃艮第传统法气泡葡萄酒法定产区

- 法定产区
- 用传统法酿造的白、桃红或红气泡葡萄酒
- 所用的葡萄品种多种多样：
  - 白：霞多丽、阿里高特、白皮诺、莎西（sacy）又名特利莎（tressalier）
  - 红：佳美、黑皮诺、灰皮诺

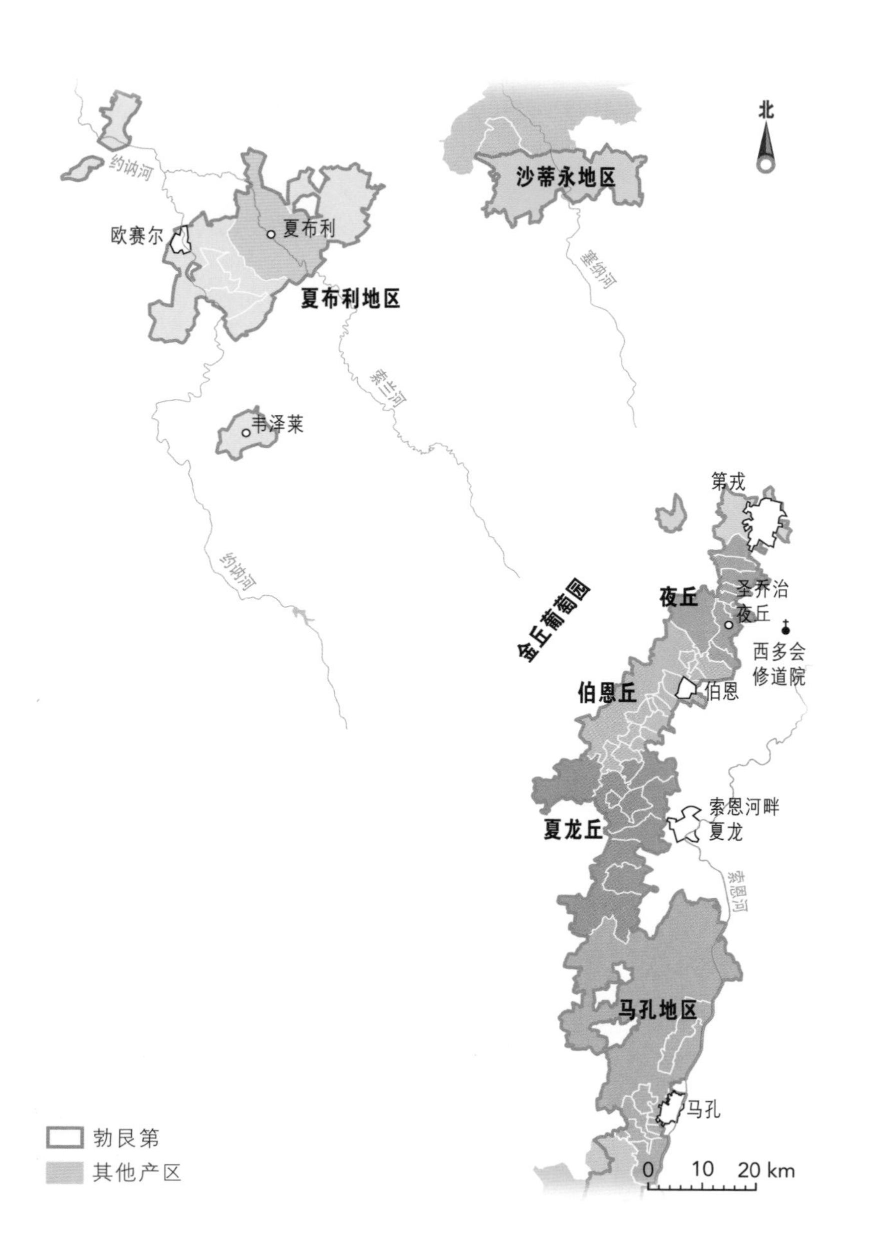

划分细碎的葡萄园

1790年，法国大革命期间，教会的财产被充公，葡萄园因为继承而被划分得非常细碎。

到了拿破仑时期，有关葡萄园分配的法规出台，这一过程加快了划分的速度。每个酒庄都被分配到不同的继承人手中，每个庄主名下的地块变得越来越小。勃艮第始终拥有大量的家族酒庄，但是面积都很小。

著名的伏旧园占地50公顷，却有超过80家酒庄，便是典型的例子。

勃艮第葡萄酒的主要特点

位置	典型风格	主要葡萄品种	地质条件	价格
夏布利地区（Chablisien）				
	• 口感活泼的白葡萄酒，比如小夏布利 • 口感复杂、充满矿物质和香料气息的白葡萄酒，比如夏布利大区级 • 收尾悠长、能够陈年的白葡萄酒，比如夏布利一级园 • 复杂深沉、充满食用伞菌典型香气的优质白葡萄酒，比如夏布利特级园	霞多丽	• 夏布利村位于索兰（Serein）河谷当中 • 主要为启莫里阶黏土土壤 • 可能受到霜冻的严重打击	从 € 到 €€€€
金丘（Côte d'Or）之夜丘（Côte de Nuits）				
	• 主要出产结构坚实、陈年潜力卓越的红葡萄酒	黑皮诺 霞多丽	• 第戎市（Dijon）以南二十多千米的朝东山坡，宽度不到500米 • 温和的大陆性气候（比伯恩丘稍冷）	从 € 到 €€€€
金丘（Côte d'Or）之伯恩丘（Côte de Beaune）				
	• 收尾悠长、陈年潜力卓越的干白葡萄酒 • 与夜丘相比略微清淡的红葡萄酒	霞多丽 黑皮诺	• 葡萄园面积为三十多平方千米，北起科尔登丘陵，南至马朗日（Maranges）山坡 • 气候温和，夏季偶有冰雹造成损失	从 €€€ 到 €€€€€
夏龙丘（Côte chalonnaise）				
	• 活泼精致的白葡萄酒 • 大量的传统法气泡葡萄酒 • 口感柔和、结构较为坚实、陈年潜力优异的红葡萄酒	阿里高特 霞多丽 黑皮诺	• 面积很小，位于索恩－卢瓦尔省（Saône-et-Loire）以北的山坡上	从 € 到 €€
马孔地区（Mâconnais）				
	• 主要出产白葡萄酒：有的口感活泼，有的香气丰富，结构严密，酒体饱满	霞多丽 黑皮诺 佳美	• 位于勃艮第南部，紧邻博若莱 • 日照时间更长	从 € 到 €€

伯恩市立济贫院

伯恩市立济贫院（Hospices Civils de Beaune）的历史始于尼古拉·罗林（Nicolas Rolin）和吉恭·萨兰（Guigone de Salins）于1443年建立的主宫（Hôtel-Dieu）医院。这座建筑从1980年起不再接收病人，但是变成了一座游人络绎不绝的历史建筑。伯恩市立济贫院名下拥有60公顷的著名葡萄园，其中包括勃艮第最好的一些产区。济贫院出产的葡萄酒每年在11月第三个星期日举行拍卖会销售，这也成为世界上最为著名的慈善拍卖。

勃艮第

产区分级

勃艮第的产区系统以风土的分级为基础，包括四个等级：

- 勃艮第共有7个大区级产区，通常都以“勃艮第”（Bourgogne）一词开头，比如勃艮第（bourgogne）、勃艮第传统法气泡葡萄酒（crémant-de-bourgogne）等。

- 村庄级产区共有44个，都是产酒品质长期获得认可的村庄，比如默尔索（meursault）或者沃讷-罗曼尼（vosne-romanée）等。

- 在这些村庄级法定产区的内部，还有640个葡萄园被列为一级园，比如默尔索的夏尔姆（Charmes）、沃讷-罗曼尼的苏秀（Suchots）等。

- 分级金字塔的顶端是33个特级园，只占勃艮第总产量的不到2%。这些风土几个世纪以来被认为是最适合酿造顶级葡萄酒的，比如科尔登（corton）、蒙哈榭（montrachet）等。

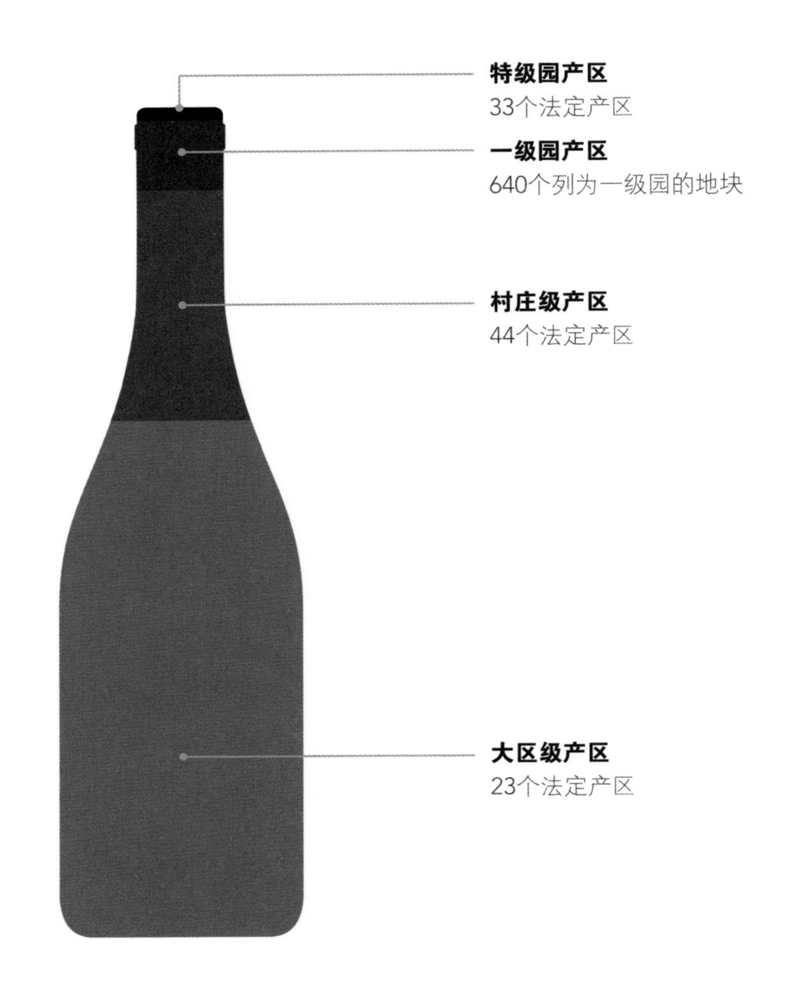

地块（climat）

在勃艮第，地块指的是几个世纪以来经过仔细划定和命名的葡萄园，具有特殊的地质和气候条件。丰富多彩的地块和略地（lieu-dit）塑造了勃艮第葡萄酒的特性。

酒标背后

围园（clos）指的是按照传统以干石头砌成的围墙包围的葡萄园。

独占园（monopole）指的是一家酒庄专属的葡萄园：比如罗曼尼-康帝（romanée-conti）和踏雪（la tâche）这两个产区都是位于沃讷-罗曼尼的罗曼尼-康帝酒庄的独占园。

陈酿酒商（négociant-éleveur）

勃艮第的一大特点，是当地陈酿酒商所扮演的重要角色。20世纪初，酒商开始为葡萄种植者提供一个正常、简便、几乎是专属的产品销路：葡萄种植者负责种植和采收葡萄，完成酿造的前期步骤（发酵、压榨和装桶），而酒商则负责葡萄酒的陈酿以及装瓶销售。在1928—1929年的经济危机期间，这个系统出现了问题。酒商因为无法将酒卖出，所以不再向葡萄种植者收购葡萄。一些顶尖的酒庄于是开始直接销售。随着1974年再一次经济衰退的到来，酒庄开始为酒窖投资，以便自行陈酿葡萄酒。今天，勃艮第平均三分之二的产酒由酒商收购，而酒庄也自行销售自己出产的大部分葡萄酒。这种陈酿酒商成为勃艮第的特色，代表着每家公司的独特风格。勃艮第还有另外一项特色，即酒商总是坐落在葡萄园附近，尤其是那些历史悠久的家族企业，现在仍然为数众多，他们在18世纪末期购得大量最佳地块的葡萄园，从此一发不可收拾。1998年，酒商掌握的葡萄园面积达到2000公顷，到了2010年更是达到2500公顷。

夏布利地区

葡萄园蔓延在索兰山谷的秀丽山坡之上，独特的风土赋予夏布利葡萄酒以典型的矿物质风味。

当地最为著名的产区要数夏布利特级园，出产的葡萄酒呈金绿色，活泼的酒体、干型的口感与清新的酸度达到完美的平衡。

夏布利一级园葡萄酒具有多种多样的香气，有的更偏矿物质气息，有的更偏花香。

夏布利大区级葡萄酒口感极干，以清新细腻而著称。

小夏布利葡萄酒口感活泼清淡。

由于夏布利产区地形狭长，所以土壤组成较为丰富，但是可以看出产区北部主要为石灰岩，南部则为黏土燧石。夏布利地区拥有独特的启莫里阶土壤，其以英国南部启莫里村（Kimmeridge）命名，由深厚的石灰泥灰岩组成。

夏布利是法国北部的产区之一，经常遭遇春霜的问题。20世纪60年代，最早的保护系统出现。目前酿酒人主要采用两种保护系统：一部分酿酒人点燃石蜡蜡烛或者燃油暖炉以升温；另一部分则选择在葡萄树上喷水，从而在嫩叶和芽孢上形成冰茧，保护其不受冷空气的损伤。

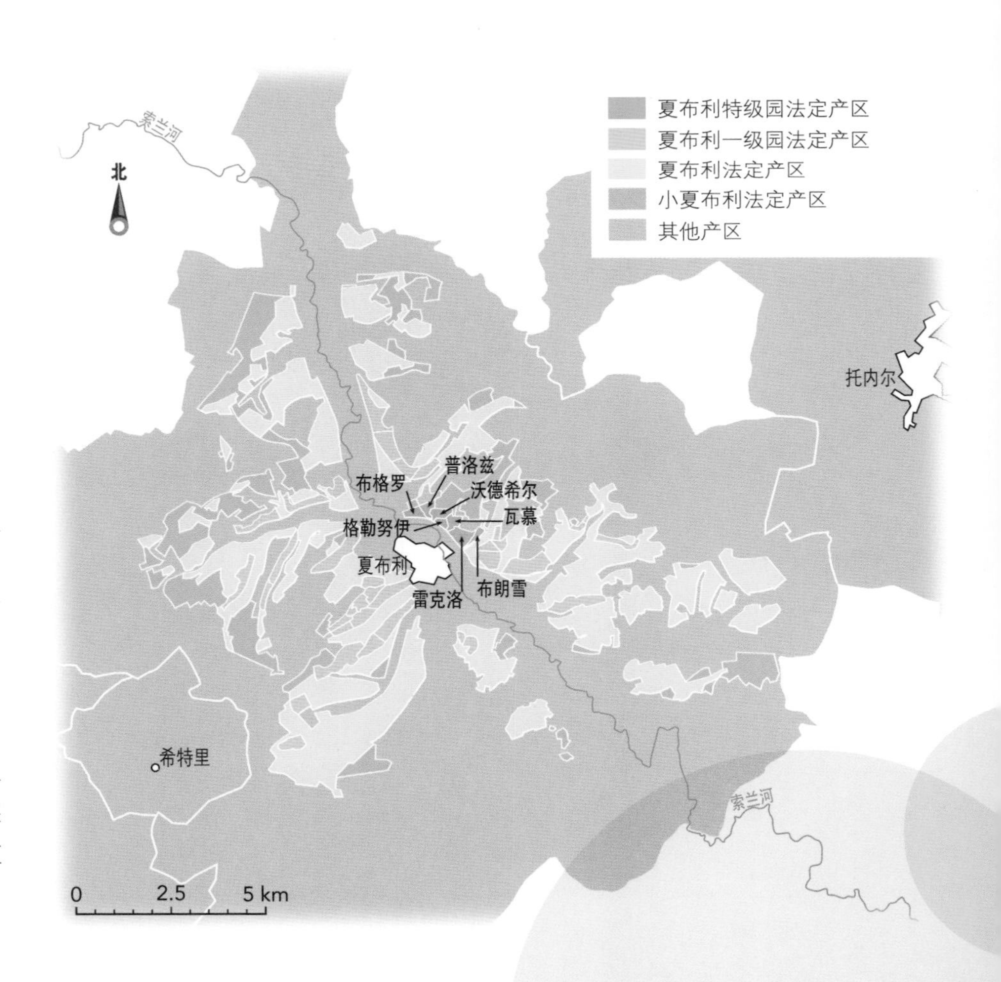

夜丘（Côte de Nuits）

基本情况

圣乔治–夜丘村（Nuits–Saint–Georges）是位于金丘北部的夜丘产区的得名原因。“Nuits”一词来源于“noue”，意为“水、潮湿的地方”。Nuits的山坡曾经是一片沼泽，由定居西多（Cîteaux）的修士耐心地将其抽干。这个产区是黑皮诺的王国，出产精华尽显的佳酿，包含法国最著名的特级园。理想的风土，绝佳的朝向，适中的海拔，和缓的山坡塑造出24个特级园。

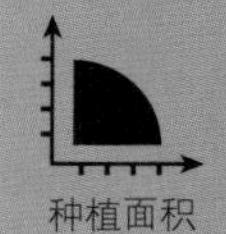 种植面积	大约4 000公顷（占全世界总种植面积的0.05%）
 主要葡萄品种	黑皮诺 霞多丽
 葡萄酒的种类	主要出产红葡萄酒（占总产量的90%）

细读酒标

尚贝丹–贝日园特级园

- 法定产区
- 被列为最高等级的特级园
- 100%采用黑皮诺酿造
- 勃艮第最古老的葡萄园：起源于公元640年

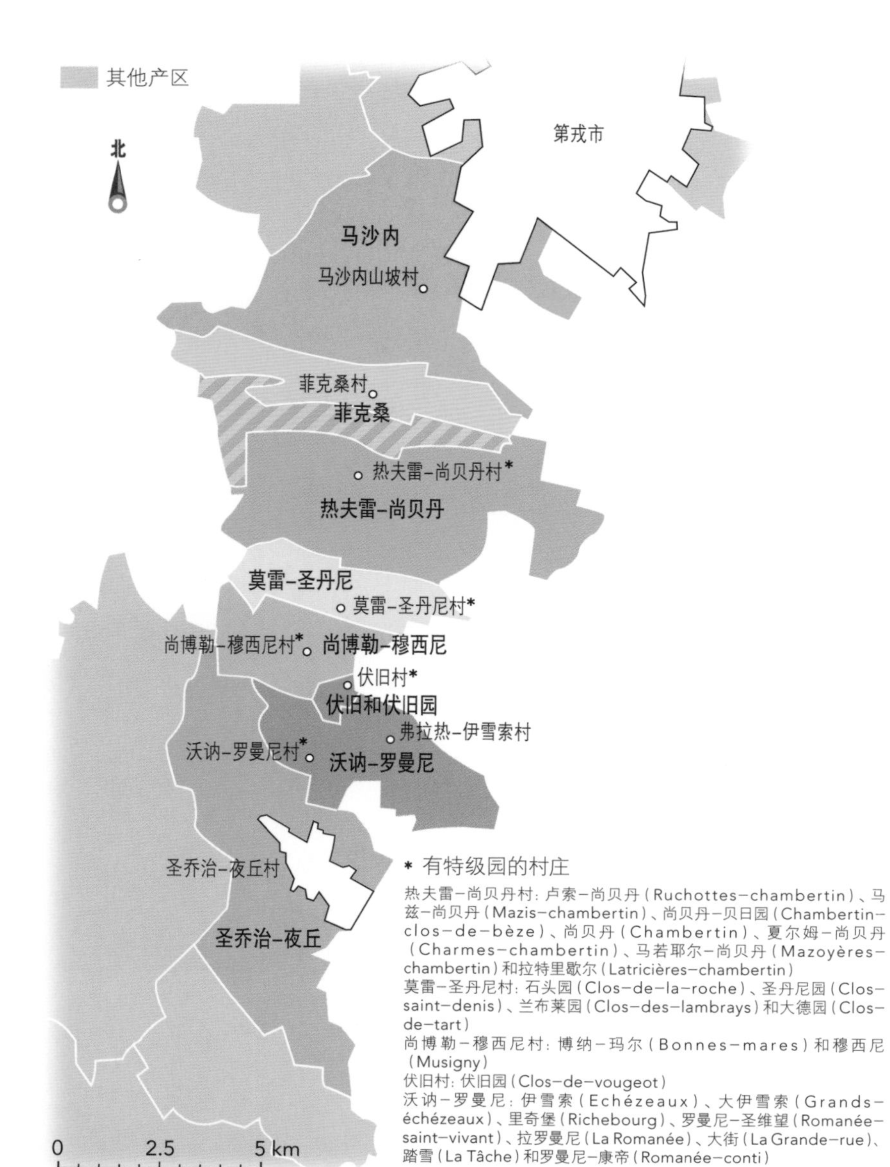

勃艮第骑士会的骑士

勃艮第骑士会（Confrérie des Chevaliers du Tastevin）是勃艮第的葡萄酒社团，成立于1934年，旨在推广勃艮第的传统以及美酒美食。骑士会每年在伏旧园城堡举办十六场晚宴（称为“chapitre”）。其中有两场最为著名，即在伯恩市立济贫院葡萄酒拍卖之后举办的荣耀三日（Trois glorieuses）晚宴，以及在1月最后一个星期日举办的圣文森葡萄酒节（Saint–Vincent tournante）晚宴，圣文森便是酿酒人的保护神。

夜丘葡萄酒的主要特点

位置	典型风格	主要葡萄品种	地质条件	价格
马沙内（Marsannay）和菲克桑（Fixin）	• 主要出产红葡萄酒。结实坚硬、适合陈年。			
热夫雷–尚贝丹（Gevrey–chambertin）	• 只出产红葡萄酒。强劲有力、结构平衡，是夜丘产区中颗粒感很重的酒款之一。			
莫雷–圣丹尼（Morey–saint–denis）	• 主要出产红葡萄酒。介于强劲的热夫雷和细腻的尚博勒之间。			
尚博勒–穆西尼（Chambolle–musigny）	• 只出产红葡萄酒。通常被视为最为女性化的红葡萄酒，是夜丘产区中丝滑风格的典型范本，但是结构仍然很强。	黑皮诺	• 葡萄树种植在朝东的山坡上 • 根据在山坡上位置的不同，风土、土壤和朝向各有不同（特级园位于山坡的中段） • 这里的风土如同绵延在石灰岩层上的千层酥	从 €€ 到 €€€€€
伏旧（Vougeot）	• 主要出产红葡萄酒。充满水果和香料的香气，丰腴庞大。			
沃讷–罗曼尼（Vosne–romanée）	• 只出产红葡萄酒。充满成熟水果和香料的芬芳，非常复杂，单宁紧实。			
沃讷–罗曼尼（Vosne–romanée）	• 出产结构坚实、适合陈年的红葡萄酒。也有极其少量的白葡萄酒出产。			

背斜谷（combe）

背斜谷指的是在地形中造成皱褶的小型山谷或沟壑。在勃艮第，整个夜丘的所有村庄都有一条甚至两条背斜谷。这些背斜谷通过疏通从高原下降的凉风，形成各种各样的微气候，从而影响各个地块葡萄的成熟度。

拉沃（Lavaux）背斜谷是其中最为著名的一座，它将热夫雷–尚贝丹村分成两大部分。

罗曼尼–康帝酒庄（domaine de la Romanée Conti）的奥秘

这家酒庄称得上是卓越的代名词，拥有8个特级园的土地，吸引着全世界的葡萄酒爱好者。其中最具代表性的罗曼尼–康帝葡萄酒（Romanée–Conti）以配额名单的方式出售，只有极少的幸运者才能获得，他们还要保证不会利用这些酒囤积居奇。这款酒的产量极其稀少，只以12瓶“混合”箱的形式出售：想买1瓶罗曼尼–康帝，就必须购买酒庄的其他特级园酒款。

伯恩丘（Côte de Beaune）

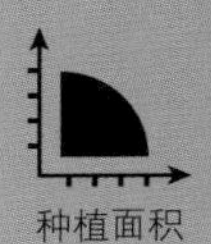

种植面积

大约6 000公顷（占全世界总种植面积的0.08%）

主要葡萄品种

霞多丽
黑皮诺

葡萄酒的种类

出产红葡萄酒（占总产量的57%）和白葡萄酒（43%），后者更为著名

基本情况

伯恩丘是夜丘的延伸，丘陵遍布，地形呈圆形。下层土壤由较为易碎的泥灰岩和石灰岩交替组成，适合出产白葡萄酒。伯恩丘共有8个特级园，集中在科尔登山和蒙哈榭山四周。

细读酒标

伯恩一级园尼古拉–罗林特酿

- 法定产区
- 伯恩市立济贫院出产46款特酿，其中每一款都以历史上的一位慈善家或捐赠人的名字命名

两种颜色

伯恩丘与夜丘相比有所不同的是，这里白葡萄酒和红葡萄酒都有出产，前者名气更大，后者较为柔和。

伯恩丘共有29个产区，几乎所有产区均为白葡萄酒和红葡萄酒都有出产，分别采用霞多丽和黑皮诺酿造。只有沃尔奈和波玛这两个法定产区只出产红葡萄酒。

夜丘葡萄酒的主要特点

位置	典型风格	主要葡萄品种	地质条件	价格
阿罗克斯–科尔登（Aloxe–corton）	• 主要出产红葡萄酒。有的浓厚醇美，有的柔和高贵。	霞多丽 黑皮诺	• 葡萄园位于拉杜瓦–塞里尼村（Ladoix–Serrigny）和马朗日（Maranges）山坡之间 • 温和的大陆性气候，夏季偶有暴雨和冰雹 • 土壤根据朝向不同各有区别，主要由泥灰石灰岩和泥灰岩组成 • 集中众多白葡萄酒优质葡萄园	从 €€ 到 €€€€€
科尔登（Corton）	• 只出产红葡萄酒的特级园，强劲浓郁、酒体丰满、独一无二。			
伯恩（Beaune）	• 主要出产红葡萄酒。有的强劲浓郁，有的柔和圆润。			
波玛（Pommard）	• 只出产红葡萄酒。颜色深暗、单宁强劲、果味十足、适合陈年。			
沃尔奈（Volnay）	• 被认为是伯恩丘最为“女性化”的葡萄酒，精致细腻。			
默尔索（Meursault）	• 出产口感滑腻、结构严密、收尾悠长、质地丝滑的白葡萄酒，也有极其少量的红葡萄酒出产。			
普里尼–蒙哈榭（Puligny–montrachet）	• 出产丰腴滑腻、丰厚复杂、收尾极其悠长复杂的白葡萄酒，也有极其少量的红葡萄酒出产。			
夏瑟尼–蒙哈榭（Chassagne–montrachet）	• 出产滑腻醇厚的白葡萄酒，矿物质气息比普里尼–蒙哈榭略淡。			

默尔索的葡萄丰收大聚餐（La Paulée）

葡萄丰收大聚餐是葡萄采收后的传统聚餐，酿酒人、工人及其朋友都会参加。默尔索的葡萄丰收大聚餐逐渐演变为荣耀三日的结束盛会：周五晚上举办伏旧园晚餐，接着是周日的伯恩市立济贫院拍卖会，最后是周一晚上在默尔索城堡举办的葡萄丰收大聚餐。

拉丰伯爵（comte Lafon）于1923年重新开始举办葡萄丰收大聚餐。9年之后，这一活动增加了文学大奖，获奖者可以获得100瓶默尔索葡萄酒，每年提供奖品的酿酒人都会更换。

勃艮第南部

基本情况

夏龙丘产区位于金丘以南，主要为丘陵，出产白葡萄酒和红葡萄酒（除了布哲宏和蒙塔尼只出产白葡萄酒）。马孔地区更加靠南，占勃艮第葡萄种植面积的四分之一，因其白葡萄酒而著名，尤其是索鲁特（Solutré）山崖脚下的普伊–富塞产区。

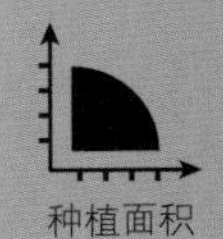

种植面积

大约11 000公顷（占全世界总种植面积的0.15%）

主要葡萄品种

- 霞多丽
- 阿里高特
- 黑皮诺

葡萄酒的种类

主要出产白葡萄酒

细读酒标

蒙塔尼一级园雷巴塞

- 法定产区
- 蒙塔尼产区49个一级园之一
- 100%采用霞多丽酿造

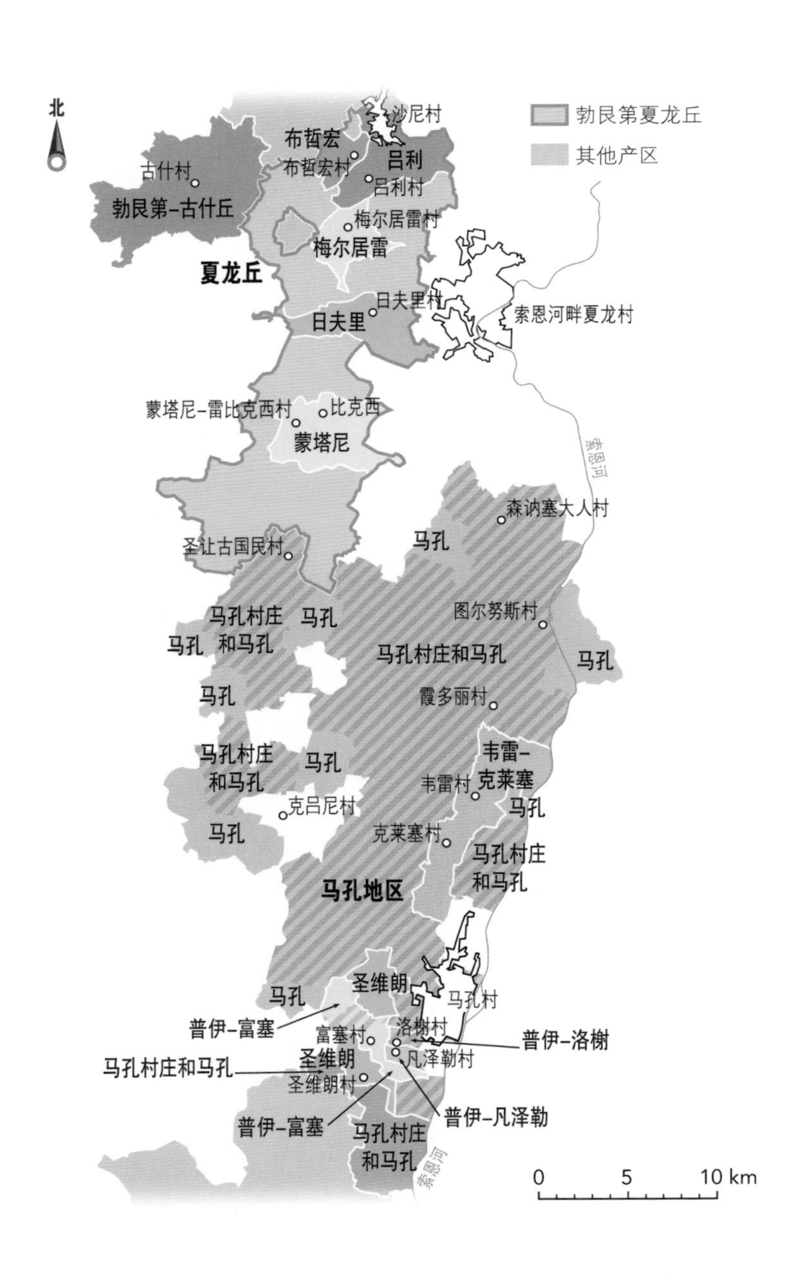

夏龙丘及其一级园

夏龙丘没有特级园，但是吕利、日夫里、蒙塔尼和梅尔居雷法定保护产区却总共有140个一级园。在一段时间里，拥有32个地块列为一级园的梅尔居雷被称为“夏龙丘的波玛”，而拥有28个地块列为一级园的日夫里则被称为“夏龙丘的沃尔奈”。

勃艮第南部葡萄酒的主要特点

位置	典型风格	主要葡萄品种	地质条件	价格
夏龙丘（Côte chalonnaise）				
梅尔居雷	• 酒体有力，年轻时略显严肃，陈年之后则会柔化	霞多丽 黑皮诺	• 葡萄园面积很小，位于索恩-卢瓦尔省北部的山坡上	€€
日夫里	• 酒体有力，充满香料的芬芳，陈年之后则会柔化	霞多丽 黑皮诺	• 有32个地块列为一级园	€€
吕利	• 白葡萄酒果香浓郁、口感圆润、收尾悠长 • 红葡萄酒口感丰腴、果香浓郁	霞多丽 黑皮诺	• 有23个一级园，位于佛里（Folie）山的山坡上	€€
蒙塔尼	• 活泼精致	霞多丽	• 有23个一级园，位于佛里山的山坡上	从 € 到 €€
布哲宏	• 口感活泼、充满柠檬清香	阿里高特	• 葡萄园位于沙尼村（Chagny）和吕利村之间，是唯一一个允许使用阿里高特的村庄级产区	€
马孔地区（Mâconnais）				
普伊-富塞	• 丰厚复杂、适合陈年	霞多丽	• 葡萄园分布在五十多千米的区域内，气候因索恩河（Saône）而变得温和	€€
普伊-洛榭和普伊-凡泽勒	• 清新丰腴，充满矿物质气息	霞多丽	• 葡萄园位于索鲁特和韦吉松（Vergisson）这两座代表性的山崖之间	€€
圣维朗	• 香气馥郁、酒体平衡	霞多丽	• 葡萄园位于勃艮第的最南端，被普伊-富塞分成两部分	从 € 到 €€

霞多丽，你是谁？

除了是勃艮第最具代表性的白葡萄品种，霞多丽也是位于索恩河畔夏龙村（Chalon-sur-Saône）和马孔村（Mâcon）之间的一个小村庄。
这个葡萄品种和这个村庄之间有联系吗？无人知晓。

博若莱（Beaujolais）

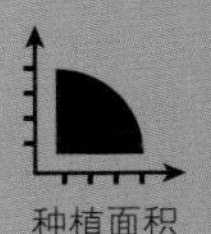 种植面积	大约18 400公顷（占全世界总种植面积的0.25%）
 主要葡萄品种	佳美 霞多丽
 葡萄酒的种类	几乎只出产红葡萄酒（白葡萄酒占比不到1%）

基本情况

这个北起马孔、南至里昂（Lyon）的产区，位于博若莱山脉曲折的山坡上，海拔从700米到1000米以上，佳美是这里毫无疑问的王者。

博若莱新酒（beaujolais nouveau）每年11月的第三个星期四上市，受到全世界的追捧，是当地的代表产品。

但是博若莱出产的葡萄酒种类其实更加丰富，博若莱和博若莱村庄这两个产区出产口感精致、香气馥郁的葡萄酒。而各个特级园的产酒则更加丰厚复杂，每一个都具有与其风土相关联的独特风格。

细读酒标

博若莱期酒

- 博若莱或博若莱村庄级别的葡萄酒
- 与博若莱新酒相同，但是只能在次年1月31日之后销售

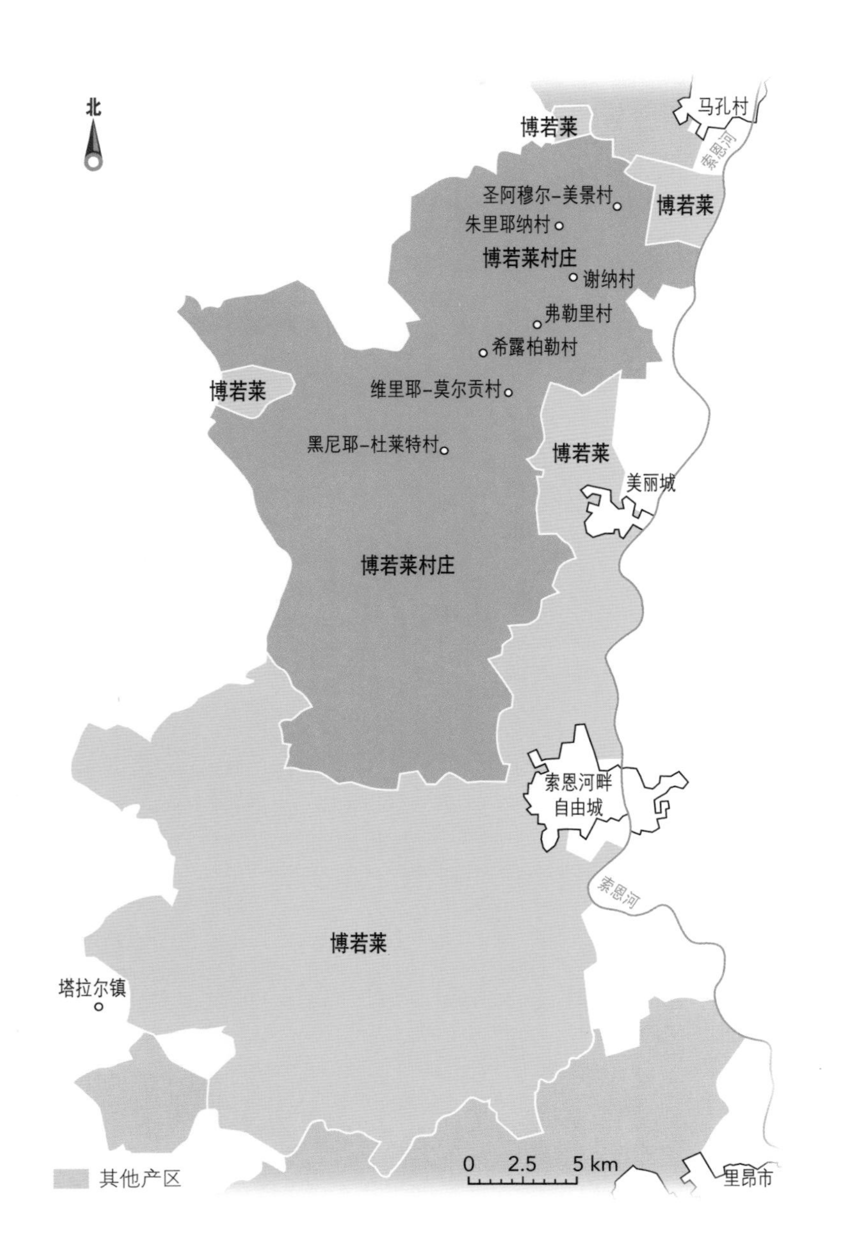

博若莱的分级

博若莱的产区呈金字塔状。

金字塔底部是博若莱大区级产区（beaujolais），主要出产采用佳美酿造的红葡萄酒，只出产极其少量的桃红葡萄酒和白葡萄酒（采用霞多丽酿造）。

10个特级园（cru）即10个特殊的博若莱村庄，组成金字塔的顶部，采用传统工艺酿造，有些会使用橡木桶陈酿。

博若莱村庄产区（beaujolais-villages）同样位于博若莱的北部，是博若莱大区级产区和特级园之间的过渡，产量占博若莱总产量的四分之一。除了少数特例，博若莱村庄葡萄酒通常都是几个村庄的混酿。葡萄树采用高杯剪枝法。

博若莱葡萄酒的主要特点

位置	典型风格	主要葡萄品种	地质条件	价格
博若莱（beaujolais）	• 博若莱新酒 • 博若莱期酒，香气馥郁 • 口感柔和、果香浓郁	佳美	• 葡萄园经过绑缚，位于自由城（Villefranche）以北	€
博若莱村庄（beaujolais–villages）	• 果香浓郁、口感丰腴、结构略重	佳美	• 葡萄园位于博若莱北部的山坡上，是博若莱大区级产区和特级园之间的过渡	€
博若莱的10个特级园（cru）	• 口感精致、果香浓郁、陈年潜力卓越 • 每个特级园都有独特的个性（参见第194页的地图）	佳美	• 葡萄园位于博若莱北部，地形圆润，为花岗岩土壤 • 风土极其多样	从 € 到 €€

博若莱的葡萄种植

博若莱是法国为数不多的仍然采用手工采收的产区之一。其实，传统的博若莱酿造工艺称为半二氧化碳发酵法，被认为无法与机器的使用相兼容。这一工艺是将完整的、也就是未去梗的葡萄串放入发酵罐，浸泡几天。于是葡萄果粒内部开始发酵，产生非常浓郁的果香。随后压榨葡萄，完成发酵。如果采用机器采收，因为采收机通过摇晃葡萄树来摇落葡萄果粒，所以震动过大，会将果粒压扁。

聚焦

博若莱

博若莱的10个特级园

朱里耶纳（Juliénas）：土壤为花岗岩，富含沉积土，出产的葡萄酒结构严密，口感复杂，陈年之后出现香料的气息。

圣阿穆尔（Saint-amour）：博若莱最北端的特级园，土壤为花岗岩和黏土燧石，出产的葡萄酒有的口感柔和，果香浓郁，适合立即饮用，有的结构更加坚实，适合存放三四年后饮用。

谢纳（Chénas）：10个特级园中最小的一个，位于花岗岩山坡上，土壤为贫瘠的沙子，花岗岩土壤出产的葡萄酒颜色深暗，结构坚实，沙子土壤出产的葡萄酒酒体稍微清淡一点，但是同样适合陈年。

弗勒里（Fleurie）：被认为是10个特级园里最女性化的一个，土壤为粉色花岗岩，出产的葡萄酒口感细腻，酒体丰腴。产区分为13个地块。

希露柏勒（Chiroubles）：博若莱海拔最高的特级园，海拔在250～450米之间，出产的葡萄酒酒体丰腴，口感优雅。

风车磨坊（Moulin-à-vent）：博若莱最古老的产区，在罗马内什-托兰村（Romanèche-Thorins）有9个地块，在谢纳村有6个地块。土壤为富含矿物质的花岗岩，出产的葡萄酒口感浓郁，结构坚实，陈年潜力极佳。

黑尼耶（Régnié）：最后一个成立的特级园，出产的葡萄酒果香浓郁、口感柔和。

布鲁伊丘（Côte-de-brouilly）：位于布鲁伊山朝阳的山坡上，土壤为蓝色石子，当地称为“绿角”，出产的葡萄酒结构坚实，适合陈年。

莫尔贡（Morgon）：出产的葡萄酒丰富浓厚，充满成熟核果和樱桃酒的典型香气。产区得名于某些品酒者在描述它时所用的术语：他们说一款葡萄酒达到巅峰状态时会用动词“morgonner”来描述（意为达到莫尔贡的水平）。产区共有6个地块。

布鲁伊（Brouilly）：位于布鲁伊山脚下，是10个特级园中最大的一个，出产的葡萄酒果香浓郁，柔和精致。

北
马孔村
朱里耶纳
朱里耶纳村
圣阿穆尔-美景村
圣阿穆尔
谢纳和
风车磨坊
谢纳
谢纳村
弗勒里
弗勒里村
风车磨坊
罗马内什-托兰村
希露柏勒
希露柏勒村
维里耶-莫尔贡村
莫尔贡
黑尼耶
黑尼耶-杜莱特村
索恩河
美丽城
布鲁伊丘和布鲁伊
布鲁伊
布鲁伊
其他产区
0 2.5 5 km

博若莱新酒

在葡萄酒极其年轻时饮用的传统被博若莱葡萄酒继承下来，同样继承的还有美味的果香。1951年，博若莱葡萄酒联盟（Union viticole du Beaujolais）提出在12月15日之前销售“期酒”的申请，并且获得许可。产自博若莱和博若莱村庄法定产区的博若莱新酒由此诞生，在全世界大获成功。

博若莱新酒芬芳的果香来自佳美葡萄，又凭借适合的酿酒技术发扬光大。博若莱红葡萄酒都会采用二氧化碳浸渍法，即将整串的葡萄浸泡三四天。这项酿造工艺非常天然，能够令葡萄果粒缓慢地打开，由此酿成的葡萄酒单宁较弱，但是颜色深暗，果香馥郁。从1985年起，博若莱新酒均在11月的第三个星期四上市。

佳美

博若莱葡萄酒的一个独特之处起源于14世纪，当时的勃艮第公爵勇敢者菲利普（Philippe le Hardi）禁止在勃艮第北部种植佳美。这个红葡萄品种于是来到博若莱，这里的土壤比金丘更适合它的生长。

佳美成熟很早，容易受到春霜的损害，所以主要生长在北部和山地区域。

佳美比较脆弱，需要小心地手工采摘，它是酿造博若莱法定产区葡萄酒唯一允许使用的葡萄品种，占博若莱葡萄种植的99%，而博若莱也是佳美葡萄酒的代表产区。

撒尿的老女人（Pisse-Vieille）地块

当地有个地块非常著名，那就是“撒尿的老女人”，位于原本称为布鲁耶尔（Les Bruyères）的略地，以出产优质葡萄酒而闻名。传说这个地块曾经的所有人是一对夫妇，名叫克洛德（Claude）和玛丽耶特（Mariette）。一天，玛丽耶特在教堂忏悔回来后心神大乱：神父命令她不许撒尿！作为虔诚的基督教徒，她听从了。但是这是很难控制的一件事情，所以克洛德决定向极其严厉的神父申诉，后者平淡地解释道：他以准确的口音说：“去吧，不要再犯错了”，然而在说方言的玛丽耶特听来，却变成了可怕的惩罚（在法语中犯错一词“pécher”和撒尿一词“pisser”发音近似）。克洛德放下心来，跑回家找到在葡萄园里的玛丽耶特，对她大喊道：“快去撒尿吧，老女人”。这句话传开了，变成这个地块的名字。

风车磨坊和它的风车

风车磨坊法定产区是博若莱的一个特级园，位于罗马内什-托兰村和谢纳村最优质的山坡上，其西南侧和北侧分别是弗勒里和谢纳这两个特级园。

风车磨坊一名来源于当地450多年前在罗马内什-托兰丘陵上树立的一座古老风车。今天，这座风车已被列为历史遗产，直到19世纪中叶还在碾磨谷粒。

但是这里历史悠久的不只是风车。风车磨坊出产的葡萄酒同样声名远播，它是博若莱陈年潜力极佳的酒款之一，结构坚实，口感复杂，通常能与邻近的勃艮第葡萄酒比肩。

汝拉（Jura）和萨瓦（Savoie）

种植面积	大约4 700公顷（占全世界总种植面积的0.06%）
主要葡萄品种	阿尔迪斯 贝哲宏 夏瑟拉 霞多丽 贾给尔 萨瓦涅（Savagnin） 佳美 蒙德斯 黑皮诺 普萨 特鲁索（Trousseau）
葡萄酒的种类	主要出产白葡萄酒

基本情况

汝拉和萨瓦这两个产区靠近瑞士边境，主要出产风格独特的葡萄酒。汝拉是法国的小产区之一，出产的葡萄酒极为奇特，包括黄葡萄酒（vin jaune）和稻草酒（vin de paille）。萨瓦位于汝拉以南，产区分布在尚贝里市（Chambéry）四周，海拔最高可达500米，主要出产白葡萄酒，共有二十多种典型葡萄品种，几乎在全世界都是独一无二的，比如阿尔迪斯（altesse）、贾给尔（jacquère）、蒙德斯（mondeuse）、贝哲宏（bergeron）和魄仙（persan）。

细读酒标

比热

- 法定产区
- 葡萄园为萨瓦和汝拉之间
- 出产静止和气泡红葡萄酒及白葡萄酒

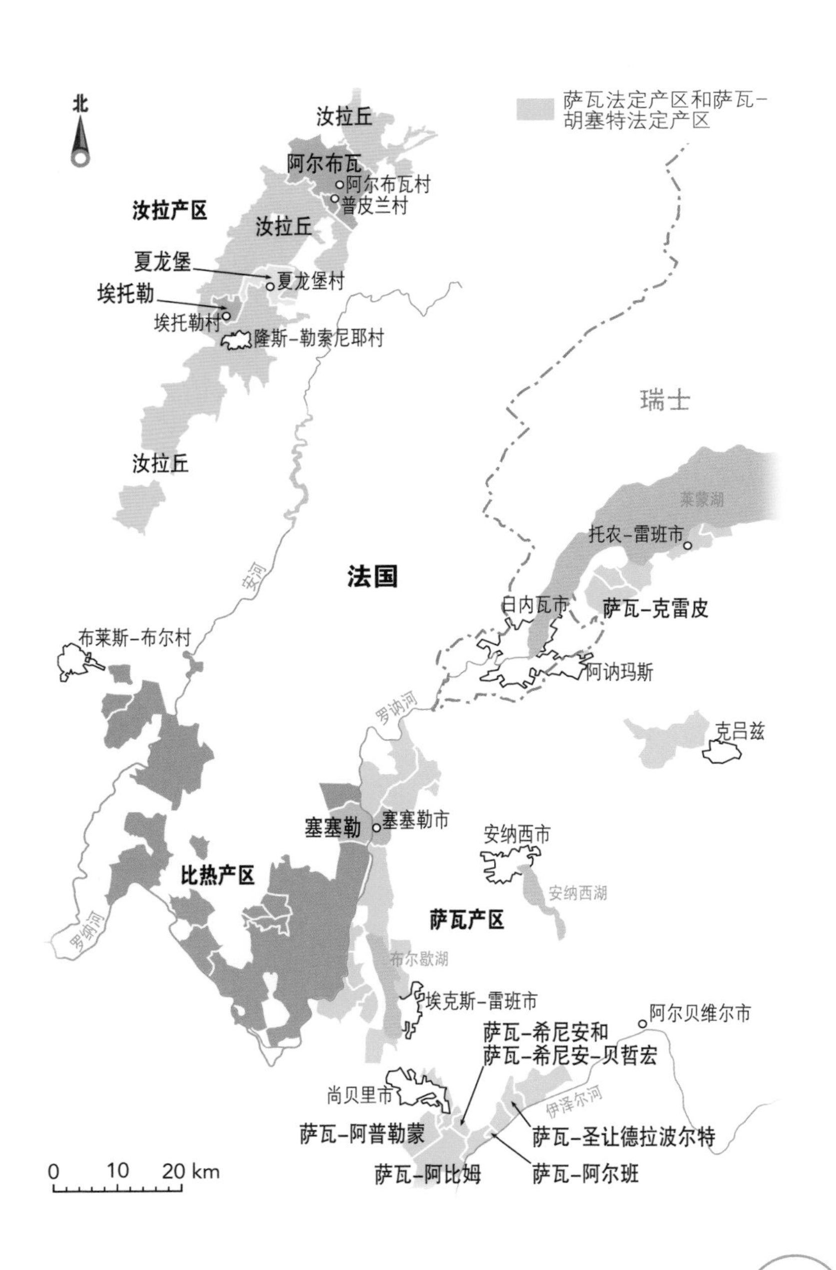

稻草酒和黄葡萄酒

稻草酒是汝拉的特产，通过压榨在极其成熟状态下采摘、并在稻草席或柳条席上晾晒至少六个星期的葡萄酿造而成。晾晒的过程能够集中葡萄当中的糖分和香气，从而酿成甜型葡萄酒。

汝拉的另一种特产——黄葡萄酒，拥有无法模仿的核桃香气，通过将萨瓦涅葡萄发酵后转移至大桶内酿造而成。随着蒸发的作用，酒液表面形成一层酵母，从而避免过快的氧化。这一过程必须至少延续6年才能装瓶，所用酒瓶非常特殊，称为克拉芙兰瓶（clavelin），容量为0.62升，相当于1升酒液在这些年的蒸发后剩余的容量。

汝拉和萨瓦葡萄酒的主要特点

位置	典型风格	主要葡萄品种	地质条件	价格
汝拉（Jura）				
阿尔布瓦	• 黄葡萄酒 • 稻草酒 • 柔和清淡的红葡萄酒和桃红葡萄酒	霞多丽 萨瓦涅（用于酿造黄葡萄酒） 黑皮诺 普萨 特鲁索	• 葡萄园位于汝拉山脉的山梁上	从 €€ 到 €€€€
埃托勒	• 复杂活泼的干白葡萄酒 • 稻草酒 • 黄葡萄酒	霞多丽 萨瓦涅（用于酿造黄葡萄酒） 普萨	• 小村庄被五座丘陵围绕，形成星星（法语为"étoile"）的形状	从 €€ 到 €€€€
埃托勒	• 黄葡萄酒之王，可以保存几十年	萨瓦涅	• 共有4个村镇可以出产以这个独特产区为名的黄葡萄酒	
萨瓦				
萨瓦-胡塞特	• 清爽精致的干白葡萄酒，充满果干的独特香气	阿尔迪斯，又名胡塞特（Roussette）	• 与萨瓦法定保护产区的区域相同	€
萨瓦（Savoie）或萨瓦葡萄酒（vin-de-savoie）以及主要葡萄园（或地块）				
阿比姆 阿普勒蒙 希尼安	• 口感清淡的干白葡萄酒	贾给尔 阿里高特 阿尔迪斯 霞多丽	• 葡萄园位于阿尔卑斯山脉的山梁上，从尚贝里市到托农-雷班市（Thonon-les-Bains）组成一个弧形	€
希尼安-贝哲宏	• 较为复杂的干白或甜白葡萄酒	胡珊		€€
克雷皮	• 口感清淡的干白葡萄酒	夏瑟拉		€€
阿尔班 圣让德拉波尔特 希尼安 容吉厄	• 采用蒙德斯酿造、充满胡椒和鲜花香气的红葡萄酒，与采用黑皮诺酿造的酒款（希尼安和容吉厄）相比更加柔和	蒙德斯 佳美 黑皮诺		€€
塞塞勒	• 口感清新、果香浓郁的干白葡萄酒 • 口感活泼、果香浓郁的气泡葡萄酒，如果经过酒泥陈酿则香气更加复杂	阿尔迪斯 莫丽特（Molette） 夏瑟拉 （用于酿造气泡葡萄酒）	• 地形多山，葡萄园可能位于陡峭的山坡上	€

相关法规

萨瓦只有2个大区级法定保护产区：萨瓦葡萄酒和萨瓦-胡塞特。两者后面可以加上葡萄园的名称，从而规定单位产量或者葡萄酒的颜色：这样的葡萄园共有20个（阿尔班、阿比姆、希尼安-贝哲宏等）。汝拉的分级系统更为传统。金字塔的底部由汝拉丘产区（côtes-de-jura）组成，顶部则有3个村庄级产区：阿尔布瓦（占红葡萄酒产量的70%）、埃托勒（白葡萄酒）和夏龙丘（黄葡萄酒）。

卢瓦尔河谷（Vallée de la Loire）

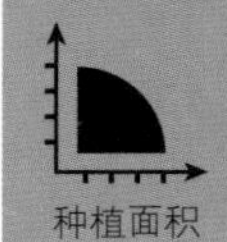

种植面积

大约52 000公顷
（占全世界总种植面积的0.7%）

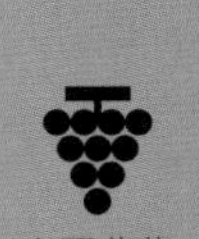

主要葡萄品种

- 白诗南
- 勃艮第甜瓜
- 长相思
- 品丽珠
- 高特（马贝克）
- 佳美
- 果若（Grolleau）
- 黑皮诺

葡萄酒的种类

主要出产白葡萄酒
（干型和半甜白）

基本情况

卢瓦尔河谷产区从布鲁瓦市（Blois）到南特市（Nantes）绵延大约1000千米。气候从温和海洋性气候到大陆性气候皆有。

当地的葡萄酒从公元10世纪起，便已在法兰西王国以及英格兰取得巨大的成功。卢瓦尔河谷产区出产的葡萄酒丰富多彩，使用的葡萄品种多种多样，囊括红、桃红、干白、气泡和半甜白葡萄酒。从卢瓦尔河畔沙洛纳村（Chalonnes-sur-Loire）到卢瓦尔河畔叙利村（Sully-sur-Loire）的区域是欧洲10个被世界教科文组织列为世界遗产的葡萄酒产区之一，当然也是葡萄酒旅游的胜地。

产区分级

卢瓦尔河谷产区是法国法定产区数量第三多的地区，共有50个法定产区、地块以及1个卢瓦尔河谷（val-de-loire）地区保护餐酒。这里没有覆盖整个地区的大区级法定产区。

地区保护餐酒通常以单品种葡萄酒的形式销售：长相思、白诗南、品丽珠等。这些酒款简单、新鲜、清淡，带有所在地区的典型特点。

有2个法定产区囊括安茹、都兰和索穆尔：卢瓦尔传统法气泡葡萄酒（crémant-de-loire）和卢瓦尔桃红葡萄酒（rosé-de-loire）。

细读酒标

卢瓦尔河谷地区保护餐酒

- 地区保护餐酒
- 这个区域囊括卢瓦尔河谷产酒盆地的14个省份，均在卢瓦尔河及其支流的河畔
- 产量比例：58%为白葡萄酒，21%为红葡萄酒，21%为桃红葡萄酒。

卢瓦尔河谷葡萄酒的主要特点

位置	典型风格	主要葡萄品种	地质条件	价格
中央省地区（Centre）	• 充满矿物质气息，尤其是打火石独特风味的干白葡萄酒 • 口感清淡的红葡萄酒	长相思 黑皮诺	• 位于卢瓦尔河谷的东部 • 非常鲜明的大陆性气候	从 €€ 到 €€€€
都兰地区（Touraine）	• 静止、微气泡、气泡白葡萄酒，从干型到甜型皆有 • 红葡萄酒有的口感清淡，有的橡木风味更浓、酒体强劲、具有陈年潜力	白诗南 长相思 品丽珠 高特 佳美	• 同时受到海洋性气候和大陆性气候的影响	从 € 到 €€
安茹–索穆尔地区（Anjou–Saumur）	• 充满新鲜水果、且有清新酸度与其平衡的白葡萄酒 • 新鲜轻快的干白葡萄酒 • 从干型到半甜白的桃红葡萄酒 • 红葡萄酒有的柔和清新，果香浓郁，有的结构更加坚实	白诗南 品丽珠 果若 佳美	• 位于卢瓦尔河谷中央 • 海洋性气候的影响比大陆性气候更大	从 € 到 €€
南特地区（Pays nantais）	• 主要出产干白葡萄酒，有的新鲜清淡，有的口感更为丰润（酒泥陈酿）	勃艮第甜瓜	• 葡萄园位于卢瓦尔河以南 • 海洋性气候	€

白垩：卢瓦尔河谷葡萄酒的标志

白垩是一种颗粒细腻的石灰岩石头，由有机物以及水流带向大海的岩石碎粒所形成的沉积土组成。卢瓦尔河谷的白垩从都兰到安茹都有分布，用于建造众多建筑，根据其所开采位置的不同，分别呈白色、奶油色和浅黄色。

卢瓦尔河谷西部

基本情况

南特地区和安茹–索穆尔地区是卢瓦尔河谷产区的第一部分，大西洋的影响在此最为鲜明，这里的气候在卢瓦尔河的影响下变得更为温和。

当地的葡萄酒和葡萄品种非常丰富。从略带碘味、口感活泼、有时微有气泡感的密斯卡岱，到清新柔美、果香明快、充满覆盆子典型香气的半干桃红葡萄酒，比如安茹赤霞珠品丽珠混酿桃红葡萄酒，还有特级园甜型葡萄酒和气泡葡萄酒。卢瓦尔河谷西部出产各种颜色、各种形式的佳酿。

酒泥陈酿

酒泥是在发酵过程中沉淀在发酵罐和橡木桶的死酵母，能够为葡萄酒增加丰润感和复杂感。

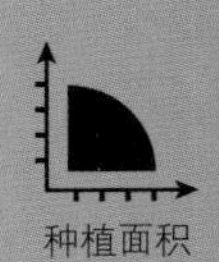

种植面积	大约20 000公顷，分布在密斯卡岱、安茹和索穆尔产区（占全世界总种植面积的0.26%）
主要葡萄品种	白诗南 勃艮第甜瓜 品丽珠 佳美 果若
葡萄酒的种类	主要出产白葡萄酒

细读酒标

萨韦涅尔–塞朗古勒

- 安茹著名的法定产区之一，分为3个地块
- 100%采用白诗南酿造
- 法国生物动力法教父尼古拉·卓利（Nicolas Joly）的独占园

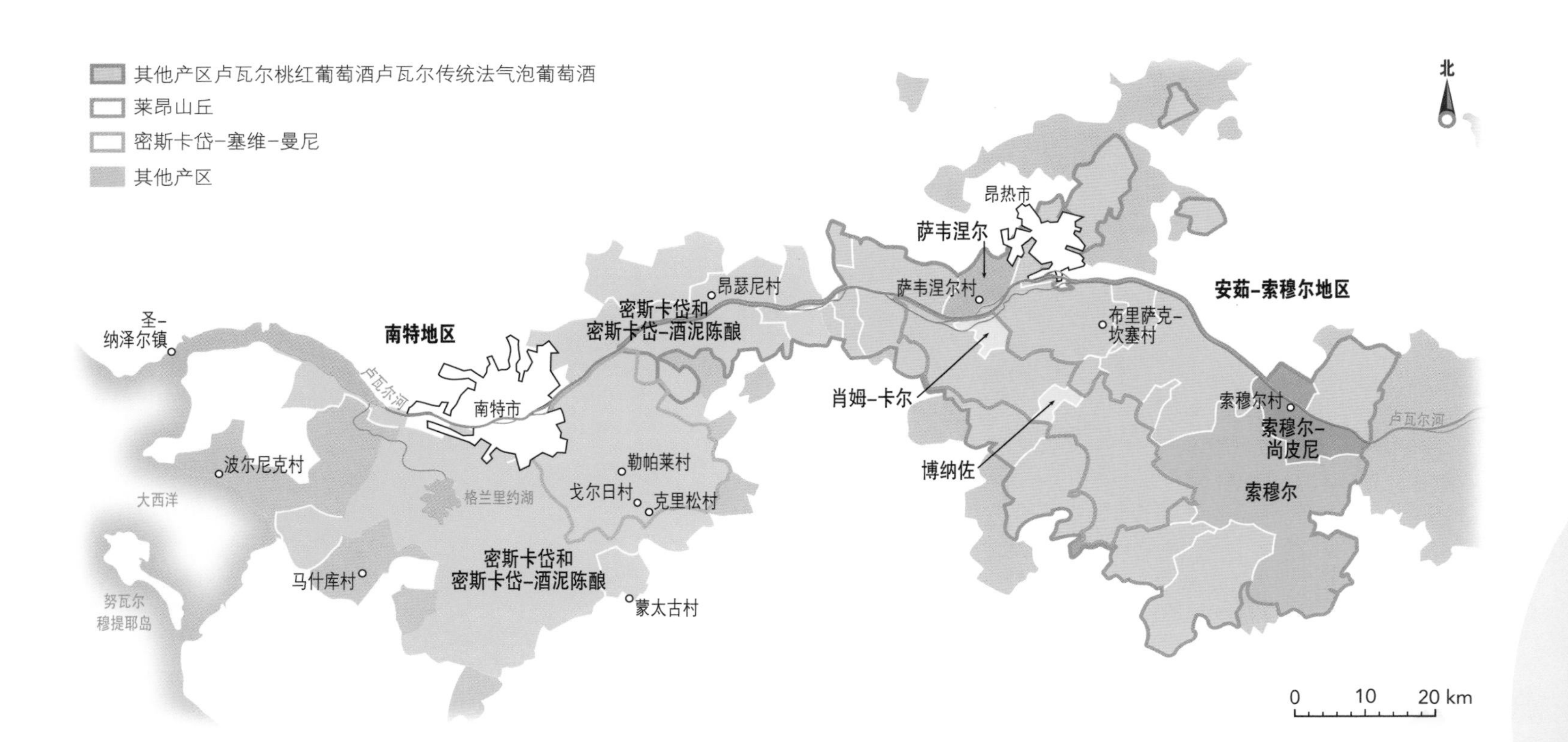

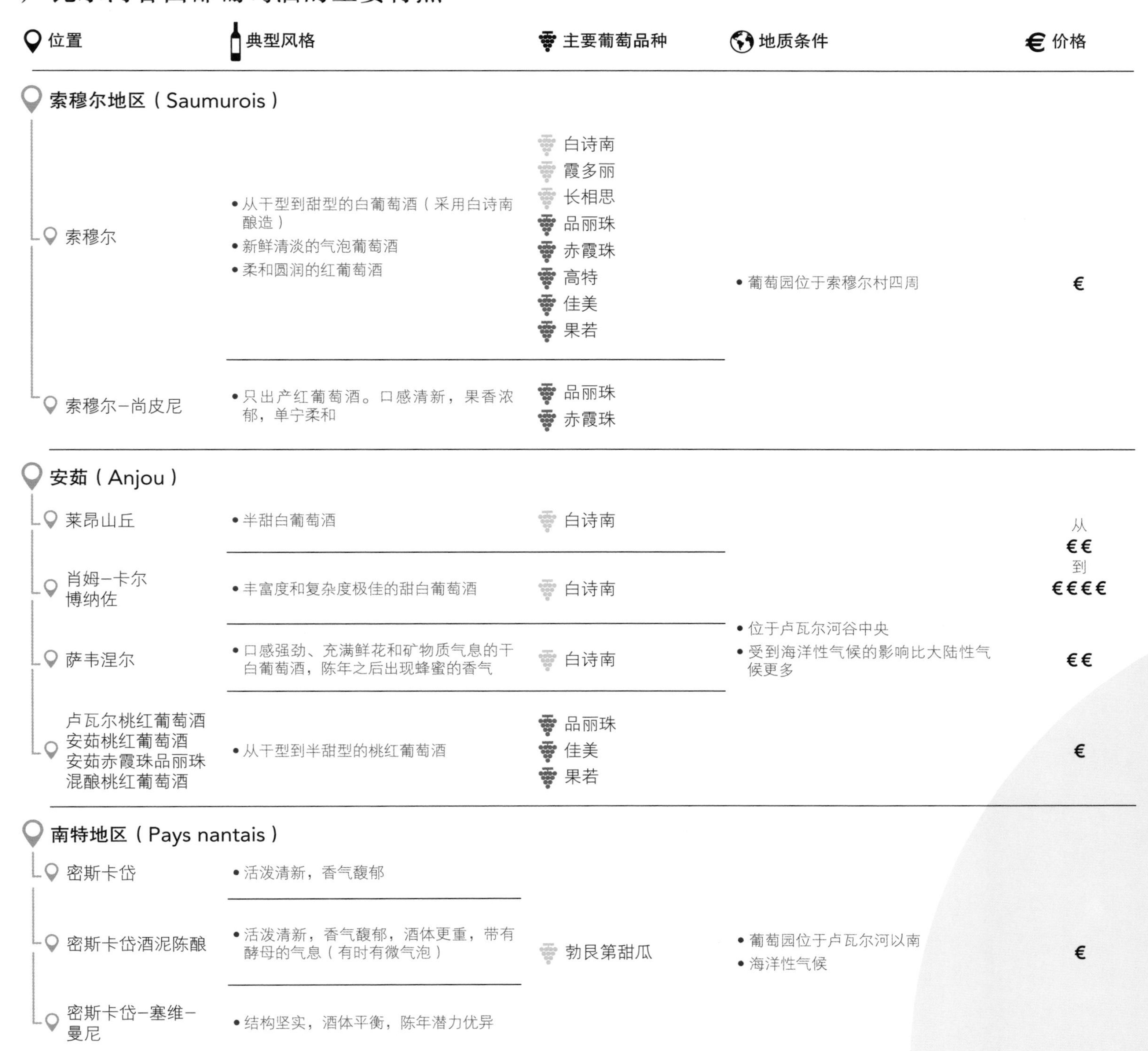

卢瓦尔河谷西部葡萄酒的主要特点

位置	典型风格	主要葡萄品种	地质条件	价格
索穆尔地区（Saumurois）				
索穆尔	• 从干型到甜型的白葡萄酒（采用白诗南酿造） • 新鲜清淡的气泡葡萄酒 • 柔和圆润的红葡萄酒	白诗南 霞多丽 长相思 品丽珠 赤霞珠 高特 佳美 果若	• 葡萄园位于索穆尔村四周	€
索穆尔-尚皮尼	• 只出产红葡萄酒。口感清新，果香浓郁，单宁柔和	品丽珠 赤霞珠		
安茹（Anjou）				
莱昂山丘	• 半甜白葡萄酒	白诗南	• 位于卢瓦尔河谷中央 • 受到海洋性气候的影响比大陆性气候更多	从 €€ 到 €€€€
肖姆-卡尔博纳佐	• 丰富度和复杂度极佳的甜白葡萄酒	白诗南		
萨韦涅尔	• 口感强劲、充满鲜花和矿物质气息的干白葡萄酒，陈年之后出现蜂蜜的香气	白诗南		€€
卢瓦尔桃红葡萄酒 安茹桃红葡萄酒 安茹赤霞珠品丽珠混酿桃红葡萄酒	• 从干型到半甜型的桃红葡萄酒	品丽珠 佳美 果若		€
南特地区（Pays nantais）				
密斯卡岱	• 活泼清新，香气馥郁	勃艮第甜瓜	• 葡萄园位于卢瓦尔河以南 • 海洋性气候	€
密斯卡岱酒泥陈酿	• 活泼清新，香气馥郁，酒体更重，带有酵母的气息（有时有微气泡）			
密斯卡岱-塞维-曼尼	• 结构坚实，酒体平衡，陈年潜力优异			

桃红葡萄酒

卢瓦尔河谷共有3个法定产区出产桃红葡萄酒：

· 卢瓦尔桃红葡萄酒法定产区（rosé-de-loire）：产自安茹、索穆尔和都兰地区的干型葡萄酒，至少包含30%的品丽珠或赤霞珠。葡萄酒的风格根据混酿和风土的不同差别很大。

· 安茹桃红葡萄酒法定产区（rosé-d'anjou）：含有少量残糖的葡萄酒，采用果若（主要品种）、品丽珠和当地葡萄品种——比如高特、皮诺朵尼斯（pineau-d'aunis）——酿造。

· 安茹赤霞珠品丽珠混酿桃红葡萄酒（cabernet-d'anjou）：采用品丽珠和赤霞珠混酿的半甜型葡萄酒。

卢瓦尔河谷东部

基本情况

都兰和中央省是卢瓦尔河谷产区的另一部分，这里是大陆性气候。当地主要种植的白葡萄品种是长相思和白诗南，前者具有柑橘水果的清香，以及令人想起打火石的清晰的矿物质气息，而后者则带有白花、刺槐花、浸泡过的草药、成熟的白色水果和果干的香气。品丽珠和黑皮诺负责酿造极具当地特色的桃红葡萄酒和红葡萄酒。所有种类的葡萄酒在这里都有出产。

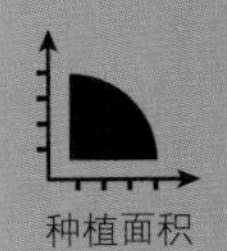 种植面积	大约10 000公顷，分布在都兰、桑塞尔和希农产区（占全世界总种植面积的0.13%）
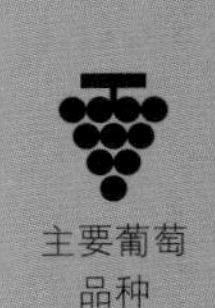 主要葡萄品种	白诗南 长相思 品丽珠 高特（马贝克） 佳美 黑皮诺
 葡萄酒的种类	主要出产白葡萄酒

细读酒标

坎西法定产区

- 法定产区
- 100%采用长相思酿造
- 当地第一个法定产区
- 位于坎西（Quincy）和布里奈（Brinay）这两个村庄当中

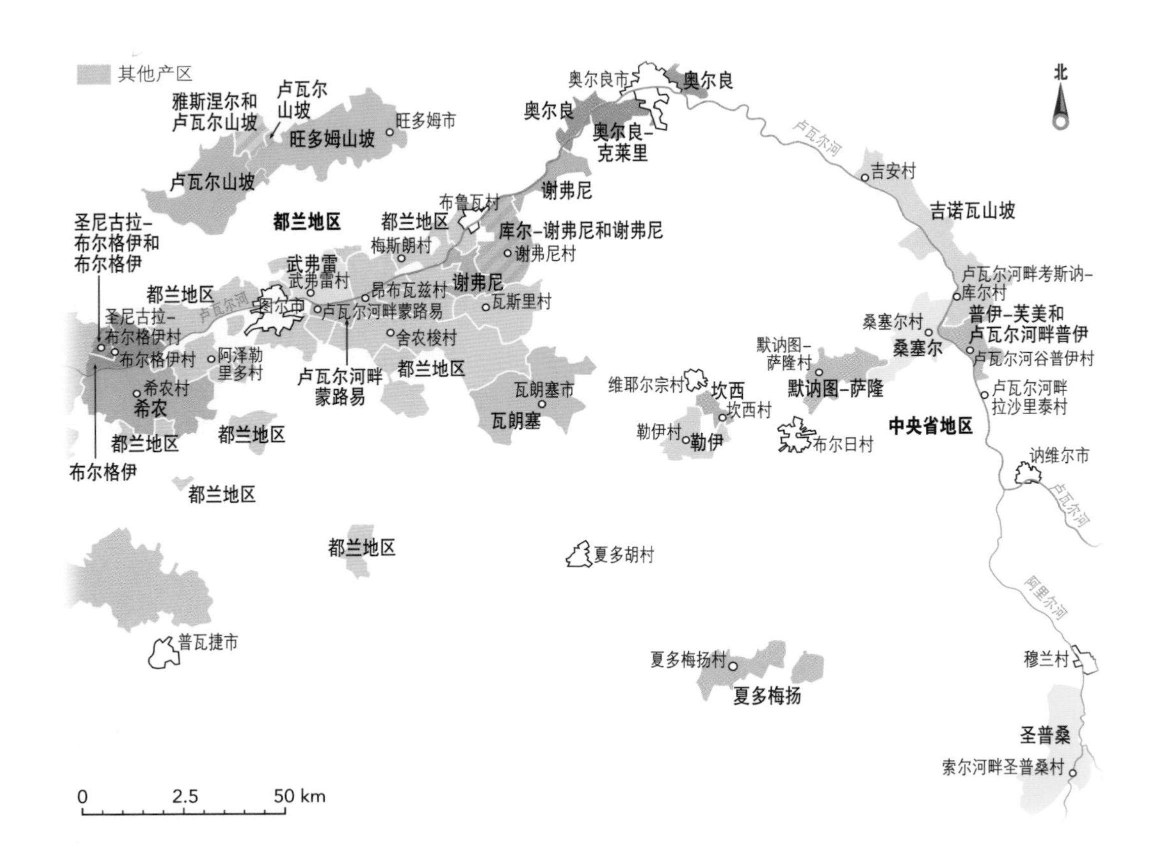

卢瓦尔河谷的气泡葡萄酒

安茹、都兰、武弗雷、谢弗尼（cheverny）和蒙路易这几个法定产区都出产遵循传统法酿造的气泡葡萄酒。武弗雷气泡葡萄酒口感活泼，气泡细腻，酒液呈金黄色，给人以优雅和清新的感觉。都兰法定产区气泡葡萄酒采用白诗南（主要）和霞多丽混酿，充满刺槐花、白色水果（苹果、梨），甚至是蜂蜜的细腻香气。

卢瓦尔河谷东部葡萄酒的主要特点

位置	典型风格	主要葡萄品种	地质条件	价格
利布尔讷地区（Libournais）				
武弗雷	• 白葡萄酒：包括充满白色水果和柑橘类水果香气的干白葡萄酒，以及带有蜂蜜气息的半甜白葡萄酒 • 气泡葡萄酒	白诗南	• 位于图尔市（Tours）东北侧的山坡或高地边缘上，朝向多种多样	从 € 到 €€
希农	• 红葡萄酒有的果香浓郁、口感清淡，有的香气复杂、酒体浓厚 • 果香浓郁、结构严密的桃红葡萄酒 • 极其少量的清新柔和的白葡萄酒	品丽珠（主要） 赤霞珠 白诗南	• 葡萄园位于石灰岩山坡以及沙子沙砾台地上	从 €€ 到 €€€€
布尔格伊	• 红葡萄酒有的果香浓郁、柔和优雅，有的结构更加坚实 • 果香浓郁的桃红葡萄酒	品丽珠（主要） 赤霞珠	• 葡萄园位于卢瓦尔河右岸，土壤从石灰岩到沙子沙砾皆有	从 € 到 €€
圣尼古拉布尔格伊	• 果香非常浓郁、柔和优雅的红葡萄酒 • 果香浓郁的桃红葡萄酒	品丽珠（主要） 赤霞珠	• 位于圣尼古拉布尔格伊村当中，朝阳山坡的脚下	从 € 到 €€
中央省地区（Centre）				
默讷图萨隆	• 果香浓郁、清新细腻的白葡萄酒 • 少量柔和细腻、充满樱桃香气的红葡萄酒	长相思 黑皮诺	• 贝里省（Berry）中央的丘陵	€
普伊芙美	• 强劲优雅、清淡新鲜、充满矿物质气息的白葡萄酒	长相思	• 土壤分为泥灰岩、石灰岩和燧石，酿出的葡萄酒风格各有不同	从 € 到 €€
桑塞尔	• 精致高贵、香气极其浓郁（柑橘类水果、薄荷、黄杨、矿物质）的白葡萄酒 • 少量口感柔和、香气馥郁的红葡萄酒	长相思 黑皮诺	• 葡萄园位于山坡上，共有三种土壤：泥灰岩、石灰岩和燧石	€€
勒伊	• 果香浓郁（柠檬）的白葡萄酒 • 口感清淡、充满红色水果的红葡萄酒 • 极其少量的口感柔和、果香浓郁的桃红葡萄酒	长相思 黑皮诺	• 葡萄园沿着两条小河分布，土壤为泥灰岩或者沙子和沙砾	€€
圣普桑	• 主要出产口感柔和、充满水果和香料香气的红葡萄酒 • 少量果香浓郁、口感活泼的白葡萄酒 • 极其少量的果香浓郁的桃红葡萄酒	佳美 黑皮诺 霞多丽 特利莎（又名莎西）	• 葡萄园位于波旁省（Bourbonnais）中央	€

拉伯雷（Rabelais）与希农

希农是拉伯雷的故乡。这位出身医生职业的著名文学家生于这个地区，曾经说过“贵人从不厌恶好酒”的名言。拉伯雷装桶人（Entonneurs Rabelaisiens）兄弟会成立于1961年，至今仍然十分活跃。品丽珠在希农地区被称为布莱顿（Breton），是当地的主要葡萄品种，出产口感精致、能够存放十几年的红葡萄酒，也有少量果香为主的桃红葡萄酒。白葡萄酒也有出产，采用白诗南酿造，充满鲜花和矿物质的香气。

波尔多地区（Bordelais）

基本情况

人们提到“波尔多”一名，便会想到全世界著名的葡萄酒之一。

波尔多地区分为5个次产区（梅多克、格拉夫、两海之间、利布尔讷地区、苏岱地区），是法国最大的法定产区葡萄园，为温和的海洋性气候。波尔多酒庄有两个主要特点，一是不直接销售葡萄酒，而是通过“波尔多广场”（place）和“期酒”（en primeur）系统；二是这里的葡萄酒并非以葡萄园而是以其所有者，即“酒堡”（château）来分类。当地主要采用混酿。

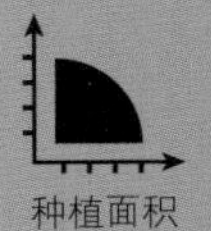

种植面积

大约111 000公顷（占全世界总种植面积的1.6%）

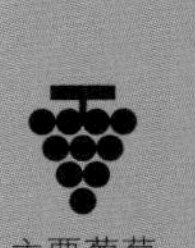

主要葡萄品种

- 品丽珠
- 赤霞珠
- 美乐
- 小味儿多
- 密斯卡岱勒（Muscadelle）
- 长相思
- 赛美蓉

葡萄酒的种类

主要出产红葡萄酒（占总产量的90%）

细读酒标

上梅多克

- 法定产区
- 包含6个村庄级法定产区
- 红葡萄酒混酿的主要葡萄品种为赤霞珠

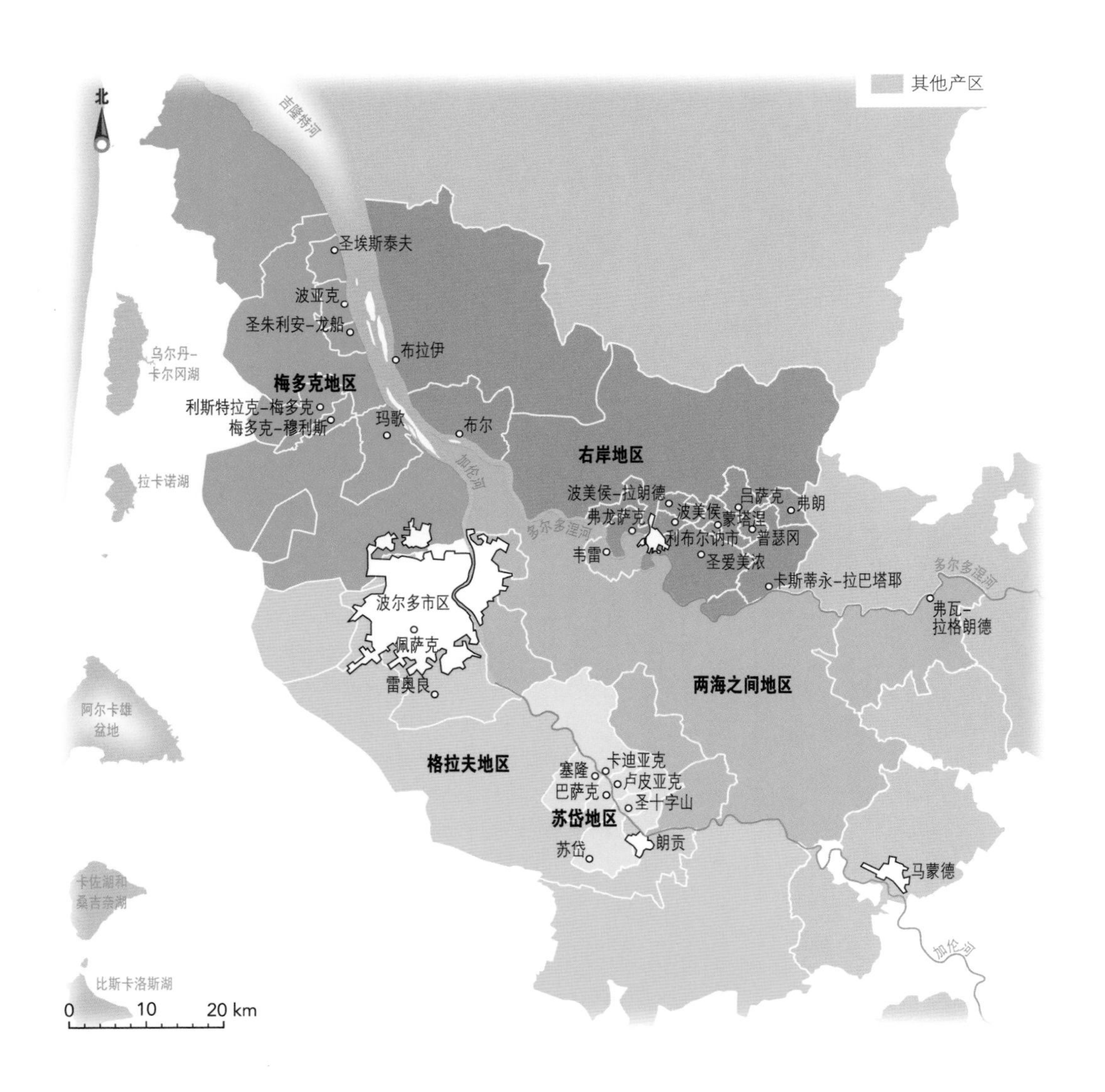

“期酒”

“期酒”指的是波尔多酒商（négociant）在葡萄酒装瓶之前、即于采收次年的春季提前购买葡萄酒。

“波尔多广场”

波尔多酒庄不直接将其葡萄酒销售给私人或者各种分销渠道，而是销售给波尔多酒商，后者随后负责将葡萄酒分销到世界各地。

波尔多葡萄酒的主要特点

位置	典型风格	主要葡萄品种	地质条件	价格
利布尔讷地区（Libournais）	• 主要出产红葡萄酒 • 充满水果和香料芬芳、质地丝滑的红葡萄酒，比如波美侯-拉朗德（lalande-de-pomerol）的酒款 • 更为浓郁、丰富集中、结构严密、但是仍然柔和的红葡萄酒，比如波美侯（pomerol）的酒款	美乐（主要） 品丽珠 赤霞珠	• 该葡萄园坐落于多尔多涅河（Dordogne）的右岸，地势起伏较大，包含圣爱美浓神秘的一等列级酒庄和波美侯的柏图斯酒庄（Petrus）	从 €€€ 到 €€€€€
梅多克（Médoc）	• 结构严密、适合长期陈年的红葡萄酒，充满黑色水果（黑加仑）和香料的浓郁芬芳	赤霞珠（主要） 品丽珠 美乐 佳美娜 马贝克 小味儿多	• 葡萄园为沙砾土壤，位于加伦河（Garonne）左岸的台地和吉隆特河谷（Gironde），包括神秘的一级酒庄	从 €€€ 到 €€€€€
格拉夫（Graves）	• 香气复杂、既强劲又优雅的红葡萄酒 • 浓郁复杂的干白葡萄酒 • 香气丰富、且有清新酸度与其平衡的半甜白葡萄酒	赤霞珠 品丽珠 美乐 长相思 赛美蓉 密斯卡岱勒	• 位于梅多克以南，加伦河的左岸，为鹅卵石土壤（法语为“grave”，产区得名于此）	从 €€€ 到 €€€€€
两海之间（Entre-deux-Mers）	• 口感活泼、果香浓郁的干白葡萄酒 • 口感圆润、果香浓郁的红葡萄酒	长相思 赛美蓉 美乐	• 葡萄园位于加伦河和多尔多涅河之间	从 €€€ 到 €€€€€
苏岱地区（Sauternais）	• 甜白葡萄酒，有的果香浓郁、口感爽脆，有的强劲滑腻，香气复杂，余味极其悠长	长相思 赛美蓉 密斯卡岱勒	• 位于加伦河两岸，微气候适合贵腐菌的生长，包含著名的一级酒庄伊甘酒庄（Yquem）	从 €€€ 到 €€€€€

卵石土壤（grave）

指的是白色的圆形小块碎石（沙砾和卵石），通常与加伦河沉积的沙子和黏土混合。这种土壤因为能够储藏热量，很受酿酒人的欢迎。

聚焦

波尔多地区

1855年，在拿破仑三世的要求下，波尔多出现分级的概念，随后成为享誉世界的品质和名望的代名词。除了圣爱美浓，波尔多各地的分级都并非与产区相关，而是与酒庄相关。

名称	修订方式	分级方式	特点
1855年分级 ★★★★★	唯一一次修订：1973年，罗思柴尔德木桐酒庄从二级酒庄升为一级酒庄	红葡萄酒：包含60家梅多克的酒庄和一家佩萨克–雷奥良的酒庄（侯伯王），分为5个级别 甜白葡萄酒：共有苏岱和巴萨克这两个产区的27个酒庄，包括1家一级特等酒庄，11家一级酒庄，15家二级酒庄。	红葡萄酒和甜白葡萄酒
格拉夫葡萄酒分级 ★★★	没有修订	16家酒庄全部来自佩萨克–雷奥良法定产区，其中3家的红葡萄酒有分级，3家的白葡萄酒有分级，6家的红白葡萄酒皆有分级	只有一个级别
圣爱美浓葡萄酒分级 ★★★★	每十年由法国国家原产地命名和质量监控委员会（INAO）修订	64家列级酒庄，其中18家为一等列级酒庄，包括4家A级和14家B级	波尔多第六个也是最后一个分级（最近一次为2012年）
梅多克中级酒庄（cru bourgeois）分级 ★★	自2010年起每年进行官方评选，9月公布评选结果	来自梅多克8个法定产区的红葡萄酒	中级酒庄有240～260家，通常为家族产业
艺术家酒庄（cru artisan）分级 ★★	每十年公布一次名单	来自梅多克8个法定产区的小型酒庄（葡萄园面积小于5公顷）	自1994年起可在主标上标记“艺术家酒庄”字样，目前共有44家艺术家酒标

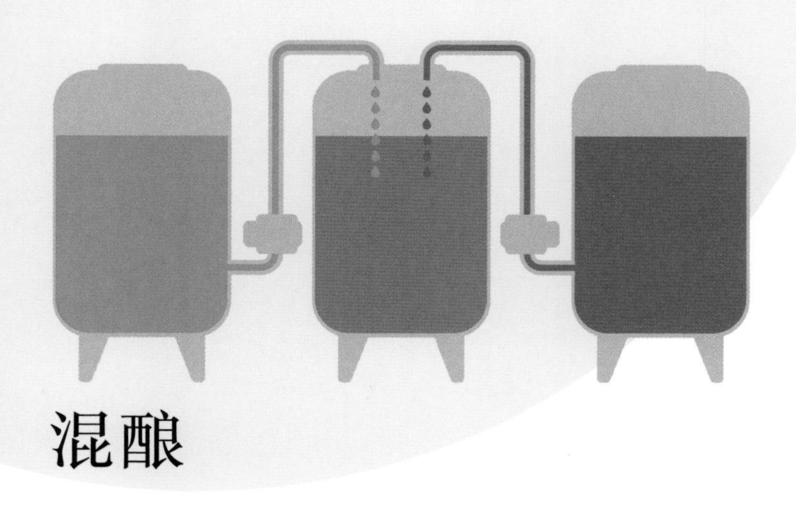

混酿

混酿，顾名思义，指的是将葡萄酒混合酿造。这个步骤旨在将葡萄品种混合，从而获得不同的香气。

波尔多的一大特点是绝大多数葡萄酒都采用多个葡萄品种混酿。

在波尔多，混酿是一个延续百年的传统，也是一门完整的艺术。

每个波尔多的主要葡萄品种都有独特的个性，不同葡萄品种的独特香气可以相互补充，酿出更为复杂和均衡的葡萄酒。混酿所得的葡萄酒，其品质通常比原有单个葡萄所酿的酒款品质更优。混酿可以在春季一次完成，也可以伴随多次品鉴逐渐完成。

橡木桶陈酿

陈酿能够帮助葡萄酒休眠，从而使其逐渐澄清，并且在装瓶前变得更加成熟。葡萄酒经过陈酿之后，无论是在结构还是在香气方面确实能够变得更好。陈酿可以在惰性发酵罐或者木质容器当中进行。

最优质的波尔多葡萄酒都会在225升的橡木桶中陈酿。顶级的波尔多葡萄酒还会采用100%橡木桶。陈酿的时间每个酒庄各有不同。

神秘的相遇

托马斯-杰弗逊与伊甘酒庄

美国第三任总统托马斯·杰弗逊是一位波尔多葡萄酒的顶级专家，曾于18世纪末期担任美国驻法国大使。他非常喜欢伊甘酒庄，尤其是其1784年出产的酒款，一生之中曾经大量订购。

肯尼迪与柏图斯酒庄

在他之前，所谓波尔多其实就是梅多克。

柏图斯成为肯尼迪最爱的葡萄酒，并且是1947年伊丽莎白女王的婚礼用酒。

世界上最著名的艺术家们与罗思柴尔德木桐酒庄

从1945年起，每年都有一位著名艺术家为罗思柴尔德木桐酒庄自由的设计酒标。木桐通过一系列的酒标，集合了众多当代最为著名的艺术家：米罗、夏加尔、布拉克、毕加索、弗朗西斯·培根、达利、巴尔蒂斯、杰夫·昆斯等。

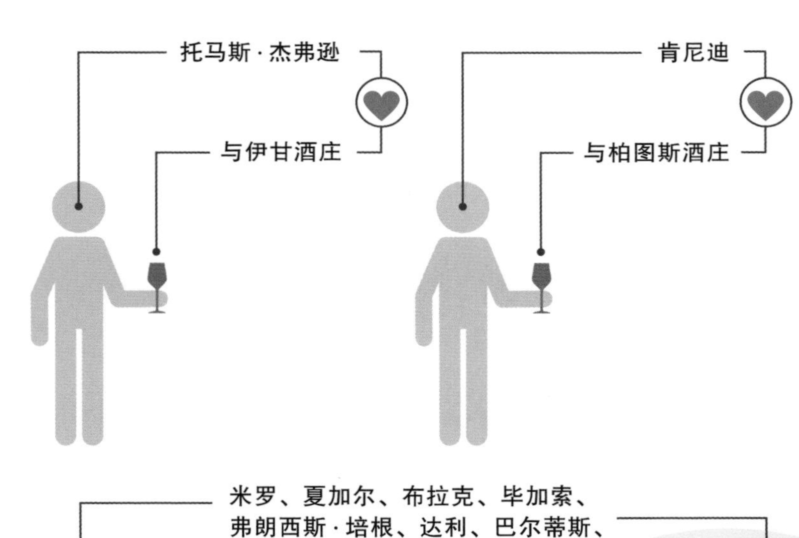

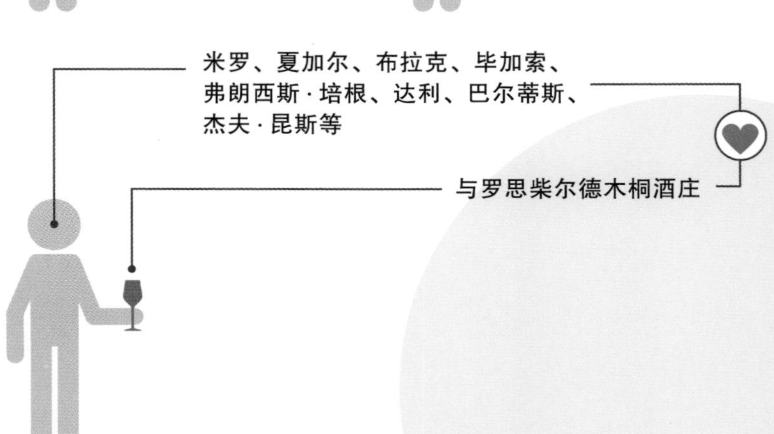

利布尔讷地区

基本情况

利布尔讷地区位于多尔多涅河的右岸，葡萄园非常集中，几乎覆盖利布尔讷地区所有的村镇。

当地可能从古罗马时期便已开始种植葡萄树。到了英法百年战争末期，葡萄园的面积逐渐扩大，并且借助多尔多涅河将其出产的红葡萄酒运往英格兰。但是，这里的发展仍然无法与梅多克相提并论。

直到20世纪的1955年，圣爱美浓地区最优质的葡萄酒出现列级酒庄分级。在这片石灰岩居多、卵石较少的土地上，赤霞珠让位于美乐，出产更为圆润丝滑的红葡萄酒。

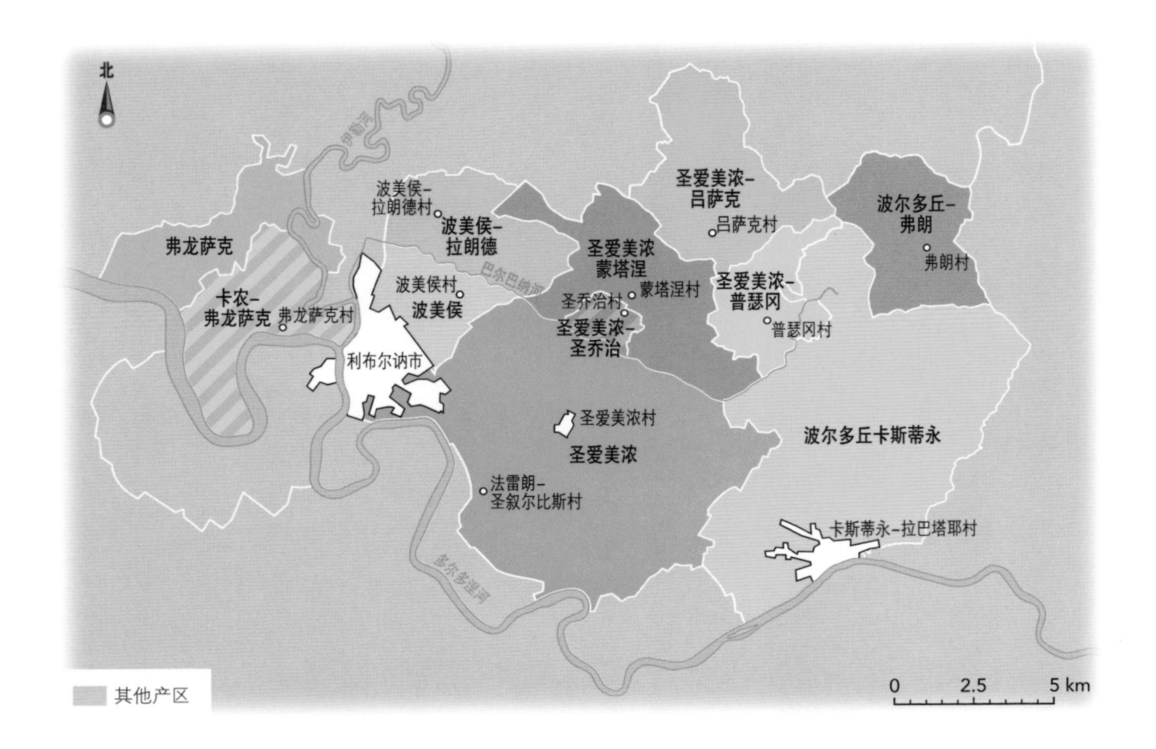

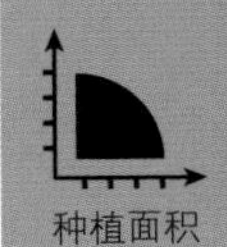 种植面积	大约5 500公顷，分布在圣爱美浓法定产区（占全世界总种植面积的0.6%）
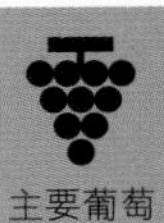 主要葡萄品种	品丽珠 美乐
 葡萄酒的种类	主要出产红葡萄酒

细读酒标

柏图斯

- 波美侯法定产区
- 位于圣爱美浓以北
- 是波美侯的顶级酒庄
- 特点：这个著名的产区并无任何分级
- 葡萄品种：美乐

圣爱美浓A级一等列级酒庄

金钟酒庄（Château Angelus）

欧颂酒庄（Château Ausone）

白马酒庄（Château Cheval Blanc）

柏菲酒庄（Château Pavie）

利布尔讷地区葡萄酒的主要特点

位置	典型风格	主要葡萄品种	地质条件	价格
圣爱美浓（Saint–émilion）和圣爱美浓特级园（Saint–émilion grand cru）	• 充满水果和香料芬芳、质地丝滑的红葡萄酒（圣爱美浓） • 充满红色水果和香料的浓郁香气、丰富集中、香气复杂、陈年潜力卓越的红葡萄酒（圣爱美浓特级园）	美乐（主要） 品丽珠 赤霞珠	• 多尔多涅河谷当中的石灰岩高地	从 €€ 到 €€€€€
圣爱美浓（Saint–émilion）和圣爱美浓特级园（Saint–émilion grand cru）	• 口感饱满、果香浓郁、柔美丰腴的红葡萄酒	美乐（主要） 品丽珠 赤霞珠	• 葡萄园位于圣爱美浓的卫星村庄里	€€
圣爱美浓（Saint–émilion）和圣爱美浓特级园（Saint–émilion grand cru）	• 香气复杂、充满香料和水果的芬芳、既圆润又坚实集中、单宁绒滑、陈年潜力极强的红葡萄酒	美乐（主要） 品丽珠 赤霞珠	• 位于圣爱美浓以北，风土独特，表面为卵石，下层为含铁黏土	从 €€ 到 €€€€€
圣爱美浓（Saint–émilion）和圣爱美浓特级园（Saint–émilion grand cru）	• 香气非常浓郁、丰腴绒滑的红葡萄酒	美乐（主要） 品丽珠 赤霞珠	• 位于利布尔讷市（Libourne）以西	€€

圣爱美浓及其“卫星”产区

圣爱美浓和圣爱美浓特级园这两个法定产区相互交织，但是特级园所需遵守的质量标准更加严格。

两者的地理位置也有差异，前者位于南部的沙土平原，后者位于山坡和高地。最优质的圣爱美浓葡萄酒兼具清晰的结构以及绒密柔美的口感。

“圣爱美浓的卫星产区”与圣爱美浓产区以巴尔巴纳（Barbanne）小溪为分界线，包括吕萨克、蒙塔涅、普瑟冈和圣乔治，出产风格类似的葡萄酒，美乐是混酿中的主要葡萄品种。

波美侯

著名的波美侯村及其享誉世界的葡萄酒产区位于利布尔讷市和圣爱美浓村之间。

波美侯的经典葡萄品种为美乐、品丽珠和赤霞珠。美乐在混酿中独占鳌头，所用比例甚至多于圣爱美浓产区。

波美侯产区的面积很小，划分细碎，大部分的酒庄都只有不超过几公顷的葡萄园，平均为4公顷。

柏图斯酒庄的特色：土壤非常特殊，由含硅的碎石（卵石）和表面的蓝色黏土（氧化铁）混合组成，在初春的雨水后便会膨胀，变得无法渗水，葡萄树想要汲取水分，必须伸展根部，从而酿出极其复杂的葡萄酒。

梅多克

基本情况

梅多克产区位于加伦河左岸和吉隆特河口沿岸的台地上，长75千米，宽3~10千米。有两个独特的因素使其出产的葡萄酒品质出众：一个是砾石土壤，一个是受到大西洋和河流双重影响的气候。赤霞珠是这个产区的王者葡萄品种，出产波尔多顶级的红葡萄酒，酒体强劲，适合陈年，尤其是列级酒庄的出品水准更高。

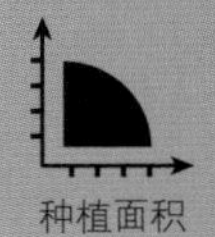

种植面积

大约5700公顷，分布在梅多克法定产区（占全世界总种植面积的0.08%）

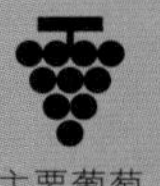

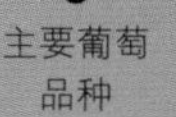

主要葡萄品种

- 品丽珠
- 赤霞珠
- 美乐

葡萄酒的种类

主要出产红葡萄酒

细读酒标

穆里斯

- 法定产区
- 梅多克最小的产区
- 得名于源于中世纪的众多风车（法语为“moulin”）
- 出产红葡萄酒，采用赤霞珠、美乐、品丽珠和小味儿多混酿，陈年之后比其他村庄级产区更快柔化

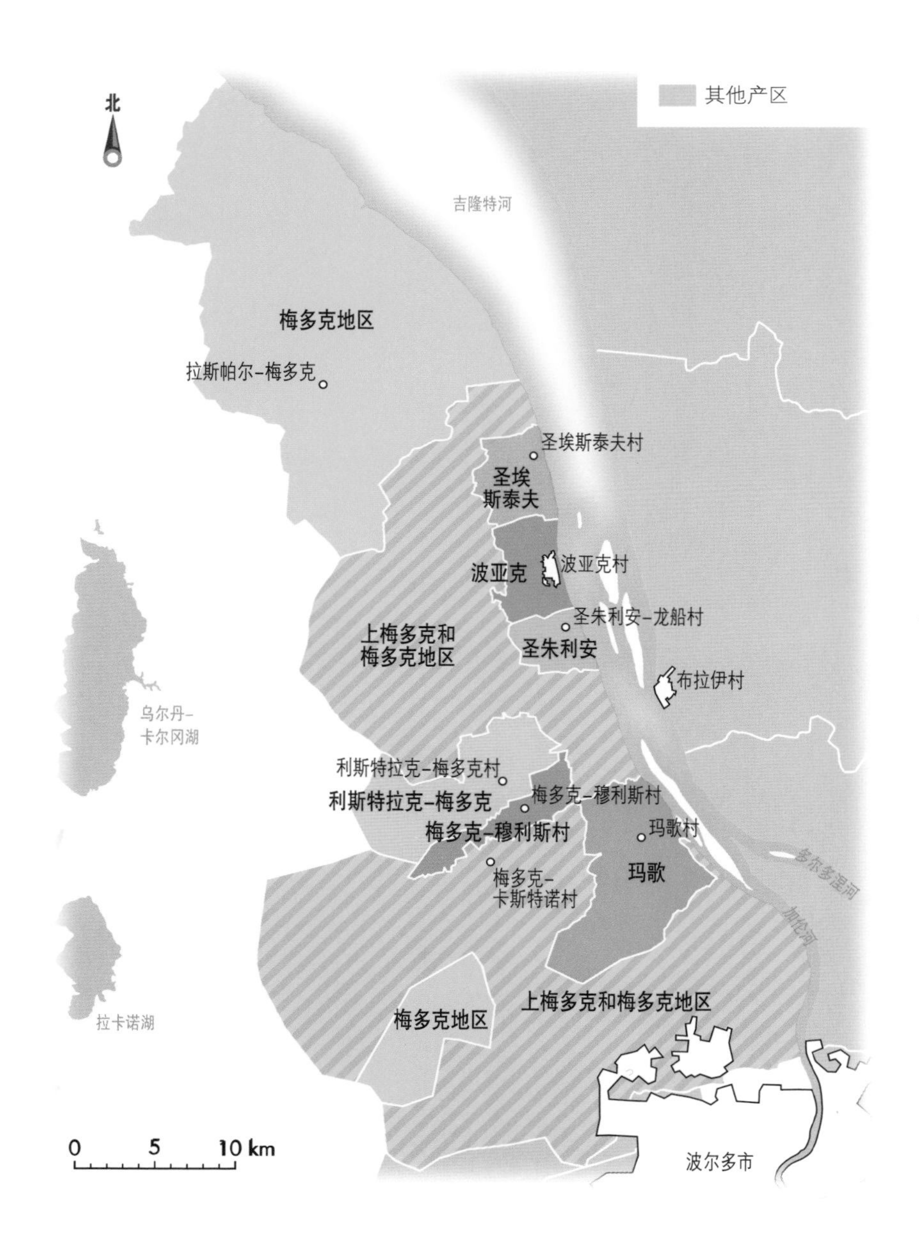

梅多克葡萄酒的主要特点

位置	典型风格	主要葡萄品种	地质条件	价格
玛歌（Margaux）	• 优雅细腻、同时不失结构的红葡萄酒	赤霞珠 品丽珠 美乐	• 上梅多克6个村庄级法定保护产区中最大、也是最南端的一个，拥有品质最优的砾石圆丘土壤 • 一共有21家列级酒庄，包括出产独特而备受追捧的干白葡萄酒（波尔多法定产区）的一级酒庄玛歌酒庄	从 €€ 到 €€€€€
波亚克（Pauillac）	• 兼具精致口感与有力单宁的红葡萄酒，陈年之后更添细腻优雅	赤霞珠 品丽珠 美乐	• 波亚克村位于圣埃斯泰夫和圣朱利安之间 • 共有18家列级酒庄，包括3家一级酒庄：罗思柴尔德拉菲酒庄（château Lafite-Rothschild）、拉图酒庄（château Latour）和罗思柴尔德木桐酒庄	从 €€ 到 €€€€€
圣埃斯泰夫（Saint-estèphe）	• 口感强劲、单宁结构极其坚实、酸度较为明显的红葡萄酒，年轻时略显严肃，但是成熟之后就会变得圆润精致	赤霞珠 品丽珠 美乐	• 葡萄园位于圣埃斯泰夫村，是梅多克最北端的村庄级法定保护产区，土壤为略带黏土的砾石	从 €€ 到 €€€€€
圣朱利安（Saint-julien）	• 兼具在其南方的玛歌产区的精致与在其北方的波亚克产区的强劲的红葡萄酒	赤霞珠 品丽珠 美乐	• 葡萄园位于上梅多克的中央，得名于圣朱利安-龙船（Saint-Julien-Beychevelle）村，土壤为砾石，沿着缓坡直至河口。 • 共有11家列级酒庄，包括5家二级酒庄	从 €€ 到 €€€€€
上梅多克（Haut-médoc）	• 年轻时单宁较重，陈年之后就会变得更加丝滑圆润	赤霞珠 品丽珠 美乐	• 葡萄园位于梅多克的南部，而不是像其名字所说的北部（通常认为上北下南） • 4家列级酒庄	从 €€ 到 €€€€€

梅多克的各个产区

梅多克位于吉隆特省的北部，是一个分布在加伦河左岸河畔的狭长地带，只出产红葡萄酒，香气开放而细腻。当地酒庄的特点是面积很大，这与利布尔纳地区恰恰相反。梅多克共有60家列级酒庄和236家中级酒庄，包含梅多克法定保护产区（其中一部分是上梅多克产区）及其著名的村庄级产区——玛歌、圣埃斯泰夫、波亚克、圣朱利安，以及名气稍逊、但是近年以来发展不俗的穆里斯和利斯特拉克（Listrac）。上梅多克产区位于梅多克的南部，而不是像其名字所说的北部（上北）。

格拉夫和两海之间

基本情况

格拉夫产区位于波尔多以南，加伦河的左岸。它得名于当地的土壤——由从比利牛斯山落下、百万年来被加伦河逐渐向西沉积的砾石（沙砾）组成。这里是波尔多历史最悠久的葡萄园，境内的佩萨克–雷奥良法定产区品质最优，出产红葡萄酒和干白葡萄酒。除此之外还有两个法定产区，分别为格拉夫（graves，出产红葡萄酒和干白葡萄酒）和优级格拉夫（graves supérieures，出产半甜白葡萄酒）。

两海之间法定保护产区位于多尔多涅河和加伦河之间，以出产干白葡萄酒而闻名。这里同样出产红葡萄酒和桃红葡萄酒，但是只能采用波尔多和优级波尔多作为产区名称。两海之间以其酒款的清新酸度和浓郁香气作为独特风格。

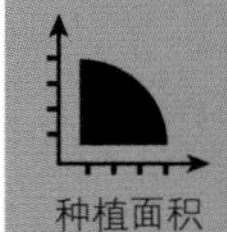

种植面积

大约6 600公顷（占全世界总种植面积的0.09%）

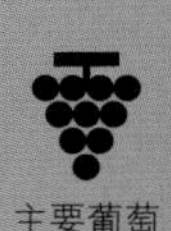

主要葡萄品种

- 密斯卡岱勒
- 长相思
- 赛美蓉
- 品丽珠
- 赤霞珠
- 美乐

葡萄酒的种类

主要出产红葡萄酒

细读酒标

一级酒庄侯伯王酒庄

- 法定产区
- 同时位列1855年分级（一级酒庄）和1959年格拉夫列级酒庄分级的佩萨克–雷奥良代表酒庄

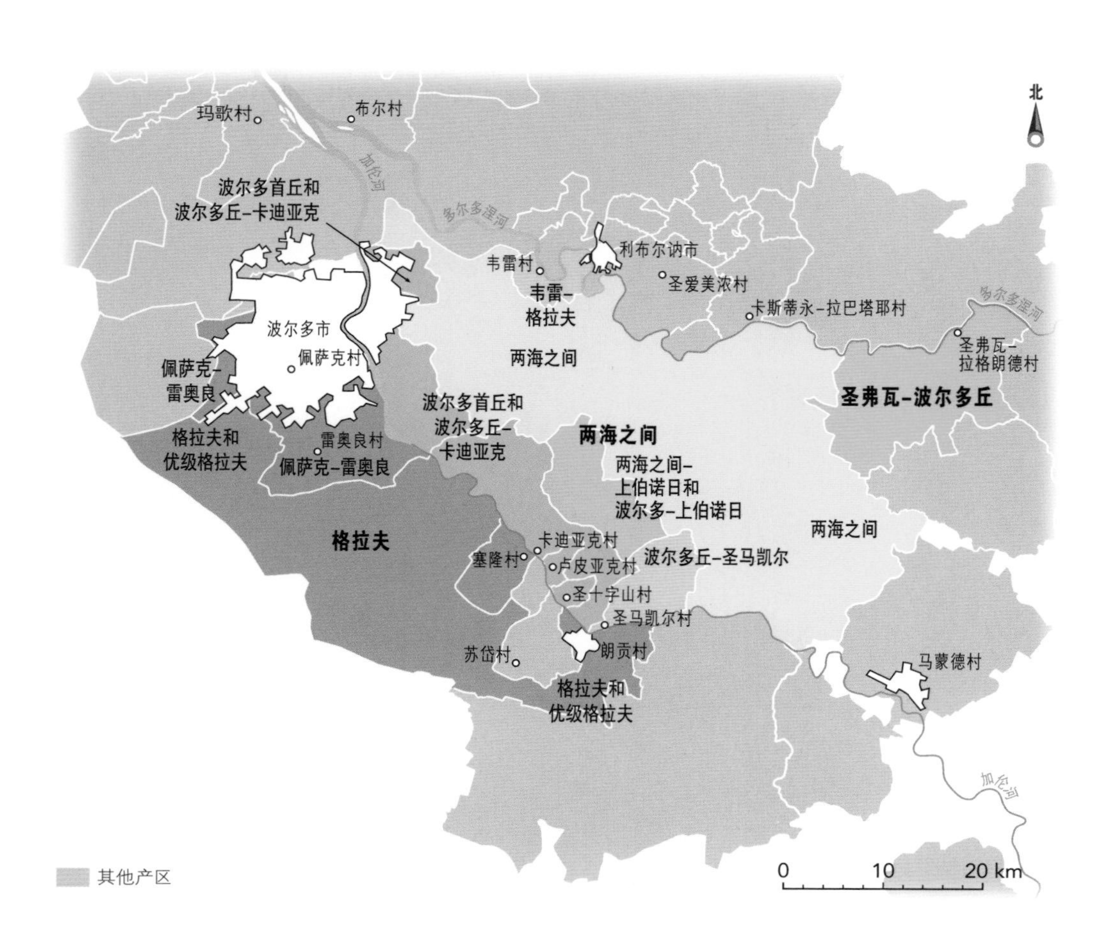

格拉夫和两海之间葡萄酒的主要特点

位置	典型风格	主要葡萄品种	地质条件	价格
格拉夫地区				
格拉夫	• 饱满清新、香气浓郁的白葡萄酒 • 在坚实和柔和之间达到平衡的红葡萄酒	长相思 赛美蓉 密斯卡岱勒 美乐 赤霞珠 品丽珠	• 葡萄园位于波尔多市以南，加伦河的左岸 • 砾石土壤，产区得名于此	从 €€ 到 €€€€
佩萨克-雷奥良	• 酒体集中、香气复杂的白葡萄酒 • 坚实平衡、口感绒滑的红葡萄酒，陈年之后更为复杂		• 位于格拉夫地区的北部 • 一级酒庄侯伯王酒庄同时位列格拉夫和梅多克的分级	从 €€ 到 €€€€
两海之间				
两海之间	• 清新活泼、果香浓郁的干白葡萄酒	长相思 赛美蓉 密斯卡岱勒	• 土壤由石灰岩、硅石、砾石和淤泥组成	€€
波尔多丘-卡迪亚克	• 充满香料香气、酒体浓厚的红葡萄酒	美乐（主要）	• 葡萄园位于山坡上，绵延在加伦河畔六十多千米的区域内	€€
波尔多首丘	• 半甜白葡萄酒	赛美蓉（主要）		
韦雷-格拉夫	• 果香浓郁、圆润绒滑的红葡萄酒 • 柔和活泼的白葡萄酒	美乐（主要）	• 葡萄园覆盖韦雷（Vayres）和阿尔韦雷（Arveyres）这两个村庄，为砾石土壤	€€

波尔多（bordeaux）和优级波尔多产区（bordeaux supérieur）

波尔多产区覆盖整个波尔多地区，出产口感活泼、果香浓郁的白葡萄酒，清淡柔和的红葡萄酒，以及清新柔美的桃红葡萄酒，适合尽快饮用。

优级波尔多产区没有特殊的区域，同样覆盖整个波尔多地区，但是葡萄种植和葡萄酒酿造的要求要比波尔多法定保护产区更加严格，出产的红葡萄酒更加强劲，酒体更重，还有少量的半甜白葡萄酒，充满热带水果和白花的香气。

在上梅多克等红葡萄酒产区出产的白葡萄酒需要降级为波尔多产区，在两海之间出产的红葡萄酒也是如此。

苏岱地区

基本情况

苏岱地区出产波尔多地区最为著名的甜型葡萄酒，包括神秘的伊甘酒庄。加伦河和锡龙河（Ciron）岸边的秋雾，加上午后明媚的阳光，形成了酿造这种甘美佳酿的理想条件。赛美蓉因为皮薄，容易感染贵腐菌，是当地的典型葡萄品种。长相思带来清新的酸度和香气，密斯卡岱勒则增添一抹热带水果的气息。

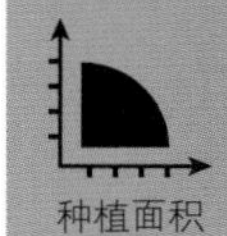

种植面积	大约1 700公顷，分布在苏岱产区（占全世界总种植面积的0.02%）
主要葡萄品种	长相思 赛美蓉 密斯卡岱勒
葡萄酒的种类	主要出产甜白葡萄酒

细读酒标

巴萨克

- 法定产区
- 产自巴萨克产区的所有葡萄酒均可标记苏岱产区，但是反之不然。

灰霉菌这种真菌是如何成为酿酒人的同盟的？

当潮湿时段和干燥时段在一年中交替出现时，灰霉菌就会变成贵腐菌，形成两种完全不同的东西。在特定的条件下，这种真菌会通过集中葡萄果粒中的糖分和香气，成为酿酒人的同盟。

感染贵腐菌的葡萄会蒙上一层棕色的绒毛，而不是像感染灰霉菌的葡萄那样蒙上一层灰色（那就是真正的腐烂了），并且产生新的香气。

苏岱地区葡萄酒的主要特点

位置	典型风格	主要葡萄品种	地质条件	价格
苏岱（Sauternes）	• 既甜美精致、又有清新酸度与其平衡的甜白葡萄酒，充满橙子果酱、蜂蜜和香草的芬芳	赛美蓉 长相思 密斯卡岱勒	• 葡萄园位于加伦河左岸的山谷和高地之间 • 最优质的葡萄园位于地势起伏的砾石丘陵上 • 神秘的一级酒庄：伊甘酒庄	从 €€ 到 €€€€€
巴萨克（Barsac）	• 丰富稠滑、无比细腻的甜白葡萄酒，酸度比苏岱略高	赛美蓉 长相思 密斯卡岱勒	• 葡萄园位于加伦河左岸的巴萨克村，与苏岱隔着锡龙河相望，地势相对平缓 • 产自巴萨克产区的所有葡萄酒均可标记苏岱产区，但是反之不然。	从 €€ 到 €€€€€
塞隆（Cérons）	• 柔和圆润的半甜白葡萄酒，或者更为浓郁但是仍然清新的甜白葡萄酒	赛美蓉 长相思 密斯卡岱勒	• 位于加伦河右岸的石灰岩和砾石山坡上	€€
卡迪亚克（Cadillac）	• 年轻时果香浓郁、陈年后口感更加丰润的甜白葡萄酒	赛美蓉 长相思 密斯卡岱勒	• 位于加伦河的左岸，巴萨克的东北侧，土壤为砾石和沙子	€€
卢皮亚克（Loupiac）	• 饱满可口的甜白葡萄酒	赛美蓉 长相思 密斯卡岱勒	• 位于加伦河右岸的黏土石灰岩山坡上，不受北风的侵袭	€€
圣十字山（Sainte-croix-du-mont）	• 年轻时香气较为开放、酸度较高，陈年后酒体更加丰润的甜白葡萄酒	赛美蓉 长相思 密斯卡岱勒	• 位于加伦河的右岸，面对苏岱，土壤为石灰岩	€€

巨人的工作

酿造苏岱，必须采集最为干缩的葡萄果粒，所以酿酒人需要多次进入葡萄园进行挑选（称为“trie”），有时多达十几次。由此萃取的葡萄汁具有罕见的集中度，但是产量极低。这种甜型葡萄酒的风格非常独特，使其深受消费风尚的影响，有时备受追捧，有时无人问津。酿造这种甜型葡萄酒是一项需要耐心和信心的工作。

西南地区（Sud-Ouest）

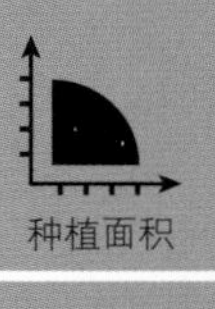

种植面积

大约51 500公顷（占全世界总种植面积的0.68%）

主要葡萄品种

- 鸽笼白
- 大芒森
- 兰德乐
- 莫扎克（Mauzac）
- 密斯卡岱勒
- 小芒森
- 长相思
- 赛美蓉
- 白玉霓
- 品丽珠
- 赤霞珠
- 杜拉斯
- 费尔-塞瓦都
- 佳美
- 马贝克
- 美乐
- 聂格雷特
- 丹那（Tannat）

葡萄酒的种类

主要出产白葡萄酒

基本情况

西南地区面积广大，西接波尔多地区，东临米约市（Millau），西南则是巴斯克地区。早在古罗马人占领之前，这里便已开始种植葡萄树。卡奥尔从13世纪起便向英格兰出口葡萄酒，但是西南地区曾经长期存活在波尔多的阴影之下，并且缺乏运输通路。直到20世纪70年代，西南地区再次腾飞，以其丰富多彩的本地葡萄品种以及多种多样的葡萄酒风格而闻名。

细读酒标

加斯科涅丘地区保护餐酒

- 地区餐酒
- 当地每售出5瓶葡萄酒，有4瓶是地区保护餐酒
- 主要出产口感活泼、香气浓郁的干白葡萄酒以及充满糖渍水果香气的半甜白葡萄酒

法国最古老的本地品种

在红葡萄品种中，当然包括三个波尔多主要品种：赤霞珠、品丽珠和美乐，除此之外还有当地特有的古老品种，比如杜拉斯（duras）、费尔-塞瓦都（fer servadou）也称布洛可（braucol），以及聂格雷特（négrette）。

在白葡萄品种中，用于酿造朱朗松甜型葡萄酒的大芒森（gros manseng）和小芒森（petit manseng）是西南地区的本地品种。兰德乐（len de l'el）是加亚克产区的代表品种。加斯科涅的特产品种鸽笼白则出产香气极其浓郁的葡萄酒。

罗塞特（rosette）

这是一种半甜白葡萄酒，产自西南地区最小的产区，采用波尔多葡萄品种赛美蓉、长相思和密斯卡岱勒酿造，口感非常圆润，充满柑橘类水果和热带水果的香气。

西南地区葡萄酒的主要特点

位置	典型风格	主要葡萄品种		地质条件	价格
贝尔热拉克地区（Bergeracois）和杜拉斯（Duras）					
贝尔热拉克	•红葡萄酒，有的简单柔和，有的结构更加严密，酒体更重 •口感活泼、香气浓郁的干白葡萄酒 •口感柔和、香气鲜明的桃红葡萄酒	美乐 赤霞珠 品丽珠	赛美蓉 长相思 密斯卡岱勒	•葡萄园地势起伏，位于多尔多涅河的两岸	€
蒙巴济亚克	•丰润强劲、充满蜂蜜和鲜花香气的甜白葡萄酒	赛美蓉 长相思 密斯卡岱勒		•葡萄园位于陡峭的山坡上，晨雾促进贵腐菌的形成	€€
佩夏蒙	•只出产红葡萄酒，口感集中，适合陈年，充满黑色水果的香气，有时香气过熟	美乐 赤霞珠	品丽珠 马贝克	•葡萄园位于贝尔热拉克东北侧的丘陵上	€€
南部比利牛斯地区（Midi–Pyrénées）					
卡奥尔	•酒色深暗、香气浓郁、口感强劲、单宁扎实、陈年潜力极强的红葡萄酒	马贝克 美乐 丹那		•葡萄园位于土壤极其贫瘠的台地和半坡上	€€
加亚克	•口感活泼、香气浓郁的干白葡萄酒 •香气丰富的甜白葡萄酒 •果香浓郁的微气泡葡萄酒 •口感清淡、果味十足的桃红葡萄酒 •红葡萄酒，有的简单，有的酒体较重	兰德乐 莫扎克 密斯卡岱勒 杜拉斯 佳美	布洛可 品丽珠 赤霞珠 美乐 西拉	•葡萄园位于平原和山坡上，风土多种多样，出产的葡萄酒丰富多彩	€
比泽	•主要出产醇厚绒滑的红葡萄酒 •口感活泼、果味十足的白葡萄酒和桃红葡萄酒	美乐赤 霞珠 品丽珠	马贝克 赛美蓉 长相思	•葡萄园位于最靠近加伦河的山坡上	€
马蒂宏	•强劲坚实、适合陈年的红葡萄酒	丹那 品丽珠	赤霞珠 费尔–塞瓦都	•葡萄园坐落于阿杜尔（Adour）河谷的陡峭山坡上	€
弗龙东	•口感强劲、充满紫罗兰和香料典型香气的红葡萄酒 •少量口感清新的桃红葡萄酒	涅格雷特 品丽珠 赤霞珠	马贝克 西拉	•葡萄园坐落于图卢兹市（Toulouse）的四周	€
比利牛斯山麓（Piémont pyrénéen）					
朱朗松	•口感细腻、香气浓郁、陈年潜力极佳的甜白葡萄酒 •口感圆润、充满果香和花香的干白葡萄酒	小芒森 大芒森		•位于波市（Pau）西南侧的山坡上，可以在葡萄树上自然风干酿造半甜白葡萄酒	€€
伊卢雷基	•结构严密、充满香料气息、陈年潜力极佳的红葡萄酒 •口感清新、果味十足的白葡萄酒（极其少量）和桃红葡萄酒	丹那 品丽珠 赤霞珠	库尔布（Courbu） 大芒森 小芒森	•葡萄园位于陡峭山坡的台地上	€€

罗讷河谷（Vallée du Rhône）

基本情况

罗讷河谷是法国葡萄种植面积和葡萄酒产量的第二大产区，仅次于朗格多克–露喜龙。

罗讷河谷分为两个区别极大的部分。北部的气候为半大陆性气候，南部则为地中海式气候。南部的气温显著偏高，两者的葡萄品种和地形都大相径庭。北部为非常陡峭的山坡，南部则为地形平缓的小型丘陵，使得罗讷河谷具有丰富多变的风土，出产风格极其鲜明的葡萄酒。

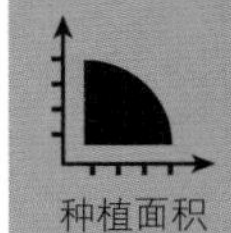 种植面积	大约73 500公顷（占全世界总种植面积的0.98%）
 主要葡萄品种	歌海娜 西拉 慕和怀特 神索 玛珊 胡珊 维欧尼
 葡萄酒的种类	主要出产红葡萄酒

细读酒标

迪–克莱雷特传统法气泡葡萄酒

- 迪瓦地区（Diois）的法定产区
- 100%采用克莱雷特（Clairette）酿造
- 气泡葡萄酒

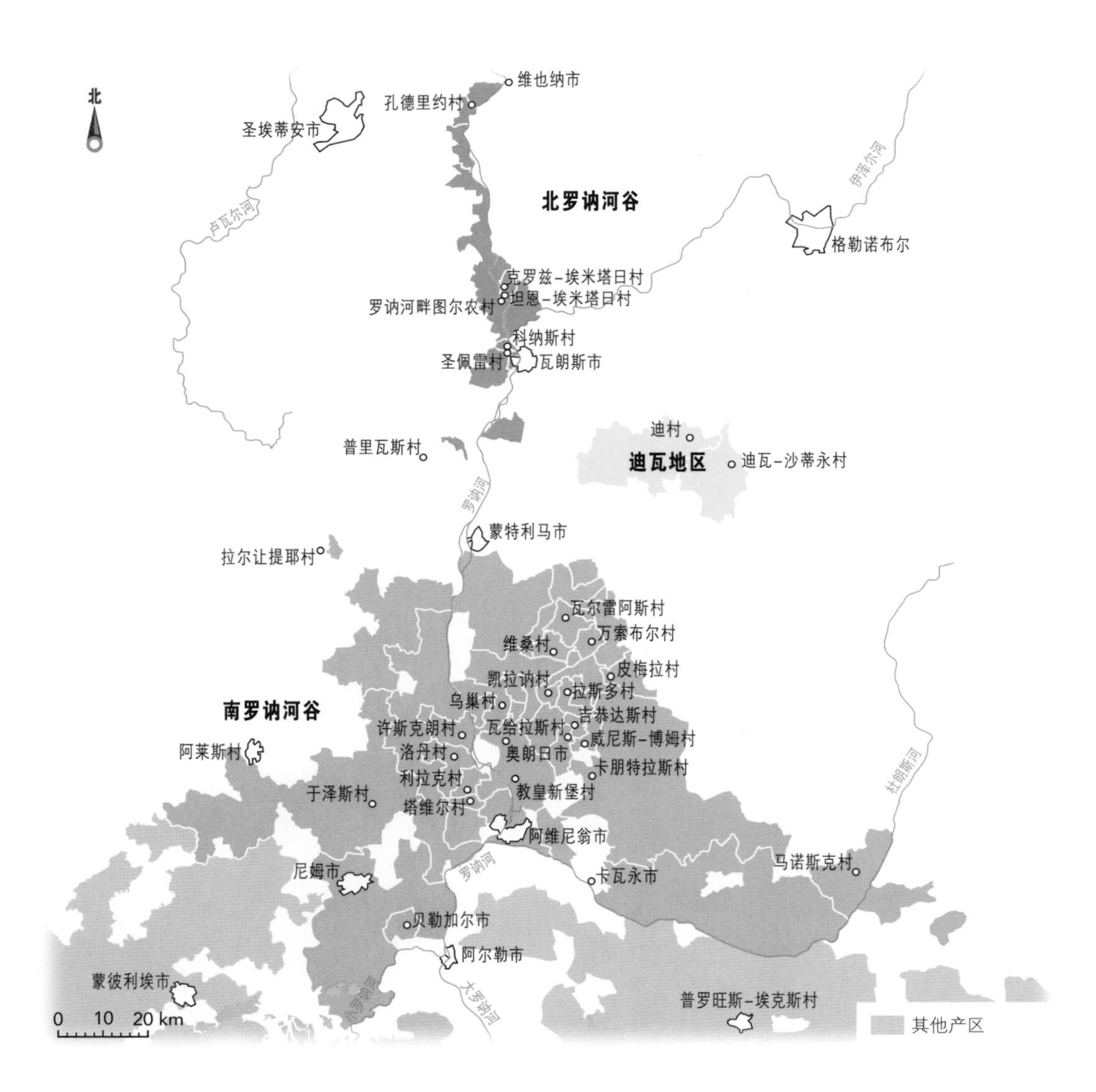

罗讷河谷葡萄酒的主要特点

位置	典型风格	主要葡萄品种	地质条件	价格
北罗讷河谷（Vallée du Rhône septentrionale）				
	• 主要出产完全采用西拉酿造、浓郁厚重、口感精致的红葡萄酒，充满甘草、胡椒、紫罗兰和红色水果的香气 • 圆润滑腻、但是不失清新的白葡萄酒，充满白花和杏的香气	西拉 玛珊 胡珊 维欧尼	• 位于罗讷河谷的边缘，维也纳市（Vienne）和瓦朗斯市（Valence）之间，地形狭长陡峭	 从 €€ 到 €€€€€
南罗讷河谷（Vallée du Rhône méridionale）				
	• 红葡萄酒，有的口感简单、果香浓郁，比如罗讷河谷大区级产区，有的更为丰富热情，充满黑色水果和甜香料的芬芳，比如教皇新堡 • 口感滑腻、充满成熟黄色水果香气的白葡萄酒 • 桃红葡萄酒，有的清新柔美，有的酒体较重，比如塔维尔	歌海娜 西拉 慕和怀特 古若斯（Counoise） 瓦卡瑞斯（Vaccarèse） 玛珊 胡珊 布尔布朗克（Bourboulenc） 白克莱雷特	• 地形比北部平坦，为地中海式气候，土壤中有时含有碎石，密斯特拉风（mistral）有时很强烈	从 € 到 €€€€€

罗讷河谷葡萄酒的分级

葡萄酒分级金字塔的底部是大区级法定产区罗讷河谷（côtes-du-rhône）和罗讷河谷村庄（côtes-du-rhône-villages），后者可以选择后面缀上村镇的名称，比如洛丹（Laudun）、萨布莱（Sablet）等。这些村镇几乎都位于南罗讷河谷。金字塔的顶部则是村庄级法定产区以及特级园：罗蒂丘、孔德里约、科纳斯、教皇新堡、吉恭达斯、塔维尔等。

罗讷河谷产区还包括一些距离罗讷河较远的“卫星”法定产区，为其增加更多的葡萄酒种类：维沃雷丘（côtes-du-vivarais）、尼姆丘（costières-de-nîmes）、贝勒加尔-克莱雷特（clairette-de-bellegarde）、格里尼昂-雷阿德马尔（grignan-les-adhémar）、旺度（ventoux）、吕贝龙（luberon）和皮耶尔瓦赫（pierrevert）。

值得一提的还有迪村（Die），位于靠近阿尔卑斯山区的薇珂山（Vercors）南麓，气候凉爽，适合出产白葡萄酒和气泡葡萄酒。当地绝大多数的产酒都是-克莱雷特气泡葡萄酒，分为两种风格：祖传法（占总产量的80%，产自小粒白麝香和克莱雷特，酿造口感清淡的甜型气泡葡萄酒）以及传统法（酒精度更高，更具花香，完全采用克莱雷特酿造）。

勒华（Le Roy）男爵与法定产区

由于认为1919年颁布的有关法定产区的法律过于笼统，仅仅划分了产区的地理区域，教皇新堡的一群酿酒人决定建立更为严格、旨在保护本地葡萄酒的法规。同年，他们获得了富迪亚酒庄（Château Fortia）的皮埃尔·勒华·德·布瓦索马里埃（Pierre Le Roy de Boiseaumarié）——又称勒华男爵——及其妻子的支持。同年，他当选教皇新堡酿酒人工会主席。酒农们由此推出了前所未见的葡萄酒生产规范：规定种植方式、最低酒精度、可用葡萄品种的严格列表、采收的葡萄必须进行挑拣。1936年5月15日，随着产区敕令的公布，教皇新堡成为法国第一个葡萄酒保护产区。

北罗讷河谷

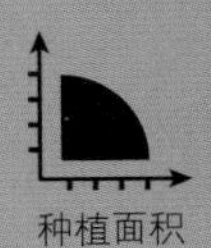

种植面积

大约80 000公顷（占全世界总种植面积的1.05%）

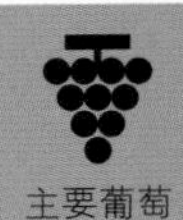

主要葡萄品种

- 西拉
- 玛珊
- 胡珊
- 维欧尼

葡萄酒的种类

主要出产红葡萄酒

基本情况

北罗讷河谷产区沿着罗讷河，位于从维也纳市到瓦伦西亚市之间的陡峭山坡上（坡度可达50%），最高海拔达到300米。土壤易碎，采用当地石头建造的矮墙（当地称为chalais）加固。

西拉是北罗讷河谷最重要的红葡萄品种，出产的葡萄酒根据风土不同，有的浓重（比如罗蒂丘、埃米塔日），有的略微清淡一点（克罗兹–埃米塔日、圣约瑟夫），但是同样都有既浓郁又精致的单宁脉络，以及胡椒、紫罗兰和甘草的香气。

北罗讷河谷还有一个特色是孔德里约产区的白葡萄品种维欧尼，它充满了杏和紫罗兰的独特芬芳，口感滑腻柔美，在一些酿酒人的努力下重获大众的喜爱。这里也种植胡珊和玛珊，以此酿出的埃米塔日白葡萄酒是法国伟大的白葡萄酒之一。

细读酒标

克罗兹–埃米塔日法定产区

- 法定产区
- 北罗讷河谷最大的产区
- 主要出产红葡萄酒

北罗讷河谷葡萄酒的主要特点

位置	典型风格	主要葡萄品种	地质条件	价格
罗蒂丘（Côte-rôtie）	• 高贵饱满、精致优雅、充满香料芬芳的红葡萄酒，具有极其悠长的花香和辛香，陈年潜力卓越	西拉 维欧尼（最高可占20%）	• 悬崖一般的狭窄台地，是北罗讷河谷特级园中最北端的一个	€€€€€
孔德里约（Condrieu）	• 强劲丰润、口感清新、香气极其浓郁的白葡萄酒	维欧尼	• 朝向极佳的陡峭台地	€€€€€
圣约瑟夫（Saint-joseph）	• 红葡萄酒，有的口感清淡、果味十足（采用二氧化碳浸渍法酿造），但是多数较为浓郁，香气浓郁（其中最优质的酒款接近埃米塔日的水准） • 丰润细腻的白葡萄酒	西拉 玛珊 胡珊	• 罗讷河右岸的陡峭山坡	€€€
埃米塔日（Hermitage）	• 北罗讷河谷酒体最重的红葡萄酒，丰厚复杂，陈年潜力卓越 • 非常精致、丰润柔和的白葡萄酒，充满榛子和蜂蜜的香气，适合陈年 • 稻草酒（产量极低）	西拉 玛珊 胡珊	• 坦恩-埃米塔日村（Tain-l'Hermitage）背后的朝南陡峭山坡	€€€€€
克罗兹-埃米塔日（Crozes-hermitage）	• 红葡萄酒，有的简单清淡（采用二氧化碳浸渍法酿造），有的较为集中强劲，单宁较重 • 口感清新、花香馥郁的白葡萄酒（产量较低）	西拉 玛珊 胡珊	• 葡萄园位于罗讷河的左岸，坦恩-埃米塔日市的南侧和东侧，北部在山坡上，南部在平地上	从 € 到 €€
科纳斯（Cornas）	• 酒体坚实、极其有力、颜色极深、口感丰富、陈年潜力卓越的红葡萄酒	西拉	• 北罗讷河谷最南端的红葡萄酒产区，背风，阳光明媚	€€€
圣佩雷（Saint-peray）	• 主要出产酒精度较高的气泡葡萄酒，不如法国其他产区的口感活泼 • 精致清新、充满花香和矿物质气息的干白葡萄酒	玛珊 胡珊	• 北罗讷河谷最南端的产区，在瓦朗斯市对面	从 €€ 到 €€€

同时发酵（cofermentation）

北罗讷河谷的特级园产区除了科纳斯，都允许在酿造红葡萄酒时加入维欧尼。但是现在仍然采用这一方法的只有罗蒂丘。维欧尼能够帮助固定红葡萄酒的颜色和单宁，同时增加香气。

聚焦

北罗讷河谷

格里叶堡（château-grillet）独占园

格里叶堡是一个非同寻常的产区，位于孔德里约产区境内。它只有3.5公顷，为一家酒庄所有，故成为法国独一无二的一个独占园。它横跨两个村镇，是罗讷河谷最小的产区。葡萄园坐落在令人眩晕的陡峭山坡上，从而拥有炎热而阳光明媚的微气候。

它得名于被太阳“炙烤”（法语为“grillé”）的山坡，是一片特别适合种植维欧尼的土地，而维欧尼也是这个产区唯一使用的葡萄品种。

格里叶堡出产的葡萄酒丰润浓郁，具有细腻的复杂度，充满桃、杏和蜂蜜的香气。

圣佩雷白葡萄酒和气泡葡萄酒

圣佩雷法定保护产区位于罗讷河右岸，瓦朗斯市以西，靠近阿尔代什省（Ardèche），是北罗讷河谷最南端的产区。这个产区的特点在于，其三分之一的出产都是气泡葡萄酒。

圣佩雷的微气候较为凉爽，故能够酿出细腻丰润、酸度较高、充满馥郁花香的白葡萄酒。

罗蒂丘：金丘和棕丘

罗蒂丘产区是法国古老的葡萄园之一，分为两种不同的风土：分别为金丘（Côte blonde）和棕丘（Côte brune）。传说曾经拥有这片土地的莫吉宏（Maugiron）领主将其分给两个女儿作为嫁妆，两人一个是金发，一个是棕发，由此而得名。除了传说，两地的土壤也有区别：棕丘的片岩更多，而靠南的金丘则沙子更多。产自金丘的罗蒂丘葡萄酒更加细腻，产自棕丘的酒款更加浓厚。

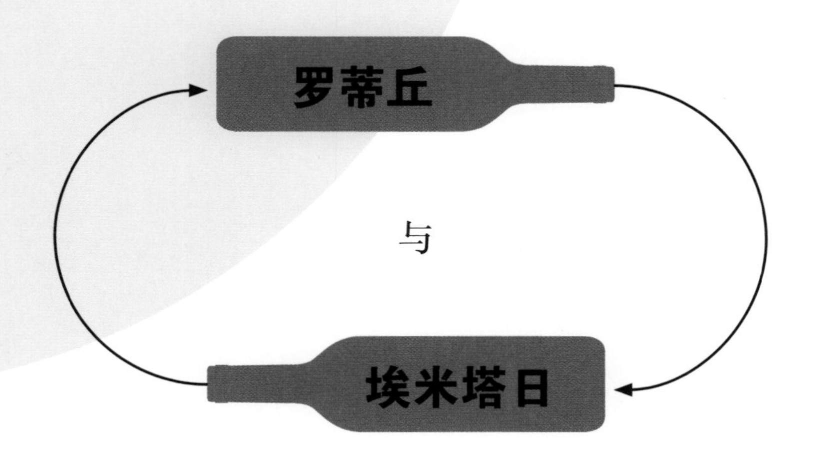

罗蒂丘：罗蒂丘产区位于孔德里约村和昂皮村（Ampuis）之间，是罗讷河谷最北端的产区。葡萄园占地面积265公顷，覆盖在极其陡峭的山坡上，最高海拔达到325米。

罗蒂丘分为两部分：南端的金丘和北端的棕丘。

这里只出产采用西拉酿造的红葡萄酒。

埃米塔日：埃米塔日的朝南丘陵位于三个村镇当中——坦恩–埃米塔日村、克罗兹–埃米塔日村和拉纳日村（Larnage）。目前的葡萄园面积为136公顷。西侧土壤主要为花岗岩，更加适合酿造红葡萄酒，而东侧土壤则含沙子和黏土较多，更加适合出产白葡萄酒。

当地仍有一些酿酒人还在酿造稻草酒，但是产量极低。

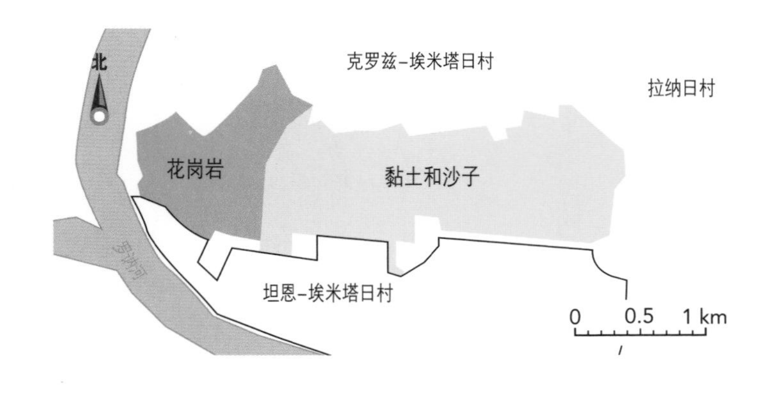

Hermitage还是Ermitage?

早在古代，古罗马人便已开始饮用埃米塔日出产的葡萄酒，当时被称为“维也纳（Vienne）葡萄酒”，后又被称为“圣克里斯托弗（Saint–Christophe）山坡葡萄酒”，因为当地有一座献给圣人克里斯托弗的小教堂。1224年，加斯帕·德·施特林伯格在这座山丘上建起一座隐修院（法语为“ermitage”）。这位效忠于法国摄政王后卡斯蒂利亚的布兰卡（Blanche de Castille）的骑士选择在这座丘陵上隐修。没有“h”的“Ermitage”一词成为这个产区的古名。但是到了19世纪，为了便于商业交流当中的发音，又加上了“h”变成“Hermitage”。

南罗讷河谷

基本情况

南罗讷河谷北起蒙特利马市（Montélimar），南至阿维尼翁市（Avignon），是著名的教皇新堡葡萄酒的摇篮。曾经住在阿维尼翁的历任教皇都非常喜爱这个地区出产的红葡萄酒，因此对于罗讷河谷葡萄种植的发展做出了重要贡献。这里同时大量出产的还有罗讷河谷和罗讷河谷村庄大区级产区红葡萄酒，著名的强劲厚重的塔维尔桃红葡萄酒、适合陈年的瓦给拉斯和吉恭达斯红葡萄酒，以及不得不提的著名的拉斯图和威尼斯-博姆天然甜葡萄酒。

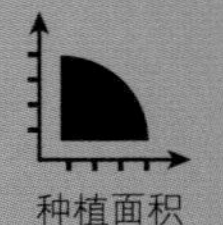

种植面积

大约44 000公顷，分布在罗讷河谷法定产区（占全世界总种植面积的0.58%）

主要葡萄品种

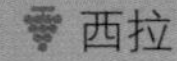

- 玛珊
- 胡珊
- 维欧尼
- 神索
- 歌海娜
- 慕和怀特
- 西拉

葡萄酒的种类

主要出产红葡萄酒

细读酒标

格里尼昂-雷阿德马尔

- 法定产区
- 位于南罗讷河谷的最北端，被罗讷河谷分成两部分
- 产区原名为特里卡斯坦山坡（coteaux-du-tricastin）

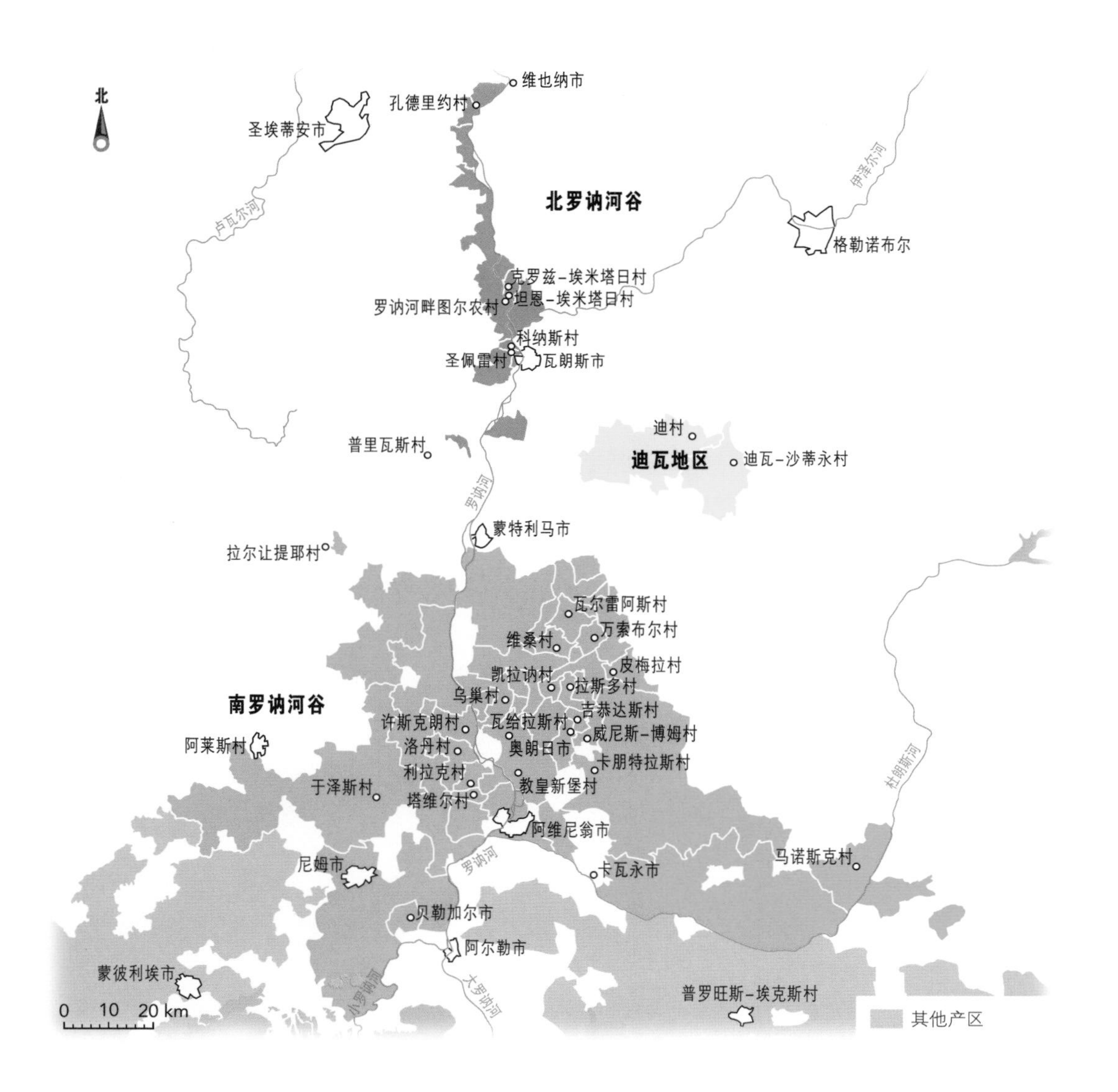

南罗讷河谷葡萄酒的主要特点

位置	典型风格	主要葡萄品种	地质条件	价格
罗讷河谷（Côtes–du–rhône）	• 口感柔和、果香浓郁的红葡萄酒 • 少量口感圆润、果香浓郁的桃红葡萄酒和白葡萄酒	歌海娜（主要） 西拉 慕和怀特 神索 佳丽酿 白歌海娜 胡珊 布尔布朗克 克莱雷特	• 整个罗讷河谷均可生产，但是几乎全部产自南部，博莱讷市（Bollène）和阿维尼翁市之间	€
教皇新堡（Châteauneuf–du–pape）	• 结构坚实、丰富集中、充满香料气息、酒精度通常较高、陈年潜力极佳的红葡萄酒 • 少量圆润丰富、香气复杂的白葡萄酒	歌海娜（主要） 西拉 慕和怀特 神索 白歌海娜 玛珊 胡珊 克莱雷特 （允许使用的红葡萄品种共有13个）	• 葡萄园位于罗讷河左岸非常干燥的高地上，因其能够白天储藏热量、夜间释放的鹅卵石而著名	从 €€ 到 €€€€
吉恭达斯（Gigondas）	• 饱满复杂、适合陈年的红葡萄酒，充满红色水果和香料的芬芳，陈年之后出现皮革和松露的气息 • 少量口感热烈的桃红葡萄酒	歌海娜（主要） 西拉 慕和怀特 神索	• 葡萄园背靠着蒙米拉尔花边山脉（dentelles de Montmirail），位于吉恭达斯村当中	€€
利拉克（Lirac）	• 强劲醇厚、充满香料气息的红葡萄酒 • 少量细腻饱满、香气馥郁的桃红葡萄酒和白葡萄酒	歌海娜（主要） 西拉 慕和怀特 神索 布尔布朗克 克莱雷特 白歌海娜 胡珊	• 葡萄园位于罗讷河的右岸，是罗讷河谷最南端的村庄级产区	€€
瓦给拉斯（Vacqueyras）	• 口感集中、丰富强劲、充满香料气息的红葡萄酒 • 少量带有石灰石荒地灌木香气的桃红葡萄酒，以及口感丰润、充满花香的白葡萄酒	歌海娜（主要） 西拉 慕和怀特 神索 布尔布朗克 克莱雷特 白歌海娜 胡珊	• 名字在拉丁语中意为“石头山谷”，是一片布满鹅卵石的葡萄园，位于瓦给拉斯村和塞内安村（Sarrians）当中，蒙米拉尔花边山脉的脚下	从 € 到 €€
塔维尔（Tavel）	• 酒裙呈深粉红色、饱满浓郁、能够在瓶中存放数年的桃红葡萄酒	歌海娜（主要） 神索 慕和怀特 西拉 佳丽酿	• 葡萄园位于罗讷河的右岸，阿维尼翁市的东北侧	从 € 到 €€
威尼斯–博姆麝香（Muscat–de–beaumes–de–venise）	• 口感强劲但是不失优雅清新的天然甜葡萄酒，充满水果、鲜花和蜂蜜的香气	小粒麝香	• 葡萄园位于阿维尼翁市东北侧的朝南山坡上	从 € 到 €€

聚焦

南罗讷河谷

教皇新堡

教皇新堡产区位于沃克吕兹省（Vaucluse）境内的丘陵之上，两座著名城市——阿维尼翁和奥朗日（Orange）之间。当地的地势比较平坦，但是偶有轻微起伏，却能显著影响葡萄的成熟。

在冰河时期的末期从阿尔卑斯山山坡上剥离的罗讷河的石块沉积在水流最缓的位置，尤其是在教皇新堡。这些石头被时间打磨光滑，变成鹅卵石，是这片风土的典型代表。它们的特点在于能够为葡萄串储藏白天的热量。

根据这里的传统，葡萄酒可以采用13个不同的葡萄品种酿造，每个都能为混酿带来各自的特色，其中最主要的品种是歌海娜。

一项重要的市政法令

1954年10月25日，教皇新堡的村长吕西安·热讷（Lucien Jeune）颁布了一项令人出乎意料的法令：禁止在村庄范围内停泊和放飞飞碟。这可能是因为20世纪50年代，当地所有人都声称自己见过飞碟，从而进行大规模的宣传，不过效果总归是好的，教皇新堡的名字传遍世界。

罗讷河谷法定保护产区和罗讷河谷村庄法定保护产区

罗讷河谷（côtes-du-rhône）产区覆盖整个罗讷河谷葡萄园的一半以上，出产的葡萄酒大部分都简单柔和，果香浓郁，有时会采用二氧化碳浸渍法酿造，包括红葡萄酒、白葡萄酒和桃红葡萄酒。

如需酿造罗讷河谷村庄（côtes-du-rhône-villages）产区葡萄酒，则会在混酿中使用比例更高的歌海娜、西拉和慕和怀特，其最低酒精度更高，单位产量更低。有18个地理区域由于独具特色，可以将其名称标记在酒标上，比如罗讷河谷村庄-维桑（côtes-du-rhônes-village Visan）。这些区域出产的葡萄酒在酒体、结构和香气上，都比普通的罗讷河谷产区酒款更为浓郁。

塔维尔

塔维尔是罗讷河谷唯一一个只出产桃红葡萄酒的产区。塔维尔桃红葡萄酒酒体强劲，余味悠长，酒液呈深粉红色，充满红色水果的芬芳，非常适合搭配美食。

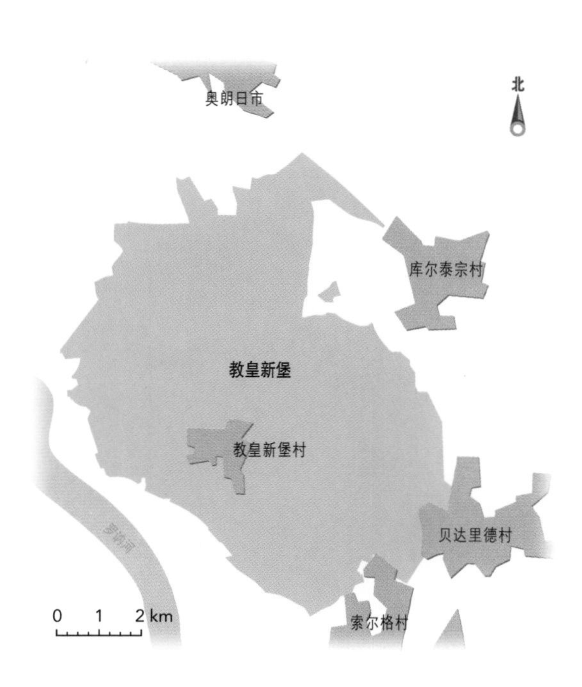

天然甜葡萄酒（VDN）

拉斯多（Rasteau）、凯拉讷（Cairanne）和萨布莱（Sablet）都有年龄超过50年的歌海娜老藤，能够出产浓郁强劲的天然甜葡萄酒。

通过中断发酵的方法，能够酿出两种风格的天然甜葡萄酒：

• 金色拉斯多（rasteau doré），带有果干、杏和蜂蜜的香气；

• 红色拉斯多（rasteau rouge），带有熟李子干和热香料的香气。陈年之后出现“哈喇味”（马德拉化）。

请注意，拉斯多同样出产干红葡萄酒（而且产量居多，参加下文的特级园）。

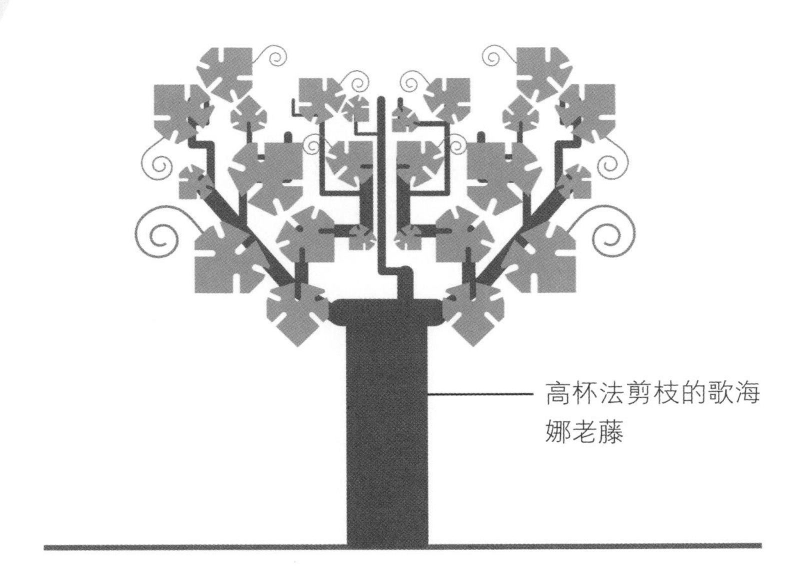

威尼斯–博姆麝香

威尼斯–博姆因为蒙米拉尔花边山脉和石头矮墙的保护而具有独特的风土，适合种植当地的代表性葡萄品种——小粒白麝香。

麝香品种的葡萄兼具甜美感和清爽度。当地还有少量桃红葡萄酒和红葡萄酒出产，采用小粒黑麝香酿造。

特级园

罗讷河谷的特级园处于产区金字塔的顶端。

罗讷河谷的南部区域共有9个特级园，最后一个凯拉讷，刚刚加入其中。

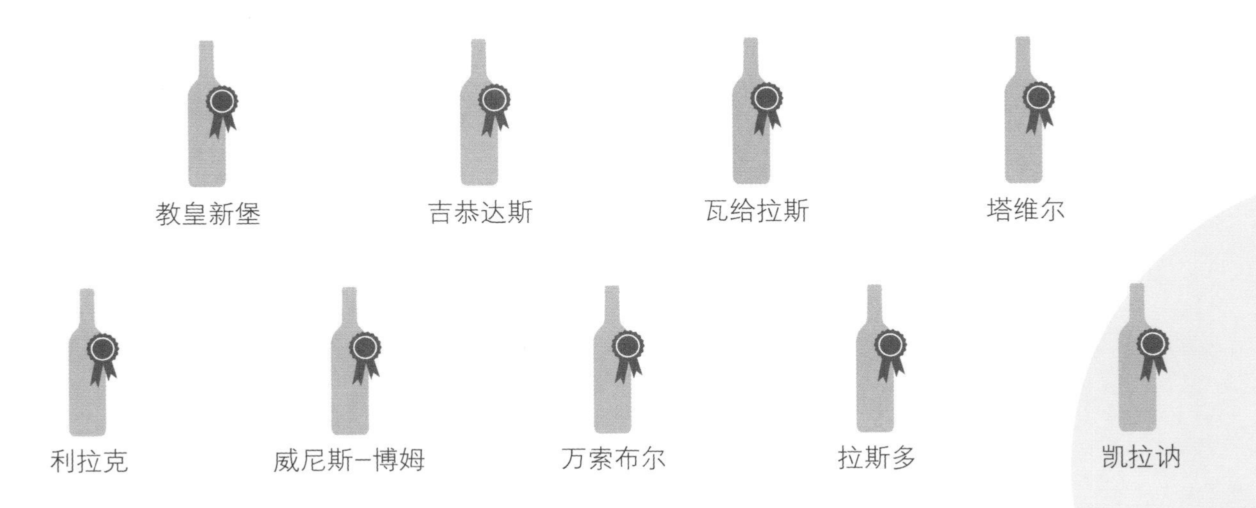

朗格多克-露喜龙

（Languedoc-Roussillon）

基本情况

朗格多克-露喜龙产区拥有非常适合葡萄种植的地中海式气候，是法国最大的葡萄酒产区。它由古希腊人和古罗马人在延续普罗旺斯产区的基础上建立，位于尼姆市（Nîmes）和佩皮尼昂市（Perpignan）之间，狮子海湾（golfe du Lion）沿岸。露喜龙拥有非常丰富的葡萄酒文化，还有天然甜葡萄酒出产。朗格多克在很长一段时间里一直名声不佳，但从21世纪起成为法国活跃的产区之一，当地出产的葡萄酒品质越来越高，很多都既有地中海特色，又有无可指摘的质量。

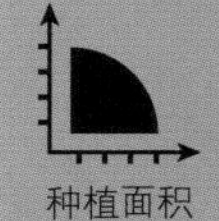

种植面积：大约243 300公顷（占全世界总种植面积的3.2%）

主要葡萄品种：
- 赤霞珠
- 佳丽酿
- 神索
- 黑歌海娜
- 慕和怀特
- 西拉
- 布尔布朗克
- 霞多丽
- 白诗南
- 白克莱雷特
- 白歌海娜
- 灰歌海娜
- 马家婆（Macabeu）
- 莫扎克
- 小粒麝香
- 亚历山大麝香（Muscat d'Alexandrie）
- 皮克葡（Picpoul）
- 白玉霓
- 韦尔蒙蒂诺

葡萄酒的种类：主要出产红葡萄酒

细读酒标

露喜龙丘村庄

- 法定产区。只允许使用红葡萄品种（佳丽酿、黑歌海娜、西拉、慕和怀特）

细读酒标

利慕祖传法气泡葡萄酒

- 法定产区
- 单一葡萄品种：莫扎克
- 采用单次发酵，葡萄在冬季沉睡，春天来临后在瓶中继续发酵
- 果香浓郁的甜型气泡葡萄酒

朗格多克-露喜龙葡萄酒的主要特点

位置	典型风格	主要葡萄品种	地质条件	价格
朗格多克（Languedoc）				
	• 主要出产红葡萄酒，风格多样，但是通常口感强劲 • 圆润柔和的桃红葡萄酒 • 饱满柔美的白葡萄酒	歌海娜（主要） 西拉 慕和怀特 神索 佳丽酿 克莱雷特 白歌海娜 皮克葡 玛珊 胡珊	• 面积广阔的法定产区，几乎覆盖朗格多克和露喜龙的所有产区，包括朗格多克山坡（coteaux-du-languedoc）	从 € 到 €€
科比埃（Corbières）和科比埃-布特纳克（Corbières-boutenac）				
	• 主要出产红葡萄酒，热情饱满，较为强劲 • 少量口感绒滑的桃红葡萄酒以及丰润滑腻的白葡萄酒	佳丽酿 歌海娜 西拉 慕和怀特 白歌海娜 玛珊 胡珊	• 干旱的山区高地 • 布特纳克：是一个位于科比埃核心的小块高地，当地的塞尔斯东北风（Cers）对于葡萄树能够产生保护作用	从 € 到 €€
拉克拉普（La-clape）				
	• 饱满深沉、结构严密的红葡萄酒 • 既圆润又清新的白葡萄酒，充满花香、果香和碘味	歌海娜（主要） 慕和怀特 西拉 布尔布朗克（主要） 白歌海娜 胡珊	• 葡萄园坐落于纳博讷市（Narbonne）门户位置的石灰岩高地之上	€€
圣卢山（Pic-saint-loup）				
	• 口感绒滑、极致深沉、适合陈年的红葡萄酒 • 果香浓郁、酒体平衡的桃红葡萄酒	西拉（主要） 歌海娜 慕和怀特	• 葡萄园坐落于蒙彼利埃市（Montpellier）以北，同时受到地中海式气候和大陆性气候的影响	€€

大量的有机葡萄酒

朗格多克由于气候条件非常适合，尤其是多风，从而能够避免葡萄感染霜霉病和粉霉病，所以是法国采用有机种植比例最高的产区。

多种多样的风土

产区位于从中央山脉（Massif central）延伸至比利牛斯山以东的地区，跨越山地、石灰石荒地、气候温和的平原，直至海岸。

拉扎克台地（terrasses du Larzac）

- 复杂集中、结实清爽的红葡萄酒

西拉
歌海娜
慕和怀特
佳丽酿

- 葡萄园背靠拉扎克石灰岩高原（causse），海拔很高

€€

米内瓦（Minervois）和米内瓦–拉里维涅（Minervois–la–livinière）

- 酒体饱满、充满水果和香料气息的红葡萄酒，米内瓦–拉里维涅出产的酒款更为浓郁
- 少量口感清新、香气开放的白葡萄酒以及圆润醇厚的桃红葡萄酒

西拉
佳丽酿
歌海娜
慕和怀特
玛珊
布尔布朗克
白歌海娜

- 葡萄园位于黑山（Montagne Noire）的山坡上

€€

圣希年（Saint–chinian）

- 红葡萄酒有的颜色深暗、口感绒滑、充满烟熏气息、适合尽快饮用（产自片岩土壤）；有的圆润滑腻，更加适合陈年（产自黏土石灰岩土壤）
- 少量新鲜清淡的白葡萄酒以及口感圆润的桃红葡萄酒

西拉
歌海娜
慕和怀特
佳丽酿
白歌海娜
玛珊
胡珊

- 葡萄园分为北部的片岩区域和南部的黏土石灰岩区域

从
€
到
€€

福热尔（Faugères）

- 饱满热烈、充满石灰石荒地灌木和红色水果香气的红葡萄酒
- 少量丰润滑腻的白葡萄酒以及口感圆润的桃红葡萄酒

西拉
歌海娜
慕和怀
佳丽酿
胡珊
玛珊
白歌海娜

- 背靠黑山的片岩山坡

从
€
到
€€

利慕（Limoux）及其出产的各种葡萄酒

- 主要出产干白葡萄酒，既清新又圆润，通常采用橡木桶酿造
- 气泡白葡萄酒：利慕传统法气泡葡萄酒（crémant–de–limoux）、利慕–布朗克特祖传法气泡葡萄酒（blanquette–de–limoux méthode ancestrale，采用瓶中一次发酵而成）或者利慕–布朗克特传统法气泡葡萄酒（blanquette–de–limoux méthode traditionelle，采用两次发酵而成）
- 口感浓郁、充满水果和香料气息的红葡萄酒

霞多丽
白诗南
莫扎克
美乐（主要）
高特
西拉
歌海娜

- 葡萄园位于奥德（Aude）山谷当中，根据所受地中海式气候和海洋性气候的程度不同而风格各异

€€

位置	典型风格	主要葡萄品种	地质条件	价格

Le Roussillon

位置	典型风格	主要葡萄品种	地质条件	价格
露喜龙丘（Côtes-du-roussillon）和露喜龙丘村庄（Côtes-du-roussillon-villages）	• 主要出产红葡萄酒，充满水果和香料的气息，口感热烈，露喜龙丘村庄级别的酒款更加复杂浓郁 • 花香馥郁的白葡萄酒以及口感厚重的桃红葡萄酒	佳丽酿 歌海娜 慕和怀特 西拉 马家婆 玛勒瓦西（Malvoisie） 歌海娜	• 葡萄园坐落于东比利牛斯省（Pyrénées-Orientales），阿尔贝尔村（Albères）、卡尼古村（Canigou）和科比埃村之间的广阔围谷当中，共有4个村庄级次产区：卡拉玛尼（Caramany）、勒柯尔德（Lesquerde）、法国拉图（Latour-de-France）、托塔维尔（Tautavel，只出产红葡萄酒）	从 € 到 €€
科利乌尔（Collioure）	• 主要出产红葡萄酒，强劲热情，充满成熟水果的香气 • 丰润清新的桃红葡萄酒 • 少量结构饱满、口感丰润的白葡萄酒	歌海娜 慕和怀特 西拉 白歌海娜和灰歌海娜 胡珊 玛珊	• 法国最南端的葡萄园，位于赤红海岸（Côte Vermeille）的沿线，与巴纽尔斯法定产区的地理区域相同	从 € 到 €€
天然甜葡萄酒：巴纽尔斯（banyuls）、巴纽尔斯特级园（banyulsgrandcru）、莫利（maury）、里韦萨尔特（rivesaltes）、里韦萨尔特麝香（muscat-de-rivesaltes）	• 风格多样、陈年潜力极佳的天然甜红葡萄酒，包括还原风格（grenat）、氧化风格（tuilé）、陈年风格（hors d'âge）。年轻时口感清新、果香浓郁，陈年后变得更加深沉复杂 • 天然甜白葡萄酒，包括琥珀风格（ambré）。年轻时口感清新、花香馥郁，陈年后变得更加丰厚复杂，出现哈喇味和蜂蜜的香气	歌海娜（主要） 慕和怀特 西拉 白歌海娜和灰歌海娜 胡珊 玛珊 亚历山大麝香		从 € 到 €€

马勒佩尔（malepère）法定保护产区

它是朗格多克最西端的产区，特点在于主要采用波尔多葡萄品种酿造。主要产自美乐的红葡萄酒口感强劲，充满香料气息。占总产量绝大部分的桃红葡萄酒则口感活泼，果味十足。

聚焦

朗格多克-露喜龙

奥克地区（pays d'oc）的地区保护餐酒

直到1975年，法国南部（称为Midi）还在集中生产日常餐酒（vin de table）。1960年时，当地每人每年的日常餐酒消费量达到135升。

从20世纪80年代初期起，朗格多克产区开始了真正的复兴，渐渐重新认识当地的风土，对葡萄园进行全面整合：拔除一些葡萄树，种植新的葡萄树，加大投资，还有新一代的酿酒人投入其中。

朗格多克-露喜龙的奥克地区保护餐酒占法国地区保护餐酒四分之三以上的产量，其中超过一半用于出口。除了歌海娜、神索、西拉、麝香等本地品种，当地经过重新整合，还开始种植非常流行的国际品种，比如赤霞珠、美乐、霞多丽和维欧尼。

天然甜葡萄酒

天然甜葡萄酒当中的甜味，来源于新鲜天然的葡萄在发酵后留下的绝大部分的糖，没有加入任何香精。天然甜葡萄酒主要产自朗格多克-露喜龙，分为两大类。一类是麝香，包括吕内尔（lunel）、里韦萨尔特、弗龙蒂尼昂（frontignan）、米雷瓦勒（mireval）和米内瓦-圣让（saint-jean-de-minervois）等产区；另一类产自露喜龙，包括莫利、巴纽尔斯和里韦萨尔特等产区。麝香天然甜葡萄酒通常适合尽快饮用，采用小粒白麝香酿造，只有里韦萨尔特麝香还另外允许使用亚历山大麝香；而莫利、巴纽尔斯和里韦萨尔特出产的天然甜葡萄酒有时会装在大肚玻璃瓶里，在阳光下暴晒陈酿，它允许使用四个葡萄品种：白葡萄品种为马家婆、麝香和玛勒瓦西，红葡萄品种为歌海娜，其中天然甜红葡萄酒为主要出产的酒款。

陈年风格（hors d'âge）的天然甜葡萄酒

葡萄酒需要陈酿至少5年

哈喇味风格（rancio）的天然甜葡萄酒

葡萄酒经过特殊方式的陈酿之后出现"哈喇味"，即过度成熟的水果味道以及杏仁或核桃的香气

瑞美风格（rimage）的巴纽尔斯天然甜葡萄酒

葡萄酒采用黑歌海娜酿造，在封闭的大槽里陈酿，至少直至采收次年的5月1日，其中包括至少3个月的瓶中陈酿，上市时需要标明年份

传统风格（traditionnel）的巴纽尔斯天然甜葡萄酒

葡萄酒主要采用黑歌海娜酿造，在氧化环境中陈酿，至少直至采收后第三年的3月1日

特色酒款：巴纽尔斯特级园

它是唯一一种获得特级园产区名称的天然甜葡萄酒。

葡萄树种植在土壤贫瘠的陡峭山坡上，俯瞰地中海。

黑歌海娜在混酿中必须占到至少75%，橡木桶陈酿不可少于30个月。这种葡萄酒挑选最好的葡萄酿成，酒体非常浓郁集中，陈年潜力长达数十年。

圣卢山的传说

圣卢山一名来自一个中世纪的爱情故事。全都爱慕美丽的贝尔特拉德（Bertrade）的三兄弟——卢（Loup）、吉哈尔（Guiral）和阿尔班（Alban）在出发参加战争时，并不知道女孩将选择三人中的哪一个作为丈夫。在他们回乡时，女孩已经死去。三人痛苦不堪，决定在附近的三座山顶隐修。其中住在最高的一座山上的蒂埃里·卢（Thieri Loup）最后一个去世，并用自己的名字命名了这座著名的圣卢山（Pic-Saint-Loup）。

朗格多克的各个产区

朗格多克的产区金字塔分为三级：大区级产区朗格多克（Languedoc），是金字塔的基底；朗格多克优质葡萄酒（grand vin）次产区，代表朗格多克的不同风土，是金字塔的核心部分，包括福热尔、菲图（fitou）等；特级园（cru），则是金字塔的顶端。

朗格多克的5个特级园分别是：

- 科比埃-布特纳克
- 拉克拉普
- 米内瓦-拉里维涅
- 圣卢山
- 拉扎克台地

露喜龙的各个产区

露喜龙共有4个出产干型葡萄酒的产区：露喜龙丘、露喜龙丘村庄、科利乌尔和莫利干型葡萄酒（maury sec），主要出产红葡萄酒；以及5个出产天然甜葡萄酒的产区：巴纽尔斯、巴纽尔斯特级园、莫利、里韦萨尔特和里韦萨尔特麝香。其中天然甜葡萄酒是露喜龙的一大特色，占法国此类葡萄酒总产量的80%。

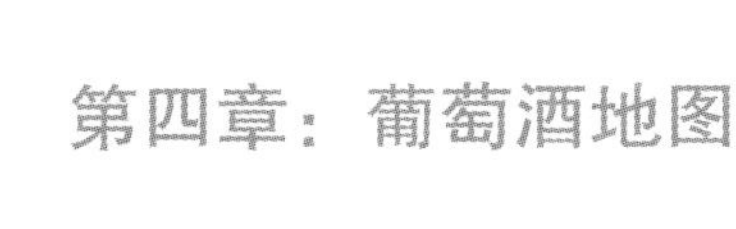

普罗旺斯（Provence）和科西嘉（Corse）

基本情况

普罗旺斯的风景秀丽无比，薰衣草田、圣维克多（Sainte-Victoire）山、松林、橄榄树和葡萄园——一切都美得令人屏息。桃红葡萄酒是这里的主宰，但是品质优秀的红葡萄酒和产量极少的白葡萄酒同样也有出产。最早在此种植葡萄树的是公元前15世纪的腓尼基人。

美丽岛（Ile de Beauté，科西嘉岛的别称）除了拥有丰富的动植物资源和秀美的山地风光，也因当地的多种麝香葡萄，阿雅克肖和帕特里莫尼奥出产的葡萄酒，以及科西嘉（Corse）、卡尔维（Calvi）和韦基奥港（Porto-Vecchio）出产的葡萄酒而闻名。科西嘉岛同样有着深厚的葡萄种植传统，采用独特的本地葡萄品种酿酒。

普罗旺斯的桃红人生

普罗旺斯长久以来一直是法国第一大的出产法定保护产区级别桃红葡萄酒的地区，占法国桃红葡萄酒总产量的39%和世界总产量的6%。

除了是一种流行现象，桃红葡萄酒的饮用也形成了一种真正的消费趋势。在法国，桃红葡萄酒的消费量在25年间翻了3倍。

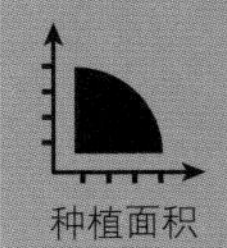 种植面积	大约34 000公顷（占全世界总种植面积的0.45%）
主要葡萄品种	白克莱雷特 小粒麝香 长相思 赛美蓉 白玉霓 韦尔蒙蒂诺，又称侯尔（Rolle） 布尔布朗克 赤霞珠 神索 歌海娜 慕和怀特 涅露秋（Nielluccio） 司琪卡雷洛（Sciacarellu） 西拉
 葡萄酒的种类	主要出产桃红葡萄酒

细读酒标

贝莱法定保护产区

- 普罗旺斯的法定产区
- 白葡萄酒：采用韦尔蒙蒂诺酿造
- 红葡萄酒或桃红葡萄酒：采用布拉格（braquet）、黑福儿、神索和歌海娜混酿

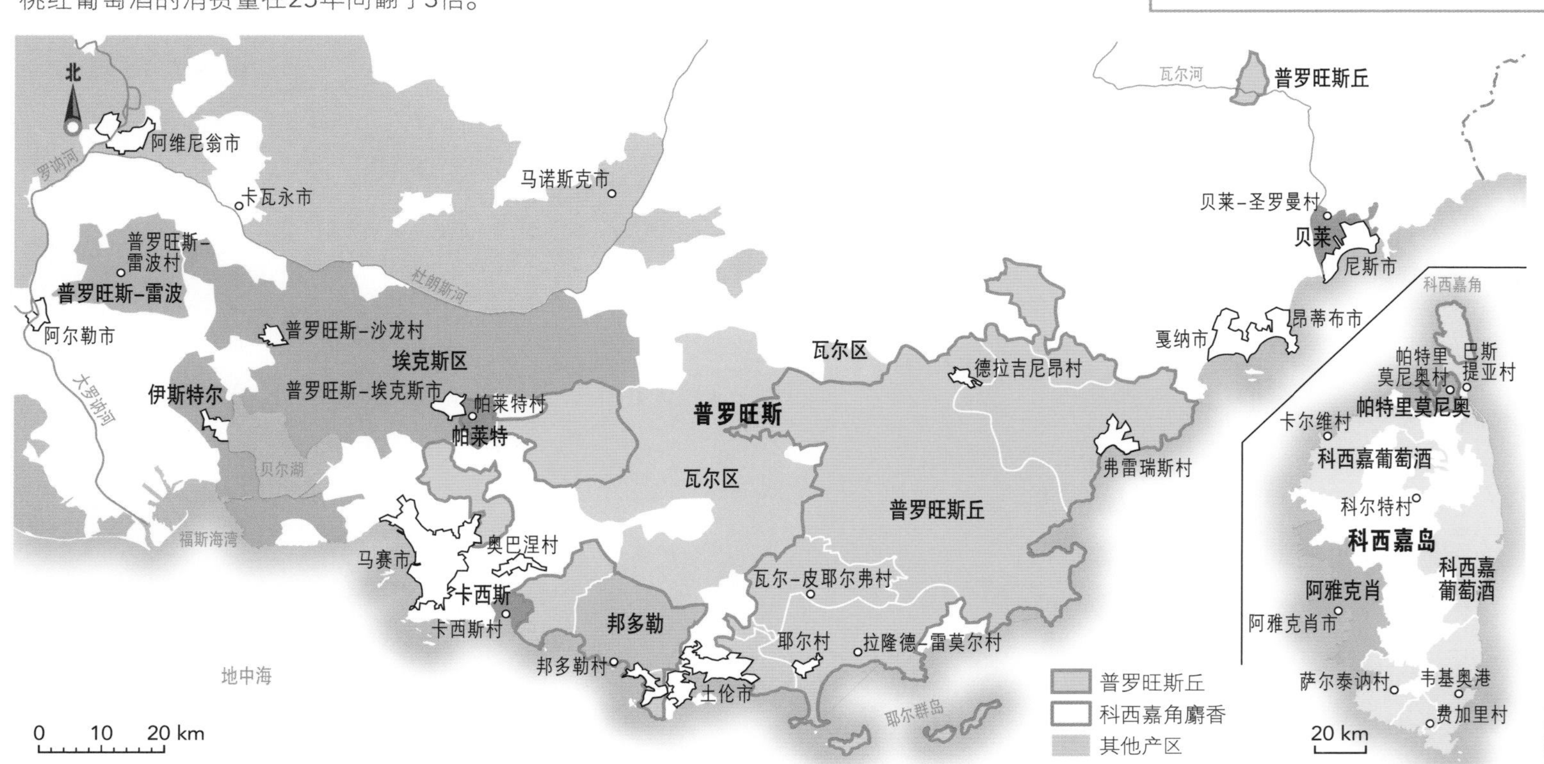

普罗旺斯和科西嘉葡萄酒的主要特点

位置	典型风格	主要葡萄品种		地质条件	价格
邦多勒（Bandol）	• 主要出产新鲜清淡的桃红葡萄酒，有时酒体略重 • 主要采用慕和怀特酿造、酒体饱满、充满香料气息、适合陈年的红葡萄酒 • 少量口感清新、果香浓郁的白葡萄酒	慕和怀特 神索 歌海娜	克莱雷特 白玉霓 布尔布朗克	• 葡萄园坐落于土伦市（Toulon）以西的朝南山坡上	从 €€ 到 €€€
普罗旺斯区（Côtes-de-provence）	• 主要出产颜色浅淡、香气淡雅的桃红葡萄酒，有时酒体略重 • 口感活泼、充满果香和花香的白葡萄酒 • 口感优雅、充满香料气息的红葡萄酒	神索 歌海娜 慕和怀特 西拉 堤布宏（Tibouren）	克莱雷特 侯尔 赛美蓉 白玉霓	• 土壤和气候多种多样 • 丘陵能够提供挡风的作用	从 € 到 €€
埃克斯区（Coteaux-d' aix-en-provence）	• 主要出产颜色浅淡、充满水果和香醋气息的桃红葡萄酒 • 口感柔和、果香浓郁的红葡萄酒 • 少量口感醇厚、花香馥郁的白葡萄酒	神索 古诺瓦兹（Counoise） 歌海娜 慕和怀特 西拉	侯尔（主要） 克莱雷特 长相思 白玉霓	• 葡萄园位于普罗旺斯的最西端，围绕贝尔（Berre）环礁湖的石灰岩区域	从 € 到 €€
瓦尔区（Coteaux-varois-en-provence）	• 主要出产颜色深暗、果香浓郁、柔美易饮的桃红葡萄酒 • 结构坚实、适合陈年的红葡萄酒 • 产量极少的清新均衡的白葡萄酒	慕和怀特 歌海娜 西拉 神索	克莱雷特 侯尔 白歌海娜 赛美蓉	• 葡萄园非常分散，分布在圣伯姆山（Sainte-Baume）脚下布满森林的高地上，为地中海式气候，受到大陆性气候的影响	从 € 到 €€
阿雅克肖（Ajaccio）	• 充满红色水果和香料气息、口感绒滑的红葡萄酒 • 清口易饮、香气馥郁的桃红葡萄酒 • 充满矿物质、柑橘类水果和鲜花芬芳的白葡萄酒	司琪卡雷洛（主要） 涅露秋	巴巴罗萨（Barbarossa） 韦尔蒙蒂诺	• 山区地形，阳光明媚，葡萄园位于阿雅克肖市四周的山坡上	€€
帕特里莫尼奥（Patrimonio）	• 充满水果和香料气息、口感清新、适合陈年的红葡萄酒 • 酒体醇厚的桃红葡萄酒 • 香气馥郁、丰润丝滑的白葡萄酒	涅露秋 司琪卡雷洛	歌海娜 韦尔蒙蒂诺	• 位于科西嘉角（Cap Corse）的围谷山坡上，不会受到轻雾和浓雾的侵袭	€€
科西嘉角麝香（Muscat-du Cap-corse）	• 圆润绒滑、香气馥郁的天然甜葡萄酒	小粒麝香		• 葡萄园位于科西嘉岛最北端	€€

聚焦

普罗旺斯与科西嘉

桃红葡萄酒的色彩

在独特的浅色酒裙之中，普罗旺斯桃红葡萄酒的颜色存在细微的差别。覆盆子色、桃色、葡萄柚色、甜瓜色、杧果色和橘色……我们使用水果的名字来区别这些精致的色彩变化。

邦多勒和慕和怀特

邦多勒产区从圣伯姆山一直延伸到地中海沿岸，天然的形成一片罗马剧场般的阶梯地形。几个世纪以来，酿酒人不断的雕刻山坡，种植葡萄树。葡萄园朝向南方，俯瞰大海，日照时间极长。

邦多勒红葡萄酒主要采用慕和怀特酿造，这个葡萄品种成熟缓慢，是当地的王者品种。它在混酿中扮演支柱的角色（至少占50%），它与歌海娜和神索结合，前者带来醇厚感，后者带来细腻感。这样的葡萄酒陈年潜力极佳，强劲饱满，充满胡椒和香料的气息。

桃红葡萄酒的颜色从哪里来?

桃红葡萄酒通过浸泡葡萄的黑色果皮，使果皮中的色素为葡萄汁染色。因此，其颜色的深浅取决于浸皮的时间长短和温度。浸皮指的就是几乎无色的葡萄汁在发酵罐中与葡萄皮的接触。

现在流行的是颜色较浅的桃红葡萄酒。桃红葡萄酒的颜色与其品质没有任何关系，但是视觉的乐趣也很重要，人们在选择葡萄酒时，颜色也是一项决定因素。颜色较浅的桃红葡萄酒通常更加清新芬芳，而有些颜色较深的桃红葡萄酒则更适合搭配美食。

帕特里莫尼奥

帕特里莫尼奥法定产区是上科西嘉地区（Haute-Corse）的重要产区。葡萄园位于科西嘉岛的北部，分布在面对圣罗兰（Saint-Laurent）海湾的山坡上。当地为地中海式气候，同时受到山地的影响。这里出产所有颜色的葡萄酒，但是涅露丘（nielluccіu，意大利葡萄品种桑娇维塞的表亲，“niellu”意为“黑色的、阴暗的、坚硬的”）在红葡萄酒和桃红葡萄酒的酿造中具有最大的潜力。帕特里莫尼奥白葡萄酒则采用独特的品种韦尔蒙蒂诺酿造。

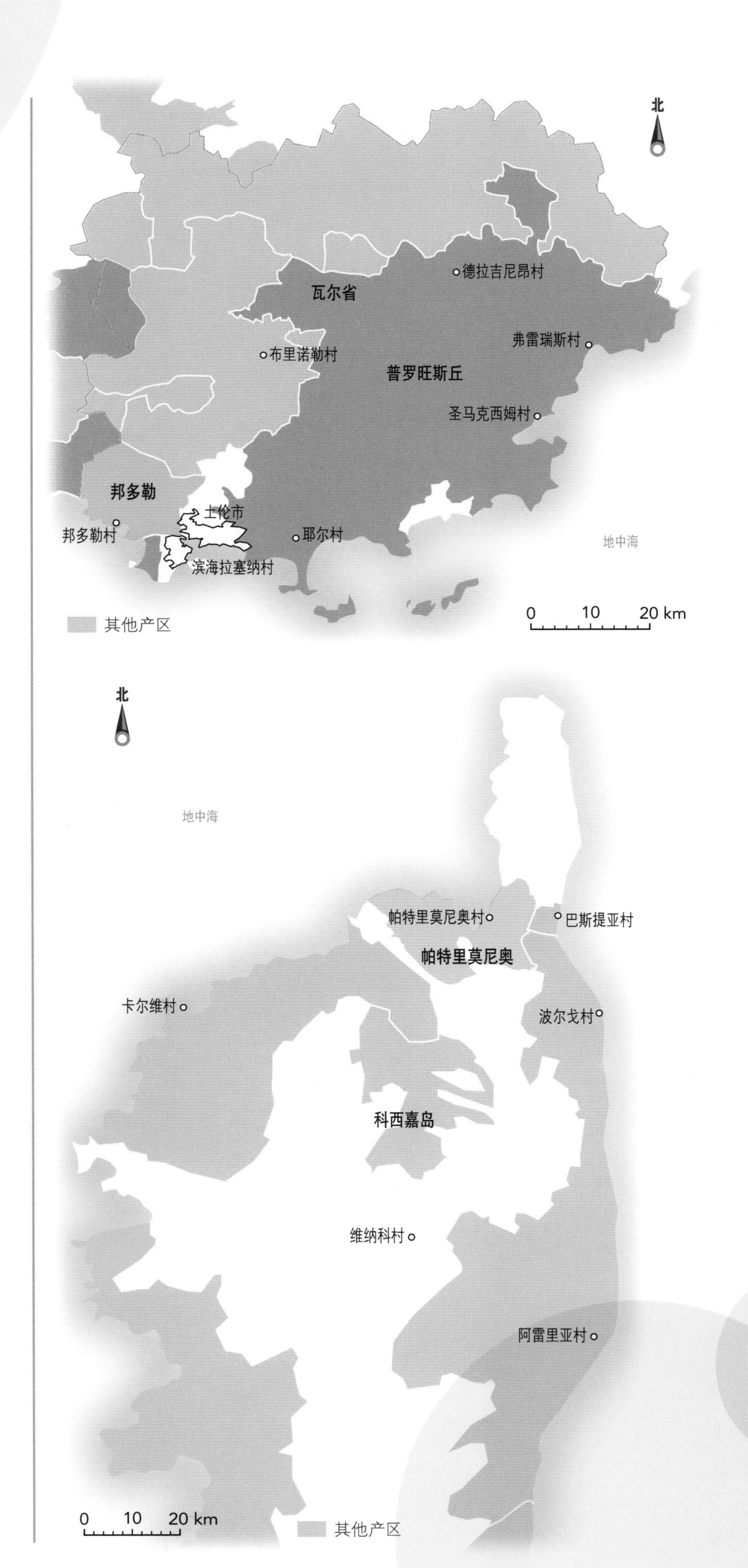

意大利

基本情况

葡萄树在公元前9世纪便已被引入意大利，从此繁衍开来。意大利从北到南长约1300千米，与法国并列为世界最大葡萄酒出产国。全国境内从瓦莱达奥斯塔（Val d'Aoste）到潘泰莱里亚岛（Pantelleria）都有葡萄种植。高海拔和山区地形有缓和气温的作用。意大利葡萄酒有着无与伦比的多样风格：从品质卓越的甜型葡萄酒到果香四溢的红葡萄酒，从酒体强劲、陈年潜力极佳的红葡萄酒到口感活泼、香气馥郁的白葡萄酒以及适合欢庆场合的气泡葡萄酒，应有尽有。

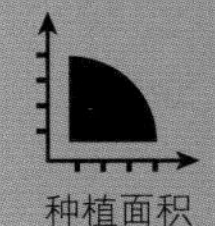

种植面积

大约682 000公顷（占全世界总种植面积的9%）

主要葡萄品种

- 霞多丽
- 格雷拉
- 马尔维萨（Malvasia）
- 灰皮诺
- 特雷比亚诺（trebbiano）
- 韦尔蒙蒂诺
- 巴贝拉
- 品丽珠
- 赤霞珠
- 科维纳
- 蓝布鲁斯科（Lambrusco）
- 蒙特布查诺
- 内比奥罗
- 黑曼罗（Negroamaro）
- 普里米蒂沃
- 桑娇维塞

葡萄酒的种类

主要出产白葡萄酒（包括气泡葡萄酒）

细读酒标

瓦坡里切拉法定产区/巴罗洛法定保证产区

- 法定保护产区（DOP）或称法定产区（DOC），相当于法国的AOP
- 法定保证产区（DOCG），在巴罗洛地区装瓶（需要经过意大利农业农村部品鉴认定）

意大利葡萄酒的主要特点

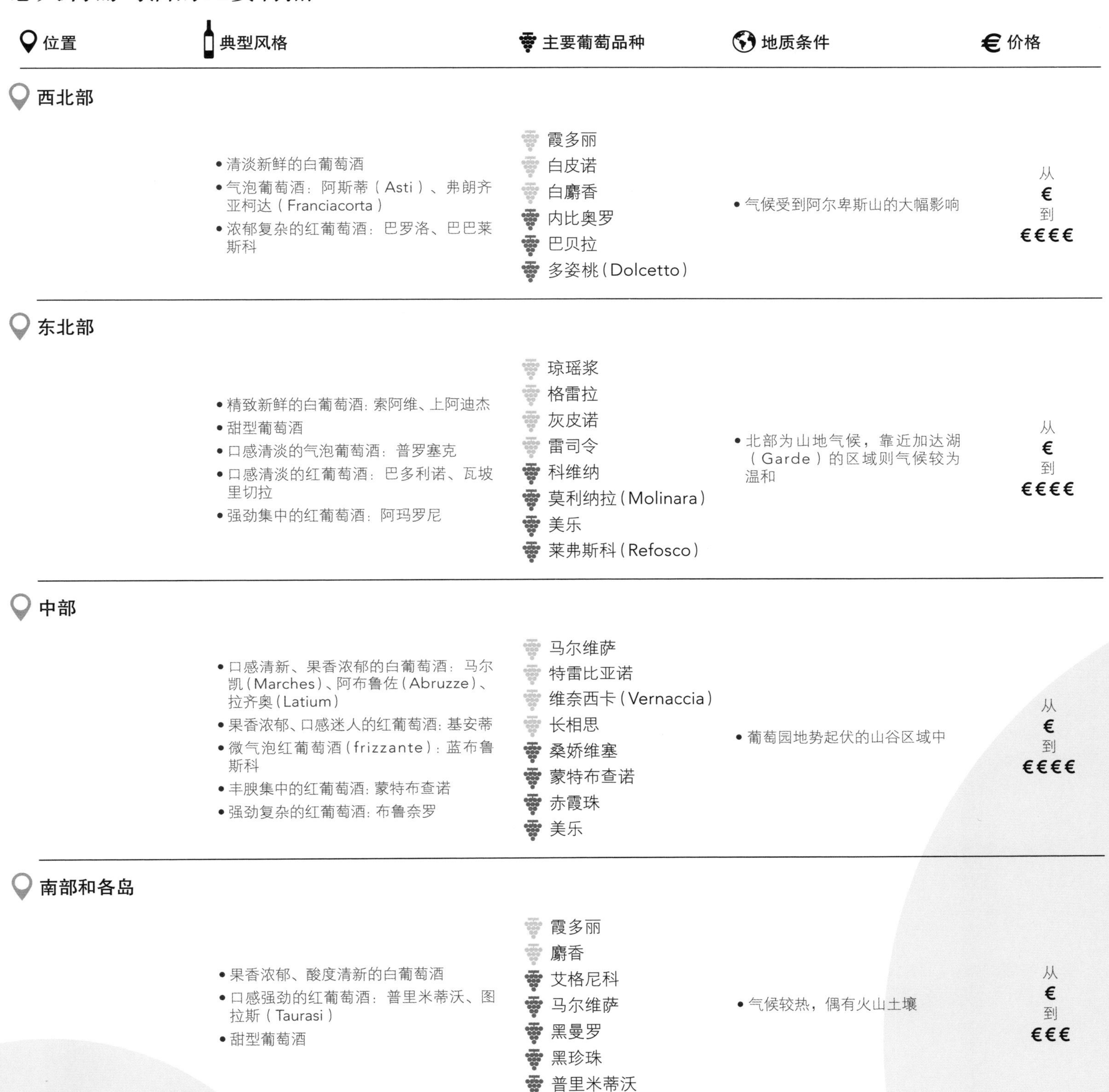

位置	典型风格	主要葡萄品种	地质条件	价格
西北部	• 清淡新鲜的白葡萄酒 • 气泡葡萄酒：阿斯蒂（Asti）、弗朗齐亚柯达（Franciacorta） • 浓郁复杂的红葡萄酒：巴罗洛、巴巴莱斯科	霞多丽 白皮诺 白麝香 内比奥罗 巴贝拉 多姿桃（Dolcetto）	• 气候受到阿尔卑斯山的大幅影响	从 € 到 €€€€
东北部	• 精致新鲜的白葡萄酒：索阿维、上阿迪杰 • 甜型葡萄酒 • 口感清淡的气泡葡萄酒：普罗塞克 • 口感清淡的红葡萄酒：巴多利诺、瓦坡里切拉 • 强劲集中的红葡萄酒：阿玛罗尼	琼瑶浆 格雷拉 灰皮诺 雷司令 科维纳 莫利纳拉（Molinara） 美乐 莱弗斯科（Refosco）	• 北部为山地气候，靠近加达湖（Garde）的区域则气候较为温和	从 € 到 €€€€
中部	• 口感清新、果香浓郁的白葡萄酒：马尔凯（Marches）、阿布鲁佐（Abruzze）、拉齐奥（Latium） • 果香浓郁、口感迷人的红葡萄酒：基安蒂 • 微气泡红葡萄酒（frizzante）：蓝布鲁斯科 • 丰腴集中的红葡萄酒：蒙特布查诺 • 强劲复杂的红葡萄酒：布鲁奈罗	马尔维萨 特雷比亚诺 维奈西卡（Vernaccia） 长相思 桑娇维塞 蒙特布查诺 赤霞珠 美乐	• 葡萄园地势起伏的山谷区域中	从 € 到 €€€€
南部和各岛	• 果香浓郁、酸度清新的白葡萄酒 • 口感强劲的红葡萄酒：普里米蒂沃、图拉斯（Taurasi） • 甜型葡萄酒	霞多丽 麝香 艾格尼科 马尔维萨 黑曼罗 黑珍珠 普里米蒂沃	• 气候较热，偶有火山土壤	从 € 到 €€€

葡萄酒的风格

意大利共有超过300个葡萄品种和477个产区。尽管难以总结这个国家所有葡萄酒的风格，但是通常来说，意大利红葡萄酒都有鲜明的酸度和强劲的单宁，所以陈年潜力卓越。意大利出产所有风格的葡萄酒，包括气泡葡萄酒，比如极其成功的普罗塞克。

聚焦

意大利

意大利葡萄酒的产区分级

产区名称可以来源于地名（地理区域），比如巴罗洛；来源于历史，比如基安蒂；还有与当地相联系的葡萄品种，比如阿斯蒂–巴贝拉。

· **法定保护产区（Denominazione di Origine Protetta，简称DOP）：**相当于法国的AOP，又分为：

– **法定产区（Denominezione di Origine，简称DOC）：**用于指代法定保护产区下层分级的传统术语，规定产酒的地理区域、允许使用的葡萄品种、最低酒精度。

– **法定保证产区（Denominezione di Origine Controllata e Garantita，简称DOCG）：**用于指代法定保护产区上层分级的传统术语。这个级别的酒款需要经过意大利农业农村部的品鉴，并且张贴质量标识和编号。

· **地区保护餐酒（Indicazione Geografica Tipica，简称IGT）：**用于指代带有地区保护标识的葡萄酒的传统术语，相当于法国的IGP。

· **普通餐酒（Vino di tavola）：**相当于法国的普通餐酒（vin de table），指的是没有地理标识的葡萄酒。

意大利葡萄酒分级的其他术语

经典
（Classico）

指的是最优质的地块，通常位于丘陵上，是产区的历史核心区域。

珍藏
（Riserva）

指的是葡萄酒有着更高的酒精度，陈酿的时间更长。

风干葡萄酒
（Passito）

指的是采用自然风干葡萄酿造的葡萄酒。选出最优质的健康葡萄，随后放在稻草席上在太阳下晒干，或者放在通风房间（称为“fruttaio”）的架子上风干。

意大利与古罗马人

古希腊人将葡萄树引入意大利（意大利在当时被称为“Oenotria”，意为“葡萄酒的土地”），但是却是古罗马人种下了我们现在看到的大部分葡萄园。意大利的第一个特级园——法莱尔纳（Falerne）位于坎帕尼亚（Campanie），曾被贺拉斯（Horace）称赞，被普林尼描绘。古罗马人将自己饮用葡萄酒的习惯和酿酒技术传播到各地。葡萄酒在沉睡于修道院和农民家中、仅仅作为日常饮品的几个世纪之后，到了12世纪，在意大利热那亚、佛罗伦萨、威尼斯的富裕商人和银行家手中重获生机。

意大利的几个著名地区

世界葡萄酒的格局受到历史和经济因素的影响。其中意大利的葡萄酒历史开端较晚，因为意大利并不像法国那样具有中央集权的传统。意大利葡萄酒的风格多样，体现出各个地区背景的不同，使其在一段时期内并不受到欢迎，但是今天却因其独特的地域特色而明显大受追捧。

山、海和火山：意大利葡萄酒的万千风姿

意大利的地势起伏很大，主要由丘陵和山区占据。两条大型山脉构成了它的主要结构：北面的阿尔卑斯山，以及覆盖了从利古里亚海岸到卡拉布里亚–雷焦省（Reggio di Calabria）整个区域的亚平宁山。意大利共有4座活火山和漫长的海岸线（7500千米，其中一半都是海岛的海岸线）。土壤种类丰富，从海岸土壤到火山土壤，还有冲击土壤，应有尽有。所有这些因素结合在一起，成就了意大利具有丰富多彩的独特风土。

今天的意大利

意大利的葡萄酒生产非常活跃，具有非常鲜明的特色。种类多样的葡萄酒、葡萄品种和风土吸引所有消费者，并适应最新潮流。意大利葡萄酒性价比很高，既有品质，又能带来饮酒的乐趣。

意大利众多产区的葡萄酒都很著名，还有很多响亮的品牌以及扬名世界的美食。

意大利西北部

基本情况

意大利西北部包括利古里亚、伦巴第、瓦莱达奥斯塔和皮埃蒙特。这里冬季严寒，伴有雾气；夏季炎热，但是没有酷暑；秋季漫长，阳光明媚。当地的土壤特别适合内比奥罗生长，这是一个成熟较晚的黑葡萄品种。这片土地包含了众多的葡萄酒法定产区。从皮埃蒙特的产区列表即可看出当地葡萄酒的丰富性，而皮埃蒙特也因此而毫无疑问地成为意大利的著名产区之一。

巴罗洛和巴巴莱斯科

在阿尔巴镇（Alba）附近的两个村庄里，诞生了意大利的两款最适合陈年的葡萄酒，完全采用内比奥罗酿造。2014年，朗格地区（Langhe）的部分葡萄园被世界教科文组织列入世界遗产名录，其中包括罗埃罗（Roero）和蒙菲拉托（Monferrato）。

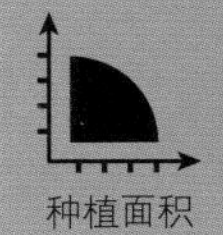 种植面积	大约40 000公顷，分布在皮埃蒙特（占全世界总种植面积的0.5%）
 主要葡萄品种	巴贝拉 多姿桃 内比奥罗 阿内斯（Arneis） 柯蒂斯
 葡萄酒的种类	主要出产红葡萄酒

细读酒标

巴罗洛法定保证产区瑟约古

- 法定产区
- 陈酿至少38个月，其中包括橡木桶陈酿18个月
- 瑟约古（Cerequio）是一个特殊的地块，可以标记在酒标上

巴巴莱斯科法定保证产区

- 法定产区
- 陈酿至少26个月，其中包括橡木桶陈酿9个月

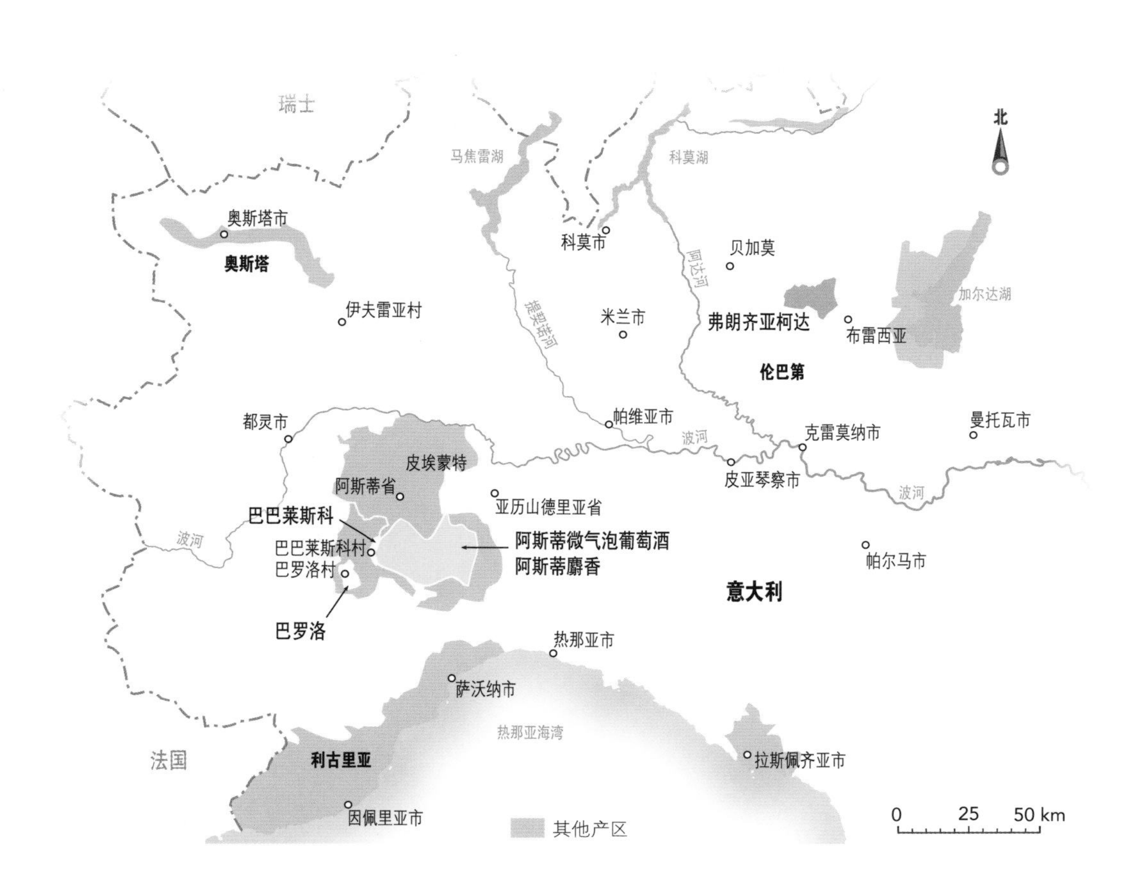

意大利西北部葡萄酒的主要特点

位置	典型风格	主要葡萄品种	地质条件	价格
皮埃蒙特（Piémont）				
巴罗洛和巴巴莱斯科	• 强劲复杂、清新集中、适合陈年的红葡萄酒，巴巴莱斯科有时相对较为柔和	内比奥罗	• 位于皮埃蒙特南部的小村庄，属于朗格地区，气候潮湿寒冷	从 €€ 到 €€€€€
阿尔巴–巴贝拉和阿斯蒂–巴贝拉	• 果香浓郁、清新绒滑、单宁柔和的红葡萄酒	巴贝拉	• 阿斯蒂和阿尔巴是两座丘陵，土壤为泥灰岩和沙子，夏季炎热干燥	从 €€ 到 €€€€
阿尔巴–多姿桃	• 香气开放、果味十足、既圆润又紧致的红葡萄酒	多姿桃	• 葡萄园位于阿尔巴镇以南的丘陵山坡上	从 €€ 到 €€€€
阿斯蒂	• 香气馥郁、酒精度较低的甜白气泡葡萄酒	白麝香	• 葡萄园坐落在朗格和蒙菲拉托这两座丘陵上，位于阿斯蒂、科尼（Coni）和亚历山德里亚（Alexandrie）这几个省境内	从 € 到 €€€
伦巴第（Lombardie）				
五渔村和夏克特拉	• 口感清新、充满果香和花香的干白葡萄酒（五渔村） • 采用自然风干的葡萄酿造、浓郁丰厚的甜白葡萄酒（夏克特拉）	博斯克（Bosco） 阿巴罗拉（Albarola） 韦尔蒙蒂诺	• 五座村庄坐落在海边的悬崖上，葡萄园位于五座村庄上方的陡峭台地上	从 € 到 €€€€
瓦莱达奥斯塔（Val d'Aoste）				
瓦莱达奥斯塔	• 主要出产红葡萄酒，香气开放，有时较为雄壮 • 口感清淡、果香浓郁的干白葡萄酒	小胭脂红（Petit rouge） 富美（Fumin） 佳美 黑皮诺 霞多丽 小奥铭（Petite arvine） 米勒图高 白布里耶（Prié blanc）	• 欧洲海拔颇高的葡萄园之一，位于面积极小的碎石台地上	从 € 到 €€

意大利西北部的气泡葡萄酒

· 阿斯蒂微气泡葡萄酒（Asti Spumante）是意大利分布最广的甜白气泡葡萄酒，采用麝香葡萄酿造，产自阿斯蒂、科尼和亚历山德里亚这几个省份。它有一定的甜度，充满桃香，喝起来仿佛在咀嚼麝香葡萄果粒。

· 不要将其与阿斯蒂–麝香（Moscato d'Asti）混淆：后者也是甜白葡萄酒，但是气泡非常少（称为frizzante），因酒精度极低而显得颇为独特，充满丰盛的水果芬芳。

· 伦巴第出产的弗朗齐亚柯达气泡葡萄酒（Franciacorta）采用霞多丽、白皮诺和黑皮诺酿造，在意大利以外并不出名，将近90%的产量都在本地销售！它的气泡非常优质，采用传统法酿造，值得尝试。

意大利东北部

基本情况

意大利东北部由四个风格各异的主要地区组成：

· 最为重要的要数威尼托，是意大利产量最大的产区，最近几年逐渐兴起的普罗塞克气泡葡萄酒功不可没；

· 特伦特–上阿迪杰是最北端的产区，境内多山，葡萄园位于台地上；

· 位于亚得里亚海以北的弗留利与斯洛文尼亚和奥地利接壤，出产优质的白葡萄酒，采用本地和国际葡萄品种酿造；

· 索阿维则出产意大利著名的白葡萄酒之一，并以其城市名为其命名。

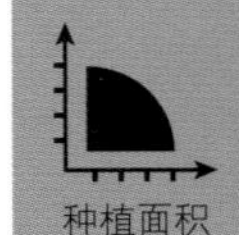

种植面积 	大约40 000公顷，分布在皮埃蒙特（占全世界总种植面积的0.5%）
主要葡萄品种 	霞多丽 卡尔卡耐卡 琼瑶浆 格雷拉 灰皮诺 雷司令 科维纳 美乐 莫利纳拉 罗蒂内拉（Rondinella）
葡萄酒的种类	主要出产白葡萄酒（包括气泡葡萄酒）

细读酒标

上阿迪杰法定产区勒格瑞

· 法定产区

· 必须标明葡萄品种（类似阿尔萨斯）

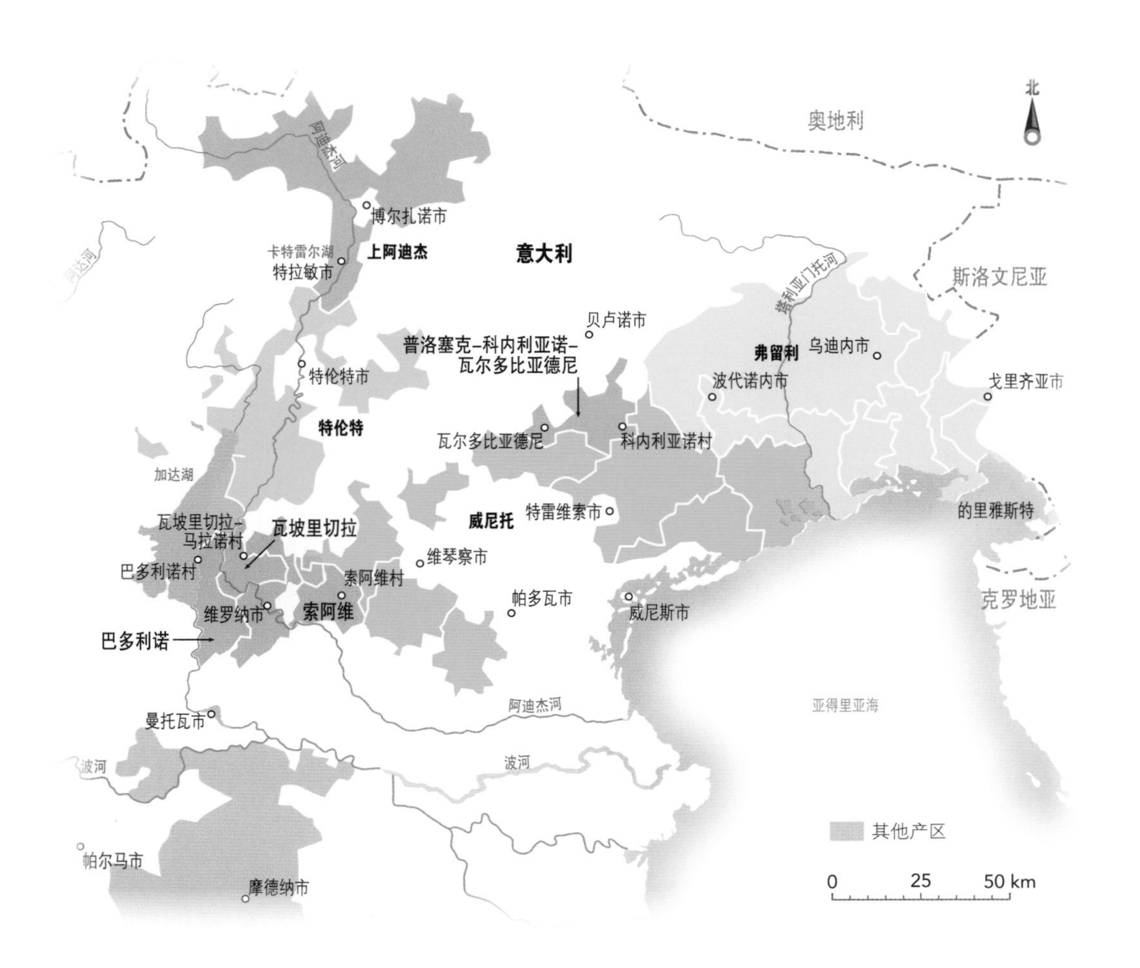

索阿维

卡尔卡耐卡是这个产区的一个古老的葡萄品种。威尼托地区的索阿维从5世纪起便已有葡萄种植，并且出产意大利著名的白葡萄酒之一。

索阿维葡萄酒在混酿中至少需要采用70%的卡尔卡耐卡，除此之外还会加入特雷比亚诺和霞多丽。经典索阿维（Soave Classico）和优级索阿维（Soave Superiore）级别的酒款香气更加集中，酒体细腻，充满柠檬、杏仁和香料的芬芳。如果采用橡木桶陈酿，有时还会使用全新橡木桶，则会具有足够集中的结构，从而能够陈酿数十年。

意大利东北部葡萄酒的主要特点

位置	典型风格	主要葡萄品种	地质条件	价格
特伦特–上阿迪杰（Trentin–Haut–Adige）				
上阿迪杰	• 主要出产口感细腻、极其清新的白葡萄酒 • 口感清新的红葡萄酒，如果采用勒格瑞（lagrein）酿造，则单宁较重	琼瑶浆 灰皮诺 霞多丽 白皮诺 雷司令 勒格瑞 司棋亚娃（schiava） 黑皮诺	• 葡萄园位于皮埃蒙特南部的小村庄里，属于朗格地区，气候潮湿寒冷	€€
弗留利–朱利亚威尼托（Frioul–Vénétie julienne）				
弗留利东丘	• 口感清新、果香浓郁的白葡萄酒，如果经过橡木桶陈酿则更加丰厚复杂 • 采用皮科里特（picolit）酿造的风干甜白葡萄酒 • 果香浓郁、口感清淡的红葡萄酒	弗留拉诺（Friulano） 长相思 灰皮诺 维多佐（Verduzzo） 皮科里特 莱弗斯科 匹格诺洛（Pignolo） 品丽珠 赤霞珠 美乐	• 阿尔卑斯山与亚得里亚海之间的空气交换，形成了适合葡萄生长的气候，葡萄树种植在山坡台地上	从 €€ 到 €€€
威尼托（Vénétie）				
瓦坡里切拉	• 清新柔和、果香浓郁、单宁清淡的红葡萄酒，有时较为饱满集中：经典瓦坡里切拉（Classico）和优级瓦坡里切拉（Superiore） • 口感清淡的桃红葡萄酒 • 酒体丰满、风味强劲的红葡萄酒：瓦坡里切拉阿玛罗尼（Amarone della Valpolicella） • 酒体集中的甜红葡萄酒：瓦坡里切拉雷乔托（Recioto della Valpolicella）	科维纳 莫利纳拉 罗蒂内拉	• 葡萄园位于维罗纳市（Vérone）以北和加达湖以东的山谷中	从 € 到 €€€€
巴多利诺	• 口感清淡、果香浓郁、适合立即饮用的红葡萄酒	科维纳 莫利纳拉 罗蒂内拉	• 位于加达湖以东的宽广围谷中，地势起伏较大	从 € 到 €€
普罗塞克	• 干型或半干型气泡葡萄酒，口感清新，香气淡雅	格雷拉	• 大片的葡萄园位于特雷维索市（Trévise）附近，延伸直至弗留利，包含质量更高、产量更小的普罗塞克–科内利亚诺–瓦尔多比亚德尼（Prosecco Conegliano Valdobbiadene）法定保证产区	从 € 到 €€
索阿维	• 活泼清淡、充满花香的干白葡萄酒，经典索阿维（Classico）和优级索阿维（Superiore）口感更为丰美，结构更强 • 果香浓郁、口感绒滑的甜白葡萄酒：索阿维雷乔托（Recioto di Soave）	卡尔卡耐卡 特雷比亚诺 霞多丽 白皮诺	• 葡萄园位于维罗纳市以东的火山的山坡上	从 € 到 €€€

聚焦

意大利东北部

瓦坡里切拉：风格千面的葡萄酒

瓦坡里切拉（Valpolicella）法定产区

· 出产的葡萄酒清淡易饮、果香浓郁。

· 葡萄园位于波河沿岸炎热肥沃的土地上。

经典瓦坡里切拉（Valpolicella Classico）法定产区

· 出产的葡萄酒充满酸樱桃的芬芳，酒体更重，更为集中。

· 产酒的葡萄来自位于经典瓦坡里切拉产区中的丘陵。

风干瓦坡里切拉（Valpolicella Ripasso）法定产区

· 通过加入阿玛罗尼或雷乔托葡萄的未压榨的葡萄皮从而产生新的发酵而酿造而成，比瓦坡里切拉法定产区的酒款结构更重，酒精度更高，香气更丰富。

瓦坡里切拉–雷乔托（Recioto della Valpolicella）法定保证产区

· 采用风干葡萄酿造的甜红葡萄酒。

瓦坡里切拉–阿玛罗尼（Amarone della Valpolicella）法定保护产区

· 采用风干葡萄酿造的干型葡萄酒，酒体饱满，浓郁复杂，充满巧克力、皮革和黑色水果的香气。

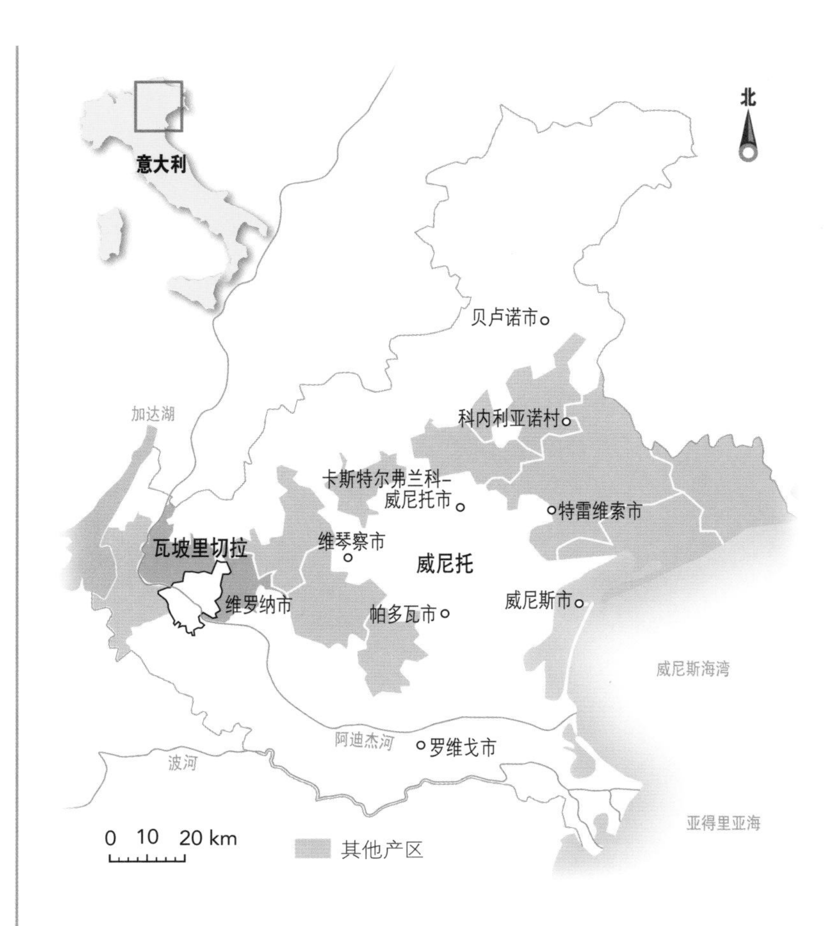

索阿维–雷乔托

卡尔卡耐卡这个葡萄品种并没有它所酿造的葡萄酒出名，而它同样也能出产品质卓越的甜白葡萄酒，充满了蜂蜜、蜜饯橙皮、热带水果和甜香料的芬芳。

想要酿造酒裙呈金色的索阿维–雷乔托葡萄酒，必须挑选最优质的葡萄，放在架子上晾制4～6个月。接着在小木桶里进行缓慢而长期的发酵。

巴多利诺

这个产区出产红葡萄酒和桃红葡萄酒。

这里的红葡萄酒比瓦坡里切拉的酒款更为清淡，呈较浅的宝石红色。巴多利诺–奇亚蕾朵（Bardolino Chiaretto）是意大利著名的桃红葡萄酒之一（意大利超过10%的葡萄酒出产均为桃红葡萄酒），饮入口中仿佛是在咀嚼清脆的红色水果，清新宜人。

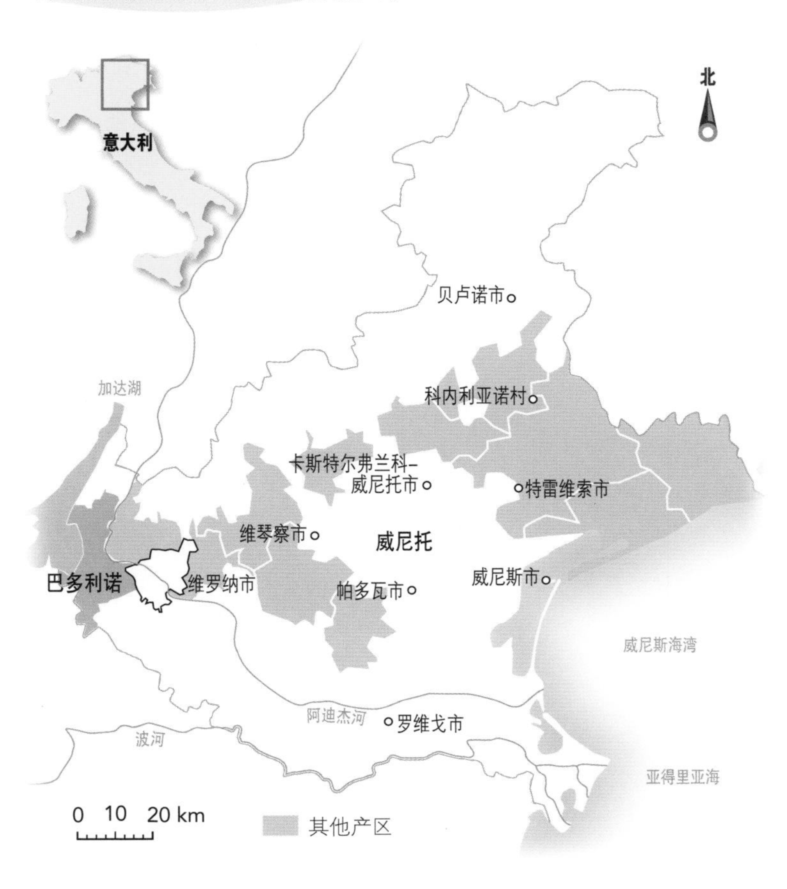

普罗塞克的成功故事

普罗塞克气泡葡萄酒采用本地葡萄品种格雷拉酿造，其产自威尼斯市附近。只有意大利东北部的两个地区可以出产，即普罗塞克（Prosecco）法定产区和普罗塞克–科内利亚诺–瓦尔多比亚德尼（Prosecco Conegliano Valdobbiadene）法定保证产区。

几乎所有普罗塞克气泡葡萄酒都采用所谓的大槽法酿造（第二次发酵在密封的发酵罐中进行），从而强化葡萄品种的香气。

口感清淡，价格亲民，充满苹果、桃、鲜花和柑橘类水果的香气，还有少量残糖（从而在舌尖上带来柔美的感觉）。普罗塞克气泡葡萄酒最近几年取得了巨大的成功。

上阿迪杰

这个意大利地区曾经属于奥匈帝国，因此当地的语言、种植的葡萄品种和葡萄酒风格上都留有奥匈帝国的痕迹。上阿迪杰被称为“南方的蒂罗尔”（Tyrol，奥地利的一个州），第一语言是德语，葡萄酒的酒标有时也会以双语标记。

琼瑶浆据说正是发源于此，在公元1000年时便已在小城特拉敏（Tramin）出现，所以这个品种也曾长期被称为“特拉米娜”（traminer），直到现在很多东欧国家仍然这样称呼它。上阿迪杰出产的红葡萄酒采用勒格瑞和司棋亚娃酿造，它一直很受欢迎，但是这里采用琼瑶浆、长相思、雷司令和灰皮诺酿造的香气馥郁的白葡萄酒似乎更有前景。

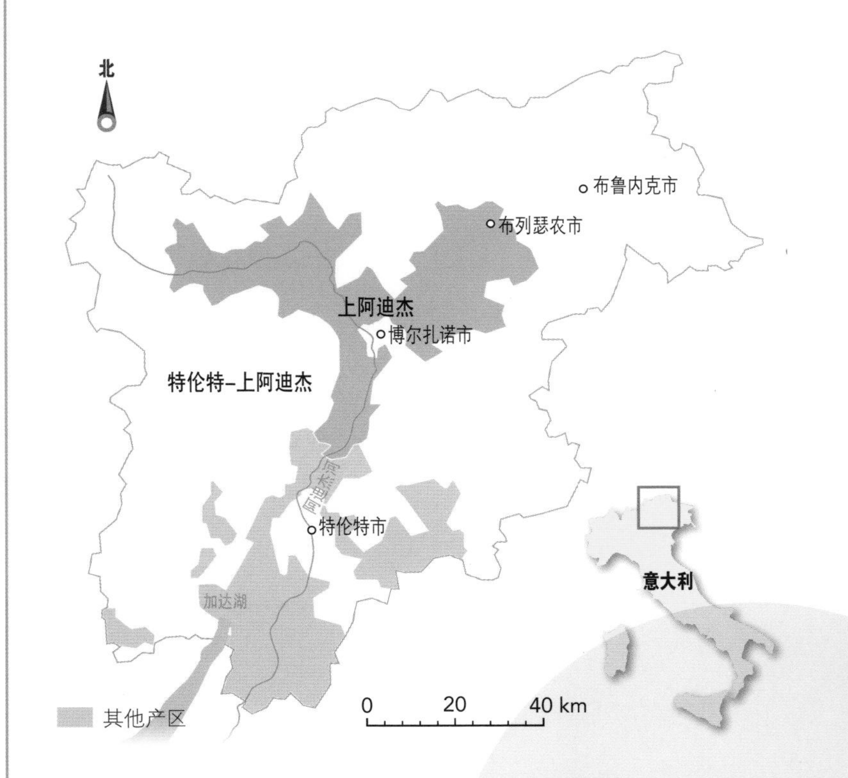

意大利中部

基本情况

意大利中部的广大区域以托斯卡纳及其周围的秀丽山丘为核心。这里出产的以桑娇维塞为主要葡萄品种的优质红葡萄酒世界闻名，在全意大利首屈一指，包括蒙达奇诺–布鲁奈罗、基安蒂–鲁芬娜、蒙特布查诺贵族葡萄酒、宝格利等产区。而宝格利便是西施佳雅（Sassicaia）和奥奈拉亚（Ornellaia）等最为著名的“超级托斯卡纳”（super–toscan）葡萄酒的产地。

从这里向北则是艾米利亚–罗马涅，其出产风格独特的蓝布鲁斯科微气泡和气泡红葡萄酒，干型和甜型皆有。值得尝试的还有拉齐奥、罗马地区以及亚得里亚海边的阿布鲁佐和马尔凯等产区出产的红葡萄酒和白葡萄酒。

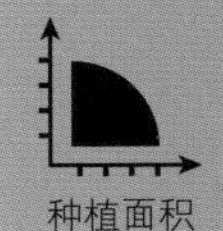 种植面积	大约57 900公顷，分布在托斯卡纳（占全世界总种植面积的0.8%）
主要葡萄品种	品丽珠 赤霞珠 卡内奥罗（Canaiolo） 科罗里诺（Colorino） 蓝布鲁斯科 美乐 蒙特布查诺 桑娇维塞 霞多丽 马尔维萨 特雷比亚诺 韦尔蒙蒂诺
 葡萄酒的种类	主要出产红葡萄酒

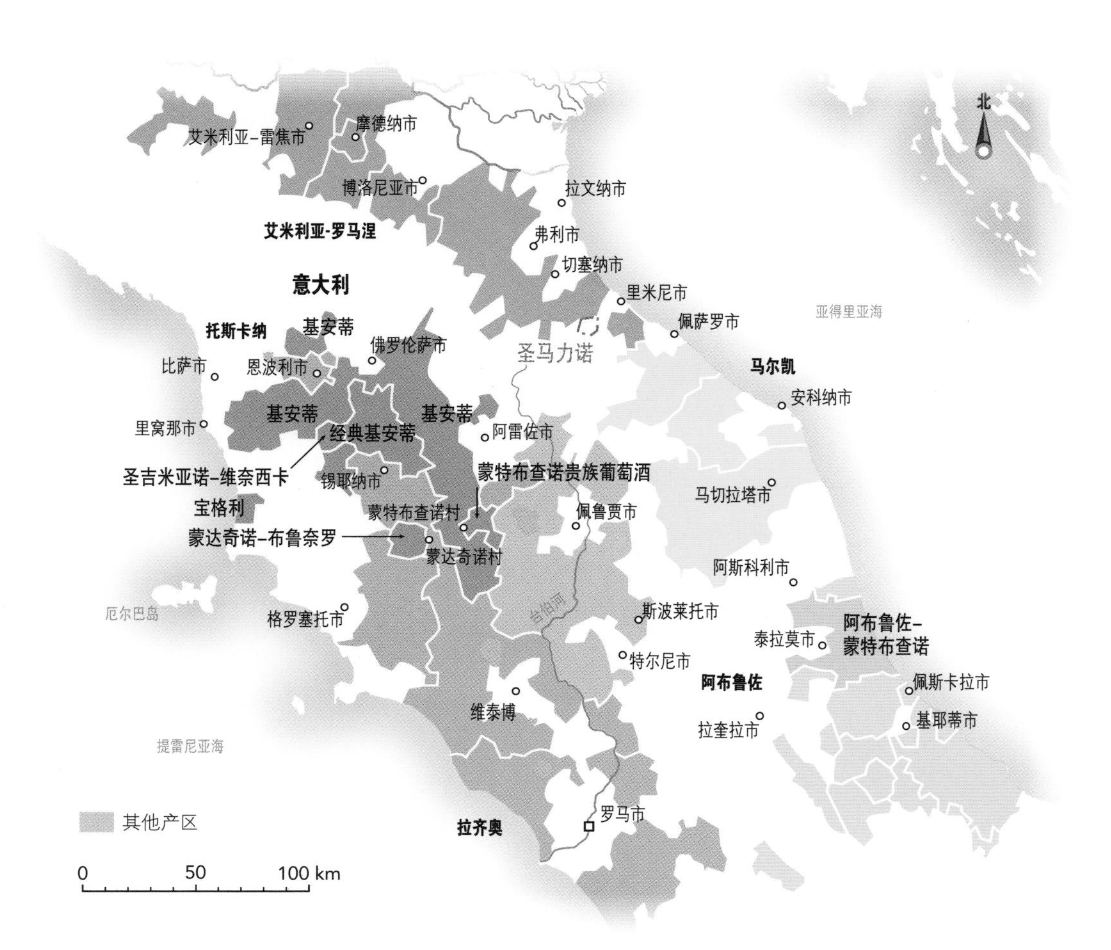

细读酒标

阿布鲁佐–蒙特布查诺法定产区

- 法定产区
- 葡萄酒产自阿布鲁佐地区
- 葡萄品种：蒙特布查诺

蒙特布查诺贵族葡萄酒法定保证产区

- 法定保证产区
- 葡萄酒产自蒙特布查诺市附近
- 葡萄品种：桑娇维塞

意大利中部葡萄酒的主要特点

位置	典型风格	主要葡萄品种	地质条件	价格
艾米利亚–罗马涅（Emilie–Romagne）				
蓝布鲁斯科	• 微气泡甜红葡萄酒，新鲜清淡，果香浓郁	蓝布鲁斯科	• 葡萄园位于波河以南的平原上	€
托斯卡纳（Toscane）				
基安蒂	• 口感清冽、果香浓郁、适合立即饮用的红葡萄酒：普通的基安蒂 • 单宁更重、复杂集中的红葡萄酒：经典基安蒂（Chianti classico）	桑娇维塞（绝大部分） 卡内奥罗 科罗里诺 品丽珠 赤霞珠 美乐 特雷比亚诺 马尔维萨	• 葡萄园面积广阔，位于阿雷佐（Arezzo）、比萨（Pise）、佛罗伦萨（Florence）和锡耶纳（Sienne）等城市之间	从 € 到 €€€€€
蒙达奇诺–布鲁奈罗	• 口感丰富、复杂强劲、适合长期陈年的红葡萄酒	桑娇维塞（当地称为布鲁奈罗）	• 葡萄园位于锡耶纳市以南，围绕着蒙达奇诺村	从 €€€ 到 €€€€€
蒙特布查诺贵族葡萄酒	• 口感浓郁、热情丰腴的红葡萄酒	桑娇维塞（主要） 卡内奥罗 科罗里诺 品丽珠 赤霞珠 美乐 特雷比亚诺 马尔维萨	• 产区靠近蒙达奇诺村，位于锡耶纳市以南	从 € 到 €€€€€
宝格利和宝格利–西施佳雅	• 强劲集中、适合陈年的红葡萄酒 • 少量白葡萄酒和桃红葡萄酒	赤霞珠 美乐 品丽珠 桑娇维塞 韦尔蒙蒂诺	• 葡萄园位于马雷马市（Maremme）的中心部分，托斯卡纳大区的西南部，靠近大海，出产“超级托斯卡纳”	从 €€€ 到 €€€€€
马尔凯（Marches）	• 有的简单中庸、有的优雅细腻的白葡萄酒，比如卡斯泰利–杰西–维蒂奇诺（Verdicchio dei Castelli di Jesi）的酒款 • 果香浓郁、饱满醇厚的红葡萄酒，比如科内罗（Conero）法定保证产区的酒款	维蒂奇诺（Verdicchio） 白莳萝（Bianchello） 蒙特布查诺 桑娇维塞	• 葡萄园位于山区，靠近东部海岸	从 €€ 到 €€€€€
拉齐奥（Latium）	• 主要出产清新简单、果香浓郁的白葡萄酒，比如弗拉斯卡蒂（Frascati）法定产区的酒款 • 果香浓郁、口感柔和的红葡萄酒	特雷比亚诺 马尔维萨 蒙特布查诺 桑娇维塞	• 葡萄园位于拉齐奥大区的丘陵上，为肥沃的火山土壤	€
阿布鲁佐（Abruzzes）	• 简单中庸的白葡萄酒，比如阿布鲁佐–特雷比亚诺（Trebbiano d'Abbruzzo）的酒款 • 口感优雅、酸度清冽、单宁轻盈的红葡萄酒，比如阿布鲁佐–蒙特布查诺（Montepulciano d'Abruzzo）的酒款	特雷比亚诺 蒙特布查诺	• 当地多为丘陵和山地，葡萄园位于海岸上	€

聚焦

意大利中部

蒙达奇诺-布鲁奈罗和蒙特布查诺贵族葡萄酒

这两个托斯卡纳的产区位置相邻，都位于锡耶纳市以南。蒙特布查诺贵族葡萄酒产区是著名的蒙达奇诺-布鲁奈罗产区的延伸，在最近数十年中已经重拾贵族风范。

蒙达奇诺-布鲁奈罗（Brunello di Montalcino）法定保证产区		蒙特布查诺贵族葡萄酒（Vino Nobile di Montepulciano）法定保证产区
100%桑娇维塞，当地称为布鲁奈罗	葡萄品种	桑娇维塞，当地称为普鲁诺-阳提（prugnolo gentile），至少需占70%，以及卡内奥罗、玛墨兰、科罗里诺。允许加入白葡萄品种（不可超过20%）。
150～500米	海拔高度	250～600米
采收后至少陈酿5年，其中包括橡木桶陈酿2年、瓶中陈酿4个月。是意大利陈酿时间最长的产区	陈酿时间	采收后至少陈酿2年，其中包括橡木桶陈酿1年，瓶中陈酿6个月
出产红葡萄酒，口感浓郁，具有惊人的复杂度，充满樱桃和香料的芬芳，以及一抹淡淡的烟熏气息，陈年潜力卓越。	酒款风格	出产红葡萄酒，口感浓郁，充满红色水果和草莓的优雅香气，略带一抹香草风味，酒体柔和，单宁丰富而融合。
提到这个产区，就不得不提碧安帝-山迪（Biondi-Santi）家族，是他们早在产区建立之前便已识别出布鲁奈罗这个葡萄品种，并且用其酿出第一款葡萄酒。	特点	在同一地理区域内还有蒙特布查诺红葡萄酒（Rosso di Montepulciano）产区，产自最为年轻的葡萄树，出产的酒款比较清淡新鲜，必须在采收后次年9月1日之后才能开始销售。

解密基安蒂

很少有一个产区能够出产种类如此丰富的葡萄酒，从最普通最简单的酒款到更为复杂集中的佳酿，应有尽有。

基安蒂法定保证产区（Chianti DOCG）

口感简单，果味浓郁，酸度清冽，至少80%应为桑娇维塞、卡内奥罗、科罗里诺，允许添加10%的白葡萄品种特雷比亚诺和马尔维萨。适合立即饮用。

基安蒂–鲁芬娜（Chianti Rufina）以及其他6个次产区

7个朝向最好的地块。鲁芬娜是其中最著名的一个，出产的酒款更为浓郁。

经典基安蒂法定保证产区（Chianti classico DOCG）

基安蒂产区的传统核心区域，出产的酒款更加优雅集中。禁止使用白葡萄品种。

经典基安蒂特选法定保证产区（Chianti classico gran selezione DOCG）

2011年成立的产区，旨在提高产区形象。葡萄必须产自同一酒庄，至少陈酿30个月，酿造标准非常严格。

超级托斯卡纳

让我们回到几十年前，20世纪70年代的中叶。当时意大利只有几个法定产区和法定保护产区，就葡萄酒酿造，尤其是葡萄品种的使用进行了严格的规定。但是事实上，符合产区的规定并不代表就是优质的葡萄酒。一些具有反叛精神的酿酒人并不认可这些规定，为了能够酿出品质更好的葡萄酒，他们开始采用国际品种进行混酿。由于这样酿成的葡萄酒并不符合法定产区的要求，所以只能降级为地区保护餐酒。其中有些酒款品质卓越，为了予以区分，罗伯特·帕克（Robert Parker）为其创造了著名的“超级托斯卡纳”一名。一个新的门类由此诞生。

圣吉米亚诺–维奈西卡（Vernaccia di San Gimignano）

这也许是托斯卡纳最为著名的白葡萄酒，产自风景如画的圣吉米亚诺小城（San Gimignano）。这种葡萄酒于1966年获得法定产区的称号，但是从18世纪便已开始酿造（传说当时极受教皇和国王的欣赏）。它也是托斯卡纳第一种获得法定保证产区的白葡萄酒（1993年）。圣吉米亚诺–维奈西卡干白葡萄酒呈稻草黄色，成熟之后变为金色，口感非常柔美，花香馥郁，清新均衡，收尾中有一抹淡淡的苦味，形成它的独特之处。

托斯卡纳地区保护餐酒（Toscana IGT）

这个产区成立于1992年，为当地葡萄酒（尤其是红葡萄酒）翻开了崭新的一页，使其得以走出产区系统之外，打破常规。托斯卡纳地区保护餐酒包含当地所有因不符合法定产区的规则（尤其是葡萄品种的规则）而降级为地区保护餐酒的葡萄酒，可以产自整个托斯卡纳，允许采用国际品种（赤霞珠、美乐、西拉）或传统葡萄品种（桑娇维塞）混酿，而且经常进行新橡木桶陈酿。

宝格利–西施佳雅法定产区（Bolgheri Sassicaia DOC）

神秘的西施佳雅，既是圣圭托酒庄（Tenuta San Guido）的代表，又是“超级托斯卡纳”的代表。它的影响如此巨大，以至于一个专门的产区于1994年特别为它而成立。这片葡萄园种植于1944年，位于近海的沼泽地区，在很长一段时间里出产的葡萄酒一直仅供庄主及其亲友个人饮用。马里奥·因奇萨·德拉·罗切达（Mario Incisa della Roccetta）打破了当地使用桑娇维塞酿酒的传统，在类似梅多克的砾石土壤中种下波尔多品种。西施佳雅于1968年推出第一个年份，随后很快成为全世界采用赤霞珠酿造的上佳葡萄酒之一，甚至可与顶级的波尔多争锋。

意大利南部和各岛

基本情况

意大利的南部地区和各个岛屿在很长一段时间里都被掩盖在北部产区的光环之下，但是近年以来，意大利北部的酿酒人以及大量外国投资者都意识到这个地区的巨大潜力。普利亚和西西里岛等出产散装葡萄酒的区域同样转而酿造优质的瓶装葡萄酒。意大利南部出产的酒款结构坚实，口感清新，单宁较重，陈年潜力优异。

最早出产葡萄酒的两个产区

· 西西里岛：地形主要为山地和丘陵，少有平原。最高峰为埃特纳火山（Etna，3274米）。葡萄园分布在岛上的各个区域中以及周围的小岛上。西西里岛已经领会到重视质量而非产量的重要性。埃特纳火山地区出产的红葡萄酒颜色浅淡、香气浓郁、口感非常精致。尽管岛上热浪滔天，但西西里岛的王者葡萄品种黑珍珠，却仍然能够出产品质极佳的红葡萄酒，酒体均衡，酸度清新得令人惊叹。

· 普利亚：尽管当地气候干旱，但是这里的葡萄酒仍然能够保持均衡的酒体以及宜人的果香。虽然部分产酒还未发挥应有的品质潜力，但是在此已经可以找到一些口感柔美、酸度清晰的红葡萄酒，主要采用普里米蒂沃酿造。

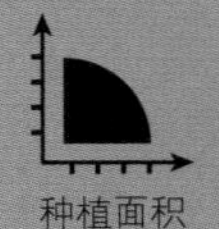 种植面积	大约190 000公顷，分布在西西里岛和普利亚（占全世界总种植面积的2.5%）
主要葡萄品种	霞多丽 卡塔拉托（Catarratto） 白格雷克（Greco bianco） 菲亚诺（Fiano） 艾格尼科 黑曼罗 黑珍珠 马斯卡斯-奈莱洛（Nerello mascalese） 黑马尔维萨 普里米蒂沃
 葡萄酒的种类	主要出产白葡萄酒

细读酒标

西西里岛地区保护餐酒

地区保护餐酒，葡萄产自西西里岛这个特定的地理区域，是意大利产量最大的葡萄酒产区。

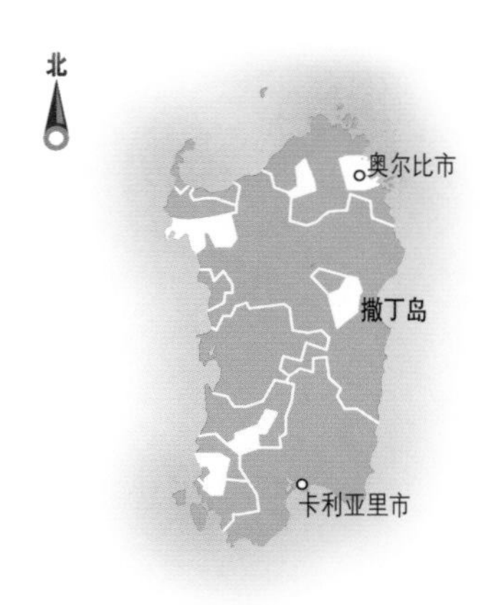

意大利南部和各岛葡萄酒的主要特点

位置	典型风格	主要葡萄品种	地质条件	价格
巴斯利卡塔（Basilicate）	• 口感清新、充满白桃和梨香的白葡萄酒 • 复杂强劲、花香弥漫的红葡萄酒，比如孚图–艾格尼科（Aglianico del Vulture）的酒款	菲亚诺 白格雷克 艾格尼科	• 山地区域，葡萄园位于围绕沃图尔（Vultur）死火山的高地上	€€
卡拉布里亚（Calabre）	• 口感柔美、适合陈年的红葡萄酒，比如西罗（Ciro）的酒款 • 采用风干葡萄酿造的白葡萄酒，比如白格雷克（Greco di Bianco）的酒款	佳琉璞（Gaglioppo） 麦格罗科（Magliocco） 格雷克	• 意大利“靴子”的尖端	€
坎帕尼亚（Campanie）	• 强劲复杂、充满木质香气、酸度明显的红葡萄酒，比如图拉斯（Taurasi）的酒款 • 香气开放、口感清新、果味十足的白葡萄酒，比如阿韦利诺–菲亚诺（Fiano di Avellino）的酒款	艾格尼科 菲亚诺 格雷克	• 葡萄园位于那不勒斯（Naples）的周边，为地中海式气候，因为受到海洋和地形的影响而较为温和	从 €€ 到 €€€
普利亚（Pouilles）	• 浓郁饱满的红葡萄酒，比如蒙特城堡（Castel del Monte）的酒款 • 成熟强劲、口感绒滑的红葡萄酒，比如曼杜里亚–普里米蒂沃（Primitivo di Manduria）的酒款 • 大量口感简单的红葡萄酒和白葡萄酒（散装葡萄酒）	霞多丽 班帕（Pampanuto） 白博比诺（Bombino bianco） 艾格尼科 蒙特布查诺 黑曼罗 黑托雅（Nero di troia） 普里米蒂沃	• 气候干旱，所有葡萄园都通常位于海拔较高、相对凉爽的地方	从 € 到 €€
撒丁岛（Sardaigne）	• 浓郁饱满的干白葡萄酒，比如加卢拉–韦尔蒙蒂诺（Vermentino di Gallura）的酒款 • 口感厚重的甜白葡萄酒，比如博萨–玛尔维萨（Malvasia di Bosa）的酒款 • 柔和易饮的红葡萄酒	玛尔维萨 麝香 韦尔蒙蒂诺 卡诺瑙（Cannonau） 歌海娜	• 葡萄园位于肥沃的平原和山丘上	€
西西里岛（Sicile）	• 适合与甜品搭配的甜白葡萄酒，比如潘泰莱里亚风干葡萄酒（Passito di Pantelleria） • 氧化风格的天然甜葡萄酒，比如玛莎拉（Marsala）的酒款 • 均衡优雅、口感清新、采用黑珍珠酿造的红葡萄酒 • 大量口感简单的红葡萄酒和白葡萄酒（散装葡萄酒）	卡塔拉托 霞多丽 麝香 赤霞珠 马斯卡斯–奈莱洛 黑珍珠 西拉	• 山地区域，葡萄园主要位于埃特纳火山脚下	从 €€ 到 €€€

西班牙

基本情况

西班牙拥有全欧洲最广阔的葡萄园，但是缺水对于葡萄酒产量造成了巨大的影响。这个国家常年以来一直维持着散装葡萄酒供应者的形象，但是现在各个地区都已开始转向品质化生产，而里奥哈和雪莉更是两个独具代表性的产区。西班牙的葡萄园分布全国各地，但是最主要的区域位于杜罗河及埃布罗河（Èbre）一线以南。

有两个葡萄品种占西班牙葡萄种植面积的45%：白葡萄品种爱人（Airén）和红葡萄品种丹魄。本地葡萄品种在此仍然占据主导位置，但是国际品种最近几年也在快速发展。

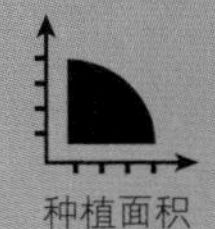

种植面积	大约975 000公顷（占全世界总种植面积的13.5%）
主要葡萄品种	爱人 阿尔巴利诺 格德约（Godello） 帕雷亚达（Parellada） 青葡萄 维奥娜（Viura），又称马卡贝奥（Maccabeo） 博巴尔 佳丽酿 歌海娜 门西亚（Mencia） 慕和怀特 丹魄
葡萄酒的种类	主要出产红葡萄酒

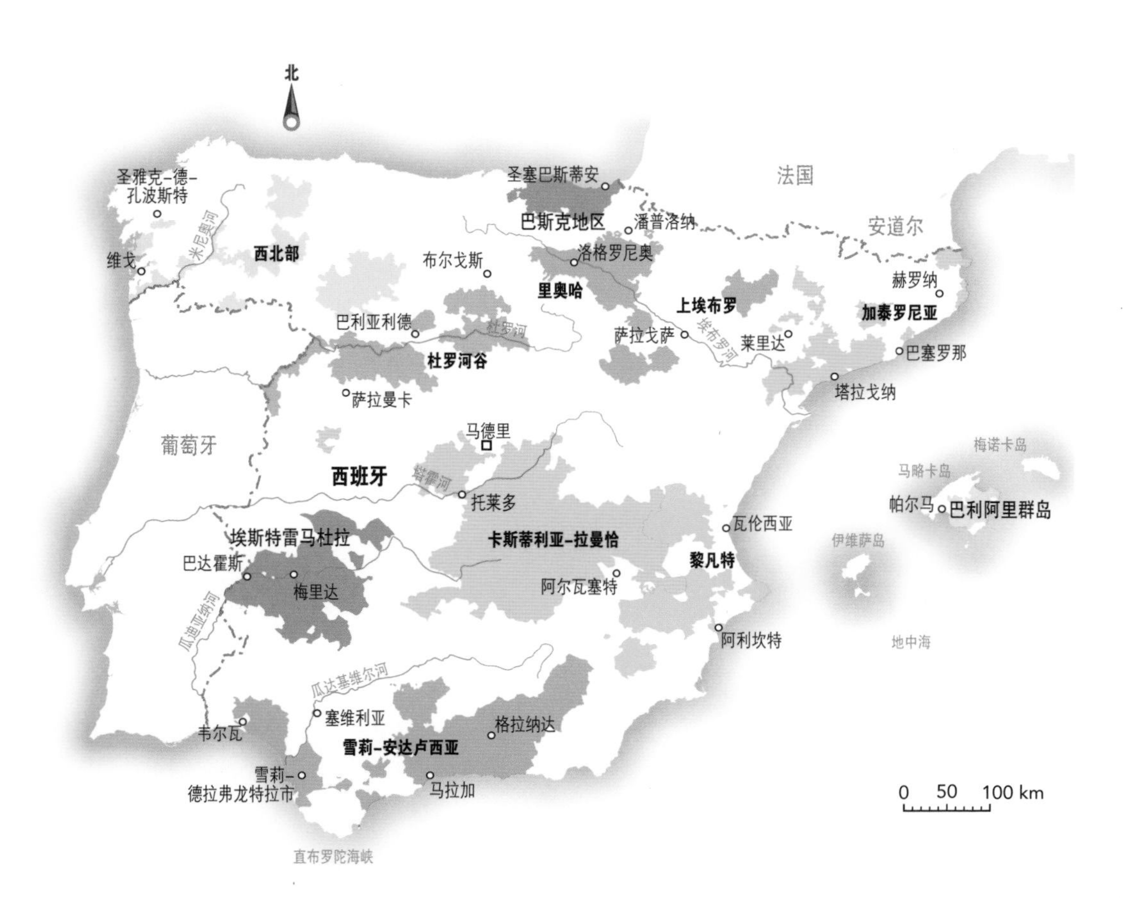

细读酒标

有地理标志的优质葡萄酒（VCIG）

- 有地理标志的优质葡萄酒（Vinos de Calidad con Indicacion Geografica）
- 是一个位于地区餐酒（Vino de la Tierra）和法定产区（DO）之间的级别

西班牙葡萄酒的主要特点

位置	典型风格	主要葡萄品种	地质条件	价格
上埃布罗（Haut–Ebre）	• 口感复杂、适合陈年的红葡萄酒，比如里奥哈（Rioja）的酒款 • 口感柔美、果香浓郁的红葡萄酒，比如纳瓦拉（Navarre）、阿拉贡（Aragon）的酒款 • 果香浓郁、口感清新的桃红葡萄酒，比如纳瓦拉的酒款 • 口感清新、果香浓郁的白葡萄酒，比如阿拉贡的酒款	丹魄 歌海娜 佳丽酿 维奥（又称马卡贝奥）	• 葡萄园位于比利牛斯山脚下和埃布罗河岸边	从 € 到 €€
加泰罗尼亚（Catalogne）	• 饱满复杂的红葡萄酒，比如普里奥哈（Priorat）、佩内德斯（Penedès）的酒款 • 果香浓郁、口感柔和的气泡葡萄酒，比如卡瓦（Cava） • 果香浓郁的白葡萄酒，比如佩内德斯、塞格雷河岸（Costers del Segre）的酒款	歌海娜 丹魄 赤霞珠 佳丽酿 美乐 慕和怀特 霞多丽 马卡贝奥 小粒麝香 帕雷亚达 沙雷洛（Xarel–lo）	• 葡萄园位于巴塞罗那市以南的海岸和丘陵上	从 € 到 €€€
杜罗河谷（Vallée du Duero）	• 强劲复杂的红葡萄酒，比如杜罗河谷（Ribera del Duero）的酒款 • 饱满清新、充满果香花香的白葡萄酒，比如卢埃达（Rueda）的酒款	丹魄 赤霞珠 美乐 歌海娜 玛尔维萨 菲诺–帕洛米诺（Palomino fino） 青葡萄 维奥娜	• 葡萄园位于梅塞塔高原（Meseta）上，杜罗河的岸边	从 € 到 €€€€
西班牙西北部	• 口感清新、香气浓郁的白葡萄酒，比如下海湾（Rias Baixas）的酒款 • 精致浓郁、果味十足的红葡萄酒，比如比埃尔索（Bierzo）、萨克拉河岸（Ribeira Sacra）的酒款	阿尔巴利诺 门西亚	• 气候较为凉爽潮湿	从 € 到 €€€
黎凡特（Levante）	• 口感简单、价格便宜的葡萄酒（散装葡萄酒） • 精致清新、口感清淡的干白葡萄酒 • 香气浓郁的甜白葡萄酒 • 口感集中、果味十足的红葡萄酒，比如胡米亚（Juilla）、耶克拉（Yecla）的酒款	梅尔塞格拉（Merseguera） 亚历山大麝香 慕和怀特 歌海娜 丹魄	• 地中海式气候，内陆更加受到大陆性气候的影响	从 € 到 €€€
卡斯蒂利亚–拉曼恰（Castille–La Mancha）	• 口感中庸、价格便宜的葡萄酒（用于制作生命之水） • 口感简单、果香浓郁的白葡萄酒 • 果香浓郁、口感丰富、充满橡木气息的红葡萄酒	爱人 丹魄 赤霞珠 歌海娜	• 最为极端的大陆性气候	€
雪莉（Jerez）和安达卢西亚（Andalousia）	• 干型或甜型的天然甜葡萄酒	帕洛米诺 佩德罗–西门内（Pedro ximénez） 亚历山大麝香	• 夏季非常炎热干燥，冬季相对温暖	从 € 到 €€€€

西班牙

西班牙的产区分级

金字塔的底部是无地理标识的葡萄酒：普通餐酒（Vino de Mesa，简称VdM），相当于法国葡萄酒（Vin de France）级别。

随后是有地理标识的葡萄酒，分为：

• 地区餐酒（Vino de la Tierra，简称VdlT）相当于地区保护餐酒（IGP）。西班牙只有两种地区餐酒比较重要：卡斯蒂利亚地区餐酒（Vino de la Tierra de Castilla）和卡斯蒂利亚-雷昂地区餐酒（Vino de la Tierra de Castilla y Leon）。

• 法定产区（Denominacion de Origen，简称DO）相当于法国的法定保护产区（AOP）。

• 优质法定产区（Denominacion de Origen Calificada，简称DOC），相当于意大利的法定保证产区（DOCG）或者法国的特级园。目前西班牙只有普里奥哈和里奥哈被评为优质法定产区（有时写作DOCa）。

一个独具代表性的形象：敖司堡（Osborne）公牛

敖司堡品牌雪莉酒的广告以一头公牛的侧影示人，从1958年起开始装点西班牙的大街小巷，取得了现象级的成功。这头公牛起初采用木头建造，数年之后变成金属，体型也越来越大，矗立在丘陵顶端，在很远就可以看到。马诺洛·普列托（Manolo Prieto）设计的这一形象已经脱离广告的范畴，变为整个西班牙的代表。1997年，西班牙最高法院允许继续使用敖司堡公牛，因为它具有“审美和文化意义”。

注：此处图注上为西班牙语，会在酒标上体现。例如，“Blanco”意为西班牙语的“白葡萄酒”。

美国橡木桶陈酿及其带来的香气

法国酿酒学专家埃米尔·佩诺（Emile Peynaud）认为，采用橡木桶陈酿葡萄酒堪比在烹饪时使用香料。

西班牙葡萄酒通常采用美国橡木桶或者混合使用法国和美国橡木桶。

美国橡木桶对葡萄酒香气和口感的影响更加明显，能够带来新砍伐的木头、灌木、椰子、巧克力、焦糖和烟熏的味道。整体来说，就是丰盛浓郁的橡木气息，易于识别。与此相反，法国橡木因为颗粒更加紧密，而且烘烤较轻，所以带来的香气较为细腻，能为白葡萄酒增添丁香、烤面包、榛子、香草、鲜花、皮革和新鲜黄油的气息。

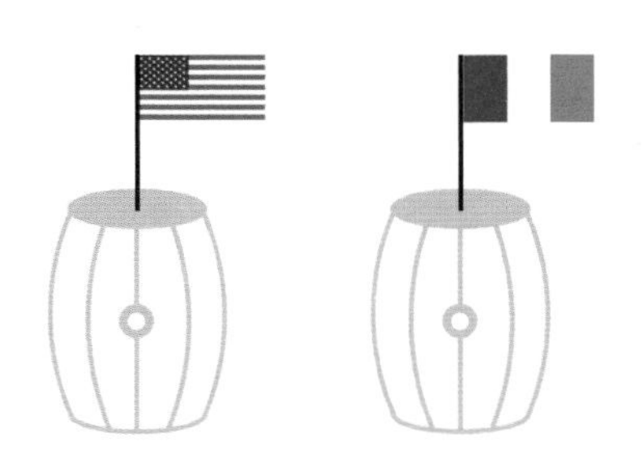

加那利群岛（Canaries）

从16世纪起，加那利群岛凭借特别适合葡萄种植的火山土壤以及众多微气候，成为一个独特的葡萄酒产区。到了19世纪末期，加那利群岛因为远离大陆（距离西班牙海岸1000千米），并未受到根瘤蚜的侵袭。直至现在，当地的葡萄树始终没有经过嫁接，并且采用其他地方已经消失的多个葡萄品种酿酒，其中占主导地位的包括黑丽诗丹（listan negro）、白丽诗丹（listan blanco）、黑摩尔（negramoll）和玛尔维萨。

贝加西西里亚酒庄的尤尼科葡萄酒（Unico）

西班牙著名的葡萄酒之一贝加西西里亚酒庄的尤尼科，对杜罗河谷法定产区的发展做出了巨大的贡献。酒庄成立于1864年，当时种下第一批葡萄树。

阿尔瓦雷斯（Alvarez）家族于1982年收购酒庄，成功地保持了酒庄的名望，并且使其跻身世界顶级葡萄酒的行列。但是真正令酒庄获得独一无二的身份的却是通过严格挑选老藤（主要为丹魄）和极长时间的橡木桶和瓶中陈酿（最长为10年）而酿出的尤尼科。

水之战

西班牙被视为欧洲最干燥的国家，长期处于沙漠化的风险当中。灌溉葡萄树的做法曾经长期被禁止，但现在也慢慢变得常见了。1996年，政府开始允许灌溉，但是真正沿用开来却要等到21世纪初葡萄园重建，尤其是绑缚结构普及之后。不过灌溉的方式还是受到相关法规的控制和限制，尤其是在法定产区。最常用的灌溉系统是滴灌。

上埃布罗（Haut-Ebre）

基本情况

上埃布罗产区占据着埃布罗河沿岸的绝大部分，主要产区包括里奥哈，它是西班牙颇具代表性的葡萄酒之一，产区沿着埃布罗河岸延伸120千米，位于比利牛斯山下，里奥哈、纳瓦拉和巴斯克三个地区的交界处。里奥哈葡萄酒以其独特的葡萄品种（红葡萄酒采用丹魄、白葡萄酒采用维奥娜酿造）以及长期的橡木桶陈酿而著称。

在埃布罗河以北是纳瓦拉产区，主要出产红葡萄酒和桃红葡萄酒（产量逐渐增长）。在其西南部，则是阿拉贡地区，以主要采用歌海娜酿造的红葡萄酒而闻名。

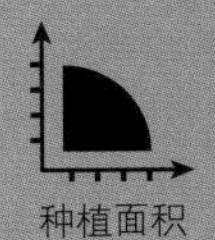
种植面积

大约63 000公顷，分布在里奥哈（占全世界总种植面积的0.8%）

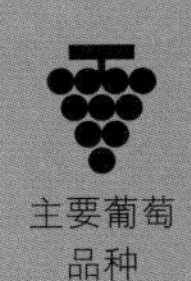
主要葡萄品种

- 维奥娜（又称马卡贝奥）
- 佳丽酿
- 歌海娜
- 丹魄

葡萄酒的种类

主要出产红葡萄酒

细读酒标

里奥哈（Rioja）红葡萄酒

- 陈酿（Crianza）
  葡萄酒陈酿至少2年，其中包括橡木桶陈酿至少12个月
- 珍藏（Reserva）
  葡萄酒陈酿至少3年，其中包括橡木桶陈酿至少12个月
- 特级珍藏（Gran Reserva）
  葡萄酒陈酿至少5年，其中包括橡木桶陈酿至少24个月

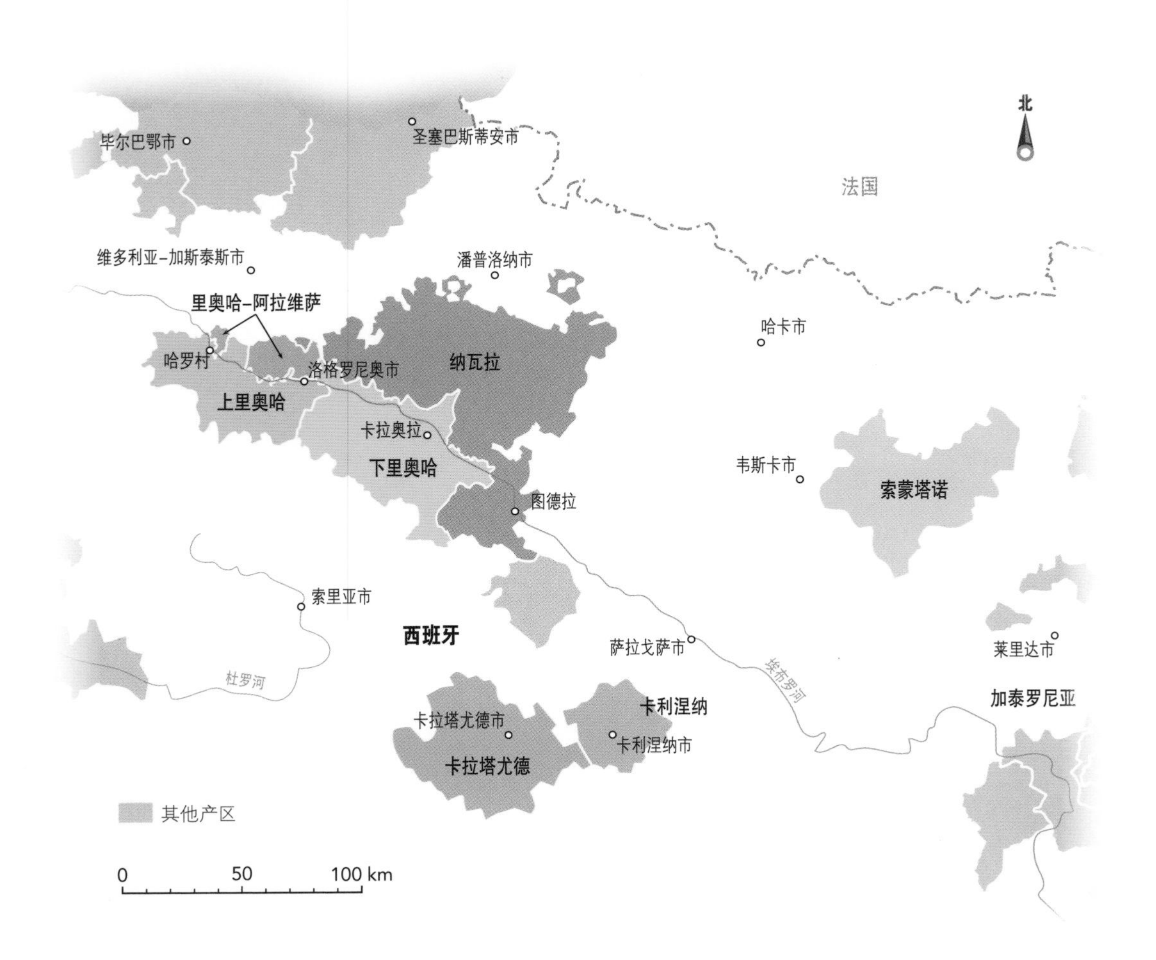

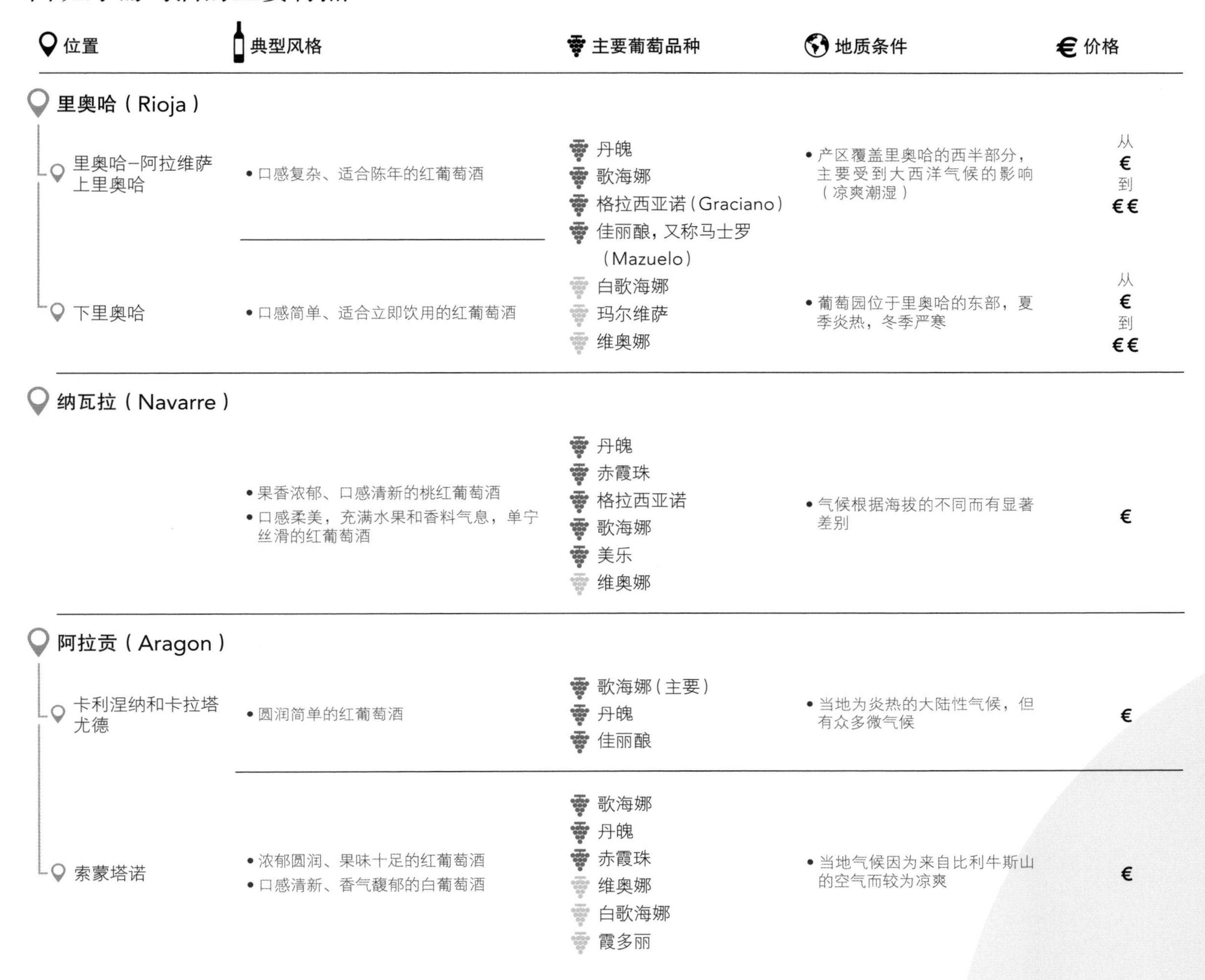

西班牙葡萄酒的主要特点

位置	典型风格	主要葡萄品种	地质条件	价格
里奥哈（Rioja）				
里奥哈–阿拉维萨 上里奥哈	• 口感复杂、适合陈年的红葡萄酒	丹魄 歌海娜 格拉西亚诺（Graciano） 佳丽酿，又称马士罗（Mazuelo）	• 产区覆盖里奥哈的西半部分，主要受到大西洋气候的影响（凉爽潮湿）	从 € 到 €€
下里奥哈	• 口感简单、适合立即饮用的红葡萄酒	白歌海娜 玛尔维萨 维奥娜	• 葡萄园位于里奥哈的东部，夏季炎热，冬季严寒	从 € 到 €€
纳瓦拉（Navarre）	• 果香浓郁、口感清新的桃红葡萄酒 • 口感柔美，充满水果和香料气息，单宁丝滑的红葡萄酒	丹魄 赤霞珠 格拉西亚诺 歌海娜 美乐 维奥娜	• 气候根据海拔的不同而有显著差别	€
阿拉贡（Aragon）				
卡利涅纳和卡拉塔尤德	• 圆润简单的红葡萄酒	歌海娜（主要） 丹魄 佳丽酿	• 当地为炎热的大陆性气候，但有众多微气候	€
索蒙塔诺	• 浓郁圆润、果味十足的红葡萄酒 • 口感清新、香气馥郁的白葡萄酒	歌海娜 丹魄 赤霞珠 维奥娜 白歌海娜 霞多丽	• 当地气候因为来自比利牛斯山的空气而较为凉爽	€

里奥哈

里奥哈产区的面积很大，分为3个次产区：里奥哈–阿拉维萨、上里奥哈和下里奥哈。里奥哈于1925年成为西班牙第一个法定产区（DO），随后于1991年升为优质法定产区（DOCa）。这里出产的葡萄酒顺应消费者口味的变化，逐渐转向更为精致、果香花香浓郁、适合更早饮用的风格。陈酿方式对于风格的影响极大，从口感活泼、果味十足的新酒，到酒体强劲、充满木质和皮革风味的特级珍藏，应有尽有。

纳瓦拉

这个产区常年以来主要出产桃红葡萄酒，通常带有氧化风格，主要采用歌海娜酿造，但是现在已经更多地出产充满水果和香料气息、单宁丝滑的红葡萄酒。丹魄在混酿中的比例已经超过歌海娜。赤霞珠和美乐同样占据重要地位。桃红葡萄酒采用采收更早的歌海娜酿造，避免氧化，从而变得更具馥郁的果香。

加泰罗尼亚（Catalogne）

基本情况

加泰罗尼亚尤其因为采用马卡贝奥、沙雷洛、帕雷亚达等本地葡萄品种酿造卡瓦传统法气泡葡萄酒而闻名。

当地还有另外两个值得注意的产区：一个是最靠近巴塞罗那市的佩内德斯，葡萄树种植在山与海之间；另一个是普里奥哈，海拔在800～1000米之间，所以这个产区气候相对凉爽，山峦起伏的风景秀丽无比。来自马略卡岛（Majorque）的风还能为葡萄园降温。

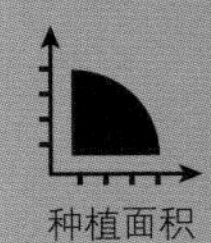

种植面积	大约60 000公顷，分布于佩内德斯，包括佩内德斯法定产区和卡瓦（占全世界总种植面积的0.8%）
主要葡萄品种	赤霞珠 佳丽酿 歌海娜 美乐 慕和怀特 丹魄 霞多丽 马卡贝奥 小粒麝香 帕雷亚达 沙雷洛
葡萄酒的种类	主要出产红葡萄酒和气泡葡萄酒

细读酒标

卡瓦气泡葡萄酒

- **天然干（Brut Nature）/ 不加糖（Pas dosé）/ 零糖（Zéro dosage）**
  0～3克/升残糖，不加补糖液（liqueur de dosage，即除渣后加入的糖）
- **极天然（Extra-brut）：**
  含糖量0~6克/升
- **天然（Brut）：**
  含糖量0~12克/升
- **极干（Extra Seco）：**
  含糖量12~17克/升
- **干型（Seco）：**
  含糖量17~32克/升
- **半干（Semi Seco）：**
  含糖量32~50克/升
- **甜型（Dulce）：**
  含糖量多于50克/升

加泰罗尼亚葡萄酒的主要特点

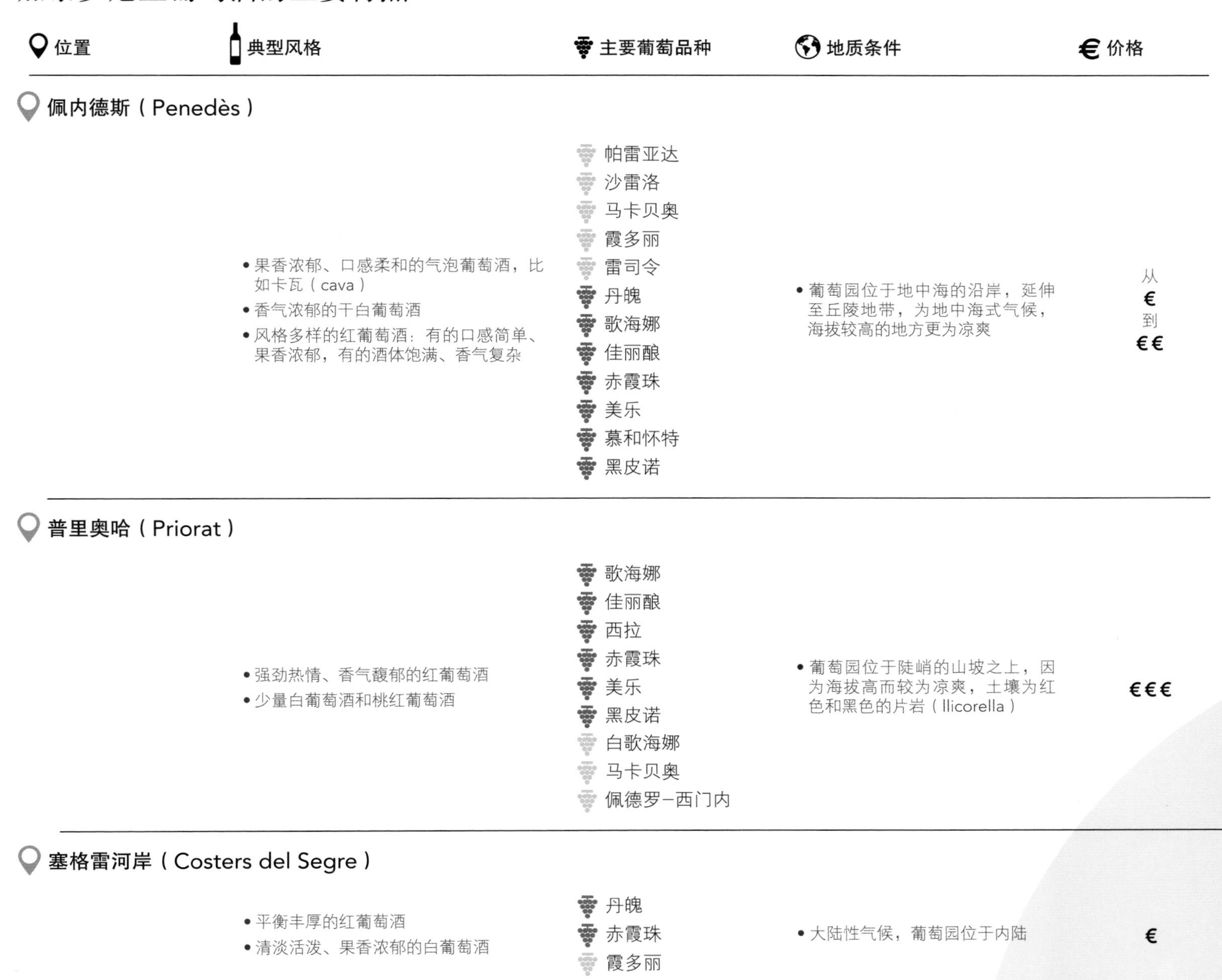

位置	典型风格	主要葡萄品种	地质条件	价格
佩内德斯（Penedès）	• 果香浓郁、口感柔和的气泡葡萄酒，比如卡瓦（cava） • 香气浓郁的干白葡萄酒 • 风格多样的红葡萄酒：有的口感简单、果香浓郁，有的酒体饱满、香气复杂	帕雷亚达 沙雷洛 马卡贝奥 霞多丽 雷司令 丹魄 歌海娜 佳丽酿 赤霞珠 美乐 慕和怀特 黑皮诺	• 葡萄园位于地中海的沿岸，延伸至丘陵地带，为地中海式气候，海拔较高的地方更为凉爽	从 € 到 €€
普里奥哈（Priorat）	• 强劲热情、香气馥郁的红葡萄酒 • 少量白葡萄酒和桃红葡萄酒	歌海娜 佳丽酿 西拉 赤霞珠 美乐 黑皮诺 白歌海娜 马卡贝奥 佩德罗-西门内	• 葡萄园位于陡峭的山坡之上，因为海拔高而较为凉爽，土壤为红色和黑色的片岩（llicorella）	€€€
塞格雷河岸（Costers del Segre）	• 平衡丰厚的红葡萄酒 • 清淡活泼、果香浓郁的白葡萄酒	丹魄 赤霞珠 霞多丽	• 大陆性气候，葡萄园位于内陆	€

卡瓦气泡葡萄酒

卡瓦是西班牙采用传统法（即二次发酵在瓶中进行）酿造的一种气泡葡萄酒，绝大部分的卡瓦气泡葡萄酒都产自佩内德斯地区，采用帕雷亚达、沙雷洛、马卡贝奥、霞多丽和黑皮诺等葡萄品种酿造，并且必须进行至少9个月的酒泥陈酿。卡瓦气泡葡萄酒充满黄色水果和果干的香气，口感颇为优雅。

普里奥哈的复兴

这个多山、远离海岸的产区曾一度被遗忘，但是从20世纪80年代起，它的品质潜力重新获得关注，并成为西班牙第二个获得优质法定产区（DOCa）名称的产区（另一个是里奥哈）。最为优质的红色片岩土壤能够白天储存热量，晚上释放热量，从而提高葡萄酒的集中度和浓郁度。歌海娜和佳丽酿的老藤虽然产量极低，但却能够出产酒体非常集中的酒款。

杜罗河谷（Vallée du Duero）

基本情况

杜罗河谷位于卡斯蒂利亚–莱昂大区，包括杜罗河谷、多罗和卢埃达三个产区。葡萄园沿着杜罗河岸延伸，杜罗河（Duero）穿越整个西班牙，直至葡萄牙（在葡萄牙被称为Douro）。杜罗河谷的葡萄园位于梅塞塔高原上，海拔超过700米，依赖河水的浇灌，出产许多世界知名的酒款，比如贝加西西里亚、平古斯（Pingus）。杜罗河谷产区（Ribera del Duero）主要酿造红葡萄酒，同样拥有几个膜拜酒庄。

卢埃达产区则以采用青葡萄酿造的白葡萄酒而闻名。

多罗产区历史悠久，从20世纪90年代末开始获得大规模的复兴，尤其是采用丹魄的变种多罗红（tinta de toro）酿造的口感强劲的红葡萄酒特别受到好评。

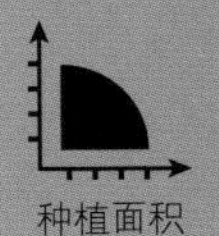

种植面积

大约35 000公顷（占全世界总种植面积的0.5%）

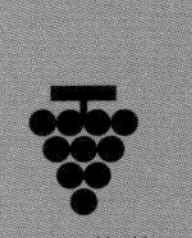

主要葡萄品种

- 玛尔维萨
- 菲诺–帕洛米诺
- 青葡萄
- 维奥拉
- 赤霞珠
- 歌海娜
- 美乐
- 丹魄

葡萄酒的种类

主要出产红葡萄酒

细读酒标

杜罗河谷

法定产区红葡萄酒

- **陈酿（Crianza）**
  陈酿至少2年，其中包括橡木桶陈酿至少12个月

- **珍藏（Reserva）**
  陈酿至少3年，其中包括橡木桶陈酿至少12个月

- **特级珍藏（Gran Reserva）**
  陈酿至少5年，其中包括橡木桶陈酿至少24个月

加泰罗尼亚葡萄酒的主要特点

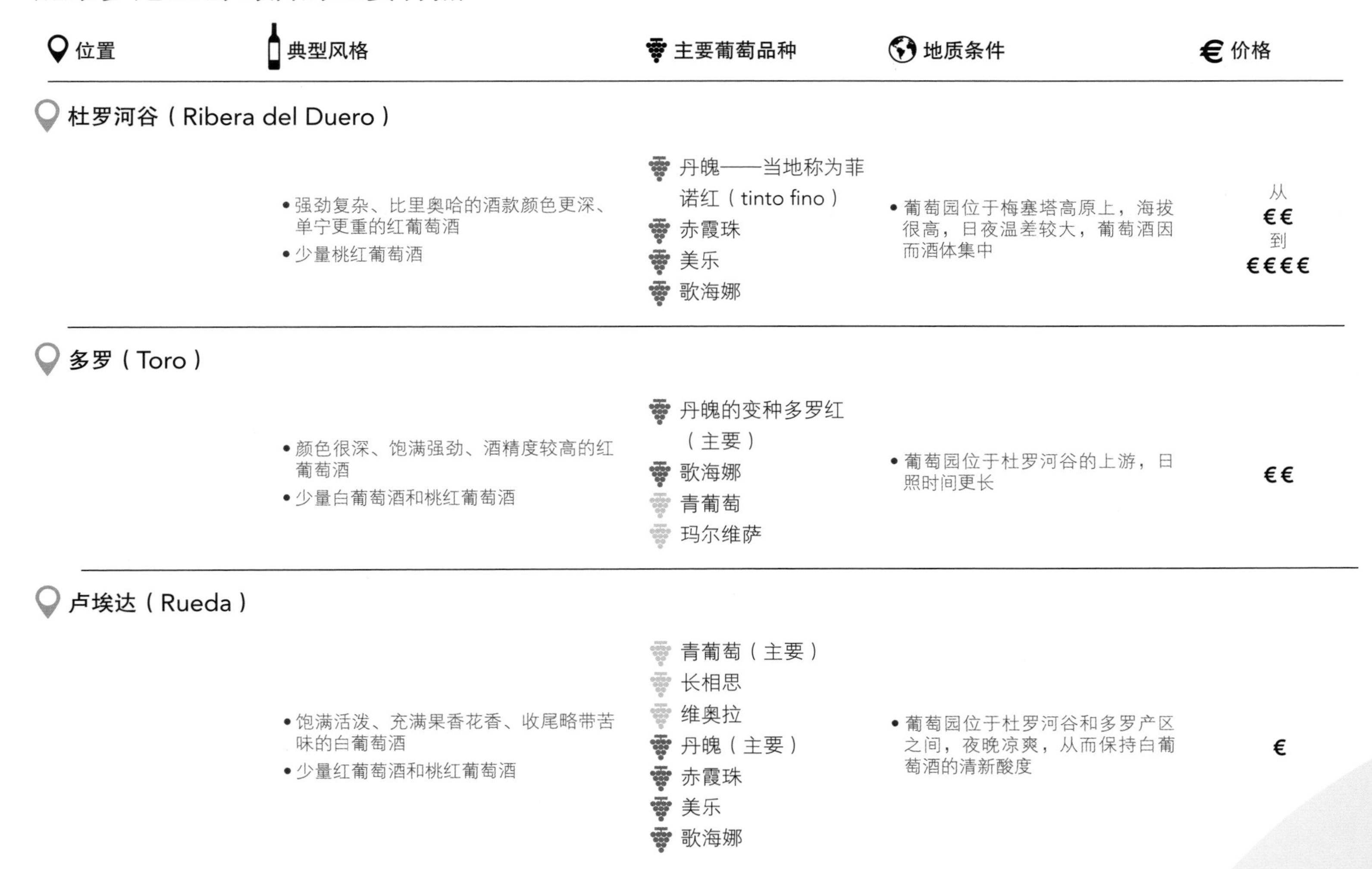

位置	典型风格	主要葡萄品种	地质条件	价格
杜罗河谷（Ribera del Duero）	• 强劲复杂、比里奥哈的酒款颜色更深、单宁更重的红葡萄酒 • 少量桃红葡萄酒	丹魄——当地称为菲诺红（tinto fino） 赤霞珠 美乐 歌海娜	• 葡萄园位于梅塞塔高原上，海拔很高，日夜温差较大，葡萄酒因而酒体集中	从 **€€** 到 **€€€€**
多罗（Toro）	• 颜色很深、饱满强劲、酒精度较高的红葡萄酒 • 少量白葡萄酒和桃红葡萄酒	丹魄的变种多罗红（主要） 歌海娜 青葡萄 玛尔维萨	• 葡萄园位于杜罗河谷的上游，日照时间更长	**€€**
卢埃达（Rueda）	• 饱满活泼、充满果香花香、收尾略带苦味的白葡萄酒 • 少量红葡萄酒和桃红葡萄酒	青葡萄（主要） 长相思 维奥拉 丹魄（主要） 赤霞珠 美乐 歌海娜	• 葡萄园位于杜罗河谷和多罗产区之间，夜晚凉爽，从而保持白葡萄酒的清新酸度	**€**

杜罗河谷

杜罗河谷产区的历史不算太长。19世纪末期，埃洛·莱坎达·查韦斯（Eloy Lecanda y Chaves）用继承的几块葡萄园，成立了贝加西西里亚酒庄。葡萄园位于杜罗河畔，海拔较高（700米），因此能够保持葡萄的酸度。受到波尔多地区葡萄酒的影响，他决定在此种植丹魄、赤霞珠、佳美娜、美乐和马贝克。将近一个世纪之后，一款经典佳酿由此诞生。当地的其他酒庄竞相效仿，而杜罗河谷则不断激发着酿酒人的创造力。

卢埃达

卢埃达与加利西亚地区的下海湾同为西班牙最为著名的白葡萄酒产区。青葡萄是这里主要的葡萄品种，但是长相思也有种植。如果采用混酿，那么必须使用至少50%的青葡萄。当地的白葡萄酒根据所选酿造工艺的不同，存在两种风格：一种口感活泼，果香浓郁；另一种更为丰厚复杂，带有橡木气息。

西班牙西北部

基本情况

伊比利亚半岛的西北部大面积受到海洋性气候的影响，所以这里的气候相对温和而湿润。大部分葡萄园位于米诺河（Mino）沿岸，后者也是西班牙与葡萄牙的国界。加利西亚地区（Galice）及其内部的下海湾产区出产西班牙最优质的白葡萄酒。这里的王者葡萄品种是阿尔巴利诺，这个极其芬芳的白葡萄品种能为葡萄酒带来独特的清新感。虽然加利西亚主要出产红葡萄酒，但是也会采用门西亚酿造非常精致的萨克拉河岸（Ribeira Sacra）红葡萄酒。加利西亚南部的比埃尔索（Bierzo）产区因为拥有种植在山坡上的老藤，同样能够出产酒体集中的优质红葡萄酒。

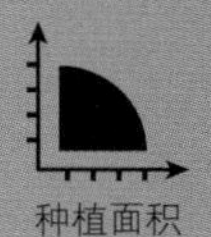

种植面积：大约23 000公顷，分布于加利西亚（占全世界总种植面积的0.3%）

主要葡萄品种：阿尔巴利诺、门西亚

葡萄酒的种类：主要出产红葡萄酒

细读酒标

下海湾

- 法定产区
- 至少70%采用阿尔巴利诺酿造

下海湾阿尔巴利诺

- 100%采用阿尔巴利诺酿造

萨克拉河岸（Ribeira Sacra）：加利西亚的一抹红色

以出产白葡萄酒而著名的加利西亚，最近越来越多的因为红葡萄酒而受到关注。在海洋和米诺河的影响下，年轻一代的酿酒人探索着当地不同的葡萄品种和不同的风土。加利西亚出产红葡萄酒最主要的葡萄品种是门西亚，其次是布兰塞亚奥（brancellao）和梅伦萨奥（merenzao），除此之外也有采用格德约（godello）和阿尔巴利诺酿造的白葡萄酒。当地秀丽无比的风景非常类似法国北罗讷河谷的某些葡萄酒产区，它们都有陡峭而无法机械化操作的山坡。

卡斯蒂利亚（Castille）和拉曼恰（La Mancha）

基本情况

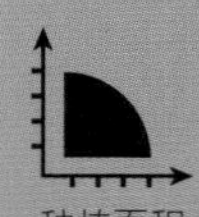
种植面积

大约450 000公顷（占全世界总种植面积的6%）

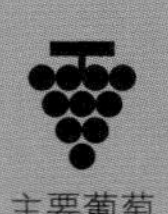
主要葡萄品种

- 爱人
- 赤霞珠
- 美乐
- 西拉
- 丹魄

葡萄酒的种类

主要出产白葡萄酒

马德里市以南有一大片朝南的高地，占据西班牙的中部，那就是卡斯蒂利亚–拉曼恰地区。拉曼恰是全世界面积最大的整块葡萄园，几乎占西班牙总产量的一半。这里拥有全国最极端的大陆性气候，白葡萄品种爱人的种植面积最广。

在20世纪60年代至70年代，拉曼恰曾经遇到产量过剩和形象不佳的严重问题。不过这次危机也起到了积极的作用：大量优质葡萄品种被种植，采用丹魄酿造的优质红葡萄酒不断增加。

细读酒标

特优级法定产区（Vinos de Pago，简称VP）

- 2003年在拉曼恰建立的级别，仅应用于最为著名的酒庄
- 葡萄必须产自同一酒庄，在酒庄中酿造
- 葡萄酒在酒庄中陈酿

爱人（airén）

爱人是西班牙种植面积最广的葡萄品种，因为抗寒能力强，在拉曼恰尤其受到欢迎。它能够出产品质中等的干白葡萄酒，但是主要用于酿造雪莉白兰地（Brandy de Jerez）。

虽然拉曼恰已经开始转向红葡萄酒的生产，但是白葡萄酒的产量在最近二十年间仍有增长，尤其是采用爱人品种酿造，后者比红葡萄品种更加适应卡斯蒂利亚–拉曼恰地区的干旱气候。

黎凡特（Levante）

基本情况

黎凡特产区位于地中海沿岸，加泰罗尼亚以南，曾经长期是低价散装葡萄酒生产和出口大户的代名词，而瓦伦西亚（Valence）的海运港口则负责将黎凡特和拉曼恰出产的葡萄酒运出。

但是当地近年以来已经实现了巨大的进步，尤其是在酿造工艺方面，从而开始出产果香更加浓郁、单宁丝滑，同时保持清新酸度的酒款。

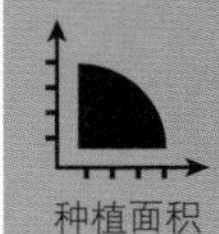 种植面积	大约28 000公顷，分布在胡米亚产区（占全世界总种植面积的0.37%）
 主要葡萄品种	莫赛格拉（Merseguera） 亚历山大麝香 歌海娜 慕和怀特 丹魄
 葡萄酒的种类	瓦伦西亚地区主要出产白葡萄酒

细读酒标

胡米亚法定产区

- 法定产区
- 慕和怀特是主要葡萄品种

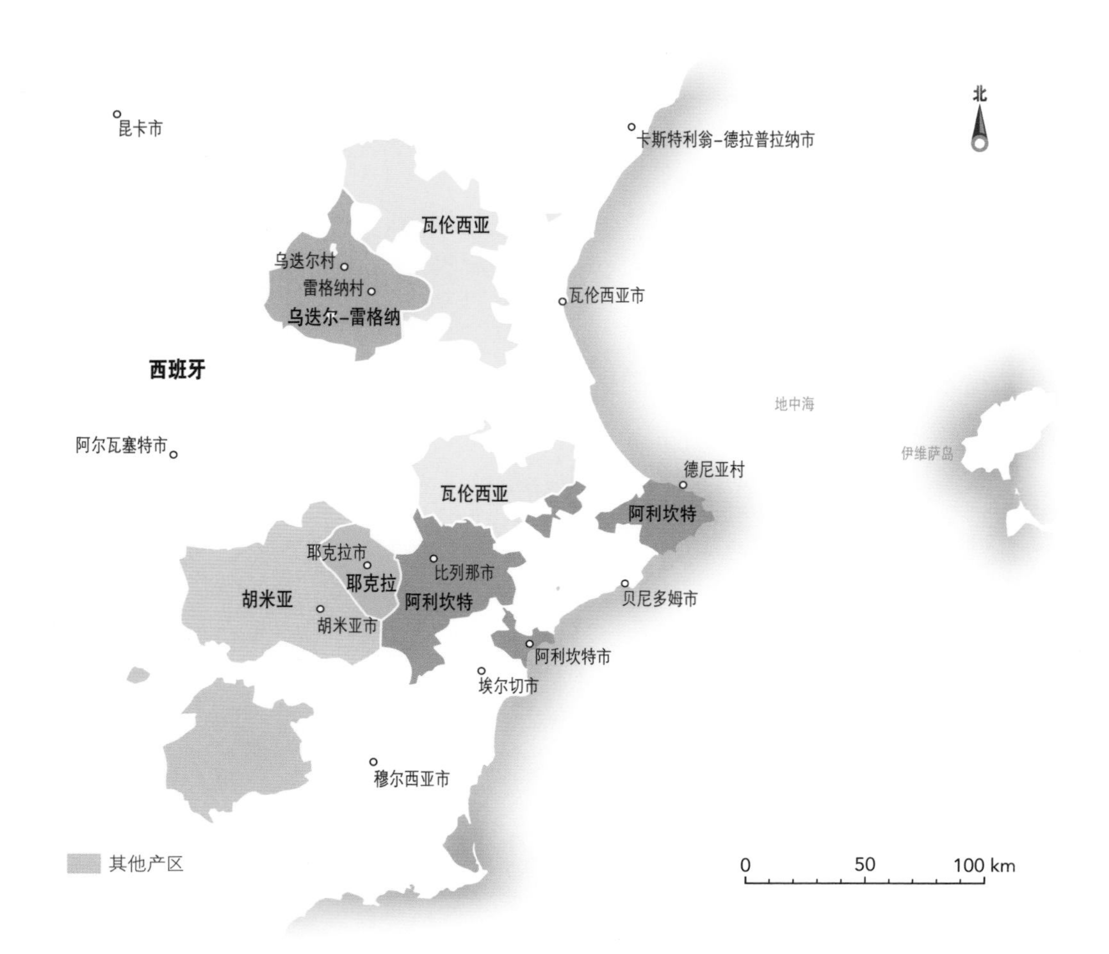

慕和怀特

这个强壮的葡萄品种需要极长时间的日照才能成熟，所以特别适合生长在地中海沿岸穆尔西亚（Murcie）地区，包括胡米亚和耶克拉法定产区，主要采用高杯剪枝法。

慕和怀特

这个强壮的葡萄品种需要极长时间的日照才能成熟，所以特别适合生长在地中海沿岸穆尔西亚（Murcie）地区，包括胡米亚和耶克拉法定产区，主要采用高杯剪枝法。

西班牙西北部、黎凡特河卡斯蒂利亚–拉曼恰葡萄酒的主要特点

位置	典型风格	主要葡萄品种	地质条件	价格
西班牙西北部				
加利西亚地区（Galice）的下海湾（Rias Baixas）				
	• 清新优雅、香气馥郁、余味悠长的白葡萄酒	阿尔巴利诺 洛雷罗（Loureiro） 特雷萨杜拉（Treixadura）	• 海洋性气候，温和潮湿	€€
加利西亚地区的萨科拉海岸（Ribeira Sacra）				
	• 清新细腻、口感绒滑的红葡萄酒	门西亚 布兰塞亚奥（Brancellao） 梅伦萨奥（Merenzao） 格德约	• 葡萄园位于西尔河（Sil）和米诺河边的陡峭山坡上	从 €€ 到 €€€
雷昂地区（Léon）的比埃尔佐（Bierzo）				
	• 口感浓郁、果味十足的红葡萄酒	门西亚	• 产区分成众多小块，位于西班牙西北部雷昂地区的最西端，气候温和，土壤为黏土和沙子，海拔在450～800米之间	从 €€ 到 €€€
黎凡特（Levante）				
覆盖阿利坎特（Alicante）、瓦伦西亚（Valencia）、乌迭尔–雷格纳（Utiel–Requena）各区的瓦伦西亚（Valence）				
	• 简单便宜的红葡萄酒和白葡萄酒，比如瓦伦西亚的酒款 • 果香浓郁、口感优雅、采用博巴尔酿造的红葡萄酒，比如乌迭尔–雷格纳的酒款 • 香气浓郁的甜白葡萄酒，比如阿利坎特、瓦伦西亚的酒款 • 精致清新、酒精度不高、酸度爽脆的白葡萄酒	莫赛格拉 亚历山大麝香 博巴尔 慕和怀特 丹魄	• 地中海式气候，内陆受到大陆性气候影响	€
胡米亚（Jumilla）和耶克拉（Yecla）				
	• 口感集中、充满水煮水果香气、但有慕和怀特的酸度形成平衡的红葡萄酒	慕和怀特（主要） 歌海娜 丹魄	• 葡萄园位于伊比利亚半岛的东岸、内陆和山区，地势干旱，荒无人烟	€
卡斯蒂利亚（Castille）和拉曼恰（La Mancha）				
拉曼恰和巴尔德佩纳斯（Valdepenas）				
	• 中庸廉价的葡萄酒（用于制造生命之水） • 口感简单、果香浓郁的白葡萄酒 • 果香浓郁、口感丰富、带有橡木味道的红葡萄酒	爱人 霞多丽 长相思 丹魄 歌海娜 赤霞珠	• 最极端的大陆性气候，更加受到大风的影响，水管理非常关键	€

雪莉（Jerez）和安达卢西亚（Andalousie）

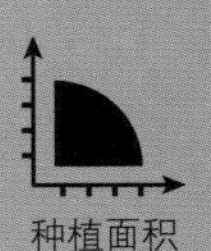

种植面积

大约10 000公顷，分布在雪莉产区（占全世界总种植面积的0.13%）

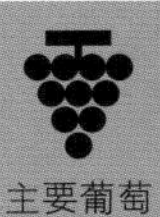

主要葡萄品种

- 帕洛米诺
- 佩德罗-西门内
- 亚历山大麝香

葡萄酒的种类

主要出产加强型葡萄酒

基本情况

雪莉（西班牙语为“jerez”，英语为“sherry”，法语为“xérès”）产区位于西班牙的南部，距离加的斯港（Cadix）不远，围绕雪莉-德拉弗龙特拉小城（Jerez de la Frontera），出产一种酿造方式和香气在全世界独一无二的加强型葡萄酒。这种诞生于阳光的美酒玲珑八面，从最彻底的干型到最丰美的甜型应有尽有。

安达卢西亚的马拉加产区曾在19世纪遭受根瘤蚜肆虐，随后开始重新种植，并且恢复生机，出产加强甜型葡萄酒，即天然甜葡萄酒。

细读酒标

年龄的标识

- **陈年珍稀雪莉（Very Old Rare Sherry，简称VORS）**
  混酿酒液的平均年龄至少为30年，需要经过品鉴委员会的批准。

- **陈年雪莉（Very Old Sherry，简称VOS）**
  混酿酒液的平均年龄至少为20年，需要经过品鉴委员会的批准。

雪莉和安达卢西亚葡萄酒的主要特点

位置	典型风格	主要葡萄品种	地质条件	价格
雪莉（Jerez）				
	• **菲诺雪莉酒（Fino）**：干型，带有杏仁、芳香草本和面包的香气，酒精度15%	帕洛米诺 亚历山大麝香——当地称为莫斯卡特（moscatel） 佩德罗–西门内	• 典型的南部地中海式气候，来自东边的黎凡特风（levante）将葡萄串吹干，使其更加成熟，来自西方大西洋的波尼恩特风（poniente）与黎凡特风交替吹拂，促进酒花的生成	€€
	• **阿蒙提拉多雪莉酒（Amontillado）**：干型，带有菲诺雪莉酒的香气以及氧化的味道			€€€
	• **欧罗索雪莉酒（Oloroso）**：干型，带有皮革、香料和核桃的香气，酒精度超过18%			€€
	• **帕罗卡特多雪莉酒（Palo Cortado）**：干型，产量稀少，融合细腻的阿蒙提拉多雪莉酒和欧罗索雪莉酒的酒体			€€€€
安达卢西亚（Andalousie）				
马拉加	• 香气浓郁、口感精致的甜型葡萄酒	莫赛格拉 亚历山大麝香	• 地中海式气候，内陆受到大陆性气候影响	从 € 到 €€

不同风格的雪莉酒

雪莉酒是一种加强型葡萄酒。发酵完成之后，在葡萄酒中加入以葡萄为原料制作的生命之水，使其酒精度达到14.5%，随后装入橡木桶，但是不要装满。在某些桶中，酒液表面将会生成一层酵母，称为酒花（flor），菲诺雪莉酒由此诞生。随后再加入生命之水，将酒精度升高至15%。如果将酒精度提高至18%，便会抑制酵母的活动，进行氧化陈酿，从而形成欧罗索雪莉酒。

根据酿造和混酿工艺的不同，雪莉酒既可以是干型（完全采用帕洛米诺酿造），也可以是甜型（与佩德罗–西门内或者麝香混酿），从而分为几大家族：

- 菲诺雪莉酒（Fino）：在橡木桶中带酒花（即酵母层）陈酿（称为“生物”陈酿）而成的雪莉酒。
- 欧罗索雪莉酒（Oloroso）：在橡木桶中不带酒花陈酿（称为“氧化”陈酿）、酒精度更高、口感更加丰富的干型雪莉酒。
- 阿蒙提拉多雪莉酒（Amontillado）：介于菲诺雪莉酒和欧罗索雪莉酒之间、经过双重陈酿（先带酒花陈酿、再氧化陈酿）的干型雪莉酒。
- 帕罗卡特多雪莉酒（Palo Cortado）：不带酒花陈酿、介于阿蒙提拉多雪莉酒和欧罗索雪莉酒之间的干型雪莉酒。
- 奶油雪莉酒（Cream）：采用欧罗索雪莉酒和甜型葡萄酒调配的深色甜型雪莉酒。
- 淡色奶油雪莉酒（Pale cream）：采用欧罗索雪莉酒和甜型葡萄酒调配的颜色较淡的甜型雪莉酒。
- 中等甜度雪莉酒（Médium）：采用阿蒙提拉多雪莉酒和甜型葡萄酒调配的甜型雪莉酒。
- 佩德罗–西门内雪莉酒（Pedro Ximenez）：完全通过氧化陈酿方式酿造的甜型雪莉酒。

曼萨尼亚（manzanilla）：独特的地区风格

在圣卢卡尔–德–巴拉梅达小镇（Sanlucar de Barrameda）周围陈酿的雪莉酒，以曼萨尼亚为产区名称而销售。这个产区位于大西洋沿岸，气候非常凉爽湿润，所以酿出的雪莉酒比菲诺更加轻盈，但是苦味和碘味也更明显。

葡萄牙

基本情况

葡萄牙由于地理位置较为偏远，因而得以保留传统葡萄品种，在今天的葡萄酒世界中存在巨大的竞争优势。长久以来，葡萄牙都仅以两种加强型葡萄酒而闻名：波特酒和马德拉酒。自从葡萄牙加入欧盟以来，随着当地现代化的快速进程，葡萄牙的干红葡萄酒越来越多地受到关注。国家多瑞加是葡萄牙最为重要的红葡萄品种，它既是出产波特酒的传统品种，也被用来酿造葡萄牙北部最优质的干红葡萄酒。

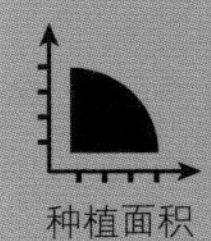

种植面积	大约217 000公顷（占全世界总种植面积的2.9%）
主要葡萄品种	巴加（Baga） 罗丽红（丹魄） 弗兰卡多瑞加（Touriga franca） 紫北塞（Alicante Bouschet） 国家多瑞加 特灵卡地拉（Trincadeira） 阿瓦里诺 阿瑞图（Arinto） 费尔诺皮埃斯（Fernao pires）
葡萄酒的种类	主要出产红葡萄酒和加强型葡萄酒

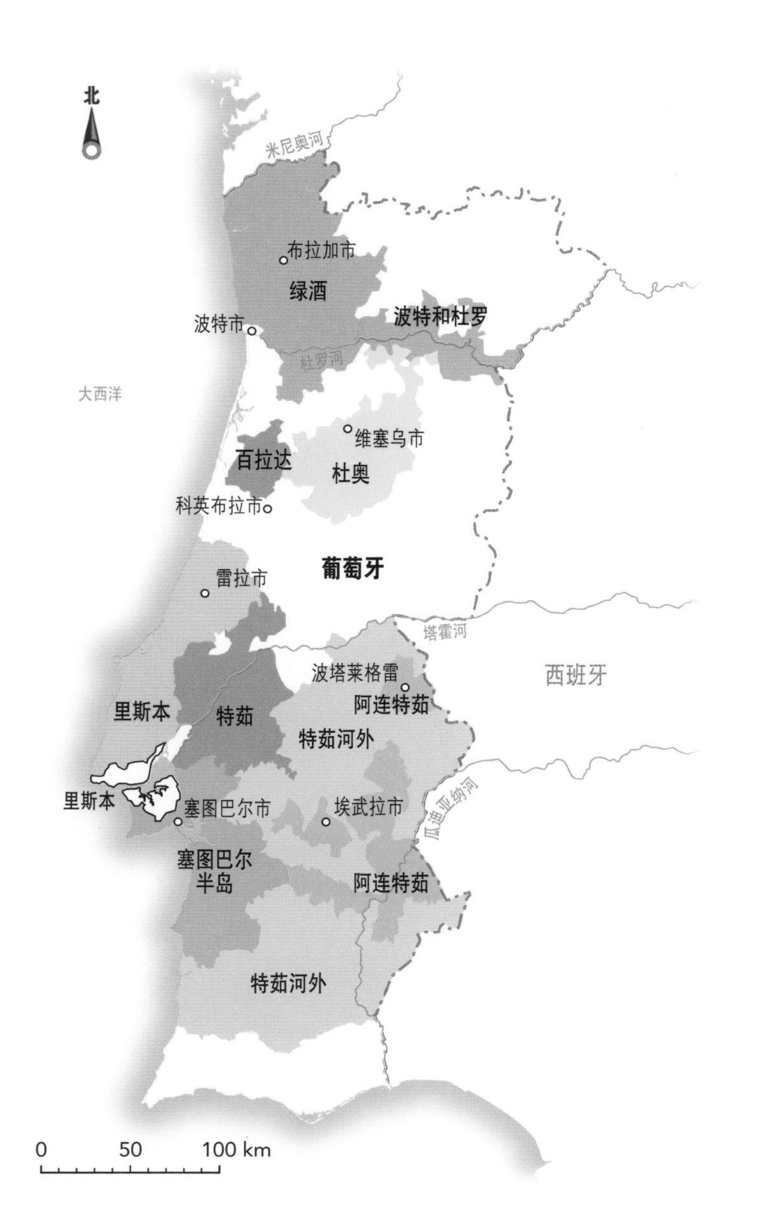

细读酒标

相关法规

- **葡萄牙有地理标识的葡萄酒共有三个级别：**
  - 地区餐酒（Vinho regional）：相当于地区保护餐酒（IGP）
  - 推荐产区（Indicação de Provencia regulamentada，简称IPR）：等待获得法定产区级别的产区
  - 法定保护产区（Denominação de origem protegida，简称DOP），相当于法国的AOP
- **珍藏（Reserva）**
  酒精度高于法定最低酒精度至少0.5%
- **特级珍藏（Garrafeira）**
  陈酿至少30个月，其中包括瓶中陈酿至少12个月

数量众多的葡萄品种

葡萄牙拥有数量庞大的葡萄品种，允许使用的超过340种。仅杜罗产区就有一百多种。葡萄牙因为众多品种能够酿造优质红葡萄酒而被人熟知。在中部有两个处于复兴阶段的产区：杜奥和百拉达。杜奥气候特殊，温差极大，形成了出产优质葡萄酒的独特条件；而百拉达则是巴加的领地，这个葡萄品种能够酿出陈年潜力卓越的佳酿。

葡萄牙葡萄酒的主要特点

位置	典型风格	主要葡萄品种		地质条件	价格
葡萄牙北部					
杜罗	• 饱满集中、适合陈年的红葡萄酒 • 少量优雅清新的白葡萄酒和红葡萄酒	国家多瑞加（主要） 罗丽红 卡奥红（Tinta cão）	弗兰卡多瑞加 菲娜玛尔维萨（Malvasia fina） 维西尼奥（Visinho） 古维欧（Gouveio）	• 葡萄园位于杜罗河谷陡峭的片岩山坡上	从 € 到 €€
波特	• 热情强劲的加强型甜红葡萄酒 • 少量加强型白葡萄酒和桃红葡萄酒	国家多瑞加（主要） 罗丽红 卡奥红	弗兰卡多瑞加 伊斯佳–卡奥（Esgana cão） 弗罗加索（Flogasão） 华帝露	• 葡萄园位于杜罗河谷陡峭的片岩山坡上	从 € 到 €€€€
绿酒	• 主要出产清淡活泼的白葡萄酒 • 尖锐微酸的红葡萄酒	阿瓦里诺 阿瑞图 阿维苏（Avesso）	红阿扎尔（Azal tinto） 伯拉卡（Borraçal）	• 葡萄园潮湿油绿，笼罩在来自大西洋的大风和湿气之下	从 € 到 €€
葡萄牙中部					
杜奥	• 香气浓郁、坚实优雅的红葡萄酒，有时酒体略重 • 少量优质清新的白葡萄酒和桃红葡萄酒	国家多瑞加 罗丽红 阿弗榭罗（Alfrocheiro）	毕卡尔（Bical） 赛西尔（Cercial） 依克加多（Encruzado）	• 葡萄园位于四周环山的陡峭丘陵上，产区得名于杜奥河	€€
百拉达	• 单宁较重、活泼优雅、适合陈年的红葡萄酒 • 清新宜人、果香浓郁的白葡萄酒	巴加（主要） 阿瑞图 费尔诺皮埃斯		• 葡萄园面向大西洋，位于贝拉（Beira）地区的西部	€€
葡萄牙南部					
阿连特茹	• 饱满圆润、口感热烈的红葡萄酒 • 香气开放、口感圆润但是不失清新的白葡萄酒	阿拉哥斯 国家多瑞加 赤霞珠 西拉	胡佩里奥（Roupeiro） 羔羊尾（Rabo de Ovelha） 安桃娃（Antão vaz）	• 气候酷热干燥，降雨极少	€€
塞图巴尔–莫斯卡特	• 强劲热烈、香气馥郁的加强型葡萄酒	亚历山大麝香（主要）		• 葡萄园位于塔霍（Tage）河口，为地中海式气候	€€
马德拉					
	• 适合陈年、氧化风格、强劲热烈的加强型葡萄酒	黑莫乐（Tinta negra） 赛西尔 华帝露	波尔（Boal） 玛尔维萨	• 葡萄园位于马德拉岛的陡峭台地上	从 € 到 €€€€

波特（Porto）地区及其加强型葡萄酒

基本情况

杜罗河谷是波特加强型葡萄酒的摇篮，也是欧洲古老的葡萄酒产区之一。这里出产葡萄酒的历史长达两千年。1756年，杜罗河谷成为世界上第一个划分地理区域的葡萄酒产区，以其冬季严寒、夏季骄阳火热的极端气候，以及俯瞰河流的片岩山坡和差异极大的海拔而著称。

波特地区与杜罗法定产区一样也是第一个出产优质干红葡萄酒的产区，与其著名的加强型葡萄酒一样，采用国家杜瑞加酿造。

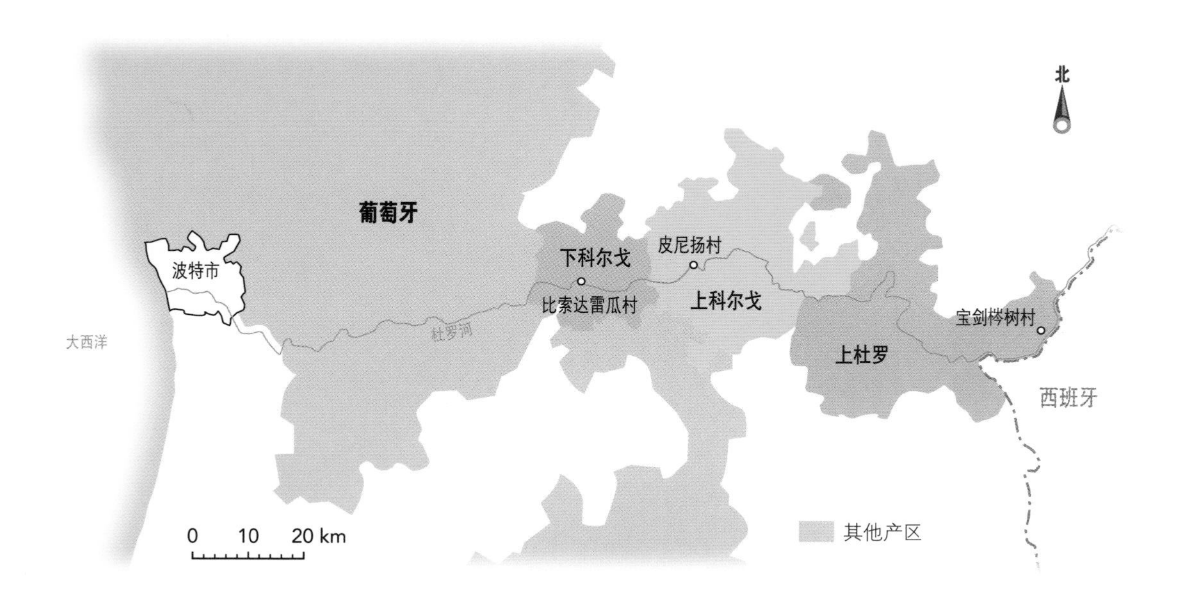

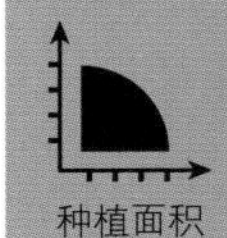
种植面积

大约45 000公顷（占全世界总种植面积的0.6%）

主要葡萄品种

- 巴罗卡红（Tinta barroca）
- 罗丽红（丹魄）
- 卡奥红
- 弗兰卡多瑞加
- 国家多瑞加
- 玛尔维萨
- 赛西尔

葡萄酒的种类

主要出产红葡萄酒和加强型葡萄酒（以红葡萄酒为主）

细读酒标

波特酒的不同风格

- **宝石红波特酒（Ruby）**
  采收后2~3年装瓶
- **茶色波特酒（Tawny）**
  橡木桶陈酿至少3年
- **10年/20年珍藏茶色波特酒（Tawny Réserve 10/20 ans）**
  橡木桶陈酿7年。酒标上的年龄是调配酒液的平均年龄
- **单一年份茶色波特酒（Colheita）**
  产自同一年份的茶色波特酒（橡木桶陈酿至少7年）
- **晚装瓶年份波特酒（Late bottled vintage，简称LBV）**
  采收后4~6年装瓶的年份波特酒
- **年份波特酒（Vintage）**
  采收后2~3年装瓶的年份波特酒，有时产自同一葡萄园

波特及其加强型葡萄酒的主要特点

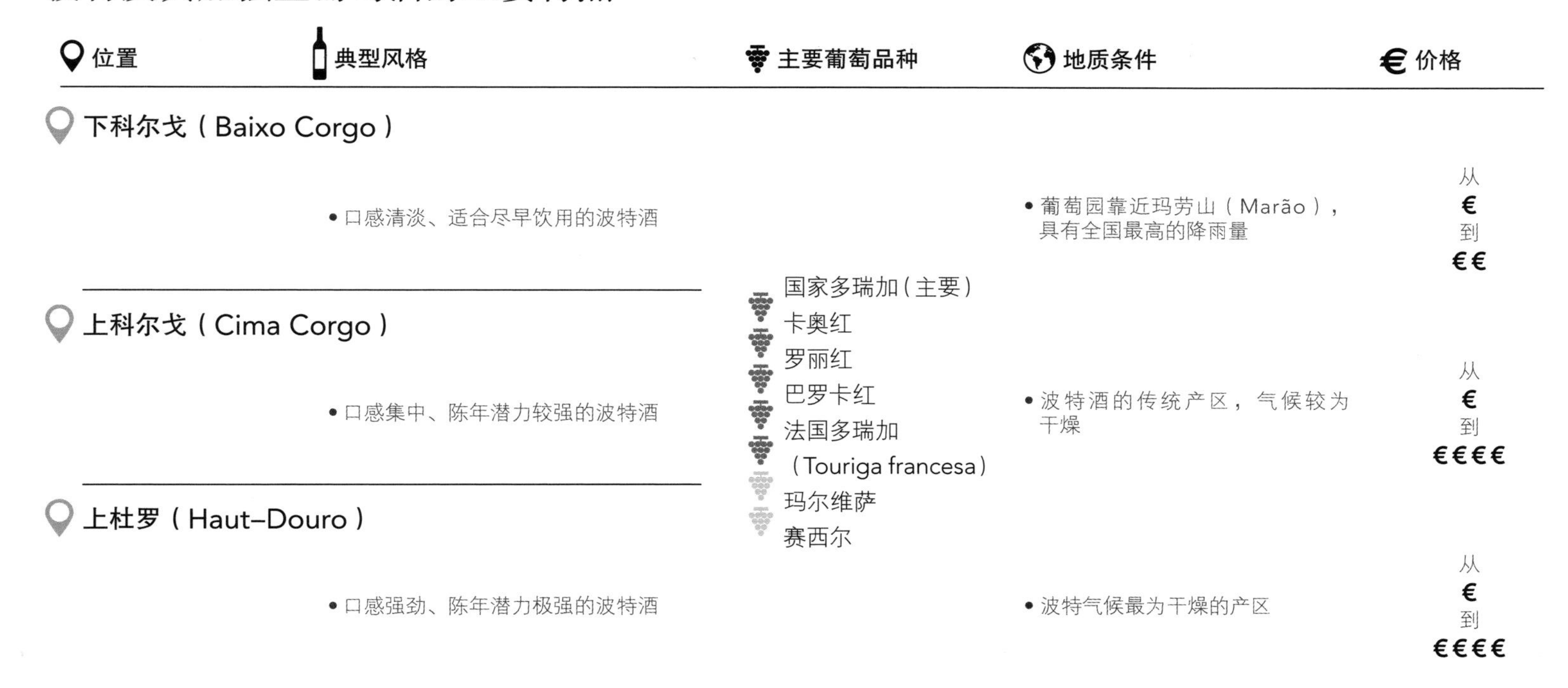

位置	典型风格	主要葡萄品种	地质条件	价格
下科尔戈（Baixo Corgo）	• 口感清淡、适合尽早饮用的波特酒	国家多瑞加（主要） 卡奥红 罗丽红 巴罗卡红 法国多瑞加（Touriga francesa） 玛尔维萨 赛西尔	• 葡萄园靠近玛劳山（Marão），具有全国最高的降雨量	从 € 到 €€
上科尔戈（Cima Corgo）	• 口感集中、陈年潜力较强的波特酒		• 波特酒的传统产区，气候较为干燥	从 € 到 €€€€
上杜罗（Haut–Douro）	• 口感强劲、陈年潜力极强的波特酒		• 波特气候最为干燥的产区	从 € 到 €€€€

台地种植

在俯瞰河岸的陡峭山坡上种植葡萄树是一项真正的挑战。最初，葡萄树种植在狭窄的台地上，采用石头矮墙（当地称为socalcos）加固，葡萄园中的所有工作只能人工完成。到了20世纪70年代，面积较大、坡度较缓的台地（称为patamares）开始出现，葡萄种植变得更为容易。

波特酒的酿造

波特酒（主要为红葡萄酒，也有少量白葡萄酒和桃红葡萄酒）根据酿造条件的不同（非氧化和氧化），具有不同的风格。

在非氧化风格中，最为著名的是年份波特酒，仅在最优质的年份出产，口感非常集中，陈年潜力卓越。

采用橡木桶陈酿的茶色波特酒则能储存数十年，呈现非常明显的氧化风格。

德国

基本情况

德国的酿酒历史非常悠久，出产的葡萄酒数个世纪以来始终声名远播。20世纪的经济危机、不断下降的产量，以及采用加糖方式酿造甜型葡萄酒的做法，曾经使其名望受损，但是德国葡萄酒近年以来已经开始复兴。伟大的干型和甜型雷司令重新受到追捧。

德国的大部分葡萄园都位于莱茵河及其主要支流沿岸，因此光照充足。雷司令是当地种植面积最广的葡萄品种，能够出产口感活泼、果香浓郁的干型葡萄酒，以及同样品质卓绝的甜型葡萄酒。

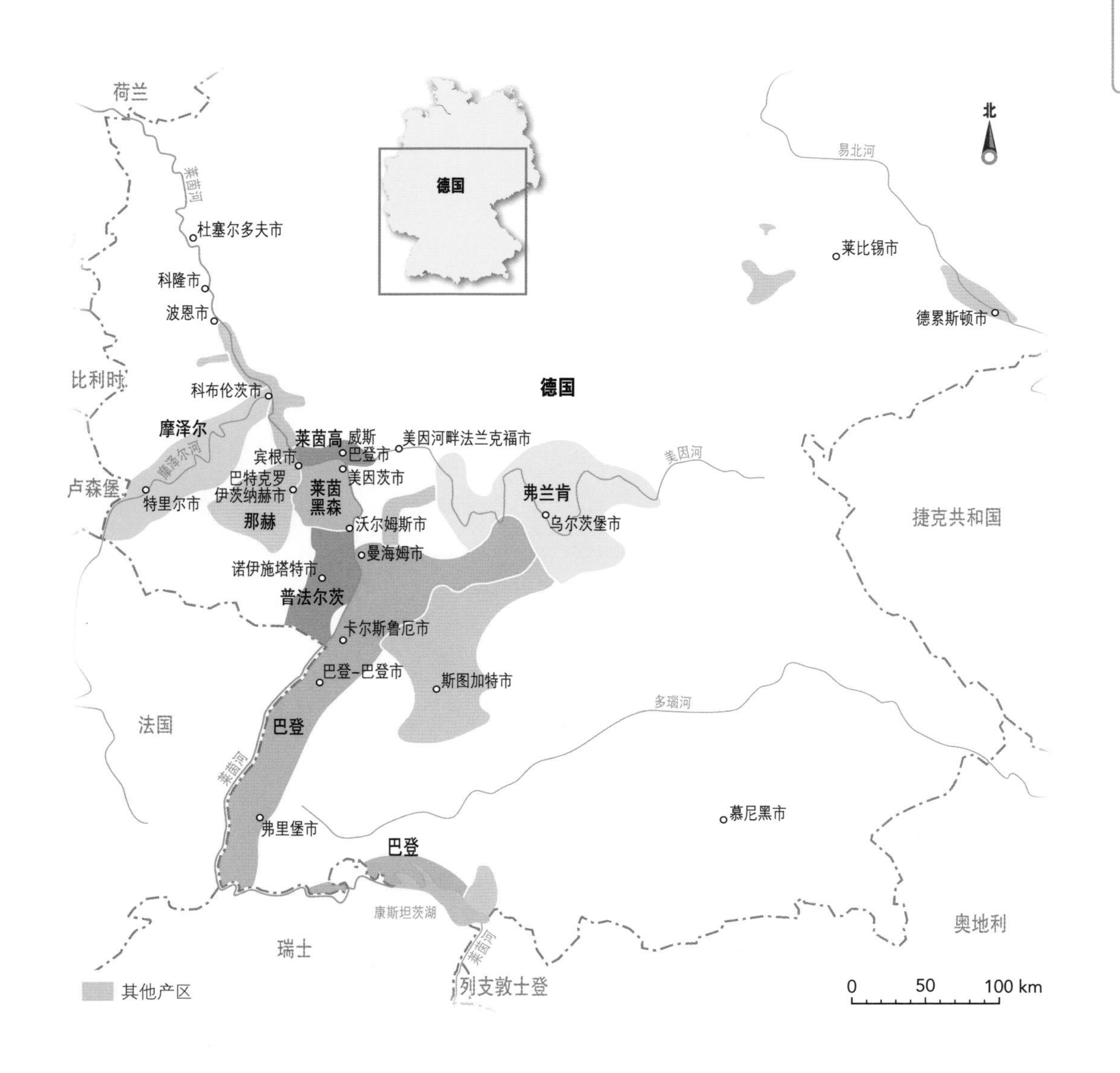

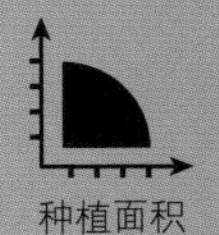

种植面积

大约102 000公顷（占全世界总种植面积的1.3%）

主要葡萄品种

- 雷司令
- 米勒图高
- 西万尼（Sylvaner）
- 肯纳（Kerner）
- 灰皮诺
- 白皮诺
- 黑皮诺
- 丹菲特（Dornfelder）

葡萄酒的种类

主要出产白葡萄酒

细读酒标

质量标识

- **优质葡萄酒（QbA）**
  产自特定区域（共有13个产区）的优质葡萄酒

- **高级优质葡萄酒（QmP）**
  产自特定地区的优质葡萄酒，具有独特的风格；根据葡萄汁含糖量分为六个级别（参见第276页）

味道和颜色

- 在葡萄品种方面最大的变化，要数红葡萄品种的快速发展，尤其是黑皮诺和丹菲特。
- 塞克特气泡葡萄酒（Sekt）：德国人非常喜欢气泡葡萄酒，而德国也是全世界气泡葡萄酒消费量最大的国家。塞克特是一种德国气泡葡萄酒，允许使用从西班牙或意大利进口的静止葡萄酒以及大槽法酿造。但是，最优质的塞克特气泡葡萄酒是采用雷司令以及传统法酿造而成的，即在瓶中进行二次发酵，与香槟相同。

德国葡萄酒的主要特点

位置	典型风格	主要葡萄品种	地质条件	价格
摩泽尔（Mosel）	• 主要出产酒精度较低、极其细腻、清新均衡、花香馥郁的干白葡萄酒，是全德国品质上佳的干白葡萄酒之一 • 少量浓郁纯粹的甜白葡萄酒	雷司令（主要） 米勒图高 爱博灵（Ebling）	• 葡萄园位于俯瞰摩泽尔河的陡峭山坡上，土壤为板岩	€€
那赫（Nahe）	• 主要出产酸度清新、果香浓郁的干白葡萄酒 • 丰富集中、酸度清冽的甜白葡萄酒	雷司令 米勒图高 丹菲特	• 葡萄园位于俯瞰宾根河（Bingen）的陡峭的朝南山坡上，土壤多种多样	€€
莱茵高（Rheingau）	• 活泼细腻、充满水果和矿物质气息的干白葡萄酒 • 著名的甜白葡萄酒，比如约翰山城堡酒庄（Schloss Johannisberg）的酒款，兼具清新的酸度以及蜜饯、香料和蜂蜜的香气 • 采用黑皮诺酿造、具有勃艮第风格的红葡萄酒	雷司令 黑皮诺 丹菲特	• 葡萄园位于莱茵河和美因河（Main）北岸的朝南缓坡上	€€
莱茵黑森（Rheinessen）	• 口感柔和、清新优雅的干白葡萄酒（最优质的西万尼） • 酒体饱满、柔和廉价的红葡萄酒	西万尼（主要） 米勒图高（主要） 雷司令 灰皮诺 黑皮诺 丹菲特	• 葡萄园位于莱茵河以西的陡峭地块或者宽广土地上	从€到€€
普法尔茨（Pfalz）	• 酸度清晰、柔和饱满的干白葡萄酒 • 饱满醇厚、通常采用橡木桶陈酿的红葡萄酒	雷司令（主要） 白皮诺 米勒图高 丹菲特 黑皮诺	• 德国最干燥的产区，缺水的问题较为明显	从€到€€
巴登（Baden）	• 主要出产饱满丰厚的红葡萄酒，最优质的酒款采用橡木桶陈酿（采用黑皮诺酿造） • 口感清新的干白葡萄酒	黑皮诺 皮诺莫尼耶 米勒图高 灰皮诺 雷司令	• 德国最南端、最炎热的产区	€€
弗兰肯（Franken）	• 主要出产口感清淡的干白葡萄酒 • 饱满坚实的干白葡萄酒（采用西万尼酿造） • 口感活泼、单宁较重的红葡萄酒，采用黑皮诺和多米娜（domina）混酿	米勒图高 西万尼 雷司令 黑皮诺 多米娜	• 大陆性气候	€€€

聚焦

德国

珍藏（Kabinett）：口感精致、轻盈清新的葡萄酒，适合作为开胃酒，酸度很高，带有青苹果和柑橘类水果的香气。

晚收（Spätlese）：香气更加浓郁，果香更加纯粹，既可以是干型，也可以是甜型。

高级优质葡萄酒（Prädikatswein）

带有独特风格的QmP葡萄酒，按照葡萄中的含糖量（即葡萄的成熟度）进行分级。

逐粒精选（Beerenauslese）：稀有昂贵的甜型葡萄酒，采用逐个挑选、通常都感染了贵腐菌的葡萄酿造，具有惊人的复杂感和清冽的酸度。

逐串精选（Auslese）：采用极其成熟、一串一串挑选的葡萄酿造，比晚收酒更为浓郁，是高级优质葡萄酒中干型酒的最高级别。

枯萄精选（Trockenbeerenauslese）：仅在最佳年份出产的甜型葡萄酒，产量极低，很稀有，非常昂贵。残糖量极高（酒精度很少超过8%），但有同样极高的酸度与其平衡。

冰酒（Eiswein）：带有非常纯粹集中的果香，酸度极高。

冰酒：来自寒冷天气的琼浆玉液

18世纪末期，一场寒流引发极早来临的霜冻，对奥地利和德国的酿酒人造成了巨大的打击，而他们在压榨成熟而冰冻的葡萄时，竟酿出了冰酒。葡萄必须在零下7°C采摘，因为葡萄汁里的糖降到这个温度才能冰冻。在压榨过程中，冰冻的水分留在压榨机里，流出的只有极其集中的果汁，从而酿出世界上伟大的白葡萄酒之一。

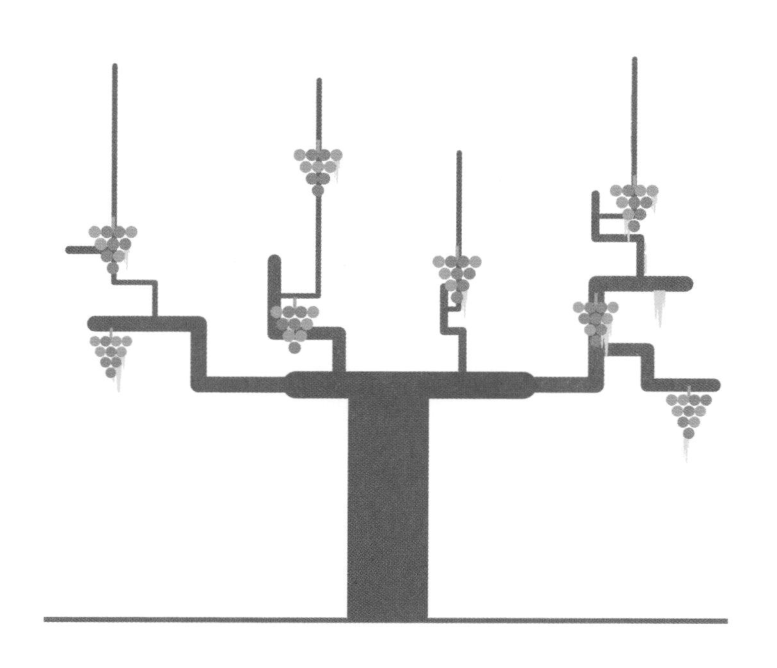

德国葡萄酒分级的其他术语

VDP特级园（Grosses Gewächs VDP）

产自获得承认的特殊地块的“优质”干型葡萄酒，含糖量至少相当于晚收级别。

经典（Classic）

“酸度和谐的干型”法定保护产区葡萄酒，品质优于一般水平，采用单一葡萄品种酿造，能够代表当地的特点。

精选（Selection）

“酸度和谐的干型”法定保护产区葡萄酒，品质上乘，含糖量至少相当于逐串精选级别，产自单一葡萄园。

半干型（Halbtrocken）

半干型。

质量控制检验码（Amtliche Prüfungsnummer，简称AP Nr）

每瓶法定产区葡萄酒都要接受品鉴检验，然后标记一个由数字和字母组成的检验码，前几位数字代表产地和品鉴的年份。

单一葡萄园（Einzellage）

单一葡萄园，相当于法国的“cru”。

干型（Trocken）

干型。

漫步莱茵河与摩泽尔河岸边

当地的主要葡萄品种雷司令在河边的陡峭山坡上——有时倾斜度超过50度——生长得有声有色。

葡萄园的下层土壤为漂亮的板岩，也被用于建造屋顶。在蜿蜒河水的岸边，始终延伸着倾斜得令人眩晕的山坡，有时需要使用带有滑轨的迷你拖拉机才能将工具和人力运输到山顶。采用雷司令酿造的葡萄酒通常口感清淡，酒精度较低，酸度很高，但有中等的甜度与其平衡，形成精致的和谐口感。

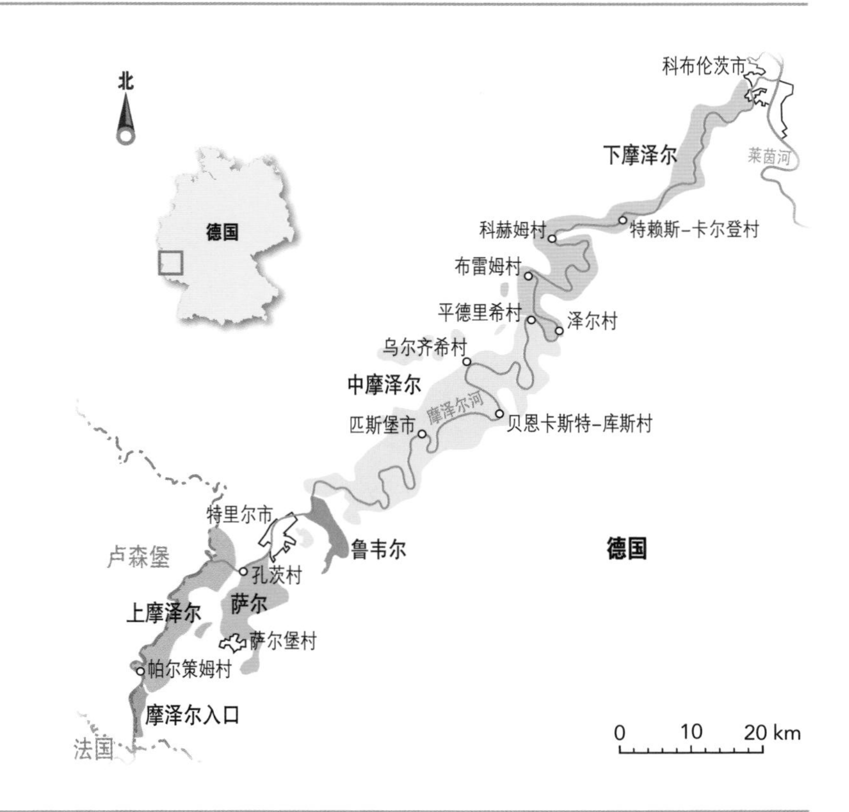

聚焦莱茵河

莱茵河及其传奇的罗蕾莱岩石（Lorelei）世界闻名。河的两岸布满陡峭的片岩山坡，为种植米勒图高、黑皮诺以及大量的雷司令葡萄树提供了完美的条件。

这里出产的葡萄酒拥有变化多端的细腻味道，除了来源于种植的葡萄品种，主要来源于风土的影响。雷司令出产的葡萄酒有的酒体中等，有的极其饱满，充满成熟的桃香。

奥地利

基本情况

奥地利种植葡萄的历史已有数千年。自20世纪80年代末起，奥地利开始追求质量，重新使用本地葡萄品种，探索独特的酿酒工艺。绿维特利纳是代表奥地利葡萄酒特色的品种，越来越在奥地利以外的地方受到欢迎。它的清新酸度和胡椒气息成为奥地利葡萄酒最好的宣传大使。

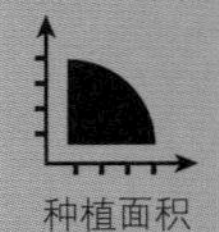

种植面积

大约44 000公顷（占全世界总种植面积的0.6%）

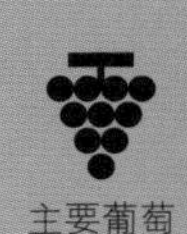

主要葡萄品种

- 绿维特利纳
- 米勒图高
- 白皮诺
- 蓝佛朗克（Blaufränkisch）
- 茨威格（Zweigelt）

葡萄酒的种类

主要出产白葡萄酒

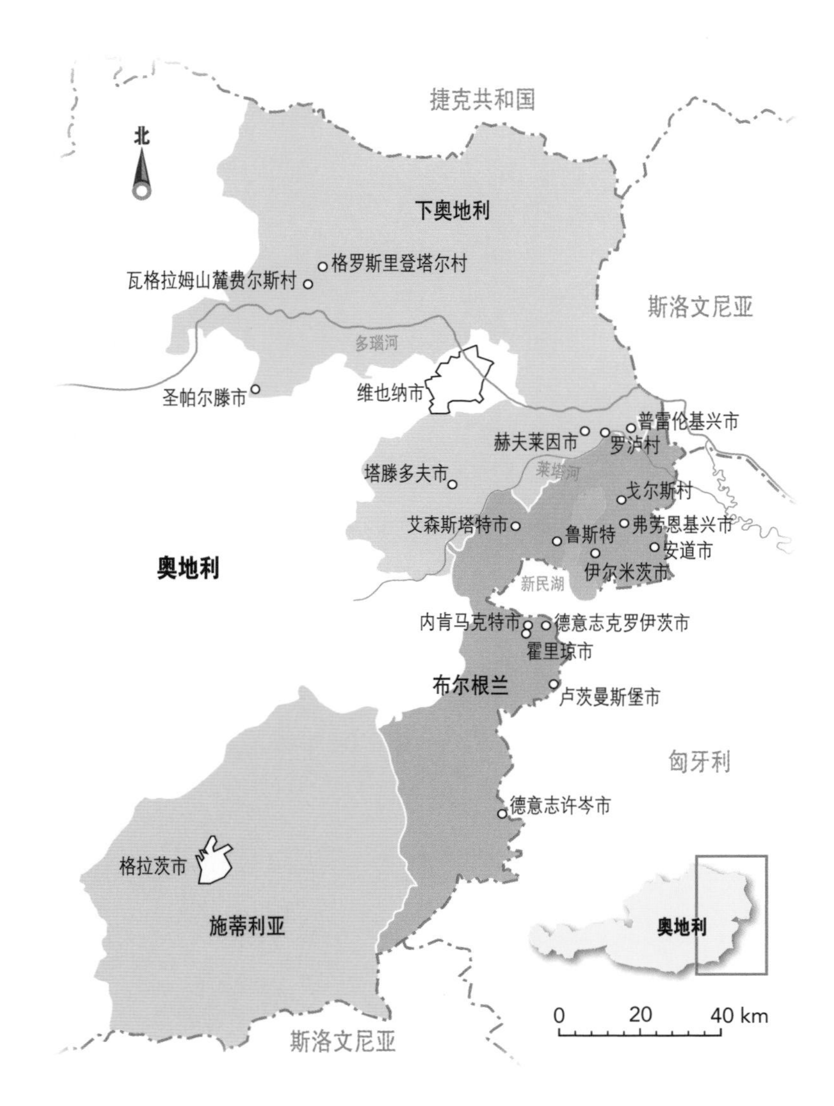

细读酒标

优质葡萄酒

· 奥地利葡萄酒由低到高分为几个级别：
日常餐酒（WeinausOsterreich），即无地理标识的奥地利葡萄酒；地区餐酒（Landwein）、优质葡萄酒（Qualitätswein）、以及最高级别的高级优质葡萄酒（Prädikatswein）。高级优质葡萄酒这一级别又按照葡萄汁的含糖量分为七等，由低到高分别为：珍藏（Kabinett）、晚收（Spätlese）、逐粒精选（Beerenauslese）、冰酒（Eiswein）、稻草酒（Strohwein）、高级精选（Ausbruch）和枯萄精选（Trockenbeerenauslese）。

新的产区级别

2003年，奥地利根据法国法定保护产区系统，推出新的葡萄酒产区级别：法定产区（Districtus Austriae Controllatus，简称DAC），适用于产自特定区域以及当地典型葡萄品种的葡萄酒。

晚收

位于新民湖（Neusiedl）岸边的布尔根兰是奥地利能够出产晚收甜型葡萄酒这种珍贵的“液体黄金”的优质产区之一，这种葡萄酒拥有金色的酒裙，充满蜂蜜和杏干的芬芳。

奥地利葡萄酒的主要特点

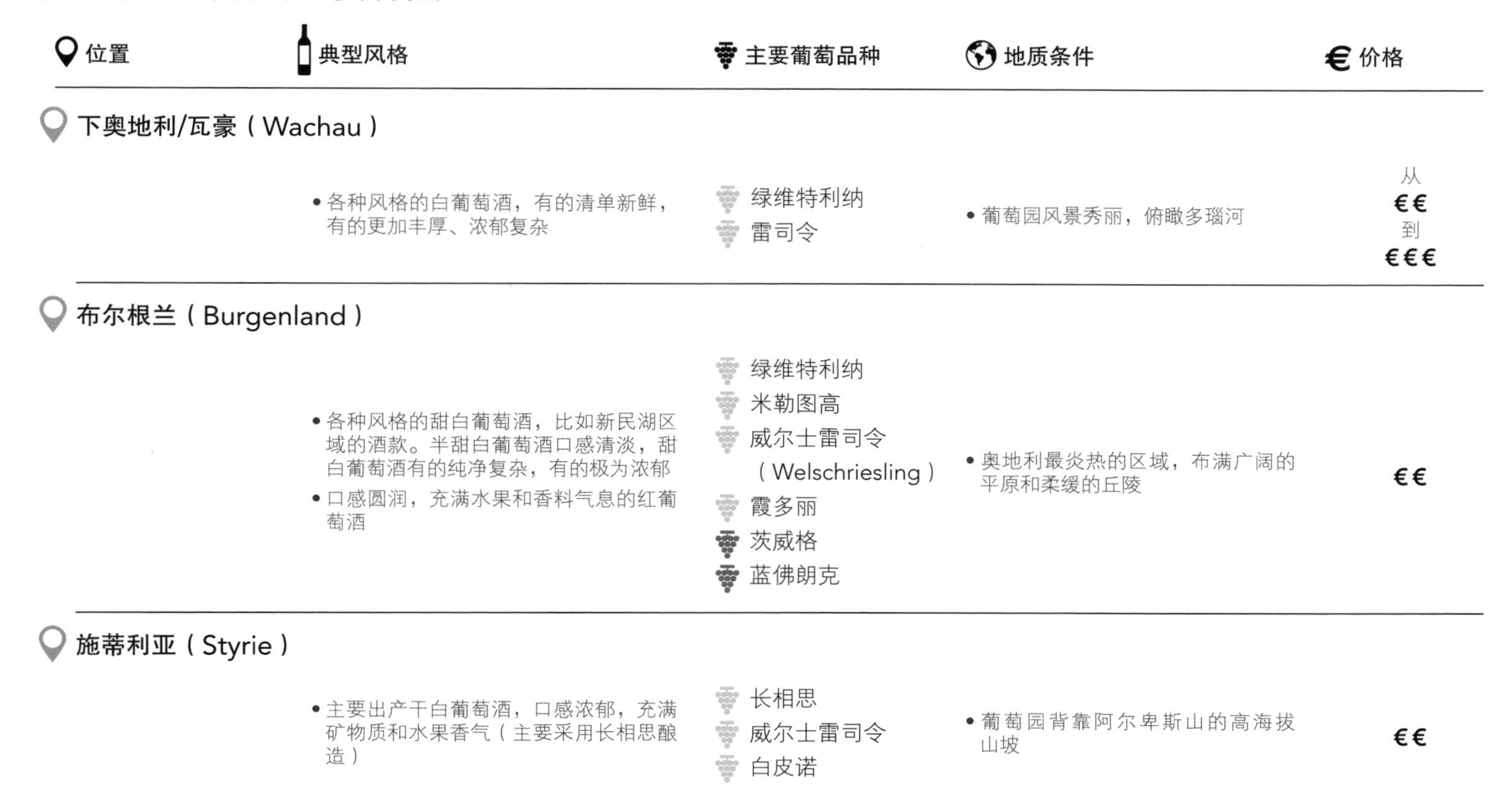

位置	典型风格	主要葡萄品种	地质条件	价格
下奥地利/瓦豪（Wachau）	• 各种风格的白葡萄酒，有的清单新鲜，有的更加丰厚、浓郁复杂	绿维特利纳 雷司令	• 葡萄园风景秀丽，俯瞰多瑙河	从 €€ 到 €€€
布尔根兰（Burgenland）	• 各种风格的甜白葡萄酒，比如新民湖区域的酒款。半甜白葡萄酒口感清淡，甜白葡萄酒有的纯净复杂，有的极为浓郁 • 口感圆润，充满水果和香料气息的红葡萄酒	绿维特利纳 米勒图高 威尔士雷司令（Welschriesling） 霞多丽 茨威格 蓝佛朗克	• 奥地利最炎热的区域，布满广阔的平原和柔缓的丘陵	€€
施蒂利亚（Styrie）	• 主要出产干白葡萄酒，口感浓郁，充满矿物质和水果香气（主要采用长相思酿造）	长相思 威尔士雷司令 白皮诺	• 葡萄园背靠阿尔卑斯山的高海拔山坡	€€

还有瑞士和卢森堡

瑞士

瑞士的葡萄园（面积不到15 000公顷）根据语言的不同分为三个区域。西部为法语区（占全国葡萄种植面积的四分之三），主要集中在瓦莱（Valais）、沃州（Vaud）、日内瓦和纳沙泰尔（Neuchâtel）等地区（占全国总产量的80%）。德语区的葡萄园较为分散，主要种植黑皮诺。意大利语区的葡萄园聚集在提契诺河（Tessin）南岸的河谷中。

不久之前，瑞士主要出产的还仍然是口感清淡、适合立即饮用的酒款。但是当地近年以来的发展（大幅降低单位产量、采用新的葡萄品种）使得瑞士葡萄酒的风格逐渐拓宽。在红葡萄酒中，传统品种佳美和黑皮诺仍然占据主导地位，出产更为浓郁、果味十足的葡萄酒，但是最优质的酒款却出自当地的特产品种，比如胭脂红（humagne rouge）、科娜琳（cornalin）、佳玛蕾（gamaret）或者黑佳拉（garanoir）。在风景秀丽、地形极其复杂的瓦莱地区，西拉被用来酿造口感强劲的葡萄酒，而提契诺则成为盛产美乐的区域。白葡萄酒的产量相对较低。虽然夏瑟拉——在瓦莱被称为芬丹（fendant）——最为常见，远胜米勒图高、霞多丽和西万尼，但是前景最佳的酒款却是产自种植极少的葡萄品种，反而能够酿出极具复杂感的干白或甜白葡萄酒，比如小奥铭（petit arvine）、胭脂白（humagne blanche）、玛珊、艾米尼（amigne）。

卢森堡

卢森堡大公国的葡萄园面积极小（1300公顷），从申根市（Schengen）到瓦瑟比利格市（Wasserbillig）绵延40千米，坐落在摩泽尔河左岸的山坡上，围绕雷米希郡（Remich）和格雷文马赫郡（Grevenmacher）四周。卢森堡共有两个葡萄酒产区：卢森堡摩泽尔（moselle luxembourgeoise）和卢森堡传统法气泡葡萄酒（crémant-de-luxembourg），所产的葡萄酒分为几个级别：国标（marque nationale）、法定产区（appellation contrôlée）、列级葡萄酒（vin classé）、一级园（premier cru）和特等一级园（grand premier cru）。卢森堡绝大多数的葡萄酒均为口感活泼的白葡萄酒，主要采用霞多丽、灰皮诺、琼瑶浆和黑皮诺（有时酿成白葡萄酒）酿造。另外也有晚收酒、冰酒和稻草酒出产。

欧洲中部

基本情况

欧洲中部的葡萄酒产区是随着奥匈帝国的发展而形成的。在经历了数个经济困难的时期后，欧洲中部凭借所谓的“新一代”优质葡萄酒迎来复兴。俄罗斯、克里米亚、克罗地亚和斯洛文尼亚境内现在都有葡萄种植，这些正是快速发展的见证。其中共有五个国家以其独特的葡萄酒风格和生产状况而值得注意：罗马尼亚、匈牙利、保加利亚、格鲁吉亚和克罗地亚。欧洲中部为大陆性气候，各个季节之间的天气差异极大，众多本土葡萄品种与国际品种比邻而居。

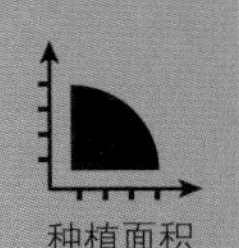

种植面积

罗马尼亚：192 000公顷*
保加利亚：64 000公顷*
匈牙利：56 000公顷*
格鲁吉亚：45 000公顷*
克罗地亚：33 000公顷*

主要葡萄品种

- 霞多丽
- 皇家费泰斯克（Fetească regală）
- 赤霞珠
- 加姆泽（Gamza）
- 美乐

葡萄酒的种类

各种风格、种类多样的葡萄酒

欧洲中部葡萄酒的主要特点

位置	典型风格	主要葡萄品种		地质条件	价格
匈牙利					
托卡伊	• 香气复杂、强劲丰厚的顶级甜白葡萄酒 • 口感活泼、充满矿物质气息的干白葡萄酒	富尔民特（Furmint，主要） 哈斯莱威路（Hárslevelu）	灰皮诺 黄麝香（Sárga muskotály）	• 葡萄园位于匈牙利大平原上，多瑙河和梯沙河（Tisza）之间	从 €€€€€
埃格尔	• 颜色深暗、圆润浓厚，被称为“公牛血”（Egri bikavér）的红葡萄酒	卡达卡（Kadarka） 蓝色妖姬（Kékfrankos）	黑皮诺 美乐	• 葡萄园位于匈牙利东北部	从 € 到 €€€
罗马尼亚					
科纳里	• 被称为“摩尔多瓦珍珠”的甜白葡萄酒，兼具清新感和圆润感的平衡	格拉萨（Graśa，主要） 白费泰斯克（Fetească albă）	罗马尼亚塔马萨（Tamaiioasa romaneasca） 法兰奇莎（Francusa）	• 葡萄园位于罗马尼亚西北部的摩尔多瓦地区	€€
得路马雷	• 口感圆润、果香浓郁的红葡萄酒 • 采用晚收葡萄酿造的甜白葡萄酒	赤霞珠 霞多丽 美乐	黑皮诺 瑞吉拉公主（Feteasca regala） 威尔士雷司令	• 葡萄园位于喀尔巴阡山脉（Carpates）中的炎热区域里，布加列斯特市（Bucarest）以北	€
克罗地亚					
达尔马提亚	• 热情饱满的红葡萄酒，采用卡斯特拉瑟丽（Crljenak kaštelanski）酿造 • 口感精致的白葡萄酒	卡斯特拉瑟丽 普拉瓦茨–马里（Plavac mali） 巴比奇（Babič）	波斯普（Pośip） 博格达（Bogdanusa）、马尔维萨 杜布罗瓦卡	• 葡萄园非常分散，位于克罗地亚西南部	€€
伊斯特拉 克罗地亚 内陆 斯洛文尼亚	• 口感醇厚、充满香料气息的红葡萄酒 • 香气馥郁的白葡萄酒 • 果味十足 • 酒体均衡，口感清新	特朗（Teran） 赤霞珠 美乐 伊斯特拉玛尔维萨	格拉斯维纳 玛勒瓦西 普拉瓦茨–马里	• 葡萄园位于克罗地亚东北部的海岸上	从 € 到 €€
保加利亚					
	• 强劲浓郁的红葡萄酒 • 口感圆润、果味十足的白葡萄酒 • 气泡白葡萄酒	赤霞珠 加姆泽 黑露迪（Mavrud）	梅尔尼克（Melnik） 霞多丽 白羽（Rkatsiteli）	• 受到所在位置、多瑙河和黑海的影响，气候和地形多种多样	€
格鲁吉亚					
卡科迪	• 强劲丰厚的红葡萄酒，采用萨别拉维（Saperavi）酿造 • 口感活泼的白葡萄酒，采用姆茨瓦涅（Mtsvane）酿造 • 果香浓郁、口感绒滑的干白葡萄酒，采用白羽酿造	萨别拉维 姆茨瓦涅 白羽		• 格鲁吉亚最大的葡萄园，位于首都第比利斯（Tbilissi）以东	从 € 到 €€

聚焦

欧洲中部

匈牙利

托卡伊产区位于曾普伦（Zemplén）山脉的山梁上，博德罗格河（Bodrog）的岸边及其梯沙河与博德罗格河的交汇处，夏末气温极高，因此能够出产全世界伟大的甜型葡萄酒之一——被法国国王路易十四称为“酒中之王，王室之酒”的托卡伊。

健康的葡萄（有的经过自然风干）在正常发酵后酿成萨摩洛迪酒（szamorodni），既可以是干型，也可以是甜型。感染贵腐菌的葡萄则另行保存，做成糊状的阿苏汁（aszu）。放入萨摩洛迪酒当中的阿苏汁的比例以“筐”（puttonyos）来衡量。这种不可思议的甜型葡萄酒拥有极致复杂的香气——蜂蜜、蜜饯水果、杏等，又与迷人的清新感相结合。

托卡伊最受追捧的佳酿则是精华酒（eszencia），仅在卓越年份出产，是从压榨贵腐葡萄的大桶中流出的酒汁，其含糖量堪比蜂蜜。这种琼浆玉液酒精度极低，只能用小勺品尝。

克罗地亚

克罗地亚的葡萄种植历史可以上溯到当地最早有人居住的时期。最近十年，克罗地亚开始关注葡萄酒的品质，来自外国的投资也令该国有能力出产佳酿，在世界上占据越来越重要的位置。

克罗地亚西北部的伊斯特拉地区出产采用特朗（红）和伊斯特拉玛尔维萨等传统葡萄品种酿造的酒款，其中伊斯塔啦玛尔维萨是一个白葡萄品种，带有杏仁核、杏、成熟白色水果和野花的香气。

金粉黛（Zinfandel）、普里米蒂沃（Primitivo）还是卡斯特拉瑟丽（Crljenak kaštelanski）？

这个葡萄品种最早被发现是在1967年，美国加利福尼亚戴维斯大学教授奥斯丁·戈欣（Austin Goheen）在意大利品尝了普里米蒂沃葡萄，感觉很像金粉黛。他经过对金粉黛和普里米蒂沃进行了众多比较研究，最终确认这确实是同一个葡萄品种。

根据某些记载，普里米蒂沃通过亚得里亚海东岸被引入意大利的普利亚地区。克罗地亚海岸被认为这个葡萄品种最有可能的发源地。其他克罗地亚传统葡萄品种与金粉黛之间的亲缘关系更加说明这个品种起源于克罗地亚。

保加利亚

保加利亚拥有丰富多彩的风土以及大量产区（称为Controliran）。尽管黑海沿岸出产的白葡萄酒品质出众，但是当地最受关注的却是红葡萄酒。黑露迪是一个古老的黑葡萄品种，主要在色雷斯（Thrace）平原和保加利亚种植，出产的葡萄酒呈深宝石紫红色，口感较为强劲，品质极佳。

保加利亚同样出产需要在酒窖中陈年较长时间的气泡葡萄酒。马古拉洞穴（Magurata）是保加利亚最大的洞穴，现已发掘的部分全长2500米，其中一部分被作为天然酒窖，用于大量起泡葡萄酒的储存和陈年。

格鲁吉亚

格鲁吉亚被认为是葡萄种植的摇篮。葡萄酒是古代的祭祀用品，被用于庆祝节日、见证友谊、举行葬礼的时刻。格鲁吉亚将最为现代的葡萄种植工艺与采用克维乌里陶罐（qveris）酿酒的百年传统相结合。克维乌里陶罐是一种埋在地下的陶罐，可以盛放几千升葡萄酒，曾在公元前大约6000年被用于发酵和储存葡萄酒。“葡萄酒窖仍然是家中最为神圣的地方”，世界教科文组织于2013年将克维乌里陶罐酿酒法列入世界人文遗产时如是说。

罗马尼亚

罗马尼亚在社会主义制度被推翻后，扩大了葡萄园的面积，拔除了大量葡萄树，采用法国和德国葡萄品种以及本地品种酿造优质葡萄酒（主要为白葡萄酒），从而成为巴尔干半岛最重要的葡萄酒出产国。罗马尼亚的葡萄园分为四个区域：特兰西瓦尼亚（Transylvanie）、瓦拉几亚（Valachie）、摩尔多瓦（Moldavie）和多布罗迪亚（Dobroudja），再细分为五十多个产区。其中值得注意的包括：喀尔巴阡山脉当中的得路马雷是罗马尼亚的重要产区之一，以出产红葡萄酒（采用赤霞珠、美乐、瑞吉拉公主酿造）而闻名；东北部的摩尔多瓦，以出产著名的科纳里晚收甜型葡萄酒而闻名；位于瓦拉几亚地区的奥尔特（Olt）河畔的德拉加沙尼（Dragasani）；更靠西面、位于多布罗迪亚沿海、面向黑海、气候温和的德罗贝塔（Drobeta）；还有出产值得一试的白葡萄酒以及采用黑皮诺和西拉酿造的萨图马雷（Satu Mare）红葡萄酒的特兰西瓦尼亚地区。

斯洛文尼亚

斯洛文尼亚尽管葡萄种植面积有限，然而所种葡萄品种和风土却是多种多样，并且从古代开始就是葡萄种植的沃土。

这里主要以出产白葡萄酒为主。不过直到现在在国际市场上仍然很难见到斯洛文尼亚葡萄酒，绝大部分都是在本地销售。

产量较少的红葡萄酒当中有一些品质极佳，适合陈年。传统红葡萄品种莱弗斯科（refosk）在邻国意大利也有种植（意大利语写为“refosco”），酿出的葡萄酒在年轻时略显严肃，但是陈年之后会出现樱桃和鲜花的香气，随着时间变得更加柔美。

希腊

基本情况

希腊与葡萄种植业的联系非常紧密。葡萄酒尽管并非发源于希腊，却在最古老的希腊神话中便有一席之地。希腊葡萄酒的特点在于采用众多适合其干旱气候的本地葡萄品种酿酒。

希腊多山，地势起伏很大，有的葡萄园接近海平线，有的则海拔超过1000米。海洋在调节海岸葡萄园的气温方面起到重要的作用。

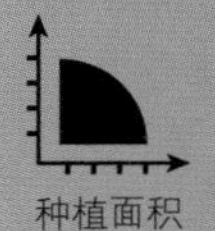 种植面积	107 000公顷（占全世界总种植面积的1.4%）
 主要葡萄品种	阿斯提克（Assyrtiko） 荣迪思（Roditis） 萨瓦蒂诺（Savatiano） 阿吉提克 玫瑰妃（Moschofilero） 黑喜诺（Xinomavro）
 葡萄酒的种类	主要出产白葡萄酒

细读酒标

尼米亚

法定保护产区（Protected Denomination of Origin）

希腊葡萄酒根据欧洲法规分为以下级别：

- 普通餐酒：无地理标识的葡萄酒
- 有地理标识的葡萄酒
  - 地区餐酒（PGI），相当于地区保护餐酒（IGP）
  - 法定产区葡萄酒（PDO），相当于法定保护产区（AOP）

希腊葡萄酒的主要特点

位置	典型风格	主要葡萄品种	地质条件	价格
马其顿（Macédoine）				
	• 强劲复杂、适合陈年的红葡萄酒，比如纳乌萨（Naoussa）的酒款	黑喜诺	• 地中海式气候，海拔较高，所以气候温和	€€
伯罗奔尼撒（Péloponnèse）				
	• 红葡萄酒，有的适合尽早饮用、果香浓郁，有的适合陈年，香气更为复杂，比如尼米亚（Nemea）的酒款 • 口感极干、香气馥郁、充满松脂气息的白葡萄酒，比如松香酒（Retsina）	阿吉提克 萨瓦蒂诺（主要） 荣迪思 阿斯提克	• 地中海式气候，海拔较高，所以气候温和	€€
希腊各岛				
	• 酒体集中、香气馥郁的干白葡萄酒，比如圣托里尼岛（Santorin）的酒款 • 口感强劲、香气芬芳的甜白葡萄酒，比如萨摩斯岛麝香（Muscat de Samos）的酒款	阿斯提克 小粒麝香 亚历山大麝香 特拉尼麝香（Muscat de Trani）	• 地中海式气候，土壤贫瘠，因为有海风所以气候温和 • 整个希腊均有出产	€€

希腊的传统

- 圣托里尼岛的海风很强，所以酿酒人必须以特殊的方式剪枝。老藤被修剪成靠近地面的花冠形状，葡萄在其中间生长。
- 古希腊人为了保证密封，会用松脂封闭盛放葡萄酒的双耳尖底瓮。而现在，松脂仍然被用于为白葡萄酒增添香气（有时是为了掩盖缺陷）。
- 20世纪60年代末期，在白葡萄酒中加入松脂而酿成的松香酒在全世界成为“希腊葡萄酒”的代名词。而产自马其顿的红葡萄酒和产自圣托里尼岛的白葡萄酒也越来越受欢迎。

土耳其

土耳其是世界上葡萄种植面积较大的国家之一，但是其中只有14 000公顷用于葡萄酒酿造。土耳其的葡萄园分为八个地区，将整个国家从东边的阿纳多利亚（Anatolie）到西边的爱琴海分割开来，海岸与内陆的气候反差极大，葡萄品种与风土多种多样。其中最为著名的产区包括爱琴（Egée，占全国总产量的50%）、马尔马拉（Marmara）和卡帕多切（Cappadoce）。

当地葡萄酒主要采用本地葡萄品种：宝佳斯科（bogazkere）出产口感厚实、单宁较重的红葡萄酒，奥库兹古祖（ökuzgözu）出产口感清新、适合陈年的红葡萄酒，凯莱克-卡莱斯（kalecik karasi）出产口感柔和、香气浓郁的红葡萄酒。赤霞珠、美乐和西拉也有种植。出产白葡萄酒的主要品种是苏丹尼耶（sultaniye）和娜琳希（narince），前者既可以作为鲜食葡萄，也可以酿酒。长相思在卡帕多切产区酿出的酒款具有惊人的细腻口感。霞多丽也有种植，还有属于麝香葡萄家族的波诺瓦麝香（bornova misketi），出产香气浓郁、口感清淡的干白葡萄酒。

美国

基本情况

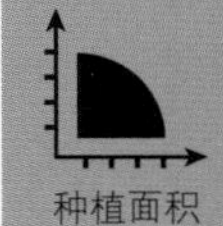 种植面积	419 000公顷（占全世界总种植面积的5.6%）
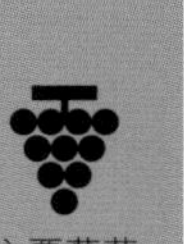 主要葡萄品种	赤霞珠 美乐 小西拉（Petite syrah） 黑皮诺 西拉 金粉黛 霞多丽 鸽笼白 长相思
 葡萄酒的种类	红葡萄酒略微居多（占46%，白葡萄酒占44%）

美国酿造葡萄酒的历史开始于18世纪的美国加利福尼亚，但是却在禁酒令颁布后完全停止。20世纪60年代，葡萄种植复苏，并在晴天响雷一般的“巴黎审判”之后得到快速发展：1976年5月24日，在巴黎的洲际大酒店举办了一场盲品，美国加利福尼亚葡萄酒击败法国葡萄酒拔得头筹！

美国加利福尼亚、华盛顿、纽约和俄勒冈是美国的主要产酒州，并且发展出一种真正的葡萄酒文化，尽管当地的葡萄酒卖得并不算便宜。

美国共有两个级别的法律：州级法律和联邦政府法律。后者只要求保证葡萄酒的来源。

美国以地域划分的产区称为美国法定葡萄种植区（American Viticultural Area，简称AVA），其数量是不断增加的。这样一个产区可以是一个州、一个县或者一个更小的区域，且按照气候和土壤进行划分。与欧洲产区系统不同的是，葡萄品种和酿酒工艺享有较大的自由度。

细读酒标

相关法规

- **年份：** 至少95%的葡萄来自标明的年份
- **葡萄来源：** 至少85%的葡萄来自标明的美国法定葡萄种植区（*）
- **葡萄品种：** 至少75%的葡萄为标明的品种
- **年份：** 至少95%的葡萄来自标明的年份
- **酒庄装瓶（estate bottling）：** 100%的葡萄在美国法定葡萄种植区内的酒庄装瓶。

美国葡萄酒的主要特点

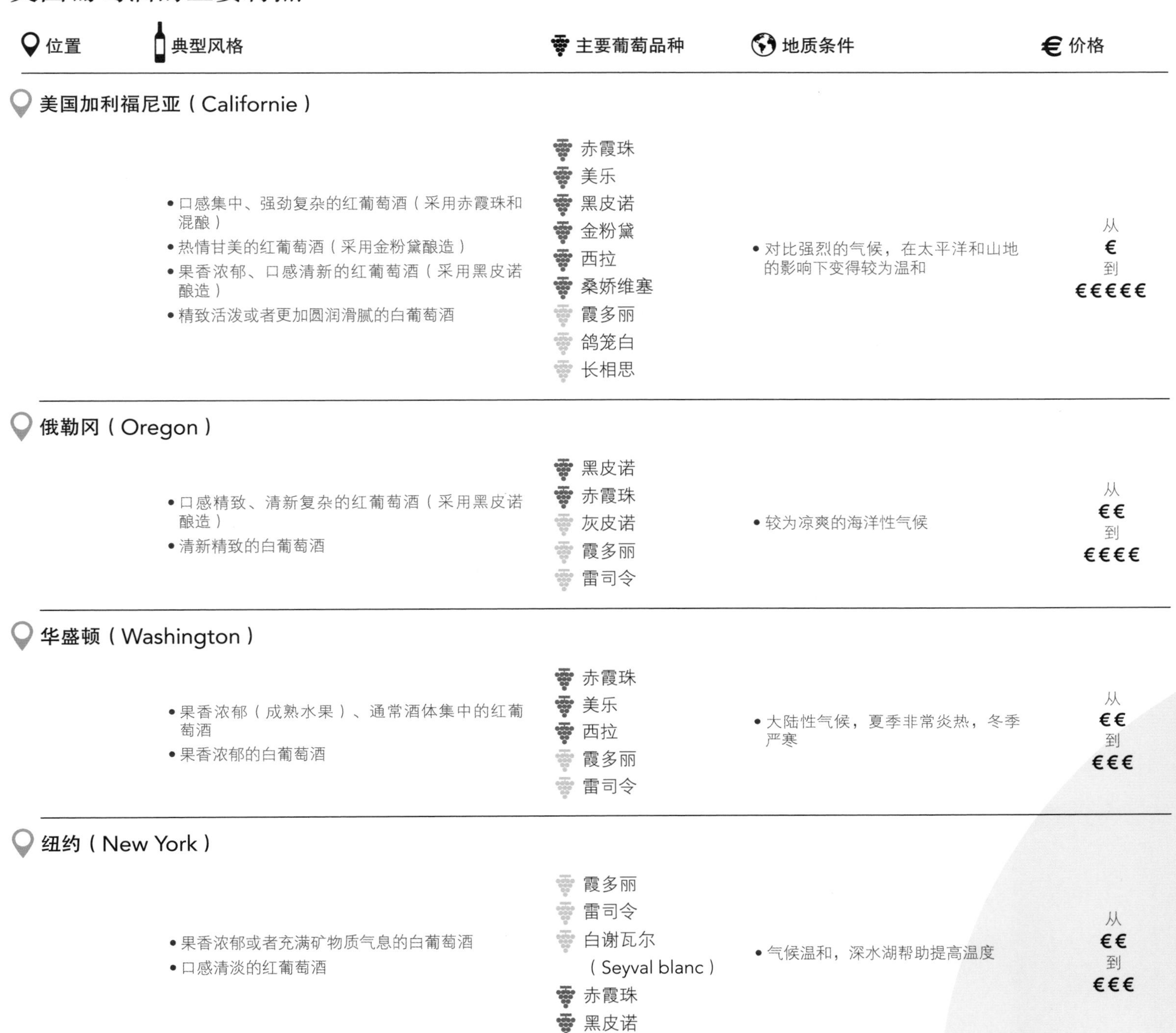

位置	典型风格	主要葡萄品种	地质条件	价格
美国加利福尼亚（Californie）	• 口感集中、强劲复杂的红葡萄酒（采用赤霞珠和混酿） • 热情甘美的红葡萄酒（采用金粉黛酿造） • 果香浓郁、口感清新的红葡萄酒（采用黑皮诺酿造） • 精致活泼或者更加圆润滑腻的白葡萄酒	赤霞珠 美乐 黑皮诺 金粉黛 西拉 桑娇维塞 霞多丽 鸽笼白 长相思	• 对比强烈的气候，在太平洋和山地的影响下变得较为温和	从 € 到 €€€€€
俄勒冈（Oregon）	• 口感精致、清新复杂的红葡萄酒（采用黑皮诺酿造） • 清新精致的白葡萄酒	黑皮诺 赤霞珠 灰皮诺 霞多丽 雷司令	• 较为凉爽的海洋性气候	从 €€ 到 €€€€
华盛顿（Washington）	• 果香浓郁（成熟水果）、通常酒体集中的红葡萄酒 • 果香浓郁的白葡萄酒	赤霞珠 美乐 西拉 霞多丽 雷司令	• 大陆性气候，夏季非常炎热，冬季严寒	从 €€ 到 €€€
纽约（New York）	• 果香浓郁或者充满矿物质气息的白葡萄酒 • 口感清淡的红葡萄酒	霞多丽 雷司令 白谢瓦尔（Seyval blanc） 赤霞珠 黑皮诺	• 气候温和，深水湖帮助提高温度	从 €€ 到 €€€

产酒原料

今天，美国的五十个州当中每一个都建有或大或小的酒庄（winery）。产酒的原料来源非常广泛，有嫁接美国砧木的欧洲葡萄树，有来自本地野生葡萄树的美国葡萄品种，还有从其他国家进口的葡萄汁。

美国加利福尼亚

基本情况

一切都开始于1767年，西班牙方济各会传道士胡尼佩罗·塞拉（Juniperro Sera）神父决定在圣地亚哥种下第一棵葡萄树……

今天，美国加利福尼亚成为美国最大的葡萄酒出产地，遥遥领先其他地区。加州从北到南的距离大约1100千米，缺水是主要问题，所以灌溉很关键。

美国加利福尼亚的复兴主要围绕三大国际葡萄品种：霞多丽、赤霞珠和美乐。

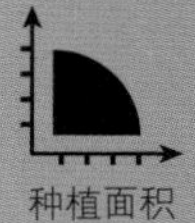

种植面积	215 000公顷（占全世界总种植面积的2.3%）
主要葡萄品种	赤霞珠 美乐 小西拉（Petite syrah） 黑皮诺 西拉 金粉黛 霞多丽 鸽笼白 长相思 雷司令
葡萄酒的种类	红葡萄酒略微居多

细读酒标

葡萄品种

- 至少85%的葡萄为标明的美国法定葡萄种植区

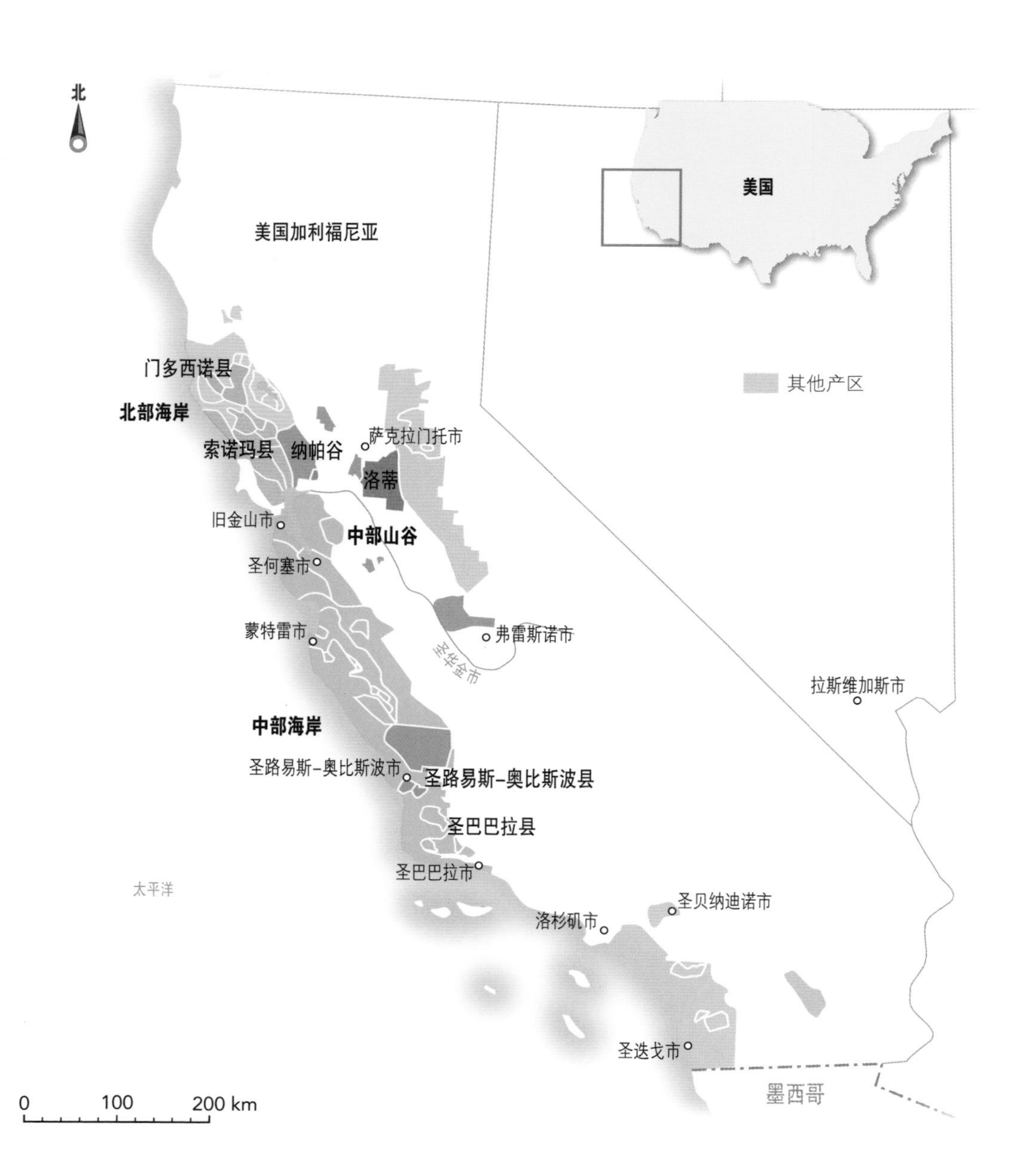

美国加利福尼亚葡萄酒的主要特点

位置	典型风格	主要葡萄品种	地质条件	价格
北部海岸（North Coast）				
纳帕谷	• 口感集中、强劲复杂的红葡萄酒（采用赤霞珠酿造以及混酿） • 口感精致的红葡萄酒（采用黑皮诺酿造） • 活泼紧致、口感优雅的白葡萄酒，比如卡内罗斯（Carneros）的霞多丽	赤霞珠 美乐 黑皮诺 金粉黛 西拉 霞多丽 长相思 雷司令	• 气候炎热	从 €€ 到 €€€€€
索诺玛	• 充满香料气息、热情柔美的红葡萄酒（采用金粉黛酿造） • 果香浓郁、口感清新的红葡萄酒（采用黑皮诺酿造） • 精致清新的白葡萄酒		• 炎热的海洋性气候	从 €€ 到 €€€€
中部海岸（Central Coast）				
圣路易斯-奥比斯波县 圣巴巴拉县	• 口感优雅、酸度清冽、果香浓郁的红葡萄酒	赤霞珠 黑皮诺 西拉	• 气候较为凉爽	从 €€ 到 €€€€
中央山谷（Central Valley）				
	• 主要出产口感简单、果香浓郁的红葡萄酒 • 较为浓郁复杂、采用金粉黛酿造的红葡萄酒，比如洛蒂（Lodi）美国法定葡萄种植区的酒款	赤霞珠 美乐 宝石卡本内（Ruby cabernet） 金粉黛 霞多丽	• 气候炎热潮湿	从 € 到 €€

美国加利福尼亚与葡萄酒

· 大部分酒款以"加州葡萄酒"为名销售，采用来自州内的酒液混酿而成。

· 美国加利福尼亚葡萄酒主要产自中央山谷。

· 纳帕谷是美国历史上第一个美国法定葡萄种植区（AVA），代表着美国葡萄酒的成功，聚集了众多最为著名的酒庄，不过产区的形象与其相对较小的面积（仅占美国加利福尼亚总产量的4%）并无关联。

· 葡萄酒旅游在美国加利福尼亚非常发达，电影《杯酒人生》（*Sideways*）的成功就是完美的例证。自电影2004年上映、"杯酒人生效应"出现以来，美乐葡萄酒的销量下降了2%，而在电影中备受称赞的黑皮诺葡萄酒在美国西部的销量则上升了16%。

智利

基本情况

从16世纪起，智利成为廉价葡萄酒的重要出产国，采用派斯（país）等传统葡萄酿造。经过一连串繁荣和衰退交替的时期，加泰罗尼亚人米高·桃乐丝（Miguel Torres）在20世纪70年代末期打开局面，回归民主的智利从20世纪90年代末期开始复兴。智利的葡萄园呈狭窄的长条形，由南到北超过900千米，西部海岸地带和东部山区之间的气候和地理条件差异极大。大部分产酒都用于出口，智利葡萄酒性价比极佳的名声也逐渐建立，尤其是采用波尔多品种酿造的红葡萄酒。

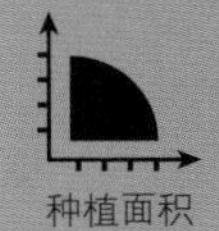

种植面积	大约211 000公顷（占全世界总种植面积的2.8%）
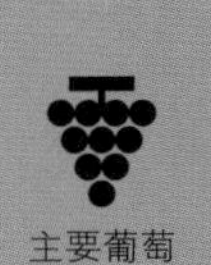 主要葡萄品种	赤霞珠 佳美娜 美乐 黑皮诺 西拉 霞多丽 长相思
 葡萄酒的种类	主要出产红葡萄酒

细读酒标

阿空加瓜

- **法定产区（Denominaciones de Origen，简称DO）**
  原产地保护
- **葡萄品种：**
  至少75%的葡萄来自标明的法定产区
- **珍藏（Reserva）、特别珍藏（Reserva Especial）、私人珍藏（Reserva Privada）、特级珍藏（Gran Reserva）**
  代表最短陈酿时间，包括橡木桶陈酿

智利的独特之处

- 全世界唯一一个未受根瘤蚜侵袭的国家，大部分葡萄树未经嫁接。
- 葡萄园由北到南分为多个产区（比如面积遥遥领先的中央山谷）和次产区（比如阿空加瓜），但是主要围绕生产区域分布。

不过，葡萄园地形和气候的形成主要来源于海拔，并且深刻影响着葡萄酒的风格。这种“风土”效应体现为酒标上的“海岸区”（Costa）、“安第斯山区”（Andes）、“河谷区”（Entre Cordilleras）等标识。

智利葡萄酒的主要特点

位置	典型风格	主要葡萄品种	地质条件	价格
中央山谷				
空加瓜	• 主要出产口感饱满、成熟圆润的红葡萄酒，柔和感超过单宁感	赤霞珠 美乐 佳美娜 西拉 霞多丽 长相思	• 这是一条夹在太平洋和安第斯山脉之间的狭长河谷，葡萄园主要位于廷格里里卡河的左岸	从 € 到 €€€€
麦坡	• 口感圆润、充满成熟果香的红葡萄酒 • 少量香气浓郁、圆润柔和的白葡萄酒	赤霞珠 美乐 佳美娜 西拉 霞多丽 长相思	• 气候炎热干燥，背靠安第斯山脉的区域夜间有凉风	从 € 到 €€€€
卡萨布兰卡和圣安东尼奥	• 香气开放、柔和清新的白葡萄酒 • 口感清新的红葡萄酒	长相思 霞多丽 黑皮诺 美乐 西拉	• 葡萄园位于圣地亚哥市以西的海岸区域，气候较为凉爽	从 € 到 €€€
阿空加瓜（Aconcagua）	• 主要出产结构严密、浓郁复杂的红葡萄酒	赤霞珠 佳美娜 黑皮诺 西拉 长相思 霞多丽	• 气候炎热，但是受到山脉和海洋的降温影响	€€
科金博（Coquimbo）	• 精致清新、香气浓郁	西拉 霞多丽 长相思	• 半沙漠气候 • 葡萄园位于山地区域，但是受到山脉和海洋的降温影响	€
南部：伊塔塔（Itata）和比奥比奥（Biobio）	• 口感简单、但是变得越来越优雅并且酸度清新的白葡萄酒 • 口感简单、果香浓郁的红葡萄酒	霞多丽 亚历山大麝香 派斯 佳丽酿 神索	• 气候较为凉爽湿润	€

阿根廷

基本情况

阿根廷的葡萄种植历史可以上溯到16世纪，西班牙殖民者在此种下传统葡萄品种克里奥亚（criolla）。经过20世纪80年代的衰落时期（产量过高），外国投资受到该国潜力的吸引，激发了阿根廷葡萄酒的复兴。阿根廷跟随智利之后开始快速发展，目前主要出产浓郁复杂的红葡萄酒，马贝克是其代表品种。阿根廷的葡萄园是南美洲面积最大的，长2400千米，门多萨位于中心地带，也是其葡萄酒生产的核心地区。

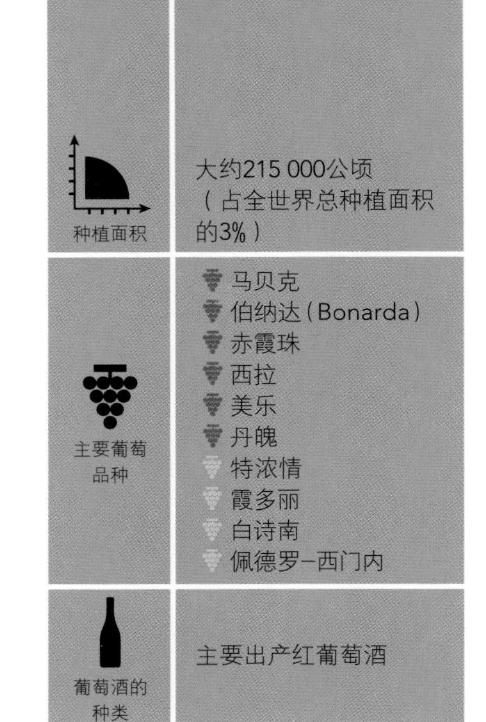

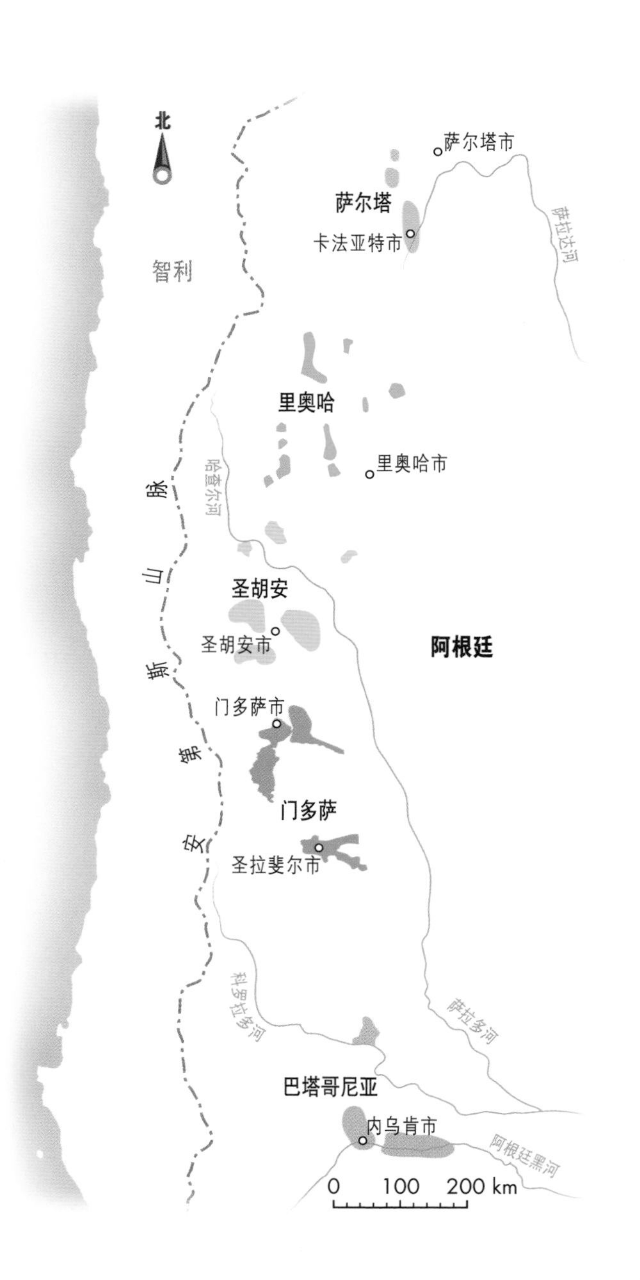

细读酒标

卢汉德库约

- 法定产区（Denominación de Origen Controlada，简称DOC）
- 葡萄品种：马贝克

阿根廷的独特之处

- 阿根廷葡萄酒拥有两张王牌：对灌溉而言必不可少、来自雪水融化的水源以及海拔。
- 阿根廷以其种类丰富的葡萄品种而闻名，这源于其历史经历以及数次移民大潮。传统品种与意大利、西班牙和法国品种比邻而居。
- 阿根廷的葡萄酒法规限制很少。全国只有两个法定产区：卢汉德库约和门多萨的圣拉斐尔（San Rafael）。与欧洲产区系统不同的是，阿根廷像智利一样，葡萄品种和酿酒方式都很自由，酿酒人和葡萄品种是在酒标上着重强调的两大元素。

阿根廷葡萄酒的主要特点

位置	典型风格	主要葡萄品种	地质条件	价格
萨尔塔（Salta）				
	• 极其纯净集中的白葡萄酒 • 成熟强劲的红葡萄酒	特浓情 赤霞珠 马贝克 西拉 丹那	• 阿根廷最北端的葡萄园，海拔在1700～3150米之间	€
里奥哈（La Rioja）				
	• 口感简单的白葡萄酒 • 果香浓郁的红葡萄酒	特浓情 霞多丽 伯纳达 赤霞珠 西拉	• 葡萄园海拔在800～1000米之间	€
圣胡安（San Juan）				
	• 口感强劲、果香浓郁的红葡萄酒	赤霞珠 马贝克 西拉 维欧尼	• 葡萄园气候炎热干旱，海拔在650～1400米之间	€
门多萨（Mendoza）				
	• 浓郁复杂、既醇厚又精致的红葡萄酒 • 酒体丰满、香气浓郁的白葡萄酒	马贝克 赤霞珠 伯纳达 西拉 丹魄 霞多丽 特浓情	• 葡萄园海拔很高，气候如沙漠般干旱，采用融化的雪水灌溉	从€到€€
巴塔哥尼亚地区（Patagonie）：内乌肯（Neuquén）和黑河（Rio Negro）				
	• 酒体平衡、香气浓郁、酸度清冽的白葡萄酒 • 柔和成熟的红葡萄酒	长相思 霞多丽 马贝克 美乐 黑皮诺	• 气候较为温和，土壤较为肥沃	€

阿根廷

海拔极高的葡萄园

位于玻利维亚国境旁边的萨尔塔地区，隐逸在安第斯山脉之中，距离门多萨超过1000千米。这里的葡萄树主要种植在卡法亚特（Cafayate）小城四周。葡萄园海拔很高，在1700～3100米之间，故成为全世界海拔最高的葡萄酒产区。

如果没有这样的海拔带来的凉爽天气，这个气候堪比赤道的产区根本无法种植葡萄树。这种极端的气候出产的葡萄酒极其纯净，酒体集中，香气复杂。萨尔塔山脉能够保护葡萄树不受风雨的侵袭，而雪山融水则提供天然的灌溉。

海拔与葡萄酒：独特的风格与营销工具

每个葡萄品种都有其适宜的海拔。霞多丽非常耐冷，种植在海拔1200米处；西拉比较容易冻伤，所以种植在海拔800米处；各个酒庄（bodega）就按照这一原则分布，并且以其作为营销工具。

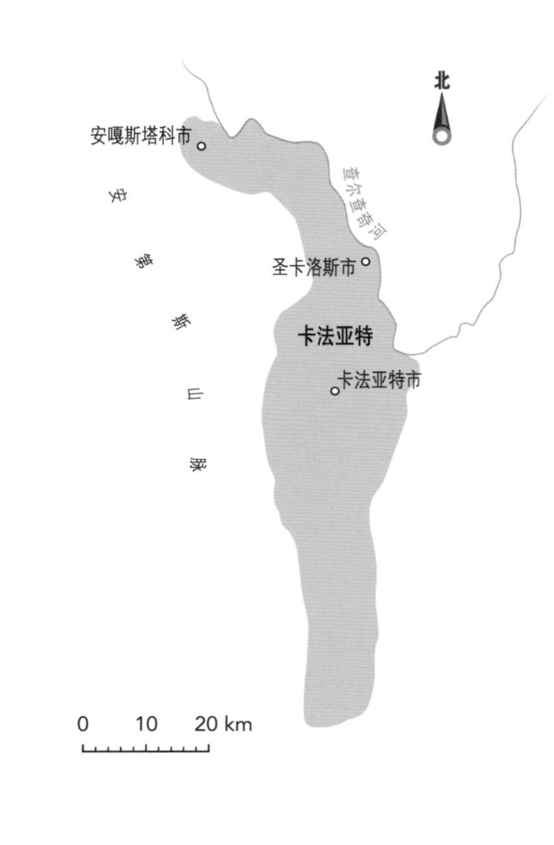

产区：萨尔塔
地区：北部
海拔：1700～3000米
红葡萄品种：伯纳达、赤霞珠、马贝克、美乐、西拉、丹那
白葡萄品种：霞多丽、白诗南

产区：里奥哈
地区：库约（Cuyo）
海拔：935～1170米
红葡萄品种：伯纳达、赤霞珠、马贝克、西拉
白葡萄品种：特浓情、霞多丽

产区：黑河
地区：巴塔哥尼亚
海拔：300～400米
红葡萄品种：马贝克、美乐、黑皮诺
白葡萄品种：霞多丽、长相思、赛美蓉、白玉霓

门多萨

门多萨的葡萄园位于安第斯山脉脚下，海拔800～1200米的高地上。门多萨是阿根廷最大的葡萄酒产区，出产的葡萄酒口感优雅圆润、单宁非常细腻、酸度清冽。当地的王者葡萄品种是马贝克，但是也有采用赤霞珠酿造的优质酒款。门多萨葡萄酒的复杂感和集中度来源于当地的明媚阳光以及巨大的日夜温差。

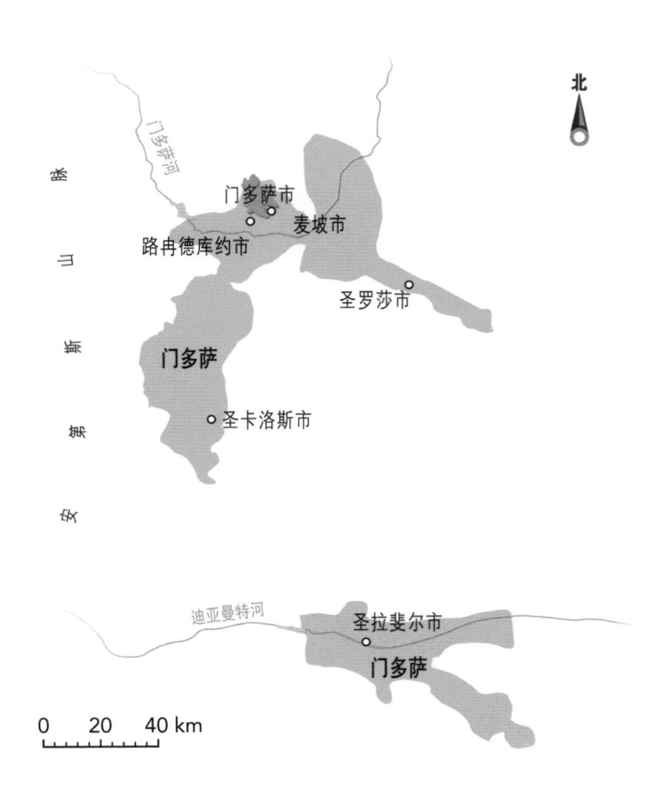

马贝克：阿根廷的代表葡萄品种

马贝克是从法国引入阿根廷的葡萄品种，并在当地的艳阳下发挥了全部的潜能。它最初与其他波尔多葡萄品种（赤霞珠、美乐、小味儿多）混酿，随后开始主要出产单品种葡萄酒。

阿根廷马贝克的特点包括充满香料和黑色水果的香气，颜色深暗，偏向紫色。强烈的日照使其能够酿出色泽极深、单宁精致的佳酿。

特浓情

特浓情是阿根廷最为独特的白葡萄品种，可能来源于两个历史悠久的品种——亚历山大麝香和克里奥亚-奇卡（criolla chica）——在当地的杂交。它共有三个变种，其中品质最佳、也是种植最广的是里奥哈特浓情（torrontés riojano）。

特浓情酿造的酒款虽然曾经长期被认为暗淡、发苦而且缺乏酸度，但是近年以来在大量投资之下，已经跻身阿根廷不可错过的白葡萄酒之列。这个葡萄品种能够适应干旱的气候条件，在海拔较高的葡萄园，比如在门多萨，尤其是北部产区萨尔塔和卡法亚特，能够出产极其芬芳、口感柔和、酒体均衡的酒款。

南非

基本情况

南非的葡萄园因为著名的康斯坦提亚（Constance）葡萄酒而成名已久，这种甜型葡萄酒采用小粒麝香葡萄酿造。种族隔离制度的废除使得葡萄酒生产快速复苏。葡萄种植者合作协会（KWV）的私有化则使整个葡萄酒生产逐渐规范，迫使酿酒人多样化发展，转向生产品质更高的酒款。绝大部分产酒用于出口，集中产自开普省，靠近海风阵阵的海岸。葡萄酒旅游同样取得难得一见的规模。

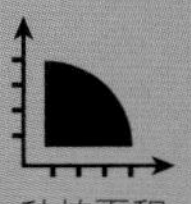

种植面积	大约130 000公顷（占全世界总种植面积的1.7%）
主要葡萄品种	霞多丽 白诗南 鸽笼白 亚历山大麝香 长相思 赤霞珠 皮诺塔基 西拉/设拉子 美乐
葡萄酒的种类	主要出产白葡萄酒

细读酒标

海岸地区

原产地葡萄酒（WineofOrigin，简称WO）
- 法定产区
- 葡萄100%产自标记的产区

酒庄葡萄酒（Estate Wine）
葡萄产自同一个酒庄

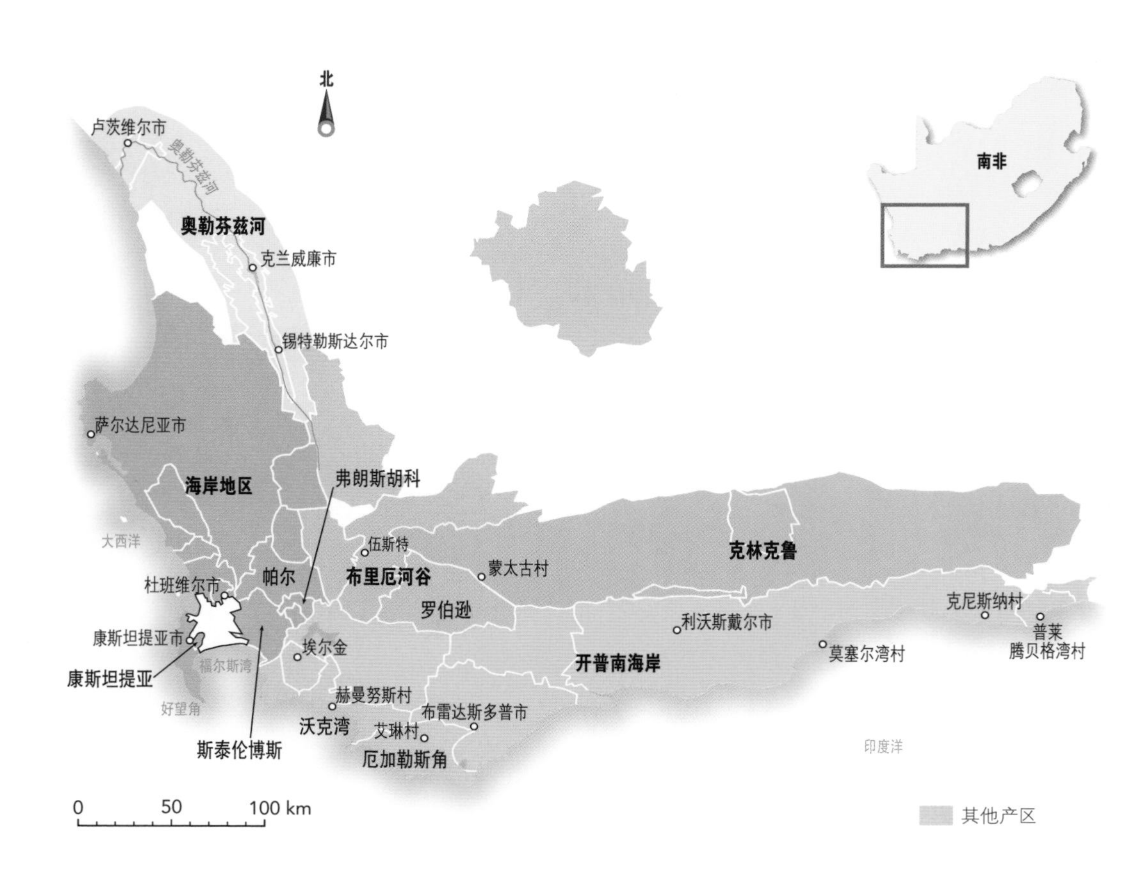

南非葡萄酒的主要特点

位置	典型风格	主要葡萄品种	地质条件	价格
海岸地区（Coastal Region）	• 口感强劲、浓郁芬芳的红葡萄酒，主要采用赤霞珠酿造，比如斯泰伦博斯（Stellenbosch）、帕尔（Paarl）的酒款 • 浓郁饱满，采用白诗南酿造的干白葡萄酒，比如弗朗斯胡科（Franschhoek）、帕尔的酒款 • 活泼芬芳，采用长相思酿造的干白葡萄酒，比如斯泰伦博斯的酒款 • 强劲复杂，采用麝香葡萄酿造的甜白葡萄酒，比如康斯坦提亚（Constantia）的酒款	赤霞珠 美乐 皮诺塔基 设拉子 白诗南 长相思 霞多丽 麝香	• 葡萄园位于山麓，来自福尔斯湾（False Bay）的海风能够降低温度	€€
布里厄河谷（Breede River Valley）	• 简单芬芳的白葡萄酒，比如罗伯逊（Robertson）的酒款	霞多丽 鸽笼白 长相思	• 气候炎热干燥，必须灌溉	€
开普南海岸（Cape South Coast）	• 复杂浓郁的红葡萄酒，比如沃克湾（Walker Bay）的酒款 • 口感优雅的白葡萄酒，比如沃克湾的酒款	黑皮诺 长相思 霞多丽	• 较为凉爽的海洋性气候	€€€
克林克鲁（Klein Karoo）和奥勒芬兹河（Olifants River）	• 口感简单的白葡萄酒和红葡萄酒 • 甜白葡萄酒 • 生命之水	长相思 鸽笼白 麝香 赤霞珠 西拉	• 气候炎热干燥	€

南非的独特之处

· 南非共有四个大的葡萄酒产区：西开普（Western Cape）、北开普（Northern Cape）、夸祖鲁-纳塔尔（Kwazulunatal）和林波波（Limpopo），但是绝大部分的葡萄园都在西开普产区，即开普省的西部，这里也是全世界植物生态系统颇为丰富的地区之一。当地所有酿酒人均采用合理化葡萄种植方式，从而维持生态系统的可持续性，称为整合葡萄酒生产计划（Integrated Production of Wine，简称IPW）。

· 西开普地区的斯泰伦博斯、帕尔和弗朗斯胡科产区以及面积较小的康斯坦提亚产区，出产全国绝大多数的优质葡萄酒。但是，最近几年，沃克湾和厄加勒斯角（Cape Agulhas）等海岸产区也有发展，出产全国最优质的霞多丽和黑皮诺葡萄酒。

· 皮诺塔基是由神索和黑皮诺杂交的红葡萄品种，也是南非唯一的一个独特品种，由斯泰伦博斯大学的研究员亚伯拉罕·佩罗德（Abraham Perold）于1925年杂交而成。

澳大利亚

基本情况

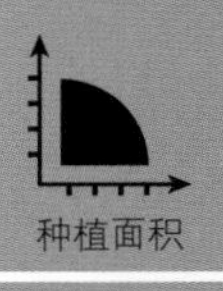 种植面积	大约149 000公顷（占全世界总种植面积的2%）
主要葡萄品种	歌海娜 美乐 黑皮诺 设拉子 霞多丽 雷司令 长相思 赛美蓉 维欧尼 赤霞珠
葡萄酒的种类	主要出产红葡萄酒

澳大利亚的葡萄酒生产历史不长，是从19世纪初期开始的。所有的葡萄藤均来自欧洲。高效的营销方式，即“澳大利亚品牌”（Brand Australia）效果惊人，今天澳大利亚葡萄酒产量的一半都用于出口。当地主要为地中海式气候，缺水有时会产生严重的问题。澳大利亚以葡萄品种为轴心，拥有多种多样的风土，能够出产独一无二的葡萄酒。

澳大利亚的独特之处

- 澳大利亚的四个州几乎出产全国所有的葡萄酒（98%）：南澳（最重要、最著名）、维多利亚、新南威尔士以及西澳。除此之外还建立了六十多个产地标识（GI），比如巴罗萨谷、猎人谷、玛格丽特河等。
- “东南澳”（South Eastern Australia）这一标识适用于采用来自东南澳多个州的酒液混酿的葡萄酒。这是一个面积极大的产区，占全国葡萄种植总面积的95%。
- 澳大利亚的两家主要酒厂出产全国40%的葡萄酒，品牌的力量是毋庸置疑的。但是除了重要品牌之间的竞争以及顶级佳酿，澳大利亚同样出产非常便宜的散装葡萄酒。
- 与新南威尔士交界的昆士兰州（Queensland）围绕花岗岩带（Granite Belt）发展葡萄园，在其种植的华帝露和菲亚诺等葡萄品种取得了前景不错的成果。
- 在葡萄品种方面，西拉（在澳大利亚称为设拉子）是种植最多的红葡萄品种，其次是赤霞珠和美乐。在白葡萄品种中，霞多丽占比最大，其次是长相思、赛美蓉和雷司令。

澳大利亚葡萄酒的主要特点

位置	典型风格	主要葡萄品种	地质条件	价格
南澳				
巴罗萨谷 库纳瓦拉 克莱尔谷 伊顿谷	• 强劲热情、酒体饱满的红葡萄酒，比如巴罗萨谷的设拉子 • 浓郁优雅、口感清新的红葡萄酒，比如库纳瓦拉的赤霞珠 • 酒体精致、香气开放的白葡萄酒，比如克莱尔谷、伊顿谷的酒款	赤霞珠 美乐 设拉子 歌海娜 慕和怀特 霞多丽 雷司令 赛美蓉	• 气候炎热	从 € 到 €€ （少量品质卓越的特酿）
西澳				
玛格丽特河	• 优雅强劲、果香浓郁的红葡萄酒（采用波尔多葡萄品种混酿） • 非常精致、口感清新的红葡萄酒（采用赤霞珠酿造） • 丰厚精致的白葡萄酒（采用霞多丽酿造） • 口感清新的白葡萄酒（采用赛美蓉长相思混酿）	赤霞珠 美乐 设拉子 霞多丽 赛美蓉 长相思	• 炎热的海洋性气候	€
维多利亚（Victoria）和塔斯马尼亚（Tasmanie）				
菲利普港 吉龙 雅拉谷	• 充满香料气息的红葡萄酒（采用西拉酿造） • 优雅清新的红葡萄酒（采用赤霞珠酿造） • 口感厚重、香气浓郁的红葡萄酒（采用黑皮诺酿造） • 酸度清冽的白葡萄酒	霞多丽 长相思 设拉子 赤霞珠 美乐 黑皮诺	• 气候较为凉爽	€€
新南威尔士（Nouvelle-Galles du Sud）				
猎人谷 墨累河岸	• 酒精度较低、极具陈年潜力的干白葡萄酒（采用赛美蓉酿造） • 口感圆润、果香浓郁的甜白葡萄酒	霞多丽 赛美蓉 赤霞珠 美乐 设拉子	• 气候炎热潮湿	从 € 到 €€

聚焦

澳大利亚

伟大的白葡萄酒：克莱尔谷和伊顿谷的雷司令

如果德国是雷司令葡萄酒的第一大出产国，那么澳大利亚就一定能够名列第二了。

澳大利亚最优质的雷司令葡萄酒产自克莱尔谷和伊顿谷等阿德雷德市以北的凉爽地区。伊顿谷虽然名为伊顿，实际却是位于俯瞰巴罗萨谷的群山之中，气候根据海拔不同从炎热到温和皆有。克莱尔谷气候炎热，但是受到夜间凉风的影响天气较为温和。

雷司令在此通常酿为干型，口感清爽，充满柠檬的芬芳。克莱尔谷出产的雷司令具有更加明显的柑橘类水果（尤其是柠檬和青柠檬）的香气，而伊顿谷出产的雷司令则花香更加馥郁。它们的陈年潜力都很卓越，逐渐过渡为烤面包和橙子果酱的气息。

谜一般的GSM

设拉子（或称西拉）是澳大利亚种植最多的葡萄品种，有时会与赤霞珠混酿，但是更多的是与歌海娜和慕和怀特混酿。所谓的“GSM”就是歌海娜、西拉、慕和怀特，其虽为罗讷河谷的经典混酿方式（与波尔多的赤霞珠和美乐混酿相对），却在澳大利亚取得巨大的成就，酿出众多佳酿。

赤霞珠

· 库纳瓦拉是石灰石海岸（Limestone Coast）最著名的产区。这里的土壤非常特殊，名为红土（terra rossa）。海风能够降低夏季的气温，为葡萄酒带来清新的酸度和复杂的香气。这里出产的赤霞珠酒体浓郁，在口中散发黑皮诺和桉树的香气。

· 玛格丽特河已经成为西澳的主要葡萄酒产区。这个靠海的区域为海洋性气候，炎热潮湿，与波尔多非常相似，所以葡萄酒的风格比较偏向欧洲。这里的赤霞珠种植最广，出产的酒款有的优雅细腻，有的复杂强劲，充满桉树和薄荷的典型香气。

澳大利亚葡萄园的历史

1788年，葡萄树被阿瑟·菲利普（Arthur Phillip）船长引入新南威尔士，随后到了19世纪，主要在澳大利亚东南部和最南端集中种植。1831年，“澳大利亚葡萄酒产业之父”苏格兰人詹姆斯·布什比（James Busby）在悉尼皇家种植园种下300多株从整个欧洲收集而来的葡萄树。这些葡萄插条（主要为西拉）适应了澳大利亚东南部的土壤和气候，为整个国家的葡萄酒产业翻开新的一页。

年轻的葡萄园在19世纪末期被根瘤蚜夷为平地。葡萄酒的生产于是从维多利亚州迁往澳大利亚中部。

直到1850年代的淘金潮时期，随着矿产区域、城市和移民潮的逐渐发展，葡萄酒的生产才真正取得规模。

澳大利亚霞多丽和设拉子的成功

霞多丽是澳大利亚最重要的白葡萄品种。二十多年以来，澳大利亚最凉爽的地区都采用霞多丽酿酒，酿出的酒款有的口感活泼，有的丰腴厚实。产自这些地区的葡萄酒充满柑橘类水果、梨和桃的香气，酸度清冽。橡木桶的使用并不常见，从而突出清新的口感。

当地的葡萄酒行业不但高产，依托效率惊人的营销手段，而且善于倾听市场的需求及其发展趋势。澳大利亚以入门款葡萄酒生产国之名而著称，即所谓的“瓶中阳光”（Sunshine in the bottle），但是澳大利亚正在努力摆脱这一形象，朝着更能体现“风土”的酿酒方式发展。

巴罗萨特写

严格的检疫规定使得巴罗萨谷从未受到根瘤蚜的侵袭，直至今日仍然保留了大量老藤。

巴罗萨以出产纯正和优质的葡萄酒而闻名，一直吸引着大批游客前来游览当地酒窖。比如澳大利亚最为著名的奔富（Penfolds）酒厂的酒窖就如同一座博物馆。

巴罗萨的传统葡萄品种是设拉子，酿造的葡萄酒酒体饱满，充满成熟黑色水果的香气。近年以来，这个产区出产的歌海娜和慕和怀特同样大获成功。

新西兰

基本情况

新西兰的葡萄种植历史始于1819年，一位法国主教在此种下第一批葡萄树。但是，新西兰大部分葡萄园的历史只有约25年的时间。该国出产的芳香白葡萄酒在所有新世界产区当中独占鳌头。十年以来，新西兰葡萄酒取得了迅速的发展。

新西兰的国土由两个又长又窄的岛组成，大部分葡萄酒产区都拥有凉爽温和的海洋性气候，除了中奥塔哥地区为温和或凉爽的大陆性气候。

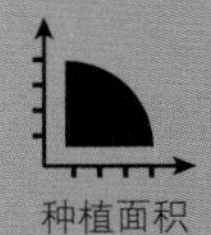 种植面积	大约39 000公顷（占全世界总种植面积的0.5%）
 主要葡萄品种	长相思 霞多丽 雷司令 美乐 黑皮诺
 葡萄酒的种类	主要出产白葡萄酒（占总产量的70%）

细读酒标

长相思

至少85%的葡萄为标识的品种

马尔堡（Marlborough）

地理标识：至少85%的葡萄来自标识的地区

新西兰葡萄酒的主要特点

位置	典型风格	主要葡萄品种	地质条件	价格
奥克兰（Auckland）	• 清淡优雅的白葡萄酒 • 类似波尔多风格的混酿红葡萄酒	霞多丽 赤霞珠 美乐	• 炎热的海洋性气候	€€
吉斯本（Gisbourne）	• 果香浓郁的白葡萄酒	霞多丽 琼瑶浆	• 降雨较多，阳光明媚，气温较高	€€
霍克湾（Hawke’s Bay）	• 圆润滑腻的白葡萄酒 • 清新优雅的红葡萄酒	霞多丽 赤霞珠 美乐 西拉	• 土壤多种多样，部分为排水性极佳的砾石	€€
马丁堡（Martinborough）	• 浓郁复杂的红葡萄酒	黑皮诺	• 白天阳光明媚，夜晚凉爽，因此香气浓郁	€€€
马尔堡（Marlborough）	• 果香浓郁、清新脆爽的白葡萄酒（采用长相思酿造） • 酒体饱满、口感清新的白葡萄酒（采用霞多丽酿造） • 口感精致、果香浓郁的红葡萄酒	长相思 霞多丽 黑皮诺	• 白天阳光明媚，夜晚凉爽，因此香气浓郁	从 €€ 到 €€
中奥塔哥（Central Otago）	• 浓郁复杂、既醇厚又清新的红葡萄酒 • 清冽纯净的白葡萄酒	黑皮诺 霞多丽 灰皮诺 雷司令	• 温和或凉爽的大陆性气候	€€€

新西兰葡萄酒的独特之处

- 新西兰葡萄酒具有非常纯净的果香。马尔堡的长相思已经成为全世界长相思的代表。
- 绝大部分新西兰葡萄酒都适合尽快饮用，并且采用螺旋塞。

中国

基本情况

中国最早的葡萄树于公元前138年被引入，但是葡萄种植的真正发展却是在最近三十年。由于国民对葡萄酒逐渐产生兴趣，中国有越来越多的人投资葡萄酒生产，故成为全世界第二大的葡萄酒出产国。中国葡萄酒主要在本地消费，其品质近年来得到了显著提高。

中国幅员辽阔，因此土壤、地形和气候全都极其丰富，使其能够出产种类多样的酒款。

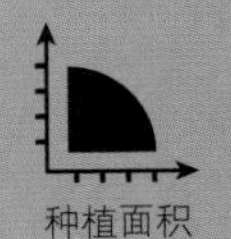

种植面积

大约840 000公顷（占全世界总种植面积的11.2%），只有12%用于酿造葡萄酒

主要葡萄品种

- 蛇龙珠（Cabernet Gernischt）
- 赤霞珠
- 美乐
- 西拉
- 霞多丽
- 雷司令

葡萄酒的种类

红葡萄酒居多

细读酒标

必须标注的信息

必须以中文标注在前标或背标上的信息

- 葡萄品种
- 葡萄酒的名称
- 酿酒人
- 出产地区

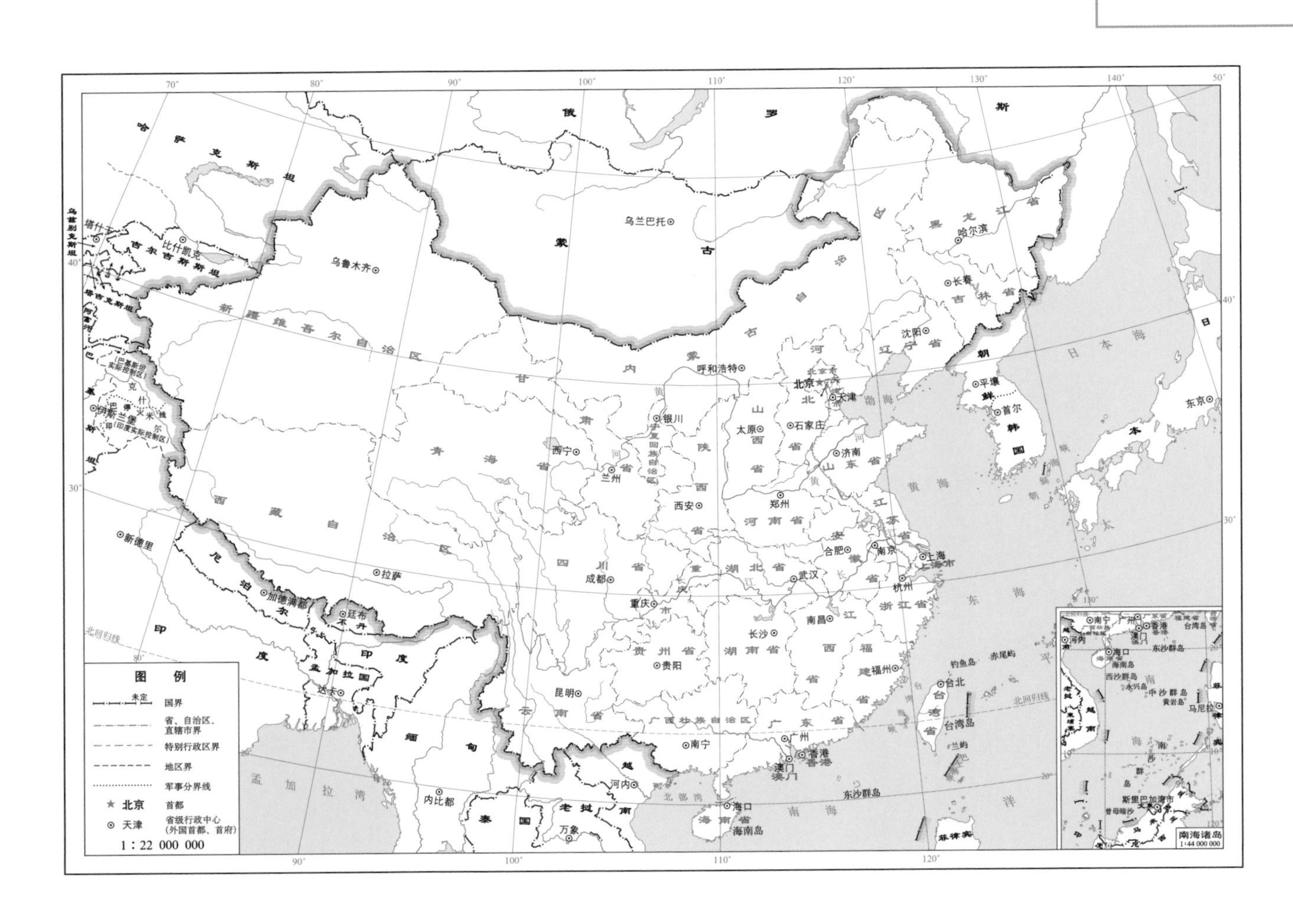

中国葡萄酒的主要特点

位置	典型风格	主要葡萄品种	地质条件	价格
山东	• 口感清淡、果香浓郁的白葡萄酒 • 波尔多葡萄品种混酿	霞多丽 雷司令 品丽珠 蛇龙珠 赤霞珠 美乐	• 葡萄园位于朝阳的山坡上，花岗岩土壤	€
宁夏	• 口感清淡、果香浓郁 • 气泡葡萄酒	霞多丽 雷司令 蛇龙珠	• 葡萄园位于淤泥高地之上，冬季严寒，夏季炎热干燥	从 €€ 到 €€€
新疆	• 口感清淡、果香浓郁的红葡萄酒 • 气泡葡萄酒	赤霞珠 美乐 黑皮诺 西拉	• 淤泥高地，冬季严寒，夏季炎热干燥	€
云南	• 强劲复杂、酒体浓郁的红葡萄酒	品丽珠 赤霞珠	• 中国最南端的省份，冬季较为温暖，海拔可以达到3000米	从 €€ 到 €€€

中国葡萄酒的独特之处

· 中国拥有全世界最寒冷的葡萄酒产区，冬季气温可以低至零下40°C。在某些省份，由于气温太低，所以葡萄树需要埋土，或者在未完全达到成熟时便需采摘。

· 国际葡萄品种与本地品种比邻而居，赤霞珠尤其受到欢迎，说明受到波尔多的影响。

· 与口味相比，与葡萄酒相关联的生活方式对于中国葡萄酒消费的快速发展具有更加重要的推动作用。

实践练习7

在您与朋友集合，进行这次品酒练习之前，需要完成以下几项准备工作：

- 学习第四章第176页–第285页的内容。
- 购买练习所用的酒款，以正确的温度储存。
- 品酒的房间保持通风，避免任何厨房的气味。
- 准备吐酒桶、水、面包或者几片咸味薄脆饼干。
- 为每人准备两个品酒杯以及白色纸质餐巾。

1小时

在网站https://www.ecole-vins-spiritueux.com/fr/ecole-du-vin/内下载打印或者在本书第33页复印品酒卡。

德国	**意大利**	**法国**	**西班牙**	**希腊**
采用雷司令酿造的德国白葡萄酒	产自意大利红托斯卡纳地区、采用桑娇维塞酿造的葡萄酒	产自法国波尔多地区、主要采用美乐酿造的葡萄酒	采用黑歌海娜酿造的西班牙葡萄酒	采用黑喜诺酿造的红葡萄酒
比如：摩泽尔产区珍藏、晚收、逐串精选级别的酒款	比如：西班牙纳瓦拉或上埃布罗河地区里奥哈产区，或者法国罗讷河谷地区塔维尔产区出产的桃红葡萄酒	比如：圣爱美浓一类的产区出产的酒款	比如：普里奥哈一类的产区出产的酒款	比如：纳乌萨一类的产区出产的酒款或者采用阿吉提克酿造的酒款 比如：尼米亚或伯罗奔尼撒一类的产区出产的酒款

开始品酒，在酒中享受寻找香气和味道的乐趣！

品酒练习7：探索主要葡萄酒出产国的典型葡萄酒或葡萄品种

时间

40分钟

品酒分为三个步骤：观看，嗅闻，随后品尝葡萄酒。请您准备好品酒卡，在整个品酒过程中使用，并在您的面前摆好两个杯子。现在您就可以开始了！

将第1款酒倒入杯中。

在品酒的各个步骤中关注自己的感受。

您是否在鼻中和在口中感受到浓郁的香气以及苹果、柠檬、山楂花、刺槐花的果香和花香？您是否感觉到这款葡萄酒令您分泌了大量唾液？这是酸度很高的表现。

另外4款葡萄酒：将酒倒入第2个杯子，填写品酒卡。再倒入下一款酒之前只需冲洗杯子即可。

第2款酒：在品酒的各个步骤中关注自己的感受。现在请您关注葡萄酒在口中的体积感。酒体中等。您是否感觉到酒的酸度很高（口中大量分泌唾液），单宁中等（粗糙感中等）？

第3款酒：在品酒的各个步骤中关注自己的感受。您是否在口中感受到红色和黑色水果的香气以及中等的单宁感，并且单宁丝滑（在口中质地丝滑）？

第4款酒：在品酒的各个步骤中关注自己的感受。在这款酒中，您是否在口中感受到占据主导地位的黑色水果的香气、甘草和烟草的气息，以及中等的单宁感？

第5款酒：在品酒的各个步骤中关注自己的感受。您是否感受到樱桃和甜香料的浓郁香气，以及中等的酸度？

小窍门

不要倒太多酒，记得品完将酒吐出，然后喝点水。

卷**7**

选择题

回答正确一题得1分，每题有一个正确答案，答错不扣分。

1 以下哪个葡萄品种被用于酿造香槟？

a–霞多丽
b–灰皮诺
c–白诗南

2 以下哪个法国产区的法定保护产区葡萄酒采用葡萄品种命名？

a–卢瓦尔河谷
b–罗讷河谷
c–阿尔萨斯

3 以下哪个是法国出产法定保护产区葡萄酒的最大产区？

a–勃艮第
b–博若莱
c–波尔多

4 以下哪些是卢瓦尔河谷主要的白葡萄品种？

a–白诗南、维欧尼和霞多丽
b–白诗南、长相思和勃艮第甜瓜
c–长相思和佳美

5 以下哪个是波尔多右岸的代表红葡萄品种？

a–歌海娜
b–西拉
c–美乐

6 以下哪种土壤能够出产梅多克最优质的葡萄酒？

a–砾石土壤
b–石灰石土壤
c–鹅卵石土壤

7 罗讷河谷的哪个部分完全采用西拉酿造当地最为著名的红葡萄酒？

a–南罗讷河谷
b–只有圣约瑟夫产区
c–北罗讷河谷

8 以下哪个不是朗格多克的产区？

a–圣约瑟夫
b–福热尔
c–圣卢山

9 普罗旺斯的哪个产区以采用慕和怀特酿造的红葡萄酒而著名？

a–贝莱
b–邦多勒
c–卡西斯（Cassis）

10 科西嘉的哪个部分是葡萄酒产区？

a–整个岛
b–只有科西嘉角附近
c–海岸沿线

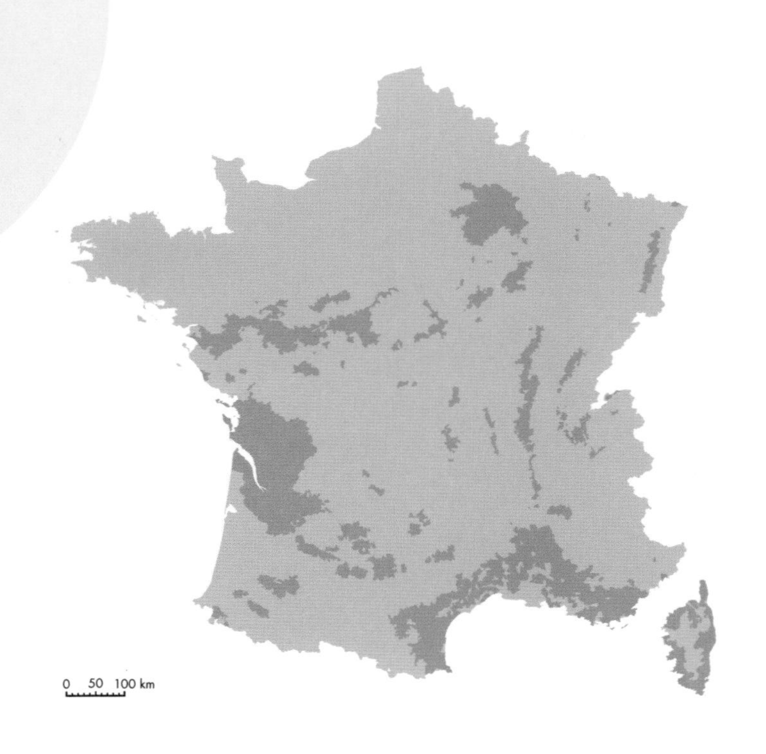

1 指出香槟地区的位置。

2 雷司令在哪个地区是一个重要的葡萄品种？

3 在哪个地区可以找到口感活泼、带有苹果和柠檬香气的干白葡萄酒？

4 品丽珠在哪些地区是一个重要的葡萄品种？

5 在哪个地区可以找到采用赛美蓉酿造的甜型葡萄酒？

6 在哪个地区可以找到热夫雷–尚贝丹？

1

Grenache
VIN DE PAYS D'OC
Indication Géographique Protégée
GRENANDiSE
La folie des collines

2

GRAND VIN DE BOURGOGNE
MEURSAULT
APPELLATION MEURSAULT CONTRÔLÉE
Domaine
JEAN-MARIE BOUZEREAU
VITICULTEUR
A MEURSAULT (CÔTE-D'OR) FRANCE
13% vol. - 75 cl

1 在这两款葡萄酒中，哪一个是法定保护产区葡萄酒，哪一个是地区保护餐酒？

2 第2款葡萄酒采用哪个葡萄品种酿造？

3 这些葡萄酒产自哪个地区？

答案

选择题

1a，2c，3a，4b，5c，6a，7c，8a，9b，10c

法国地图

1香槟，2阿尔萨斯，3夏布利，4波尔多合卢瓦尔河谷，5苏岱，6勃艮第（夜丘）

酒标：

法定保护产区葡萄酒：第2个

地区保护餐酒：第1个

第2款葡萄酒采用哪个葡萄品种酿造？霞多丽

这些葡萄酒产自哪个地区？

第1个：朗格多克；第2个：勃艮第

实践练习8

您现在已经是个葡萄酒专家啦，最后一个实践练习能够帮助您通过环游世界结束您的品鉴课程。

在您与朋友集合，进行这次品酒练习之前，需要完成以下几项准备工作：

- 学习第四章第286页–第303页的内容。
- 购买练习所用的酒款，以正确的温度储存。
- 品酒的房间保持通风，避免任何厨房的气味。
- 准备吐酒桶、水、面包或者几片咸味薄脆饼干。
- 为每人准备三个品酒杯以及白色纸质餐巾。

1小时

在网站https://www.ecole-vins-spiritueux.com/fr/ecole-du-vin内下载打印或者在本书第33页复印品酒卡。

新西兰

采用黑皮诺酿造、产自马尔堡或者中奥塔哥产区的葡萄酒

南非

采用皮诺塔基酿造、产自斯泰伦博斯或者西开普产区的葡萄酒

美国

采用金粉黛酿造、产自美国加利福尼亚的葡萄酒

阿根廷

采用马贝克酿造、产自门多萨产区的葡萄酒

澳大利亚

采用歌海娜、西拉合慕和怀特酿造的葡萄酒

品酒练习8：探索新世界主要葡萄酒出产国的典型葡萄酒或者葡萄品种

40分钟

品酒分为三个步骤：观看，嗅闻，随后品尝葡萄酒。请您准备好品酒卡，在整个品酒过程中使用，并在您的面前摆好两个杯子。现在您就可以开始了！

将第1和第2款酒倒入杯中，比较两者的颜色、香气以及在口中的味道和感觉。

第1款酒：在品酒的各个步骤中关注自己的感受。注意酒液呈较深的宝石红色，这是新西兰黑皮诺的一大特点。注意口中的樱桃和巧克力的香气。

第2款酒：在品酒的各个步骤中关注自己的感受。您是否在口中感觉到酸度较低，酒体强劲，充满樱桃和桉树的浓郁香气？

冲洗杯子，倒入第3款、第4款和第5款酒，比较三者的颜色、香气以及在口中的味道和感觉。

第3款酒：在品酒的各个步骤中关注自己的感受。感觉酒液在口中酸度较低，酒体强劲，带有黑莓和香料的浓郁香气。

第4款酒：在品酒的各个步骤中关注自己的感受。感觉酒液在口中酸度中等，酒体强劲，带有黑樱桃和蓝莓的浓郁香气。

第5款酒：在品酒的各个步骤中关注自己的感受。注意葡萄酒在口中的体积感：酒液充盈整个口腔，酒体强劲。感觉口中的黑色水果和香料的香气。这是一款酒体非常集中的葡萄酒。

小窍门

不要倒太多酒，记得品完将酒吐出，然后喝点水。

选择题

回答正确一题得1分，每题有一个正确答案，答错不扣分。

时间

20分钟

1 以下哪个国家的原产地系统包括法定产区（DOC）和法定保证产区（DOCG）？

a–葡萄牙
b–意大利
c–阿根廷

2 西班牙的法定产区（Denominacion de Origen Calificada，简称DOC）有哪两个？

a–里奥哈和普里奥哈
b–里奥哈和杜罗河谷
c–普里奥哈和瓦伦西亚

3 珍藏酒（kabinett）产自哪个国家？

a–奥地利
b–匈牙利
c–德国

4 蒙特布查诺贵族葡萄酒法定保证产区采用哪个葡萄品种酿造？

a–桑娇维塞
b–蒙特布查诺
c–卡尔卡耐卡

5 “经典”（classico）一词指的是什么？

a–按照传统风格酿造的葡萄酒
b–一个产区历史悠久的核心地带
c–这是一个用于起泡葡萄酒的术语

6 以下哪个是普里米蒂沃的同义词？

a–黑曼罗
b–歌海娜
c–金粉黛

7 哪种西班牙起泡葡萄酒采用传统法酿造？

a–卡瓦
b–普罗塞克
c–玛莎拉

8 “陈酿”（Reserva）一词指的是什么？

a–陈酿至少60个月，其中包括橡木桶陈酿至少18个月
b–葡萄酒可能采用橡木桶陈酿，可能没有
c–陈酿至少36个月，其中包括橡木桶陈酿至少12个月

9 哪个葡萄品种是卢埃达地区的主要品种？

a–丹魄
b–青葡萄
c–歌海娜

10 哪个产区是西班牙最大的葡萄酒产区？

a–拉曼恰
b–瓦伦西亚
c–里奥哈

11 以下哪个葡萄品种可以酿造雪莉酒？

a–帕洛米诺
b–霞多丽
c–爱人

12 在哪个国家可以找到派斯这个葡萄品种？

a–西班牙
b–智利
c–阿根廷

13 **哪个国家的葡萄园风景秀丽，位于陡峭的山坡上，土壤为板岩，俯瞰河水？**

a—奥地利
b—德国
c—瑞士

14 **什么是塞克特（sekt）？**

a—一种德国甜型葡萄酒
b—一种德国红葡萄酒
c—一种德国气泡葡萄酒

15 **冰酒的特点是什么？**

a—气温需要达到零下7℃左右才能采摘葡萄
b—葡萄感染了贵腐菌
c—这是一种细腻清淡的葡萄酒，带有典型的柑橘类水果香气

16 **哪个术语被用于指代托卡伊的含糖量？**

a—萨摩洛迪酒（szamorodni）
b—筐（puttonyos）
c—精华酒（eszencia）

17 **格鲁吉亚传统用来酿酒的罐子叫什么？**

a—克维乌里陶罐（Qveris）
b—大桶（Foudre）
c—特朗（Teran）

18 **著名的圣托里尼岛葡萄酒采用哪个葡萄品种酿造？**

a—阿吉提克
b—黑喜诺
c—阿斯提克

19 **美国加利福尼亚北部海岸（North Coast）的哪个特点有助于出产极具复杂感的葡萄酒？**

a—海拔
b—凉爽的晨雾
c—陡峭的山坡

20 **哪个国家能够找到产自阿空加瓜地区的佳美娜？**

a—阿根廷
b—乌拉圭
c—智利

21 **以下哪个是阿根廷的代表红葡萄品种？**

a—马贝克
b—西拉
c—美乐

22 **阿根廷的哪个地区可以找到全世界海拔最高的葡萄园？**

a—库约地区
b—北部的萨尔塔地区
c—巴塔哥尼亚

23 **沃克湾地区以哪个葡萄品种闻名？**

a—黑皮诺
b—赤霞珠
c—白诗南

24 **设拉子是澳大利亚种植最多的葡萄品种。它与其他哪些葡萄品种混酿组成著名的GSM？**

a—美乐和歌海娜
b—慕和怀特和格拉西亚诺
c—慕和怀特和歌海娜

25 **以下哪个是中国种植最多的葡萄品种？**

a—美乐
b—赤霞珠
c—霞多丽

答案

1b，2a，3c，4a，5b，6c，7a，8c，9b，10a，11a，12b，
13b，14c，15a，16b，17a，18c，19b，20c，21a，22b，
23a，24c，25b

环游世界葡萄园：在地图上标出的国家中选择（1个问题对应1个国家）

1 我在哪个国家可以喝到一杯托卡伊？

2 我在哪个国家可以喝到一杯普里尼–蒙哈榭？

3 我在哪个国家可以喝到一杯特浓情？

4 我在哪个国家可以喝到一杯绿酒？

5 我在哪个国家可以喝到一杯巴罗洛？

6 我在哪个国家可以喝到一杯马尔堡长相思？

7 我在哪个国家可以喝到一杯玛格丽特河赤霞珠？

8 我在哪个国家可以喝到一杯里奥哈？

9 我在哪个国家可以喝到一杯黑珍珠？

10 我在哪个国家可以喝到一杯皮诺塔基？

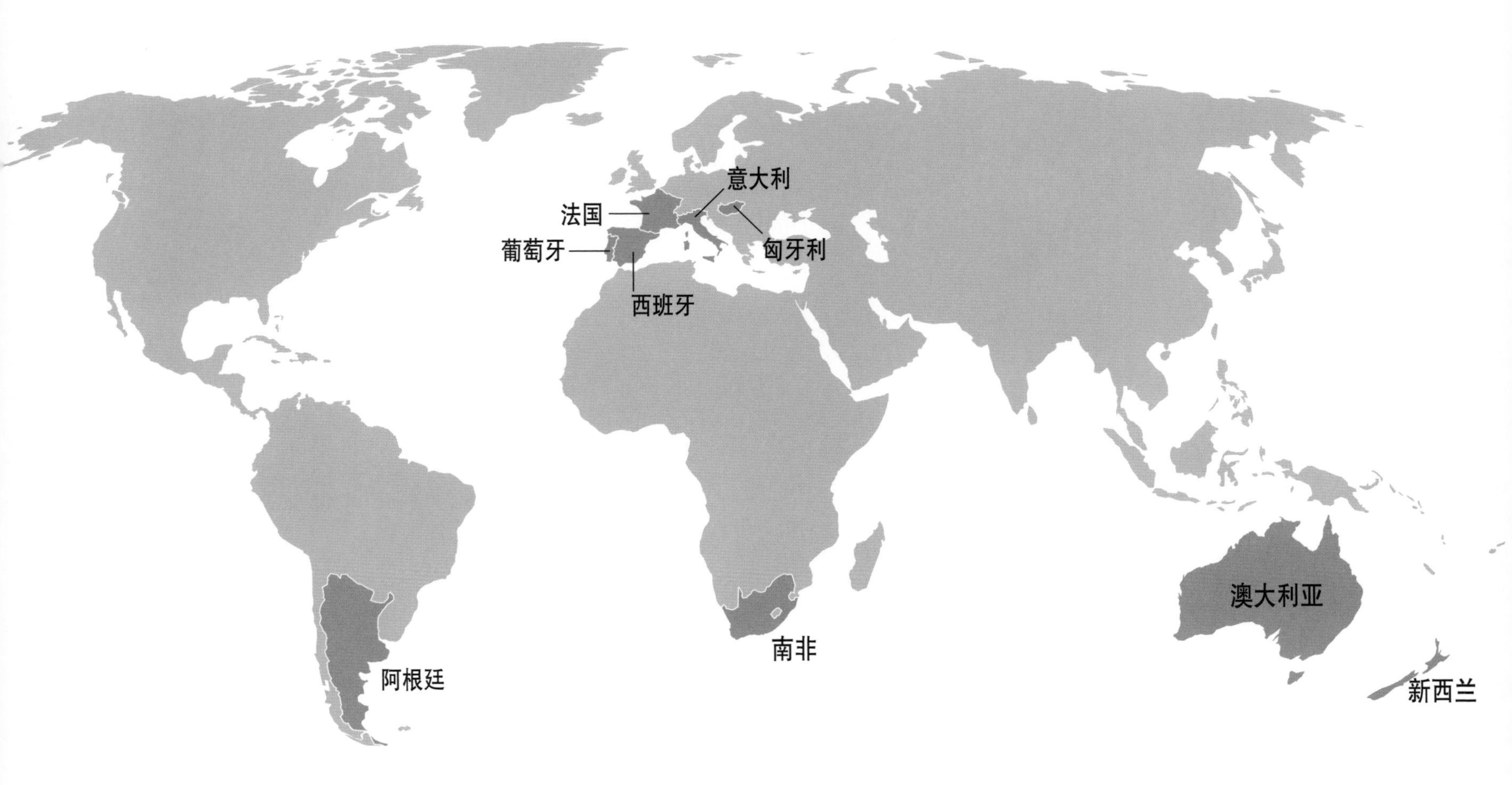

答案

地图

1 匈牙利，2 法国，3 阿根廷，4 葡萄牙，5 意大利，6 新西兰，
7 澳大利亚，8 西班牙，9 意大利，10 南非

术语表

A

酸度（Acidité）：葡萄酒中所含的酸的总和。酸味（Saveur acide）是葡萄酒的基本味道之一，除此之外还有甜味和苦味。酸度对于提高葡萄酒的清新感和脆爽感来说非常必要，但是不可过高。如果酸度过高，会使葡萄酒显得尖刻；如果酸度不足，则葡萄酒会口感软塌。

爱人（Airen）：起源于西班牙拉曼恰的非常古老的葡萄品种，是全世界种植最多的葡萄品种，也被用于酿造葡萄生命之水。

酒精（Alcool）：葡萄酒中除了水之外最为重要的组成部分。酒精为葡萄酒带来热烈的感觉。如果酒精过高，则葡萄酒会变得口感灼热。

花青素（Anthocyanes）：黑色葡萄果皮中含有的蓝色色素，能够在酒精发酵中为红葡萄酒带来颜色。

法定产区（Appellation d'OrigineContrôlée，简称AOC）：指的是葡萄酒等产品符合法定保护产区的标准，从而保护法国境内的地域标识。参见法定保护产区（AOP）。

法定保护产区（Appellation d'Origine Contrôlée，简称AOP）：等同于AOC（欧洲标识）的术语，旨在保证某些产品确实产自特定风土，并且产品的特点符合"本地长期传统"。

芬芳的（Aromatique）：指的是一个葡萄品种或者一款葡萄酒具有浓郁的香气。

混酿（Assemblage）：将几款来自同一产地的葡萄酒进行混合，获得一款独一无二的葡萄酒。

酵母自溶（Autolyse des levures）：在酿造气泡葡萄酒的二次发酵完成后，死酵母的细胞发生分解，为葡萄酒带来酵母或者饼干的香气。

有机种植法（agriculture biologique）：完全不使用合成肥料或者杀虫剂的葡萄种植方法。

乳酸（Acide lactique）：苹果酸乳酸发酵产生的酸。

合理化种植（Agriculture raisonnée）：传统种植方法，但是注意尽可能地减少合成肥料的使用。

B

波尔多橡木桶（Barrique）：波尔多使用的255升的木质容器，传统的测量单位1个大桶（tonneau）等于4个橡木桶，即900升。橡木桶能够促进桶外空气与桶内葡萄酒的交流。

带有黄油气味的（Beurré）：指的是某些白葡萄酒、尤其是曾在橡木桶中陈酿的白葡萄酒当中的令人想起新鲜黄油的香气。

生物动力法（Biodynamie）：秉承将地球和所有生命体与宇宙相联系的世界观、并且按照月亮的规律进行葡萄种植和葡萄酒酿造工作的方法。

灰葡萄孢菌（Botrytis cinerea）：导致葡萄腐烂的真菌。在雨量较大的天气下，这种真菌会导致所谓的"灰色"霉菌形成，后者对于葡萄是致命的。如果较小的雨量（或者雾气）与明媚的阳光交替出现，这种真菌则会形成所谓的"贵腐"霉菌，反而能够集中葡萄酒的糖分和香气。

香气（Bouquet）：葡萄酒的嗅觉特点。

粗渣（Bourbe）：葡萄汁里的悬浮固体物。参见澄清（Débourbage）。

天然（Brut）：指的是一款气泡葡萄酒糖的含量很低，含有不到12克/升的糖。

C

品丽珠（Cabernet franc）：红葡萄品种，可能起源于西班牙巴斯克地区，出产香气非常馥郁的桃红葡萄酒和红葡萄酒。

赤霞珠（Cabernet-sauvignon）：起源于法国波尔多地区的红葡萄品种，是全世界种植最多的葡萄品种，代表波尔多葡萄酒的高贵风格。

合作社酒窖（Cave coopérative）：同一产区的酿酒人组成的协会，将其成员酿酒人种植的葡萄收集起来，然后进行葡萄酒的酿造和销售。

葡萄品种（Cépage）：葡萄种类的名称。

橡木桶酒窖（Chai）：储存橡木桶的地方。广义上也包括酿造和陈酿葡萄酒的建筑物，如果指代酿造葡萄酒的建筑物，则与酿造酒窖（cave）为同义词。

霞多丽（Chardonnay）：起源于法国的白葡萄品种，是勃艮第白葡萄酒和香槟葡萄酒的代表品种，世界各地均有种植，用于酿造干白葡萄酒和气泡葡萄酒。

酒堡（Château）：指的是一个葡萄庄园，虽然有时并没有城堡。

白诗南（Chenin blanc）：起源于卢瓦尔河谷安茹地区的芳香型白葡萄品种，可以酿造干白、甜白和气泡葡萄酒，在南非种植很广。

淡红葡萄酒（Clairet）：产自波尔多地区和勃艮第的颜色较浅、果香浓郁的红葡萄酒或者桃红葡萄酒。

浅红葡萄酒（Claret）：英国人给波尔多红葡萄酒起的名字。

勃艮第的地块（Climat）：在勃艮第用于指代一个特定的风土，通常面积较小，具有独特的土壤种类和微气候。

葡萄园（Clos）：以围墙圈定的一块土地，常见于勃艮第，比如伏旧园（Clos Vougeot）以及香槟，比如美尼尔园（Clos du Mesnil）。

酒体（Corps）：指的是一款葡萄酒在口中所具有的体积感，将结构感与热烈感相结合。

特级园（Cru）：根据地区不同，意思也有不同（可指风土或者庄园），但是始终包含按照特定生产区域界定葡萄酒的概念。通常用于指代一块品质上佳、能够出产优质葡萄的土地。

艺术家酒庄（Cru artisan）：梅多克的酒庄分级系统，指的是产自梅多克八个法定产区之一的酒庄，目前共有44家。

中级酒庄（Cru bourgeois）：梅多克的酒庄分级系统，指的是产自梅多克八个法定产区之一的酒庄，每年修订分级。

列级酒庄（Cru classé）：按照相关法规以及严格清晰的要求，对于产区中最为优质的酒庄所做的分级系统。在勃艮第指的是一级园和特级园；在波尔多指的是梅多克1855年的列级酒庄以及圣爱美浓的A级和B级一等列级酒庄。

发酵罐（Cuve）：用于葡萄酒酿造、陈酿及其储藏的容器，采用水泥、树脂、木头或者不锈钢制造。

D

澄清（Débourbage）：将未发酵的葡萄汁与粗渣分离，使其变得清澈。

发芽（Débourrement）：葡萄树的芽孢张开，长出第一片叶子。

放出酒液（Décuvage）：在发酵后将自流酒与酒渣分裂，也称为流汁（écoulage）。

除渣（Dégorgement）：在传统法气泡葡萄酒的酿造中，去除因为瓶中二次发酵而形成的酵母沉淀。

半干型（Demi-sec）：葡萄酒含有一定比例的残糖，低于12克/升。参见补糖（Dosage）。

沉淀物（Dépôt）：葡萄酒，尤其是陈年葡萄酒中含有的固体微粒。

二氧化硫（Dioxyde de souvre，简称SO_2）：二氧化硫是一种具有杀菌和抗氧化效果的气体，能够抑制葡萄酒当中的有害微生物，保护其不受氧气的影响，用于葡萄酒的保护、杀菌和储存。

补糖（Dosage）：在除渣后以调味液的形式为气泡葡萄酒加糖（单位为克/升）。

E

气泡葡萄酒（Effervescent）：指的是带有气泡的葡萄酒。

分离果粒（Egrappage）：将葡萄果粒与果梗分离。

陈酿（Elevage）：在发酵后进行的工作，包括葡萄酒的澄清、稳定和成熟（包括在发酵罐、橡木桶或者其他容器中成熟）。

去梗（Eraflage）：将葡萄果粒与果梗分离，以避免葡萄酒中出现粗糙的单宁。与分离果粒（Egrappage）为同义词。

极天然（Extra-brut）：指的是气泡葡萄酒的补糖低于6克/升。参见补糖（Dosage）。

极干（Extra-dry）：指的是气泡葡萄酒的补糖在12~17克/升之间。参见补糖（Dosage）。

萃取（Extraction）：在红葡萄酒的发酵过程中葡萄汁吸收葡萄皮中所含的物质，包括单宁和色素。

F

酒精发酵（Fermentation alcoolique）：葡萄汁在酵母的作用下，将葡萄中所含的糖分转化为酒精，从而变成葡萄酒的过程。

苹果酸乳酸发酵（Fermentation malolactique）：葡萄酒中的苹果酸在乳酸菌的作用下转化为乳酸，使得葡萄酒酸度降低。

过滤（Filtration）：利用滤网澄清葡萄酒。

大桶（Foudre）：大容量的酒桶。

破皮（Foulage）：压破葡萄果皮的步骤。

G

琼瑶浆（Gewurztraminer）：起源于意大利、非常芬芳的白葡萄品种，得名于“gewurz”一词，在德语中意为“有香料味道的”。

砾石（Graves）：由鹅卵石和沙砾混合的土壤，非常适合出产优质葡萄酒，尤其在梅多克和格拉夫很常见。

黑歌海娜（Grenache noir）：起源于西班牙的黑葡萄品种，是法国南部的优质品种之一。这个葡萄品种同样也能出产极其优质的天然甜葡萄酒。

I

地区保护餐酒（Indication Géographique Protégée，简称IGP）：相当于地区餐酒（Vin de pays）的级别，指的是产自一个特定地理区域的葡萄酒，但是其与风土的联系没有法定保护产区（AOP）葡萄酒那样紧密。这个级别的相关法规没有法定保护产区那样严格。

皇家瓶（Impériale）：参见马图萨勒姆瓶（Mathusalem）。

法国国家原产地命名和质量监控委员会（Institut national de l'origine et de la qualité，简称INAO）：隶属于法国农业农村部的机构，负责颁布质量认证和有机农业标志。

J

杰罗波安瓶（Jéroboam）：能装4瓶750毫升葡萄酒的大瓶。

年轻的（Jeune）：指的是一款葡萄酒具有年轻的果香，并且单宁仍然明显。

L

酒泪（Larmes）：葡萄酒在杯壁上留下的无色痕迹，形成这些痕迹的是葡萄酒中的酒精。

酵母（Levues）：引发酒精发酵的单细胞微型真菌。

酒泥（Lies）：在发酵后由死酵母组成的沉淀。某些白葡萄酒会采用带酒泥陈酿，故香气和结构变得更加复杂、更加丰富。

清澈的（Limpide）：指的是一款葡萄酒色彩清亮，不含有悬浮物。

调味液（Liqueur d'expédition）：在传统法气泡葡萄酒的酿造中，在封瓶前加入的葡萄酒和糖的混合物。其中糖的比例取决于所需的葡萄酒风格。同义词：补糖液（liqueur de dosage）。参见补糖（Dosage）。

再发酵液（Liqueur de tirage）：在传统法气泡葡萄酒的酿造中，在装瓶时放入将糖和酵母融化在葡萄酒中做成的再发酵液，会引发瓶中二次发酵，形成二氧化碳气泡。

甜型葡萄酒（Liquoreux）：富含糖分的葡萄酒，通常采用感染贵腐菌的葡萄酿造。甜型葡萄酒也可采用在葡萄树上或者在柳条席上自然风干的葡萄酿造。酒中的含糖量高于45克/升。

收尾悠长的（Long）：指的是一款葡萄酒的香气在品尝后在口中久久不散。

M

浸皮（Macération）：在酒精发酵开始前将葡萄皮、葡萄籽和葡萄汁混合。

玛格南瓶（Magnum）：相当于2个750毫升普通瓶，即1.5升瓶。

苹果酸（Malique acide）：在许多葡萄酒中以天然状态存在的酸，能够通过苹果酸乳酸发酵转化为乳酸。

酒渣（Marc）：压榨之后剩下的固体物。

马图萨勒姆瓶（Mathusalem）：相当于8个750毫升普通瓶的酒瓶，是“皇家瓶”（impériale）的另一种说法。

成熟（Maturation）：葡萄糖分升高、酸度降低从而达到成熟的过程。

成熟度（Maturité）：葡萄酒的演变过程。一款成熟（mature）的葡萄酒具有陈年香气，并且结构有所变化。

美乐（Merlot）：红葡萄品种，在波尔多地区使用最多，出产口感柔美的葡萄酒。美乐是全世界种植第二多的葡萄品种，仅次于赤霞珠。美乐在波尔多地区、欧洲东部、意大利和美洲都有大量种植。

大槽法（Méthode cuve close）：气泡葡萄酒的一种酿造方法，二次发酵在密封的发酵罐中以真空形式进行。同义词：夏尔玛法（Méthode Charmat）。

微气候（Microclimat）：一块面积极小的土地的气候，因为河流、丘陵、海拔或者朝向的影响而呈现特殊的天气条件。

年份（Millésime）：采收葡萄用于葡萄酒酿造的年份。

半甜型（Moelleux）：用于界定一款甜型葡萄酒的术语，通常为白葡萄酒，介于干型和甜型葡萄酒之间。葡萄酒的含糖量在12克~45克/升之间。

葡萄汁（Moût）：指的是甜的葡萄汁。酒精发酵之后才能说是葡萄酒。

麝香（Muscat）：非常芬芳的白葡萄品种，可以酿造干白葡萄酒，但是主要用于酿造甜型葡萄酒或者天然甜葡萄酒。麝香葡萄共有三个变种：小粒白麝香、阿尔萨斯的奥托奈（ottonel）麝香以及亚历山大麝香。另外还有黑麝香。

中止发酵（Mutage）：通过加入中性酒精中止发酵的步骤，通常用于酿造天然甜葡萄酒和利口酒。

N

尼布甲尼撒瓶（Nabuchodonosor）：相当于20个750毫升普通瓶的大瓶。

酒商（Négociant）：收购葡萄、葡萄汁或者葡萄酒，然后以其名下品牌进行销售的机构。酒商可以同时是酿酒人，并且拥有葡萄园。

O

世界葡萄及葡萄酒协会（Organisme international de la vigne et du vin，简称OIV）：研究有关葡萄种植和葡萄酒酿造的技术、科学或经济问题的跨政府机构。

添桶（Ouillage）：定期在每个橡木桶中添入葡萄酒，以保持桶中酒液的水位，避免葡萄酒接触空气而氧化。

氧化（Oxydation）：氧气与葡萄酒反应的结果。如果氧化过度，则葡萄酒会改变颜色（红葡萄酒变成瓦片色，白葡萄酒变成琥珀色）和香气。

被氧化的（Oxydé）：指的是一款葡萄酒出现过度氧化的气味和味道。

P

绑缚（Pallissage）：葡萄树的整个人工支持系统，通常由木桩和铁丝组成。

过时的（Passé）：指的是一款葡萄酒已经超过成熟阶段，出现非常独特的类似“动物”或者醋化的气味，并且结构发生解体变化。

自然风干（Passerillage）：将葡萄放在户外干燥，使其糖分浓缩。自然风干（或者干缩）的葡萄果粒能够用来酿造甜型葡萄酒。

余味（Persistance）：葡萄酒在被咽下后香气存留的感觉。余味悠长是葡萄酒品质优秀的体现之一。

有微气泡的（Pétillant）：葡萄酒中有微小的气泡。

光合作用（Photosynthèse）：植物通过吸收阳光的能量，在叶子里的叶绿素的作用下将二氧化碳和水转化为糖的过程。

根瘤蚜（Phylloxéra）：对葡萄树最具破坏性的害虫，通过刺伤葡萄根部使其死亡。目前尚未找到根除这种害虫的方法。

勃艮第橡木桶（Pièce）：勃艮第所用橡木桶的名字（容量为228升）。

黑皮诺（Pinot noir）：口感细腻、果香浓郁的红葡萄品种。这个品种较为脆弱，酿出的酒款精致无匹，陈年潜力卓越，几乎所有勃艮第红葡萄酒均采用这个品种酿造。

陈年潜力（Potentiel de garde）：葡萄酒能够达到品质巅峰或者更优品质的预计时间。

灰霉菌（Pourriture grise）：灰葡萄孢菌（Botrytis cinerea，参见该词条）的有害形式，能够影响尚未成熟的葡萄果粒，在葡萄酒中形成缺陷。

贵腐菌（Pourriture noble）：灰葡萄孢菌（Botrytis cinerea，参见该词条）的有益形式，能够浓缩葡萄果粒中的糖分和香气，从而出产最为优质的甜型葡萄酒。

压榨（Pressurage）：在白葡萄酒和压榨法桃红葡萄酒的酿造中，压迫葡萄从而获得葡萄汁的做法。在红葡萄酒的酿造中，压迫葡萄酒渣从而萃取葡萄酒的做法。

新酒（Primeur）：非常年轻、还未酿造完成的葡萄酒。新酒要与期酒（vins primeurs）区分开来，后者仅在采收几个月后便即作为期酒（波尔多等地区）销售，尚未进行橡木桶陈酿，但是根据预计品质提前确定价格，在“期酒品鉴”两年后才能上市。

R

果柄（Rafle）：指的是葡萄串中连接葡萄果粒的小梗。

还原（Réduction）：瓶中葡萄酒隔绝空气的变化过程，会令葡萄酒出现三级香气（松露、灌木等）。

还原的（Réduit）：指的是一款葡萄酒具有类似封闭房间的气味，通常在醒酒后会消失。

鼻后嗅觉（Rétro-olfaction）：通过嗅觉系统感知葡萄酒在口中的香气的人体机制。

雷司令（Riesling）：起源于德国莱茵河畔的白葡萄品种，能够抵御冬季的严寒，但是并不抗旱，是阿尔萨斯和摩泽尔的优质葡萄品种。

圆润的（Rond）：指的是一款葡萄酒因为柔和、醇美、酒体饱满，而在口中形成舒服的圆润感。

S

撒缦以色瓶（Salmanazar）：相当于12个750毫升普通瓶的大瓶。

桑娇维塞（Sangiovese）：起源于意大利的红葡萄品种，名字意为“朱庇特之血“，是意大利基安蒂产区和中部红葡萄酒的常用品种，在科西嘉被称为涅露秋（nielluccio）。

长相思（Sauvignon blanc）：在全世界都有种植的芳香型白葡萄品种，出产精致芬芳的葡萄酒。它在美国加利福尼亚被称为白芙美（fumé blanc），常用橡木桶酿造。

味道（Saveur）：食物在舌头上形成的感觉（甜味、咸味、苦味、酸味）。

干型（Sec）：没有甜味的静止葡萄酒（含糖量少于4克/升）。如果为气泡葡萄酒，则略甜（含糖量在17~35克/升之间）。

贵腐粒选（Sélection de grains nobles）：阿尔萨斯的专用术语，指的是采用感染贵腐菌的葡萄酿造的甜型葡萄酒。

索雷拉系统（Solera）：将橡木桶叠放的陈酿技巧。最年长的葡萄酒位于底部，橡木桶层越往上，葡萄酒越年轻。每次换桶，葡萄酒都向下流一层，与下一层剩余的酒液混合，从而保持一定的稳定性。

换桶（Soutirage）：将橡木桶或发酵罐中清澈的酒液转移到另一个容器中，留下沉淀物。

稳定（Stabilisation）：能够帮助保存葡萄酒的所有措施。

残糖（Sucre résiduel）：在装瓶后葡萄酒中剩下的未发酵的糖。

甜度（Sucrosité）：残糖所产生的甜味或圆润感。酒精和甘油同样能够产生酒中有甜度的感觉。

加硫（Sulfitage）：在葡萄酒中加入二氧化硫。

倒瓶（Sur pointe）：在酵母自溶结束后、装瓶前，将气泡葡萄酒瓶口朝下陈酿。

过熟（Surmaturité）：葡萄因采收较晚，所以含糖量很高的状态，通常出产具有果酱香气的半甜型葡萄酒。

西拉（Syrah）：西拉是全世界种植颇多的红葡萄品种之一，在澳大利亚被称为“设拉子”（shiraz）。这个品种可以单独酿造或者混酿（主要搭配歌海娜和慕和怀特）。

T

剪枝（Taille）：剪除葡萄枝，调节和平衡葡萄树的生长状况，从而控制葡萄树的生长力。

单宁（Tannin）：葡萄中存在的物质，能为葡萄酒带来长期保存的能力以及某些风味。

单宁重的（Tannique）：葡萄酒因为富含单宁，对舌头后部带来的粗糙感，类似苦味。

丹魄（Tempranillo）：起源于西班牙的黑葡萄品种。西班牙里奥哈和葡萄牙杜罗河谷出产的优质葡萄酒采用丹魄酿造，它是全世界种植第三多的红葡萄品种。

风土（Terroir）：所谓风土，指的是一个地理空间所具有的某些决定葡萄酒风格的物理特征（表层土壤、下层土壤、朝向等）。风土的概念同样包括人力因素（酿酒传统等）。

温控（Thermorégulation）：用于控制和掌握发酵罐温度的技术。

加入再发酵液（Tirage）：香槟在形成泡沫前换桶或装瓶的同义词。

托斯卡纳特雷比亚诺（Trebbiano toscano）：同义词：白玉霓（ugni blanc）。它是起源于意大利托斯卡纳的白葡萄品种，在世界各地均有大量种植，特别适合混酿，能为葡萄酒带来清爽感。

挑拣（Triage）：在酿造前根据葡萄质量进行挑拣的过程。

浑浊的（Trouble）：指的是一款葡萄酒存在沉淀物或者悬浮的固体微粒。

V

采收（Vendange）：采摘用于酿造葡萄酒的葡萄的行为。另外也指被采摘的葡萄本身。如果用作复数（vendanges）则指的是采收的时间。

晚收（Vendanges tardives）：法国阿尔萨斯的术语，指的是在卓越年份采用过熟的葡萄酿造的葡萄酒，采收时间通常在10月或11月，有时在12月。

转色（Véraison）：葡萄开始转变颜色的时刻。

老藤（Vieilles vignes）：通常至少30年的葡萄树会被称为老藤。这一名称并无法律规定，只是按照酿酒人的约定俗成。通常采用超过50年的老藤酿造的葡萄酒更为复杂和浓郁。

普通餐酒（Vin de table）：在酒标上没有任何地理标识的葡萄酒等级。

天然甜葡萄酒（Vin doux naturel）：通过加入酒精来中止葡萄汁发酵而酿成的葡萄酒。通常采用歌海娜或麝香葡萄酿造。

酿酒（Vinification）：所有酿造葡萄酒的方法和技术。

葡萄种植（Viticulture）：全年所有管理维护葡萄树从而获得健康葡萄果实的农业手法。

体积感（Volume）：一款葡萄酒充盈口腔的感觉。

有机葡萄酒（vin biologique）：采用有机葡萄、并且遵守欧盟2012年颁布的禁止某些工艺以及限制使用化肥和添加剂（尤其是硫）的法规酿造而成的葡萄酒。

适合陈年的葡萄酒（vin de garde）：指的是一款葡萄酒具有良好的陈年潜力。

冰酒（vin de glace）：采用在葡萄树上冰冻的葡萄酿造的甜型葡萄酒。冰冻的果粒经过压榨，随后去除冰晶，从而浓缩葡萄酒中的糖分和香气。

自流酒（vin de goute）：在红葡萄酒的酿造中，直接从发酵罐中流出的酒液。参见压榨酒（vin de presse）。

灰葡萄酒（vin gris）：采用直接压榨法（不浸皮）酿造的颜色极浅的桃红葡萄酒。

稻草酒（vin de paille）：将葡萄在采摘后放在柳条席上或者挂在通风的房间里自然风干，随后酿造而成的甜型葡萄酒。

压榨酒（Vin de presse）：在红葡萄酒的酿造中，在酒液流出后通过压榨将酒渣分离而得到的葡萄酒。

静止葡萄酒（Vin tranquille）：指的是非气泡葡萄酒。

图书在版编目（CIP）数据

法国葡萄酒研修全书：成为品酒专家的120堂课／（法）奥利维尔·亭诺（Olivier Thienot）著；（法）贝特朗·洛凯（Bertrand Loquet）绘；王文佳译．—武汉：华中科技大学出版社，2022.4

ISBN 978-7-5680-7322-6

Ⅰ.①法… Ⅱ.①奥… ②贝… ③王… Ⅲ.①葡萄酒－介绍－法国 Ⅳ.①TS262.61

中国版本图书馆CIP数据核字（2021）第281517号

法国葡萄酒研修全书：成为品酒专家的120堂课
Faguo Putaojiu Yanxiu Quanshu: Chengwei Pinjiu Zhuanjia de 120 Tang Ke

［法］奥利维尔·亭诺（Olivier Thienot） 著
［法］贝特朗·洛凯（Bertrand Loquet） 绘
王文佳 译

出版发行：华中科技大学出版社（中国·武汉） 电话：（027）81321913
华中科技大学出版社有限责任公司艺术分公司 （010）67326910-6023
出 版 人：阮海洪

责任编辑：莽 昱 谭晰月
责任监印：赵 月 郑红红 封面设计：邱 宏

制 作：北京博逸文化传播有限公司
印 刷：广东省博罗县园洲勤达印务有限公司
开 本：720mm×1020mm 1/8
印 张：40
字 数：176千字
版 次：2022年4月第1版第1次印刷
审 图 号：GS（2022）1293号
定 价：368.00元

华中出版